Peter Lemesurier

Geheimcode Cheops

Peter Lemesurier

Geheimcode Cheops

Ein Weltwunder wird enträtselt

Mit einem Vorwort von Andrew Tomas

BAUER
Verlag Hermann Bauer
Freiburg im Breisgau

CIP-Titelaufnahme der Deutschen Bibliothek

Lemesurier, Peter:
Geheimcode Cheops : ein Weltwunder wird enträtselt /
Peter Lemesurier. Mit einem Vorw. von Andrew Tomas.
[Ins Dt. übertr. von Modeste zur Nedden]. –
4. Aufl., 16. - 18. Tsd. –
Freiburg im Breisgau : Bauer, 1990
Einheitssacht.: The great pyramid decoded ⟨dt.⟩
ISBN 3-7626-0354-5

Die englische Originalausgabe erschien 1977 unter dem Titel
The Great Pyramid Decoded
bei Compton Russel, Tisbury/Wiltshire.

Ins Deutsche übertragen von Modeste zur Nedden.

4. Auflage 1990
ISBN 3-7626-0354-5

Druck und Bindung: May + Co, Darmstadt
Printed in Germany.

Inhalt

Vorwort

Vorgelegt wird mit diesem Buch eine eingehende Untersuchung der Geschichte, der Maße und der Symbolsprache der Großen Pyramide, eine Studie, die nicht nur gelesen, sondern im Verstehen nachvollzogen sein will.

Die Pyramide des Cheops oder Chufu ist das älteste und an Masse größte Steinbauwerk der Welt. Die Kulturen der Babylonier, Griechen und Römer hatten keinen einzigen Bau aufzuweisen, der ihr hierin zu vergleichen wäre. Diese Pyramide gehört zu den wenigen Monumenten ältester Herkunft, die die Zeit nicht zu zerstören vermocht hat.

Die große Pyramide ist voller Rätsel, die bis heute noch nicht gelöst sind. Wie war es möglich, daß ihre Erbauer nicht nur den Wert für π, sondern auch die Größe unseres Planeten, seine Entfernung von der Sonne und die Präzession der Äquinoktien zu berechnen und den Proportionen ihres Bauwerks zugrunde zu legen verstanden?

Als im 9. Jahrhundert auf Anweisung des Kalifen al-Mamun arabische Arbeiter als erste den Eingang in die Pyramide erzwangen, indem sie ihre Stollen durch gewaltige Steinmassen vortrieben, gelangten sie zwar in die Große Galerie, dann in die Königskammer, konnten aber keine Spur des von ihnen vermuteten Schatzes finden. Stattdessen standen sie vor einer Reihe von Fragen.

Der Steinsarkophag war nicht nur leer, er hatte auch keinen Deckel. Wo aber war dieser Deckel geblieben, da doch die Innenräume der Pyramide mit riesigen Steinblöcken verriegelt waren?

Der mächtige Sarkophag, so stellte sich bald heraus, konnte aus der Königskammer nicht herausgebracht werden, weil der einzige Gang, der zu ihr führte, dafür zu schmal war. Wie aber hatte dieser Steinkasten dann überhaupt in die Kammer geschafft werden können? Hatte man ihn in die Kammer gebracht, ehe die Pyramide vollendet worden war?

Jeder Tourist, der die Königskammer besucht, wird feststellen können, daß im Inneren dieses Berges aus Felsblöcken niemand unter Atemnot leidet. Durch Luftschächte, die durch die gesamte Masse des kolossalen Bauwerks angelegt wurden, findet ein stetiger Luftaustausch statt. Die zentrale Kammer gilt als die Grabkammer des Pharao Cheops. Mumien aber brauchen keine Ventilation, da sie an der frischen Luft nur verfallen. War die Kammer also für die Lebenden errichtet worden und nicht für die Toten?

Alter Überlieferung zufolge soll die Große Pyramide ein Einweihungstempel gewesen sein, eine Stätte der Initiation. Die Neophyten seien dort in den steinernen Kasten gelegt und von dem Priester in eine Art ekstatische Starre versetzt worden, wobei sich die Seele vom Körper trennte.

Schon Autoren der Antike berichteten, daß auf der Großen Pyramide von Gizeh Reste von Meeresmuscheln gefunden worden seien. Wurde sie etwa schon vor der Großen Flut und vor dem Untergang des sagenhaften Atlantis erbaut, wie es die koptische Mythentradition behauptet?

Träfe dies zu, läge es für die Wissenschaft wohl näher, ihrer Botschaft aus jener fernen Epoche vor 12 000 Jahren nachzuspüren, anstatt Quellen zu folgen, die nur wenige Jahrtausende alt sind. Ägypten wie auch die Pyramide müssen in der richtigen historischen Perspektive gesehen werden. Das Alter des Nilreiches wird durch die frühesten Aufzeichnungen aus dem Jahr 4241 v. Chr. festgelegt. Die Juden setzen die Schöpfung auf das Jahr 3761 v. Chr. an, und von diesem Schöpfungsjahr datiert ihre Zeitrechnung. Demnach ist die Welt der Pyramidenbauer Jahrtausende älter als die der Hebräer.

So wäre in der Großen Pyramide ein Zeugnis erhalten geblieben, das älter und umfassender ist als alles, was die biblischen Propheten der Nachwelt übermittelt haben. Aus ihrer Architektur spricht noch die Zeit vor der Flut, werden Erinnerungen an höhere Wesen aus anderen Welten laut, die der altägyptischen Hochkultur den Impuls ihrer Entstehung gaben.

Ich stimme mit Peter Lemesurier darin überein, daß wir uns an einem kritischen Wendepunkt befinden. Vieles spricht für seine Beurteilung und Deutung der prophetischen, mathematischen Aussagen in den Maßverhältnissen und architektonischen Gegebenheiten der Pyramide. Doch in welchem Verhältnis die Symbolik der Großen Pyramide und die der Bibel zueinander stehen, ist noch eine offene Frage.

Mir jedenfalls war dieses Buch eine sehr anregende Lektüre. Es zwingt den Leser, den Blick auf die Geheimnisse des Altertums zu richten – und wichtiger noch, auf unsere Zukunft. Peter Lemesurier zweifelt nicht daran, daß die Architektur der Großen Pyramide wesentliche Ereignisse unserer Zukunft vorgezeichnet hat.

Andrew Tomas

Erster Teil

DAS HAUS DES VERBORGENEN WISSENS

*„Dann . . . begann der Bau dessen, was heute Gizeh ist . . .
die Halle der Eingeweihten . . . Hier nun werden alle Zeugnisse der Priester seit den Anfängen bewahrt . . . bis in jene Epoche, da sich die Lage der Erdachse ändern wird und die Wiederkunft des Großen Eingeweihten in diesem und in anderen Ländern in Erfüllung jener dort niedergelegten Weissagungen Wirklichkeit wird. Jeder Wandel im religiösen Denken der Welt ist dort an den verschiedenen Wegen aufgezeichnet, auf denen die Seele sie von der Basis bis zur Spitze oder zum offenen Grab und von dort aus zur Spitze durchläuft. Diese Wege sind durch die Steinschicht und durch die Farbe, aber auch durch die Richtung ihrer Wendungen bezeichnet.*

Dies also ist der Zweck, daß das Zeugnis und sein Sinn gedeutet werde von denen, die gekommen sind, und jenen, die noch kommen werden, zu lehren in den verschiedenen Epochen im Licht der Erfahrung, die sie aus der gegenwärtigen Lage oder aus ihrem Wirken in den irdischen Bereichen gewonnen haben . . .“

Edgar Cayce, 30. Juni 1932
Protokoll einer Séance-Sitzung

1 Eine Botschaft der Toten?

In den letzten hundert Jahren ihrer viertausendjährigen Geschichte hat die Große Pyramide von Gizeh, die Cheops-Pyramide, ältestes und beständigstes der Sieben Weltwunder der Antike, die Aufmerksamkeit von Spinnern und Pyramidomanen auf sich gezogen, deren Theorien bald fantastisch, bald sublim, oft aber auch nur lächerlich waren. Die Anstrengungen dieser Enthusiasten haben bewirkt, daß mittlerweile jede Theorie, die in dieser Pyramide mehr sieht als bloß einen Haufen kunstvoll bearbeiteter Steine, von vornherein als „reine Spekulation" abgetan wird, ohne daß man auch nur einen Blick auf das gebotene Beweismaterial wirft.

Mögen die Behauptungen dieser Schwärmer auch bisweilen fantastisch anmuten – die Pyramide selbst ist an Fantastik nicht zu übertreffen. Fraglos gehört sie zu den kolossalsten Bauwerken, die je auf diesem Planeten errichtet wurden[1]. So hat sie mindestens den doppelten Umfang des Empire State Building in New York und das Dreißigfache seiner Masse. Auch wäre selbst aus unserer Zeit kaum ein Bauwerk zu nennen, das exakter nach den vier

[1] Es sei denn, man verstehe auch die aus luftgetrockneten Lehmziegeln errichtete kolossale Tempelplattform des Quetzalcoatl von Cholula in Mexiko (etwa 17 Millionen Kubikmeter) oder die Chinesische Mauer als Architektur. Am nächsten kommt der Großen Pyramide im Volumen des Mauerwerks die benachbarte Zweite Pyramide (das der Großen Pyramide betrug ursprünglich 7,8 Millionen Kubikmeter inkl. der theoretischen Spitze; das der Zweiten Pyramide fast 6,7 Millionen Kubikmeter), während die größte uns bisher bekannte Pyramide Mexikos (die viel jüngere Sonnenpyramide von Teotihuacan) ursprünglich ein Volumen von fast 4,5 Millionen Kubikmetern hatte.

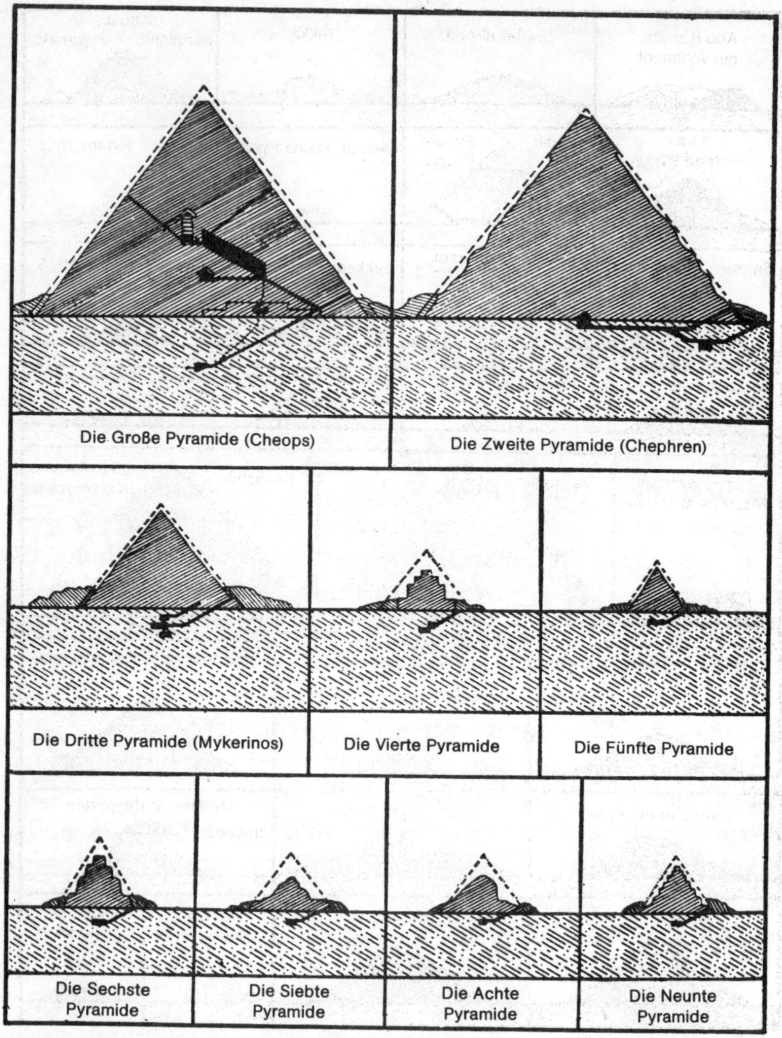

Abbildung 1
Die Pyramiden von Gizeh (nach C. Piazzi-Smyth, *Our Inheritance in the Great Pyramid*, 1864).

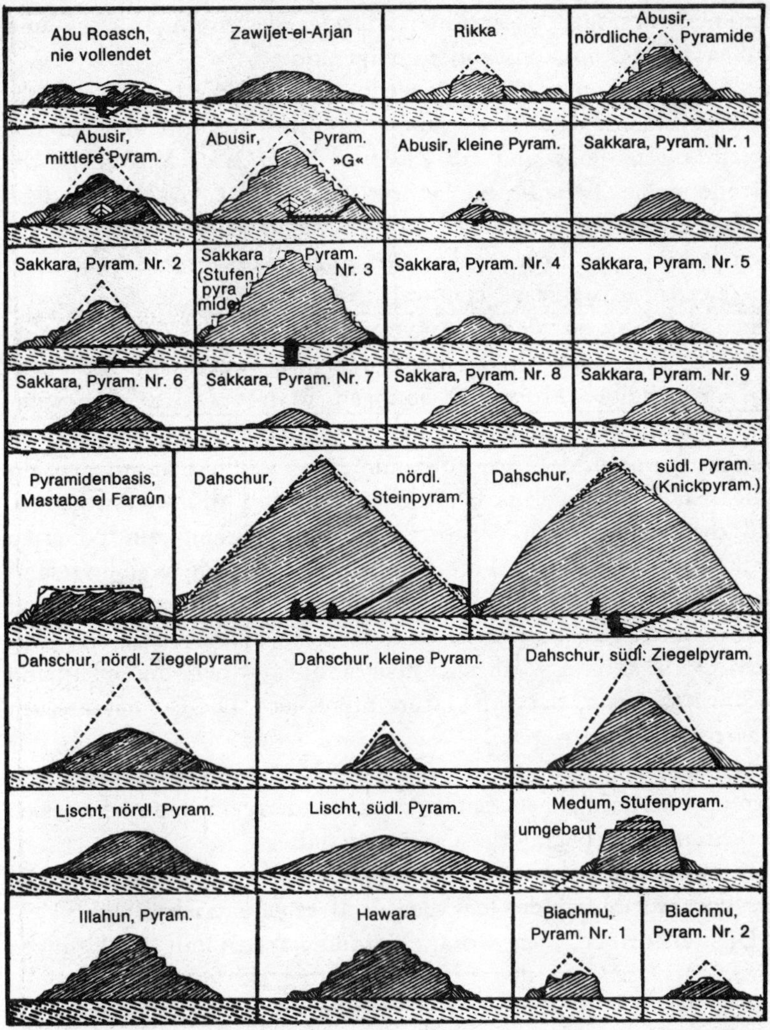

Abbildung 2
Einige der weniger bekannten ägyptischen Pyramiden (nach C. Piazzi-Smyth, *Our Inheritance in the Great Pyramid*, 1864).

Himmelsrichtungen ausgerichtet ist oder dessen Mauerwerk und Außenverkleidung kunstvoller gefügt sind.

Skeptiker könnten dem entgegenhalten, daß die Nord-Süd-Achse der Pyramide eine Abweichung von nicht ganz fünf Bogenminuten aufweist – das sind *ein Zwölftel Grad!* Das aber hieße die astronomische Tatsache zu ignorieren, daß der Grund für diese minimale Abweichung in der Kreiselbewegung der Erdachse zu suchen ist und nicht im Mangel an Genauigkeit bei ihren Erbauern.

Weiter mag die Frage laut werden, wie so viele der Steine, von denen einige bis zu 70 Tonnen wiegen, dermaßen akkurat geschnitten und verlegt werden konnten, daß ihre Fugen noch nicht einmal einen halben Millimeter betragen. Man wird sich auch wundern, wie diese Fugen so geschickt mit feinem Zement ausgegossen werden konnten, daß sich vollkommen ebene Flächen auf den abfallenden Seiten ergaben. Und nahezu unglaublich muß es scheinen, daß die fast gänzlich zerstörte Außenverkleidung aus polierten Kalksteinplatten, welche die Seiten der Pyramide von insgesamt neun Hektar Fläche bedeckten, mit einer Präzision geschliffen und in eine Ebene gelegt wurden, die sogar den Maßstäben unserer heutigen Optik gerecht wird. Dies aber sind Tatsachen, die jedermann nachprüfen kann, der sich dafür interessiert. Die Steine sprechen für sich.

Man halte sich vor Augen, daß die Cheops-Pyramide keine Anlage unseres technischen Zeitalters ist, sondern ein Bauwerk, dessen Errichtung vom Beginn der Geschichte datiert.

Wie war eine solche Leistung möglich? Was war ihr Anlaß? Die Antwort scheint sich der logischen Analyse zu entziehen.

Die Historiker, allen voran Herodot, traten mit Erklärungen nur allzu rasch auf den Plan. Sie hätten sich vergegenwärtigen sollen, daß die Errichtung der Pyramide für Herodot geschichtlich ebenso weit zurücklag, wie die Zeit Herodots für uns. Da so gut wie nichts über den Ursprung der Pyramide bekannt war, begnügte man sich mit wilden Extrapolationen dürftigen Wissens von der dynastischen Zeit. Den Ägyptern habe nichts anderes im Sinn gelegen, als die Auseinandersetzung mit Tod und Unsterblichkeit, die Einbalsamierung ihrer Verstorbenen und die Vorsorge für deren Leben im Jenseits. Die Große Pyramide sei die ins Riesige vergrößerte Projektion solcher Gedanken. Finsterer Wahn habe sich da ein Denkmal gesetzt, das seinesgleichen nicht kenne: der größenwahnsinnige Pharao Cheops habe, um seinen nekromantischen Illusionen von Unsterblichkeit zu frönen, alle Mittel seines Königreichs in ein einziges kolossales Bauprojekt gesteckt. Um reinen Aberglauben hätten Tausende von Sklaven Tag für Tag gigantische Steinquader mächtige Rampen emporwuchten müssen, wobei ihnen als Werkzeuge lediglich primitive Schlitten, Hebel, Seile und Rollklötze zur Verfügung standen. Herrische Aufseher (man kennt die Klischees Hollywoods) bellten Befehle und fuchtelten mit primitiven Bauplänen. Peitschen knallten und Geknechtete jammerten. Einen kurzen Augenblick in der Geschichte mühen sich die brodelnden Massen einer unwissenden Menschheit im Schweiße ihres Angesichts unter der glühenden Sonne, um dann wieder in der Versenkung zu verschwinden, geschluckt von den Nebeln der Geschichte. Mit der Stille kehrt der Sand zurück.

Und was war geblieben? Die Große Pyramide des Cheops, ein Bauwerk, so vollkommen und so gewaltig, daß seine Errichtung selbst die Möglichkeiten und Hilfsmittel der heutigen Technik auf eine harte Probe stellen müßte. Dennoch werden weiterhin Erklärungen im Stil der alten Klischees angeboten – wenig überzeugend, wenn man bedenkt, daß kaum hundert Jahre zwischen dem Bau der Stufenpyramide des Königs Djoser in Sakkara (wohl der erste monumentale Steinbau der Welt) und dem der Cheopspyramide vergingen.

Nüchterne Wahrheit ist, daß bislang kein Historiker in der Lage war, eine überzeugende Erklärung für die Errichtung der Großen Pyramide vorzulegen. Niemand weiß heute sicher, zu welcher Zeit sie errichtet wurde, wie lange man dazu brauchte und wie die nahezu vollkommene Ausrichtung ihres Fundaments nach den Himmelsrichtungen zustande kam – damals war der Kompaß noch gar nicht erfunden. Auch ist unbekannt, wie man es fertiggebracht hat, die polierten Blöcke ihrer Außenverkleidung so unerhört exakt zusammenzufügen. Noch weniger hat je ein Historiker eine einleuchtende Theorie für die Beweggründe geboten, welche hinter der Durchführung solch eines enormen, mit unglaublicher Exakt-

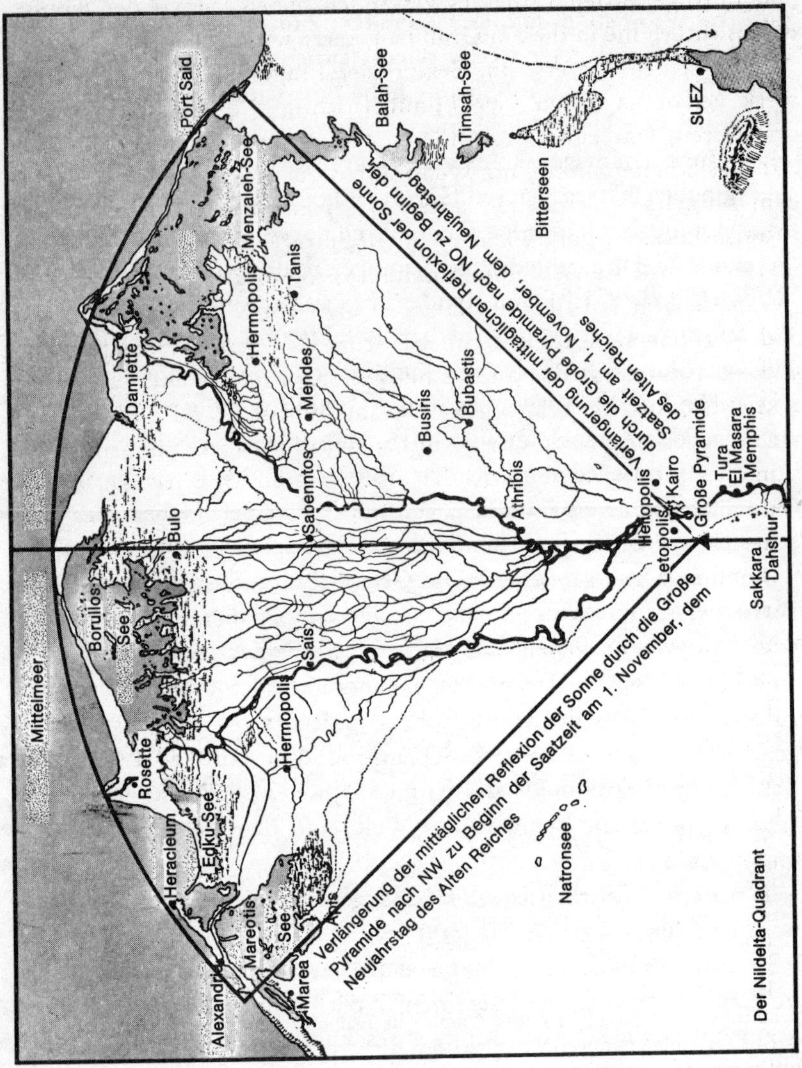
Mittelmeer
Port Said
Damiette
Menzaleh-See
Borullos-See
Bulo
Rosette
Heracleum
Edku-See
Mareotis-See
Alexandria
Marea
Hermopolis
Tanis
Mendes
Sabenntos
Busiris
Bubastis
Athribis
Heliopolis
Kairo
Letopolis
Große Pyramide
Tura
El Masara
Memphis
Sakkara
Dahshur
Sais
Hermopolis
Natronsee
Balah-See
Timsah-See
Bitterseen
SUEZ
Verlängerung der mittäglichen Reflexion der Sonne durch die Große Pyramide nach NO zu Beginn der Saatzeit am 1. November, dem Neujahrstag des Alten Reiches
Verlängerung der mittäglichen Reflexion der Sonne durch die Große Pyramide nach NW zu Beginn der Saatzeit am 1. November, dem Neujahrstag des Alten Reiches
Der Nildelta-Quadrant

heit durchgeführten Projektes gestanden haben, zumal der König offensichtlich nie in diesem Grab beigesetzt wurde[2].

Doch stehen wir erst am Beginn der Fragestellungen. Ein Bauwerk genau nach den vier Himmelsrichtungen unserer Erde zu orientieren, war eines; ein anderes war es, dieses Bauwerk genau auf den Scheitelpunkt eines Quadranten zu placieren, der sich mit dem Nildelta – dem alten unterägyptischen Reich – deckt. Dies ist tatsächlich der Fall, wie der United States Coast Survey im Jahre 1868 feststellte (Abbildung Seite 16). Verblüffender noch: Die Pyramide liegt auf dem am längsten über Land führenden Nord-Süd-Meridian und zugleich im Zentrum der Festlandsmassen der Erde, einschließlich der amerikanischen Kontinente und der Antarktis. Da aber die Erbauer der Pyramide beim Stand des damaligen Wissens angeblich davon nichts gewußt haben können, hält man alles für ein Ergebnis des Zufalls[3]. Erstaunlich wäre aber dann die Anzahl weiterer Zufälle. So läßt sich anhand der vorgelegten Daten das Vorhandensein mathematischer Relationen zwischen bestimmten Dimensionen der Pyramide und den geophysikalischen Daten der Erde sowie astronomischen Daten über ihre Umlaufbahn nachweisen. Die Maßeinheit, die der Planer seinem Entwurf offensichtlich zugrunde legte, beträgt genau den zwanzigmillionsten Teil der Polarachse der Erde. 365,242 dieser Maßeinheiten ergeben die Seitenlänge der viereckigen Basis der Pyramide wie ursprünglich entworfen – eine Zahl, die identisch ist mit der Anzahl der Tage des

[2] Vergleiche Herodot (*Euterpe* 124, 125), Diodorus Siculus (Buch I); siehe A. Rutherford, S. 15–22, 1198–1200. Die Anlage von Doppelgräbern, bei denen das nördliche leer blieb, scheint in der Dynastie des Chufu/Cheops Tradition gewesen zu sein, wie schon bei seinen Eltern zu beobachten ist. Dagegen war eine Bestattung hoch über der Pyramidenbasis (wie im Fall der Königskammer der Großen Pyramide) bei anderen pharaonischen Dynastien nicht üblich. Vielmehr wurde der halblegendäre Chufu/Cheops mit an Sicherheit grenzender Wahrscheinlichkeit in dem großen, als „Campbells Kammer“ bekannten Grab bestattet. Es liegt einige hundert Meter westlich der Großen Sphinx und entspricht in den Details Herodots Bericht von der Beisetzung des Königs durch die ägyptische Priesterschaft.

[3] Einige Autoritäten behaupten ferner, a) daß die Höhe der Gipfelplattform der Pyramide der mittleren Land- und Seehöhe entspricht, und b) daß das Gewicht der Pyramide (gewöhnlich mit etwa 5 955 000 Tonnen angegeben) in exakter Relation zum Gewicht der Erde steht. Detaillierte Beweise für die Stimmigkeit dieser Annahme sind dem Autor indes nicht bekannt.

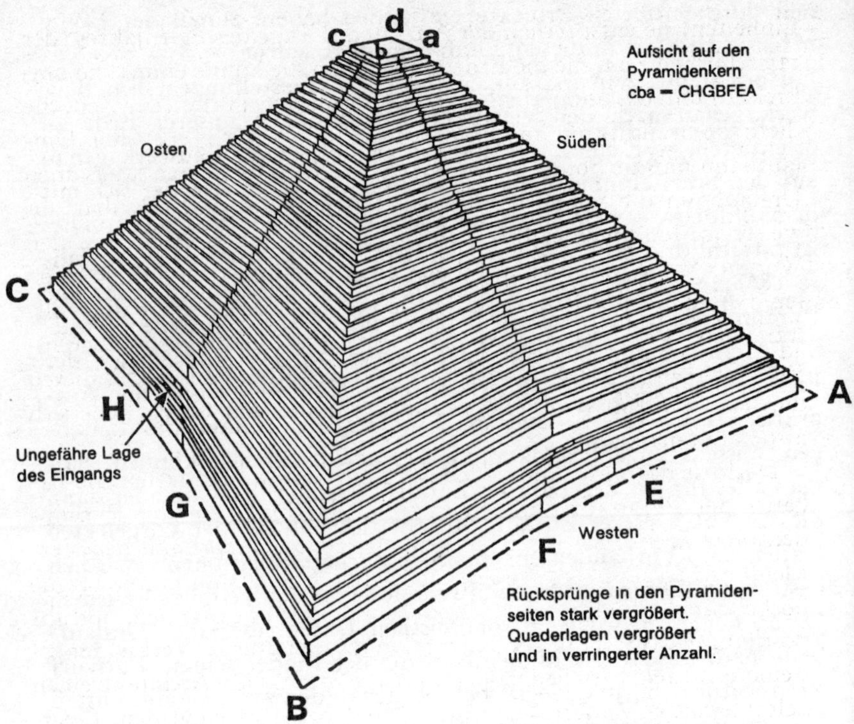

Abbildung 4
Die Große Pyramide: Diagramm des Pyramidenkerns. Man beachte das Fehlen des Schlußsteins, die Rücksprünge in den Pyramidenseiten und die Hervorhebung der 35. Steinschicht (hier als fünfte von unten wiedergegeben). Ursprünglich betrug der Umfang der Grundfläche fast einen Kilometer. 3000 Jahre lang blieb der Bau mit polierten Kalksteinblöcken verkleidet, die eine glatte, fast vollkommen ebene Seitenfläche mit einem Neigungswinkel von 51°51′14″ bildeten. Durch ihre polierte Oberfläche war die Pyramide im Sonnenlicht meilenweit als „goldener Berg" sichtbar (daher ihr ägyptischer Name „das Licht"). Sie spiegelte die Sonne durch die Luft und auf den Sand des Gizeh-Plateaus und hat den alten Ägyptern zur genauen Bestimmung der Jahreszeiten gedient.

tropischen Sonnenjahres. Der gleichen Zahl begegnet man auch bei anderen Größenverhältnissen der Pyramide. Bezieht man indes jeweils den Rücksprung der Außenflächen der Pyramiden in einem dreieckigen Bereich über der Mitte jeder Seitenbasis in die Messungen mit ein, verändern sich diese Werte auf 365,256 und 365,259

Einheiten: sie entsprechen der Anzahl der Tage des Sternjahres (der tatsächlichen Zeit, die die Erde braucht, um die Sonne einmal zu umkreisen) und des anomalistischen oder orbitalen Jahres (der Zeit, die die Erde braucht, um an den gleichen Punkt ihrer elliptischen Umlaufbahn um die Sonne zurückzukehren, die selbst einen langsamen Umlauf um die Sonne beschreibt). Mittlerweile sind offenbar aus weiteren Messungen exakte Zahlen gewonnen worden, die mit den Werten für die Exzentrizität dieser Umlaufbahn sowie für den mittleren Abstand der Erde von der Sonne und für die Zeit des vollständigen Präzisionskreises (mehr als 25 000 Jahre) gut übereinstimmen. Eine bessere architektonische Darstellung unseres Planeten durch Proportionssymbolik als die Pyramide von Gizeh ließe sich also kaum denken.

Doch ist das nicht alles. Wenn es auch scheint, als hätten die Erbauer der Pyramide auf den krönenden Schlußstein der Pyramidenspitze absichtlich verzichtet, zumal von der ursprünglichen Verkleidung fast nichts *in situ* erhalten geblieben ist, sind immerhin die Sockel für die Fundamente der Pyramide noch vorhanden, und ihr Böschungswinkel läßt sich anhand noch erhaltener Verkleidungssteine ermitteln. An jeder Pyramidenseite hat der Architekt einen deltaförmigen Mauerrücksprung geschaffen, der genau dem Querschnitt der Pyramide zu einem Fünftel ihrer Realgröße entspricht. Infolgedessen ist uns nicht nur die Länge der Seitenbasis der Pyramide bekannt, sondern auch ihre geplante Höhe. Und da stellt sich heraus, daß das Verhältnis des Basisumfangs zur Höhe zweimal die Größe *pi* (π) beträgt. Die Höhe der Pyramide verhält sich somit zum Umfang ihrer Grundfläche wie der Radius eines Kreises zum Kreisumfang. Legt man die bereits erwähnte Maßeinheit (die Heilige Elle) zugrunde, kann jede einzelne innere und äußere Abmessung als eine Funktion der Größen pi und 365,242 ausgedrückt werden[4]. In der geometrischen Gestalt der Pyramide verbinden sich die angeführten Maßwerte also nicht nur zu einem elegant abstrahierten Abbild unseres Planeten; in ihr ist auch jede der ge-

[4] Die einzige Ausnahme bildet die Größe 35,76 Pyramidenzoll und deren Multiplikant 286,1 P″, siehe Seite 29. Dies läßt den Schluß zu, daß diesen Größen eine besondere Bedeutung beigemessen wurde.

Abbildung 5
Luftaufnahme der Großen Pyramide (oben). Dieses berühmte und außerordentliche Photo wurde von dem britischen Flieger Brigadekommandeur P. R. C. Groves vor etwa sechzig Jahren aufgenommen. Ganz zufällig zeigt es den mysteriösen Schatten, der nur um 18 Uhr zur Zeit der Tag- und Nachtgleiche auf der Südseite der Großen Pyramide wegen der sonst unsichtbaren Höhlung erscheint.

nannten Größen in der anderen mit deren Werten zum Ausdruck gebracht.

Daß dieses kunstvolle Werk einem noch fast außerhalb geschichtlich faßbarer Kultur stehenden unwissenden Baumeister zufällig gelungen sein soll, wäre doch mehr als erstaunlich. Tatsächlich wird spätestens hier deutlich, daß von Zufall in diesem Zusammenhang nicht die Rede sein kann. Vielmehr lassen die Abmessungen der Großen Pyramide auf einen enorm hohen Wissensstand ihres Planers schließen, dem allein die technische Leistung der Erbauer den Rang streitig machen könnte. Angesichts dieser Erkenntnis bleibt uns nur übrig, die Lösung der Fragen nach dem Wieso und Warum aufs neue zu versuchen. Die bis dahin vorgelegten Antworten reichen nicht aus.

Es wurde nachzuweisen versucht, daß den aus der Vermessung der Pyramide abgeleiteten Daten bestimmte ägyptische Maße zugrunde liegen, die aber zum Zeitpunkt des Pyramidenbaus nicht existiert hätten, zumindest jedoch bei der Errichtung der Pyramide nicht angewandt worden seien. Gemeint sind der sogenannte Pyramidenzoll (mit 1,00106 um ein weniges größer als ein englischer Zoll) und die Heilige Elle (gleich 25 Pyramidenzoll). Allgemein glaubte man, es sei dem hervorragenden Ägyptologen Sir William Flinders Petrie in seinem Werk *Pyramids and Temples of Gizeh* (1883) zu widerlegen gelungen, daß beim Entwurf der Pyramide von dieser Einheit ausgegangen worden sei. Dabei wird übersehen, daß man gerade dies aufgrund von Petries eigenen Untersuchungen nachweisen kann. Jahrzehntelang hatte man in der Genauigkeit seiner Messungen und in seiner Unvoreingenommenheit eine Gewähr für die Verläßlichkeit der bisher bekannten Daten gesehen. Erst in diesem Jahrhundert vermochte man Petries Genauigkeit dank fortgeschrittener Vermessungstechniken und verfeinerter geometrischer Berechnungsmöglichkeiten zu übertreffen und schließlich nachzuweisen, daß die oben angeführten vielfältigen Korrelationen tatsächlich bestehen. Bestätigung gibt zudem die Entdeckung, daß die chronologischen Daten der altägyptischen Königslisten weitgehend fiktiv sind: ihre Daten wurden so „berichtigt“ oder angepaßt, daß ihre Zahlenwerte die wichtigsten Abmessungen der Pyramide ergeben, ausgedrückt in jenen Pyramidenzoll, deren Existenz Petrie angeblich widerlegt haben soll. *Selbst wenn die Große Pyramide heute nicht mehr existierte, so könnte man sie aufgrund der in den Königslisten angegebenen Zahlen mit Genauigkeit wieder rekonstruieren.*

Die Frage, ob die alten Ägypter von Pyramidenzoll und Heiliger Elle ausgingen oder nicht, kann indes vernachlässigt werden. Es genügt, daß aus der Analyse der Größenverhältnisse der Pyramide bestimmte Grundmaßeinheiten abzuleiten oder zu postulieren sind, die in allen hier angeführten Größenverhältnissen und Korrelationen wiederkehren und die sich mit dem Pyramidenzoll und der Heiligen Elle decken. Relationen, wie sie zwischen den drei Formen des astronomischen Jahres bestehen, ergeben sich auf jeden Fall aus den Abmessungen der Basis, *unabhängig davon, welche Maßeinheiten man zugrunde legt.* Doch sobald diese Relationen an der Wirklichkeit abgelesen werden (in diesem Fall an der Zahl der Tage des Jahres) und man sie dann wieder mit der Pyramide in Bezug setzt, zeigt sich, daß das Maß für einen Tag genau einer Heiligen Elle entspricht.

Es kann somit schlüssig, rein aus den Größenrelationen und unabhängig von irgendwelchen historischen Maßeinheiten, demonstriert werden, daß die postulierten Grundabmessungen und Korrelationen dem Entwurf der Pyramide zugrunde liegen. Wir müssen also annehmen, daß der Planer hier ganz bewußt vorgegangen ist – was den Historiker fraglos vor Probleme stellt.

Wenn jedoch anzuerkennen ist, daß die dem Entwurf der Pyramide zugrundegelegten Daten nicht zufällig sind, läßt sich der hohe wissenschaftliche Erkenntnisstand, der im Plan der Pyramide zum Ausdruck kommt, mit den geltenden Theorien über das technologische Niveau des frühzeitlichen Menschen nicht in Einklang bringen.

Eine vernünftige Erklärung wäre hier, daß die Geschichte des Menschen wohl doch anders verlaufen sein muß, als man uns gemeinhin glauben machen will – nämlich nicht in einem langen, allmählichen Anstieg, der unvermeidlich vom Urzustand zum Gipfel der Errungenschaften unserer modernen Gesellschaft führte. Denn dies müßte ja bedeuten, daß in den ersten 1 995 000 Jahren der vielleicht zwei Millionen Jahre währenden Existenz des Menschen keine bedeutenden Leistungen erbracht worden seien. Es scheint indes mindestens zwei (und möglicherweise weitere) solcher Aufstiegsentwicklungen gegeben zu haben, auf die jeweils ein plötzlicher Zusammenbruch und dann wieder ein neuer Aufstieg folgte. Das entspräche den periodischen Zyklen des Weltgeschehens in den Traditionen von Buddhismus und Hinduismus oder der Konzeption der Maya von der Entstehung des Weltalls. Tatsächlich ist eine der ältesten, universalsten und dauerhaftesten aller Mythen, die Geschichte von der Sintflut, in den Überlieferungen aller Völker der Welt anzutreffen. Möglicherweise liegt ihr eine mündliche Überlieferung vom Untergang einer früheren Welt zugrunde, deren Wissen und technische Leistungen allem weit überlegen waren, was die Forschung bislang dem sogenannten Frühmenschen zugeschrieben hat.

Geologische Spuren lassen klar erkennen, daß der Meeresspiegel zwischen 15 000 und 4 000 v. Chr. über 100 Meter anstieg – mitunter 10 Meter pro Jahrhundert[5]. Da die meisten Niederlassungen an Meeresküsten, Flußufern und Strommündungen entstanden sind, muß so gut wie jede Ansiedlung jener Ära irgendwann eine Wasserkatastrophe erlebt haben. Dämme und Mauern reichten wohl zum Schutz gegen solche Fluten nicht aus. Die See brach eines Tages trotz aller Vorkehrungen durch – und damit ging wieder eine Kultur ins Reich der Fabeln und Mythen ein. Sie verschwand spurlos, und nur ein einziges Zeugnis mag die Katastrophe überdauert haben – die Große Pyramide.

Dieser Gedanke ist sicher fantastisch. Doch wie ließe sich sonst die hochentwickelte Technologie und der erstaunliche Wissensstand des Baumeisters der Großen Pyramide erklären? (Dänikens umstrittene These von Besuchern aus einer anderen Welt[6] klingt ja doch weitaus unwahrscheinlicher.) Der offensichtliche Mangel an Beweisen für die Existenz solch alter, hoch entwickelter menschlicher Gesellschaften sollte die Vermutung nicht unterdrücken dürfen, daß es vor der Sintflut derartige Kulturen gegeben haben mag. Schließlich wissen wir nicht, in welcher Form ihre Überreste

[5] Rhodes W. Fairbridge, „The Changing Level of the Sea“ (*Scientific American*, Mai 1960, Bd. 202, Nr. 5).
[6] *Wagen der Götter?*

erhalten geblieben sind, wo sie gegebenenfalls zu finden wären, ja nicht einmal, ob solche Kulturen überhaupt erkennbare Überreste hinterlassen haben. Auch wissen wir nichts über das Ausmaß der Wasserkatastrophen, die sie vermutlich zerstört haben[7]. Wahrscheinlich liegen sogar die erhaltenen Spuren nun viele Meter tief unter Wasser und Schlamm begraben – wie Platos versunkene Atlantis.

Zudem dürfte der Mangel an archäologischen Beweisen nur scheinbar bestehen. Wenn solche Kulturen tatsächlich existierten, kann ein Teil ihrer Artefakten längst freigelegt worden sein, ohne daß man sie als solche erkannte. Denn der traditionell ausgebildete Archäologe neigt dazu, alle Funde im Licht der jeweils gültigen Lehren von der Vorgeschichte des Menschen zu sehen. Denn gerade diese Fähigkeit hat ihm seine archäologische Qualifikation eingebracht. Hätte zum Beispiel die frühere Kultur Flugzeugpisten hinterlassen, würde er diese wahrscheinlich als „rituelle Tempelstraßen" deuten und eine aus Erde und Steinen bestehende Kammer zur Abschirmung gegen radioaktiven Abfall vermutlich als „Grab". Ein mit Computern bestücktes astronomisches Observatorium würde er zum „Tempel" erklären und auf die Vogelperspektive ausgerichtete Navigationszeichen für Luftschiffe als „magische Zeichen zur Beschwichtigung der Götter". Und irgendwelche Artefakten, die der geltenden Vorstellung nicht entsprächen, ihre Hersteller hätten einer primitiven, sich in einer magischen Gedankenwelt bewegenden Jägergesellschaft angehört, würden einfach der Rubrik „nicht identifizierbar" zugeteilt.

[7] Man vergleiche die Ausführungen des „ganz alten" ägyptischen Priesters bei *Plato, Spätdialoge* (Timaios, 22b–e) übers. v. Rud. Rufner, Zürich, 1969, S. 199. „Schon manchesmal und auf viele Arten ist die Menschheit vernichtet worden und wird auch wieder vernichtet werden, am gründlichsten durch Feuer und Wasser, und im geringeren Maße auf tausend andere Arten. Denn was bei euch berichtet wird, wie einst Phaeton, der Sohn des Helios, den Wagen seines Vaters anschirrte, und wie er dann, weil er nicht auf dessen Spur fahren konnte, alles auf der Erde verbrannte und selbst, vom Blitz getroffen, vernichtet wurde, das klingt, so wie ihr es erzählt, ganz nach einem Märchen; doch liegt schon etwas Wahres darin, nämlich die Abweichung der Gestirne, die am Himmel um die Erde kreisen, und, jeweils nach Ablauf langer Zeitläufe, die Vernichtung alles dessen, was es auf Erden gibt, durch ein großes Feuer."

Dabei wird immer versäumt, das totale Fehlen von Objekten, die nicht aus Stein oder den weicheren, weniger brauchbaren Metallen gefertigt wurden, dahingehend zu deuten, daß die in jenen Kulturen möglicherweise gebräuchlichen Maschinen aus Metall längst der Korrosion anheimgefallen sein könnten. Vielmehr bleibt man dabei, daß hier Reste primitiver stein- oder bronzezeitlicher Kulturen vorliegen – Grund für uns Heutige, um das Ansehen unserer eigenen Kultur bei den Archäologen des Jahres 20 000 nach Chr. besorgt zu sein.

Natürlich wird hier von Vermutungen gesprochen, und eine gewisse Skepsis in Kreisen der „offiziellen" Wissenschaft bezüglich der Existenz früher, fortgeschrittener Kulturen ist durchaus angebracht. Was man indes nicht billigen kann, ist eine von vornherein ablehnende Haltung. Es geht einfach nicht an, zu behaupten, die Maße der Pyramide könnten nicht so sein wie beschrieben und die geophysikalischen und astronomischen Bezugsgrößen (wiewohl evident) könne es nicht geben, da dies alles mit der gegenwärtig herrschenden Theorie unvereinbar sei. Doch Fakten ist mehr Gewicht beizumessen als Theorien, und nicht umgekehrt. Und Fakten kann jeder nachprüfen, der sich dafür interessiert. Ist aber eine wissenschaftliche These aufgrund neuerer Forschungsergebnisse überholt, gibt es keine andere Alternative, als diese These entsprechend abzuwandeln.

Welchem Zweck soll denn dieser ungeheure Aufwand des Pyramidenbaus gedient haben? Sollte tatsächlich ein Mensch aus einer fortgeschrittenen Vorzeitkultur in der unabweislichen Erkenntnis, daß er und seine Zeitgenossen einer Flutkatastrophe entgegengingen, auf die Idee gekommen sein, ein Bauwerk zu errichten, das allein als Beweis für ihre Existenz gedacht war? Soll dieser kolossale Aufwand an Zeit und Anstrengung demnach keinen anderen Zweck gehabt haben, als die Nachwelt davon zu unterrichten, daß es vor ihr schon Menschen gab? So gesehen wäre die Pyramide ein ziemlich sinnloses Monument historischer Selbstverherrlichung.

Man kann nur solange daran glauben, ehe man nicht andere mögliche Motive für ein derartiges Bauvorhaben in Betracht zu ziehen beginnt. Dann aber zeigt sich, daß dieses Bedürfnis nach Selbstverherrlichung eigentlich ein recht unwahrscheinliches Motiv ist. Die ganze Sache ist offenbar viel zu sorgfältig durchdacht und geplant worden und hat einen viel zu großen Aufwand an Zeit und Material erfordert, als daß man eine so nichtige Motivation anerkennen könnte. Vermutlich verfolgte der Planer doch ein gewichtigeres Anliegen, als er die Konstruktionspläne des gewaltigen Gebäudes entwarf.

Welches gewichtige Anliegen aber? Wer war dieser Mensch? Und welche Motive mögen ihm den Anstoß gegeben haben? Wir wissen es nicht. Vielleicht sah er tatsächlich eine Flut voraus. Oder die Katastrophe hatte die Menschheit bereits ereilt. Dann könnten wir vermuten, daß der Planer einer Gruppe von gelehrten Sendboten einer früheren Kultur angehörte – Kolonisatoren oder Zivilisatoren, geprägt von der Weisheit des Osiris oder des Thot. Oder er gehörte zu einer Gruppe von Männern, denen es wie Noah gelungen war, die Flut zu überleben, weil sie sich riesige Schiffe bauten, in denen sie schließlich in Ägypten landeten. Den Resten großer hölzerner Boote, die man in fünf Austiefungen im Muschelkalk des anstehenden Felsens am Sockel der Pyramide gefunden hat, wäre dann eine überraschende Bedeutung beizumessen.

Denn sie sind vielleicht nicht so sehr Monumente der Sonnensymbolik der altägyptischen Bestattungsriten – die eine Überlagerung aus späterer Zeit sein mag – als vielmehr Zeugnisse der frühzeitlichen, von anderswo hergekommenen Gründerväter, unter deren Leitung der angrenzende kolossale Pyramidenbau einst in die Höhe gezogen wurde. Dabei mag daran erinnert werden, daß der ägyptische Priester und Historiker Manetho[8] dem großen Gott Thot (unter dessen griechischem Namen Hermes Trismegistos) die Urheberschaft an 36 525 alten Weisheitsbüchern zuschrieb[9], *eine Zahl, die mit dem Umfang der Pyramidenbasis, ausgedrückt in Pyramidenzoll, genau übereinstimmt.*

Sei dem wie ihm wolle – noch steht die Frage im Raum, welche Absicht eine solche dem Untergang geweihte Kultur wohl verfolgt und welche Botschaft sie der Nachwelt zu übermitteln versucht haben mag. Es liegt nahe, eine Art Warnung oder Rat darin zu

[8] Zitiert bei dem Neo-Platoniker Iamblichos.
[9] Die sogenannten Hermetischen Schriften.

sehen: die Nachgeborenen sollten die Fallstricke vermeiden, die sie selbst in den Untergang gestürzt hatten. Vielleicht aber sollte der nachfolgenden Kultur ein Weg gewiesen werden, der den wahren Fähigkeiten des Menschen und seiner Bestimmung ganz entsprach. Dieses Wissen, so ließe sich folgern, hatte die ältere Kultur zwar errungen, war aber vielleicht nicht fähig oder willens gewesen, es zu nutzen, und wollte es nun wenigstens der Nachwelt zu ihrem Wohl weitergeben.

Diese Deutung ist eine kühne Spekulation, aber sie entspricht immerhin der Heilsfunktion, die der Pyramide in der saïtischen Version des Ägyptischen Totenbuches zugesprochen wird; verwandtes Denken klingt zudem in jüdisch-christlichen Bibeltexten an[10]. Sollte der Planer tatsächlich an Auferstehung und Wiedergeburt in irgendeiner Form geglaubt haben – was nicht auszuschließen ist –, so wäre die Pyramide vielleicht auch aus einem gewissen Eigeninteresse errichtet worden: sie sollte dem Erbauer erworbenes Wissen, dessen er sich in einer späteren Inkarnation vielleicht nicht mehr erinnern könnte, wieder zugänglich machen. Sorge um das Geschick der eigenen Zeitgenossen nach deren Wiedergeburt kann ohnehin als Motiv vorausgesetzt werden.

So gesehen haben Gestalt und Maßverhältnisse der Pyramide die eigentliche Botschaft ihres Planers wohl glaubwürdig machen sollen – als eine Art Legitimation, als ein Beweis dafür, daß „er weiß, wovon er redet". Wo aber steckte dann die Botschaft selbst?

Die Botschaft wird wohl im Inneren der Pyramide zu suchen sein. Von ein paar Steinmetzzeichen an den Quadern der ursprünglich versiegelten oberen Kammern abgesehen, ist im Inneren aber keine einzige Inschrift von den Erbauern hinterlassen worden. Da gibt es lediglich ein System von aufsteigenden, absteigenden und horizontalen Gängen, dazu eine Art Brunnenschacht. Dieses System verbindet die in ihrer Grundform rechteckigen Kammern miteinander (siehe Abbildung S. 28). Von diesem System aus Gängen lassen sich nur Form, Ausmaß, Neigungswinkel, relative Lage und Gesteinsart angeben. Wenn es hier überhaupt eine Botschaft gibt, muß sie im System selbst enthalten sein und ist nicht in einer der

[10] Siehe Kapitel 7.

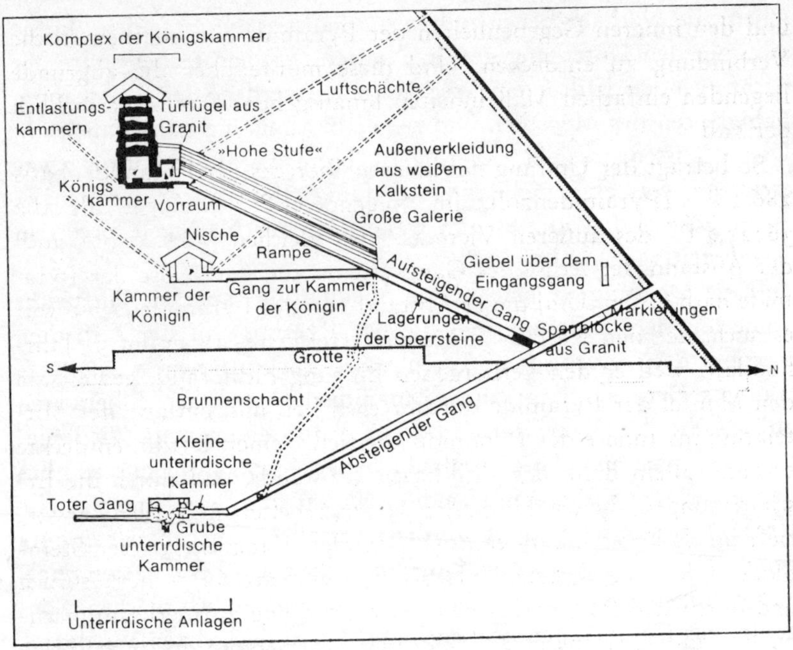

Abbildung 6
Gänge und Kammern im Innern der Großen Pyramide, von Osten gesehen. Schwarz steht für Granit.

heute bekannten Sprachen schriftlich niedergelegt. Aber die besonderen Verhältnisse der Bauteile lassen sich zumindest durch Zahlen zum Ausdruck bringen – in der einzigen wahrhaft universalen Sprache, der *Sprache der Mathematik.* Gleiches gilt für die äußeren Dimensionen. Tatsächlich wäre die Anwendung eines mathematischen Codes ein weiser Entschluß gewesen, denn der Planer konnte nicht voraussehen, wie lange seine eigene Sprache oder Schrift überleben würden. Er wußte aber, daß jede entwickelte Kultur imstande wäre, dem Äußeren der Pyramide Hinweise zu entnehmen, und daß sie über ausreichende mathematische Kenntnisse verfügen würde, um auch die innere Geometrie zu lesen.

Wenn jedoch zwischen dem äußeren Hinweis des Baumeisters und der Botschaft, die er zu übermitteln wünschte, ein Zusammenhang besteht, kann man damit rechnen, auch zwischen den äußeren und den inneren Gegebenheiten der Pyramide eine mathematische Verbindung zu entdecken. Und diese müßte über die zugrunde liegenden einfachen Maßeinheiten hinausgehen. Das ist tatsächlich der Fall.

So beträgt der Umfang des inneren Vierecks der Pyramidenbasis 286,1 P″ (Pyramidenzoll, im folgenden P″) weniger als die 36525,2 P″ des äußeren Vierecks. Den gleichen Wert ergibt auch der Abstand der Achse des Gangsystems von der Achse der Pyramide nach Osten. Und dieser Abstand von der Pyramidenachse war es auch, der den Kalifen al-Mamun irreführte, als er im 9. Jahrhundert, weil er den verborgenen Eingang nicht fand, gewaltsam den Mantel der Pyramide durchbrechen ließ und entlang der Mittelachse ins Innere der Pyramide vorstieß. Seinen Irrtum entdeckte er dann allein dank des glücklichen Umstands, daß durch die Erschütterungen, die das Hämmern seiner Arbeiter im Stollen hervorrief, im daneben liegenden Aufsteigenden Gang ein großer Steinblock – der „verborgene Türsturz" (siehe Seite 69) – herausbrach und durch sein Poltern auf den gesuchten Gang aufmerksam machte. Er fand übrigens einen Teil jener Gangstrecke durch mächtige Steinblöcke versperrt, und erst nachdem er die Sperre mühsam beseitigt hatte, entdeckte er schließlich die Königskammer, die zu seiner Enttäuschung keine Schätze, sondern lediglich einen offenen, leeren und durch keinerlei Schrift ausgezeichneten Sarkophag enthielt. Unterdessen hat man festgestellt, daß die Deckenhöhe der den Aufsteigenden Gang nach oben fortsetzenden Großen Galerie mit dem Abstand des Aufsteigenden Ganges von der Pyramidenachse (jene Eigenart der Anlage, die al-Mamun irreführte) übereinstimmt. Den gleichen Wert weist auch der über dem Boden gemessene Abstand von der Öffnung des unteren Brunnenschachts bis zum unteren Ende des Absteigenden Ganges (östliche Seite) auf[11].

Die Tiefe des Rücksprungs in jeder Mauerfläche an den vier Seiten der Pyramide beträgt 35,76 P″. Dieses Maß deckt sich im In-

[11] Dieser beträgt zudem ein Siebentel des Umfangs der ursprünglichen Gipfelplattform, wie sie sich aus den Höhen der Ausgänge der vier Luftschächte ergibt (siehe S. 220 und S. 157 Fn. 63), ferner ein Achtel des Basisumfangs des Schlußsteins der Pyramide (des Pyramidion) wie im theoretischen Entwurf vorgesehen.

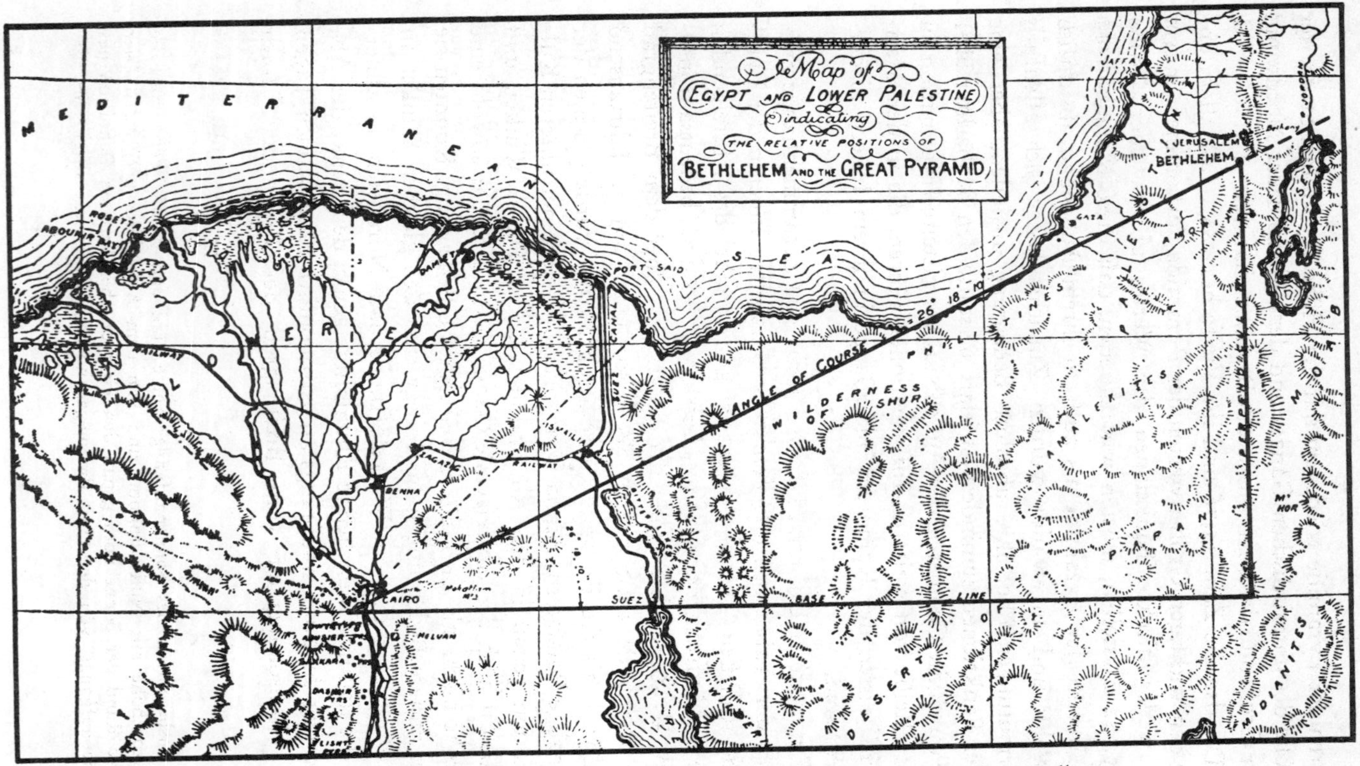

Abbildung 7 Projektion des Neigungswinkels beider Pyramidengänge auf die Fläche der Landkarte.

neren der Pyramide wiederum mit der Höhe der Hohen Stufe, der Höhe des unterirdischen Ganges und dem Abstand der Nordwand der Großen Galerie zur Achse des Brunnenschachtes.

Da also die Zahl 35,76 und ihr Vielfaches 286,1 fast allein unter den wichtigen Größenwerten der Pyramide vorkommen, indem sie weder direkte Funktionen des Wertes pi oder der Größe 365,242 darstellen, müssen wir schließen, daß diese Maße sowohl im Innern der Pyramide als auch an ihrem Außenbau absichtlich gewählt und angewandt wurden. Zunächst lassen sich allenfalls Vermutungen über ihre absolute Bedeutung anstellen, aber eine ihrer Funktionen zumindest ist klar: sie sollte den Beobachter über die durch die Geometrie des Außenbaus vermittelte Information zu einer Reihe von weiteren Informationen führen, die in den Maßverhältnissen der Kammern und Gänge in ihrem Innern niedergelegt sind.

Ein weiterer Umstand läßt auf bestimmte Zusammenhänge zwischen der Außenwelt und dem geheimnisvollen Inneren der Pyramide schließen. Der berechnete Neigungswinkel des Absteigenden wie des Aufsteigenden Ganges beträgt 26°18′9,7″, bedeutsam insofern, als die exakte Höhe des Polarsterns über dem Breitengrad der Pyramide einst diesem Wert entsprach. Im 3. Jahrtausend v. Chr. – als die Pyramide vermutlich erbaut wurde – schien der damalige Polarstern, Alpha Draconis, zur Zeit seiner unteren Kulmination genau in den Absteigenden Gang. Dieser Winkel, und vielleicht auch der Absteigende Gang, haben offenbar sowohl eine astronomische als auch eine chronologische Bedeutung. Könnten sie noch andere Bedeutung haben? Legt man den gleichen Winkel an die Ost-West-Achse mit Winkelöffnung nach Nordosten, so schneidet die dadurch entstehende Rhumblinie genau den Punkt der Abweichung des Sonnenaufgangs an astronomisch bedeutsamen Tagen der Hochsommerzeit vom Breitengrad der Pyramide[12]. Auch

[12] Insbesondere des Sonnenaufgangs am 6. Juni und 7. Juli, wenn man die Horizonthöhe mit Null annimmt und von dem Augenblick ausgeht, da der untere Rand der Sonne noch genau den Horizont berührt (die Definition des Sonnenaufgangs, von der einst die megalithischen Baumeister ausgingen). Er-

schneidet diese gedachte Linie in der Verlängerung verschiedene beziehungsreiche geografische Punkte und läuft überdies durch Bethlehem (siehe Abbildung Seite 30).

Zu behaupten, dies alles sei mehr als bloß Zufall, wird wohl zunächst nur belustigte Skepsis wecken. Immerhin sind wir bereits auf viele andere, nicht minder bemerkenswerte „Zufälle" gestoßen, so daß wir nicht ganz umhin können, hier doch mehr zu sehen als eben bloße Zufälligkeiten: wir halten diese „Zufälle" für Zeugnisse eines bemerkenswerten Wissensstandes.

Hier ist daran zu erinnern, daß die Schlußsteine der bedeutendsten ägyptischen Pyramiden häufig mit Edelmetall überzogen waren, um die Sonne zu symbolisieren. Die Spitzen wurden mit der Sonne identifiziert, die abfallenden Seiten der Pyramide mit ihren Strahlen. Haben die Erbauer der Großen Pyramide absichtlich darauf verzichtet, dieses großartige Symbol unserer Erde mit dem Schlußstein zu krönen, so kann das nur bedeuten, daß sie die Welt als unvollkommen und noch „im Dunkel"[13] befindlich darstellen

rechnet man die scheinbare Sonnenbewegung für das 3. Jahrtausend v. Chr., ging die Sonne damals am 5. Juni und am 8. Juli an diesem Punkt auf.

Interessant ist, daß diese Bestimmung offensichtlich ihr Ziel um 1,7° verfehlt, nämlich den damaligen Sonnenaufgang am Tag der Sommersonnenwende auf 27° 43'N. Ähnlich weicht der gleiche Winkel, nach oben projiziert, vom nördlichen Himmelspol um 3°41' ab (was nicht anders sein konnte, weil der frühere Polarstern, wie der heutige, nicht genau über dem Nordpol stand).

Möglicherweise fiel auch der Sonnenaufgangspunkt in der Sommersonnenwende einmal mit dem genauen Aufgangspunkt der *Venus* zusammen. Sie ist der „Morgenstern", dem verschiedene Weltreligionen und Mythologien besondere Bedeutung zumessen.

Komplexe Berechnungen müßte man anstellen, wollte man bestimmen, ob eine einmalige Verlagerung der Erdachse eine direkte Wechselbeziehung nahelegt zwischen: 1. der minimalen Abweichung von 5' in der Ausrichtung des Bauwerks; 2. der Abweichung von 1,7° vom Sonnenaufgangspunkt am Tag der Sommersonnenwende und der Abweichung vom Himmelspol um 3°41' (ungeachtet der bereits gebotenen Erklärung); 3. der Lage der Pyramide bloß 1'9" Breitengrade (eine gute Meile) südlich des 30. Parallelkreises. Für letzteres mag es eine andere Erklärung geben, nämlich daß die Lage der Pyramide ein Drittel der Erdoberflächen-Entfernung von Äquator zu Pol markieren sollte und nicht ein Drittel des Winkels zwischen ihnen (d. h. 30°). Denkbar wäre auch ein gemittelter Wert zwischen den beiden Positionen (der auch die Abplattung der Erdpole berücksichtigt).

[13] Vgl. die an der Spitze gekappte Pyramide auf der Rückseite des Amtssiegels der Vereinigten Staaten mit dem Hinweis auf eine „neue Ordnung der Zeiten".

wollten. Diese Vermutung bestätigt der Umstand, daß man ihre Dimension bei der Errichtung absichtlich etwas geringer ausfallen ließ. Aus den alten Texten geht hervor, daß der Abschluß des Bauwerkes durch eine Spitze oder Kappe (und damit die Vollendung ihres theoretischen Entwurfs) den Eingeweihten als Symbol für die

Abbildung 8
Symbolische Darstellung des zyklischen Wesens der Zeit. Der „Sonnenwagen" des Hindutempels von Konarak in Orissa ruht auf zwölf solchen Rädern, von denen ein jedes den Zeitzyklus des Tierkreises, etwa 26 000 Jahre, symbolisiert. Der Überlieferung zufolge gehört unser heutiges Zeitalter dem elften der zwölf Zyklen an. Die acht Speichen jedes Rades lassen sich (siehe Seite 41) auf die Reinkarnation des Menschen im Verlauf der verschiedenen Zyklen beziehen.

Rückkehr des Lichtes der Welt und für die messianische Person des auferstandenen Osiris galt. Diese Gleichsetzung von Schlußstein – Sonnenaufgang – Messias klingt auch in einigen jüdisch-christlichen Schriften an, nicht zuletzt im offenen Anspruch des Jesus von Nazareth, der Messias zu sein: „Der Stein, den die Baumeister verworfen haben, der ist zum Eckstein geworden“[14].

Man mag hier vermuten, ob Christus nicht selbst in die ägyptischen Tempelmysterien eingeweiht war und vielleicht auch *die geheime Botschaft der Großen Pyramide kannte.* Und wenn Jesus sie kannte, warum nicht auch seine Eltern und die Sekte der Essener, aus der er wohl hervorgegangen ist? Könnte also die Geburt in Bethlehem etwas mit der über diesen Ort führenden geografischen Rhumblinie und mit dem messianischen Aufstieg eines neuen Zeitalters zu tun haben, könnte sie im Zusammenhang mit diesem Wissen stehen? Das Wissen um diese Zusammenhänge wäre dann der wahre Grund für die eilige Reise der Eltern Jesu bei Herannahen seiner Geburt gewesen. Dies sind nur Vermutungen. Immerhin dürfte der Abschnitt über Moses in Kapitel 9 dieses Buches einige Begründungen zugunsten dieser Vermutungen erbringen, da er aufzeigt, daß schon viele Jahrhunderte vor dem Auszug der Israeliten aus Ägypten ein geistiger Austausch stattgefunden hatte. So mochten wohl auch ähnliche Vorstellungen später den Nazarenern vertraut gewesen sein[15].

Von all den mit der Großen Pyramide von Gizeh zusammenhängenden Tatsachen ist gerade das hier angedeutete prophetische Element am schwersten *a priori* für den modernen Menschen zu ak-

[14] Markus 12, 10; Matth. 21, 42; Psalm 118, 22 (der Vers erinnert erstaunlich an das Osiris-Ritual im *Ägyptischen Totenbuch*).

[15] Durch die Abweichung der verlängerten Rhumblinie vom Sonnenaufgangspunkt zur Sommersonnenwende werden zwei Sommer-Sonnenaufgänge im Jahr markiert anstelle von einem. Die Möglichkeit ist nicht völlig von der Hand zu weisen, daß die Linie symbolisch auf ein zweimaliges Kommen des Messias verweist. Da zwischen den beiden in Frage kommenden Daten eine Periode von etwa 33 Tagen liegt, vergleiche man die spezifische verschlüsselte Bedeutung, die ich der Abweichung von 33,5 P″ (Pyramidenzoll) auf Seite 54 zugrunde lege. Könnte diese Übereinstimmung im Sinne des in den Pyramidenabmessungen niedergelegten Codes ein Signal sein – ein ausdrücklicher Hinweis des Planers auf die Bedeutung dieser Abweichung innerhalb der Pyramide, sowie auch von dem Sonnenaufgangswinkel am Tag der Sommersonnenwende?

zeptieren. Es sei denn, wir gingen, wie die frühen Pyramidenforscher, davon aus, daß die Pyramide vom Göttlichen Baumeister selbst entworfen wurde – oder, wie die alten Ägypter meinten, von seinem Sohn[16]. Selbst Menschen, die über okkulte Fähigkeiten zu verfügen glauben, räumen ein, daß es sehr schwierig ist, exakte Daten und Zeiten vorherzusagen. Auch Jesus von Nazareth war offenbar dieser Meinung (wenn man Matth. 24, 36 folgen will). Nur noch die Astrologie bestimmt Daten so präzise und so weit voraus (siehe Kapitel 6) – allerdings bestreitet die Mehrzahl jener, die „okkultes Wissen" für sich beanspruchen, daß sich die Einflüsse der Gestirne auf das Leben des Menschen auswirken; allenfalls könnten sie bestimmte Grundtendenzen bestimmen.

Man darf freilich nicht den Theorien den Vorrang vor den Tatsachen einräumen. Enthält die Pyramide tatsächlich eine Botschaft, ob prophetischer oder anderer Natur, sollte man sie zu entziffern versuchen. Und hat sich eine Botschaft nachweisen lassen, werden wir nicht umhin können, sie als Tatsache anzuerkennen, auch wenn dann eine jahrhundertealte Theorie aufgegeben und durch eine andere ersetzt werden muß. Vielleicht könnte die neue Theorie zeigen, daß die Botschaft der Pyramide weniger eine Voraussage als eine *Erinnerung* ist – eine „Erinnerung an die Zukunft", wie Erich von Däniken sein erstes Buch genannt hat. Die prophetische Botschaft der Pyramide bestünde dann nicht in einem „So wird es geschehen", als vielmehr in einem „So geschah es einmal" – oder „So wird es immer geschehen" (eine Art der generellen Voraussage, wie wir sie auch in unseren Tagen, zum Beispiel auf dem Gebiet der langfristigen Wetterprognose, kennen).

Und dann werden wir den Kreis geschlossen haben und mit König Salomo sagen: „Alles hat seine Stunde, und es gibt eine Zeit für jegliche Sache unter der Sonne. Eine Zeit für die Geburt und eine Zeit für das Sterben ... Was ist, ist längst schon gewesen, was sein wird, längst war es da, und Gott spürt das Vergangene auf" (Sprüche 3: 1, 2, 15). Geschichte wird hier als zyklischer Ablauf gesehen – eine Sicht, der Hindus, Buddhisten und die alten Völker Zentralamerikas seit undenklichen Zeiten anhängen.

[16] Imhotep, Sohn des Gottes Ptah, des Baumeisters des Universums.

„Alle Monde, alle Jahre, alle Tage, alle Winde erreichen ihre Vollendung und schwinden dahin. Ebenso erreicht alles Blut seinen Ort der Ruhe, so wie es Macht erreicht hat und seinen Thron. Bemessen war die Zeit, da ihnen erlaubt war, den Glanz der Dreiheit zu preisen. Bemessen war die Zeit, da ihnen erlaubt war, das Wohlwollen der Sonne zu erkennen. Bemessen war auch die Zeit, da das Sternennetz auf sie herabblickte. Durch dieses Netz stellten die Götter, in den Sternen gefangen, kontemplative Betrachtungen über sie an, während sie über ihre Sicherheit wachten" (Die Bücher des *Chilam Balam de Chumayel*, ein alter Maya-Text).

2 Die Entschlüsselung der Pyramide

Über die inneren und äußeren Abmessungen der Großen Pyramide, über ihre Besonderheiten und ihre symbolische Bedeutung, sind Bände geschrieben worden. Der Leser wird sehr genaue Darstellungen der Pyramide finden bei J. und M. Edgar, *The Great Pyramid Passages and Chambers*, bei D. Davidson und H. Aldersmith, *The Great Pyramid*, in Adam Rutherfords fünfbändigem Werk *Pyramidology* und in William Flinders Petries berühmten Buch *Pyramids and Temples of Gizeh*.[1]

Vor allem Rutherford machte sich die Tatsache zunutze, daß die Größe *pi*, die dem Entwurf durchgehend zugrunde liegt, theoretisch mit einer ins Unendliche reichenden Genauigkeit errechnet werden kann. So führt er in seinen Werken Messungen an, die, fast auf ein Zehntausendstel Zoll genau, lange Zahlenreihen hinter dem Komma aufweisen. Sogar Petrie ging noch im 19. Jahrhundert bei seinen Berechnungen an die Grenze des Absurden, um zu möglichst exakten Ergebnissen zu gelangen. Viele Monate verbrachte er an Ort und Stelle, ausgestattet mit Feldmeßinstrumenten und Meßlatten – von Batterien von Thermometern ganz zu schweigen, mit denen er seine Zahlen nach der unvermeidlich mit jeder Temperaturschwankung verbundenen Ausdehnung und Zusammenziehung zu korrigieren bestrebt war. Tatsächlich haben die fast fanatischen Anstrengungen späterer Forscher, Petries Werte noch zu verbes-

[1] Man vergleiche auch Peter Tompkins' umfassenden und reich illustrierten Bericht über die verschiedenen Versuche, die Geheimnisse der Pyramide zu ergründen. Deutsch: *Cheops*, München 1975.

sern, die Große Pyramide zu dem am exaktesten und minutiösesten vermessenen Bauwerk der ganzen Welt werden lassen.

Was ihre mutmaßliche Botschaft betrifft, so haben sich alle hier angeführten Werke mit diesem Thema beschäftigt. Rutherford, der mit modernsten Mitteln arbeiten konnte, ist bei weitem am überzeugendsten. Er ist auch am lesbarsten und umfassendsten in seiner Darstellung. Irritierend mag es für manche Leser sein, daß er, wie die Mehrzahl seiner Vorgänger, die Botschaft der Pyramide ausschließlich im Sinne der jüdisch-christlichen Schriften deutet und noch dazu aus brav fundamentalistischer Sicht. Es geht aber wohl nicht an, ein Monument von so offensichtlich universalem Charakter allein auf diese einseitige Deutung zu beschränken. Die Fragwürdigkeit dieser These hat viele Kritiker auf den Plan gerufen. Der Verdacht wurde laut, die Zahlen dieser Pyramidologen seien unter dem Einfluß ihrer vorgefaßten religiösen Meinung zustande gekommen; man hätte die Pyramide lieber für sich sprechen lassen sollen, auch wenn Unorthodoxes dabei herausgekommen wäre.

Zum Glück jedoch verfügen wir über Kontrollen – und noch dazu von einer unumstrittenen Autorität. Denn gerade der Ägyptologe Flinders Petrie hatte triftige Gründe für die außerordentliche Exaktheit seiner Vermessung der Pyramide. Es ging ihm in erster Linie darum, die Thesen seines Vaters, des Ägyptologen William Petrie, zu entkräften. Anders als dieser glaubte er nicht, daß die Pyramide eine Botschaft verkörpere, geschweige denn eine christliche: Das große Bauwerk sei nichts anderes als ein Königsgrab. Diese Gegenthese war gewiß emotional gefärbt; sie war die Rebellion des Sohnes gegen den Vater, ebenso hinderlich für die Erkenntnis, wie bei anderen Pyramidologen die religiösen Tendenzen. Hier aber lag die Motivation für seine langen und geduldigen Bemühungen, seine minutiösen Messungen, seine sorgsam aufgezeichneten Ergebnisse. Diese zumindest sind über jeden Verdacht erhaben, denn sie sind nicht im geringsten von religiöser Voreingenommenheit diktiert. Ganz im Gegenteil: gerade er sollte sogar den Pyramidenzoll und die Heilige Elle verwerfen. Petrie zufolge hat es sie nie gegeben; zumindest seien die Erbauer bei Entwurf und Konstruktion der Großen Pyramide nie von diesem Maß ausgegangen.

Nach Petrie hat es kein Pyramidenforscher mehr gewagt, an den Fakten herumzudeuteln. Petrie selbst hatte die Maße der Pyramide in einer Kombination von englischen Fuß und Zoll und ägyptischer Königselle ausgedrückt, hatte dabei aber zwei Dinge außer acht gelassen: Erstens ging gerade aus seinen eigenen Daten hervor, daß die Erbauer in einer ganzen Anzahl von Fällen unzweifelhaft von Pyramidenzoll und Heiliger Elle ausgegangen waren. Denn rechnete man seine Zahlen wieder in diese Maße um, zeigte sich, daß Petries Daten die mathematischen Berechnungen früherer Pyramidenforscher hinsichtlich der Dimensionen der Pyramide bis ins letzte bestätigten. Sofern sich die Interpretationen der Botschaft der Pyramide seitens der Pyramidenforscher später in irgendeiner Weise als ungenau oder einseitig erwiesen haben, dann lag der Fehler nicht in den Berechnungen, sondern in deren Deutung durch die Pyramidologen, an ihrer allzu unbedenklichen Subjektivität.

Wenn einem Forscher die eigenen Prämissen ungewollt doch unwiderruflich von den erbittersten Gegnern bestätigt werden, so ist das ein Glücksfall. Einem Theoretiker wird das nur selten zuteil. Daß eine solche Bestätigung aber gerade von dem hervorragenden Gelehrten Petrie selbst kommen sollte, war eine Wendung der Dinge, die nicht einmal die optimistischsten Pyramidologen zu erhoffen gewagt hätten.

Die Hauptausmaße der Pyramide waren also nicht länger Gegenstand der Diskussion, und es bedurfte nur noch der Arbeit späterer Forscher, die über fortschrittlichere Techniken verfügten und günstigere lokale Bedingungen antrafen, um die Daten auf den heutigen Stand höchster Präzision zu bringen. Unter diesen Forschern hat Adam Rutherford am meisten aus der Arbeit früherer Forscher Gewinn ziehen können, wie er auch seinen eigenen, keineswegs geringen Beitrag an Ort und Stelle erbracht hat. In der Tat entsprechen die von ihm für die Pyramide ermittelten Daten dem neuesten Stand und dürften aller Voraussicht nach als endgültig zu bezeichnen sein. Seine Zahlen sind es auch, die diesem Buch als Grundlage dienen. Es galt, sie daraufhin zu prüfen, ob sie auf einem konsequenten Code basieren, und in diesem Fall die mutmaßliche Botschaft zu entschlüsseln.

Wenn ein Baumeister 100 000 Leute bei freier Verpflegung über eine Zeit von zwanzig Jahren hinweg beschäftigt (wenn man Herodot folgen will)[2] oder sechshundert Jahre (wie von Däniken aufgrund ebenso spärlicher Anhaltspunkte mit größerer Aussicht auf Stimmigkeit annimmt), um eine Botschaft aus Stein zu hinterlassen, dann hat er Dinge von ganz außerordentlicher Bedeutung mitteilen wollen. So wird er sich zuerst eine auf einem absolut klaren und konsequenten Code basierende Planzeichnung gemacht haben. Sollte ein bestimmtes Maß oder ein arithmetischer Faktor einen bestimmten Inhalt vermitteln, dann mußten sie auch entsprechend Anwendung finden und nicht mehr oder weniger beliebig nach ästhetischen Gesichtspunkten eingesetzt werden. Das wiederum bedeutet, daß die Verwendung des Faktors wahrscheinlich nicht weniger Aufschlüsse erlaubt als der Faktor selbst. Auch seine Addition, Subtraktion, Multiplikation und Division wird als solche signifikant sein und ihre eigene Bedeutung haben. Daraus folgt, daß auch nicht die geringste Einzelheit des Entwurfs, (anders als die Realisierung durch den Bauhandwerker) ohne bewußte Absicht entstanden ist. Wurde an einer bestimmten Stelle ein gegebenes Maß oder ein gegebener Winkel angewandt – zum Beispiel bei der Höhe des Ganges – geschah dies jeweils aufgrund genauer Überlegung und aus einem bestimmten Grund, über den wir im Rahmen unserer Interpretation werden nachdenken müssen.

Schon Adam Rutherford weist in seiner *Pyramidology* auf eine Reihe von Maßen hin, die ihm in dieser Hinsicht symbolische Bedeutung zu haben scheinen. So ist 286,1 P″ zum Beispiel genau jenes Maß, um das der Basisumfang der Pyramide in Wirklichkeit kürzer als im theoretischen Entwurf vorgesehen ausfiel (was an den Basisfundamenten noch zu erkennen ist). Wenn wir davon ausgehen, daß die Eingeweihten antiker Mysterien in der schließlichen Vollendung des Monuments nach seinem Gesamtentwurf die Rückkehr des *Lichts* in eine verfinsterte Welt sahen, so wäre denk-

[2] Wie schon andere Kommentatoren bemerkten, hätte dies bedeutet, daß *mindestens* alle zwei Minuten am Tage ein großer Steinquader hätte verlegt werden müssen – ein Tempo, das bei keiner der uns bekannten Techniken möglich wäre, schon gar nicht angesichts der Akkuratesse, die die Steinmetzen der Pyramide an den Tag legten.

bar, daß dieses Licht tatsächlich durch das Maß 286,1 P″ ausgedrückt werden wollte. Wir werden also das verschiedentliche Vorkommen dieser Größe dahingehend untersuchen müssen, ob und in wieweit sie jeweils *Licht* oder *Erleuchtung* symbolisiert.

Die Größe 35,76 P″ dagegen, auf die wir schon hinwiesen, beträgt genau ein Achtel der Größe 286,1 P″. Könnten wir also die Bedeutung der Zahl 8 ermitteln, mögen wir eine Art Wegweiser zur Bedeutung des Abstands 35,76 P″ erhalten. Wie nun Rutherford deutlich machte, wurde die Zahl 8, in der christlichen Zahlenmystik zumindest, stets der Auferstehung zugeordnet. In den feröstlichen Religionen bedeutet sie indes eher die fortgesetzte physische Wiedergeburt (siehe die hinduistische Darstellung des Rades des Sonnenwagens auf S. 33). Es erscheint daher in diesem Stadium durchaus begründet, die Größe 8 einer übergeordneten Kategorie zuzuordnen: der *Wiedergeburt.* Geht man dann davon aus, daß der Divisionsvorgang dem Begriff *durch* entspricht (das heißt einem Agens), könnte die Entfernung 35,76 P″ soviel wie 286,1 : 8 = *Erleuchtung durch Wiedergeburt* bedeuten.

Wie Rutherford bemerkt, tritt im Gangsystem der Pyramide das Maß 35,76 P″ stets vor dem Maß 286,1 auf. Mit anderen Worten scheint das Maß 286,1 P″ stets zu 35,76 P″ hinzuführen. Könnte man dies dann in dem Sinn deuten, daß die *Erlangung von Erleuchtung* folgerichtig zur *Erleuchtung durch Wiedergeburt* hinführt, – einer erleuchteteren nächsten Inkarnation entgegen? Diese Vorstellung wäre gewiß mit den Lehren des Hinduismus und Buddhismus von Reinkarnation und Karma in Einklang zu bringen – mit der Lehre des heutigen Christentums freilich nicht. Jedenfalls dürfen wir der Entfernung 35,76 P″ zuschreiben, daß sie *erleuchtete Inkarnation* bedeutet.

Gleichzeitig wäre zu bedenken, daß der Basisumfang des fehlenden Schlußsteins, der Pyramidenspitze, genau 8 x 286,1 P″ betragen hätte. Wenn wir nun dem Vorgang der Multiplikation ebenfalls eine wörtliche Bedeutung unterlegen – nämlich die des Wörtchens *von* – würde der Schlußstein, wenn er an seinen Platz gelangt wäre, die *Wiedergeburt der Erleuchtung* symbolisieren. Dies war genau die Bedeutung, die die Eingeweihten damals der abschließenden Bekrönung der Pyramide beimaßen.

Die Zahl 5 dagegen ist, wie Rutherford vermerkt, die Pyramidenzahl *par excellence.* Die theoretische Pyramide hat fünf Ecken und fünf Seiten: vier Seitenflächen und eine Grundfläche. Jede Seitenfläche zeigt einen deltaförmigen Rücksprung, eine dreieckige Vertiefung von einem Fünftel ihrer Größe, und der Faktor 5 erscheint auch in ihren inneren Abmessungen immer wieder – nicht zuletzt in der Heiligen Elle selbst, die 5^2 P″ beträgt. Doch dürfen wir nicht vergessen, daß die Große Pyramide von mehr als 5 Flächen begrenzt wird, da ihr die Spitze fehlt: Erst wenn sie ihrem Entwurf entsprechend abgeschlossen wäre, wenn der Schlußstein, der selbst die Form einer fünfseitigen Pyramide hat, dem Bau eines Tages noch hinzugefügt würde, hätte sie ihre vollkommene Gestalt. Die Bedeutung der Zahl 5 scheint eng auf die Funktion der Pyramide selbst bezogen, insbesondere auf die *Geburt der Erleuchtung*, die selbst wieder mit der Hinzufügung des Schlußsteines zu tun hat. Wenn man für 5 provisorisch „Initiation", „Eingeweihter" oder „Lichtbringer" lesen wollte, dürfte dies den ursprünglichen Sinn wohl treffen. Die Symbolik der fünfeckigen und fünfseitigen Schlußsteine deutet ja an, daß es die spezifische Funktion dieses Lichtbringers ist, eine unvollkommene Welt durch die Macht jener Erleuchtung zur Vollkommenheit zu läutern. Daß hier eine Parallele zum Messias-Gedanken besteht, wird hinreichend deutlich, gleich, ob sich dieser in der Gestalt des ägyptischen Osiris, des Vischnu der Hindu, des Quetzalcoatl Mexikos, des Maitreya der Buddhisten, des zarathustrischen Shausyant oder ihrer uns vertrauten jüdisch-christlichen Erscheinungsform verwirklicht. Infolgedessen wird die Zahl 5 über ihre allgemeine Bedeutung „Initiierter" oder „Eingeweihter" hinaus vermutlich auch im Zusammenhang mit bedeutenden messianischen Gestalten auftreten, – die wir dann als Große Eingeweihte oder Noch-zu-Erwartende bezeichnen werden. Gleichzeitig jedoch sollten wir unabhängig nach einem codierten Hinweis, nach der „speziellen" Bedeutung für den Eingeweihten suchen.

So könnte also die Tatsache, daß die Decke der Großen Galerie aus 40 (8 x 5) deutlich abgesetzten Steinplatten besteht, dahingehend gedeutet werden, daß die Galerie symbolisch in irgendeiner Weise mit der Wiedergeburt eines Eingeweihten zusammenhängt.

Diese Decke ist genau 1836 P″ – oder 153 x 12 P″ lang. Die Zahl 12 entspricht in allen jüdisch-christlichen heiligen Schriften dem Begriff *Menschheit.* So gab es zwölf Stämme Israels und zwölf Apostel, die ihnen das Evangelium bringen sollten.[3] Ebenso steht die Zahl 153 seit alters in Beziehung zum Christentum, zumindest was den Begriff des *Erleuchteten* betrifft, – es waren 153 Fische, die Simon Petrus in seinem Netz aus dem See Genezareth zog, wie das Ende des Johannesevangeliums festhält.[4] Nehmen wir einmal an, daß in diesen beiden Zahlenverbindungen Elemente einer älteren Zahlenlehre erhalten blieben, dann wäre es denkbar, daß die Länge der Decke der Großen Galerie *die Erleuchteten der Menschheit* oder sogar die *Erleuchtung der gesamten Menschheit* bedeutet.

Die Tatsache, daß die Große Galerie direkt zur Hohen Stufe führt – die wiederum 35,76 P″ hoch ist –, verweist auf einen Zusammenhang zwischen den Bedeutungen *Wiedergeburt des Eingeweihten* (8 x 5) und der erleuchteten Inkarnation (35,76 P″) von den *Erleuchteten der Menschheit* (153 x 12 P″). Wenn zudem die Oberfläche der Hohen Stufe und der Boden des Königskammerkomplexes, in den sie übergeht, genau in der 153sten Steinschicht unter jener Gipfelplattform liegt, die vermutlich den messianischen Schlußstein tragen sollte, so läßt sich daraus schließen, daß diese Ebene ausdrücklich den *erleuchteten Wiedergeborenen* unter Führung des künftig *Kommenden* vorbehalten wurde. Da außerdem die beiden niedrigen Teile des zur Königskammer führenden Ganges insgesamt 153,057 P″ lang sind, dürfte dieses dreimalige Vorkommen der Zahl 153 nicht auf Zufall beruhen.

[3] Die Zwölfzahl spielt bei der genealogischen Gliederung von Völkern und Stämmen bis nach Westafrika und Indien eine große Rolle.

[4] 153 ist die Summe der Zahlen 1 bis 17. Sie ist auch das Ergebnis von 9 x 17. Während die Quersumme von 9 und 17 addiert ebenfalls 17 ergibt, ergibt die Quersumme von 153 den Wert 9, und ebenso beträgt die Quersumme von 1 und 17 zusammen 9. Gleiches ist der Fall bei 2 und 16, 3 und 15, 4 und 14 ... und gilt für jedes folgende derartige Zahlenpaar. Die Mittelzahl dieser Reihe ist dann 9, deren Bedeutung im Kontext der Pyramide „*Höchste Vollkommenheit*“ zu sein scheint. Es mag sein, daß die Zahl 153 dieser Reihe „mathematischer Zufälle“ ihre „spezielle“ Bedeutung verdankt. Seltsamerweise scheint der Zahl 17 indes im Gangsystem der Pyramide keine eigene Bedeutung zuzukommen.

Interessant ist auch die Symbolik von aufwärts/abwärts und rechts/links, auf die Rutherford ebenfalls verwies. Seiner These zufolge sollen „aufwärts“ und „rechts“ das Fortschreiten zur Erleuchtung bedeuten, während „abwärts“ und „links“ das Gegenteil versinnbildlichen, nämlich menschliche Niedrigkeit, alles Negative und „Finstere“.

Die Anwendbarkeit dieser These scheint ihre Gültigkeit zu beweisen. Wie wir sahen, verläuft die Achse des gesamten Gangsystems 286,1 P″ links (in östlicher Richtung) von der Pyramidenachse – was nahelegt, daß sie den Pfad jener darstellt, die ihre Erleuchtung einbüßten. Allein in der Königskammer und in der Unterirdischen Kammer ist es möglich, in westlicher Richtung bis an die Pyramidenachse vorzudringen. Offenbar boten diese Kammern eine höchste Möglichkeit zur Wiedererlangung der Erleuchtung – vielleicht eine Möglichkeit, der Sterblichkeit und der physischen Welt überhaupt zu entrinnen. Dafür spricht, daß die Königskammer lediglich einen leeren Sarkophag ohne Deckel enthält (und vermutlich nie etwas anderes enthalten hat). Doch vor dem Zugang zur Königskammer liegt die Hohe Stufe, die einen Anstieg des Wegs um 35,76 P″ bewirkt. Auch ihr geht am unteren Ende der aufwärts führenden Großen Galerie (deren aus 40 Steinplatten bestehende Decke 1863 P″ lang ist) in der Decke ein Aufwärtssprung von 286,1 P″ voraus. Das Freiwerden von der Sterblichkeit wäre nach dieser Deutung eng an die fortschreitende Erleuchtung gebunden, die dann weiter in einer erleuchteten Inkarnation, in der Wiedergeburt des oder der Eingeweihten, ihren Ausdruck fände.

Wer aber ist es, der diese verschiedenen Inkarnationen durchlebt? Und wer ist es, der an Erleuchtung gewinnt oder einbüßt, Unsterblichkeit erlangt oder verspielt? Kurz, wer ist dieser Dahingeschiedene?

Ganz bestimmt nicht der Pharao Cheops. Denn wenn der König wirklich jemals in oder unter der Pyramide begraben wurde, dann an einem verborgenen Ort (wie die ägyptische Priesterschaft stets betont hat) und nicht in irgendeinem Teil des bekannten Systems von Gängen und Kammern, mit dessen symbolischer Bedeutung wir uns hier befassen. Es scheint hier überhaupt nicht um irgendeine bestimmte Person gegangen zu sein. Gänge und Kammern der Großen Pyramide dürften den altägyptischen Eingeweihten als Stadien der Initiation in die Mysterien einer geistigen Welt gegolten haben. Und diese Initiation scheint den Seelen der Toten gleichermaßen zugänglich gewesen zu sein wie dem lebenden Anwärter, der mit Leidenschaft die Einweihung in die heiligen Mysterien des Priestertums herbeisehnte. Das Gangsystem der Pyramide war eine Art Wegekarte für die Seele, bot Einübung für die spirituelle Erfahrung der Mysten, zu der auch der Gang durch die Unterwelt bis zur schließlichen Wiedergeburt gehörte.

Sicher gibt es keine klaren Beweise dafür, inwieweit dem Entwurf des Gangsystems derartige Gedanken und Vorstellungen zugrunde gelegen haben. Es spricht aber vieles dafür, daß der Pyramide zu einer bestimmten Zeit – entweder physisch oder symbolisch – eine initiatorische Funktion im Rahmen alter Mysterien zukam. Das wichtigste Zeugnis in dieser Hinsicht bietet die saïtische Version des *Ägyptischen Totenbuches,* in dem der Gang der Seele durch die Unterwelt geschildert wird: Sie muß ein System von Hallen und Gängen durchmessen, das dem der Großen Pyramide überraschend ähnlich ist[5].

Es folgt hier eine Übersicht der identifizierbaren Gänge und Kammern, die unter ihren Bezeichnungen im *Totenbuch* (links) und den heute üblichen Namen (rechts) wiedergegeben werden.

Ein Vergleich ergibt verblüffende Hinweise auf ihre vermutliche symbolische Bedeutung. (Siehe auch Abbildung S. 28).

Das Hinabsteigen	Absteigender Gang
Der doppelte Saal der Wahrheit	Aufsteigender Gang und große Galerie
Die Pforte des Aufstiegs	Eingang zum Aufsteigenden Gang

[5] Nach der Überlieferung wurde das Original des *Totenbuches* von Thot, dem großen Gründervater Ägyptens, verfaßt. Sofern das *Totenbuch* essentiell mit der spirituellen Botschaft der Großen Pyramide übereinstimmt, läßt sich denken, daß Thot selbst die Pyramide entwarf und in ihr gewissermaßen sein geistiges Testament in Stein hinterließ. Die mathematische Beziehung zwischen der Anzahl seiner Schriften und den Abmessungen der Pyramide (siehe S. 26) bestärkt uns in dieser Vermutung.

Der Saal der Wahrheit in Finsternis	Aufsteigender Gang
Der Saal der Wahrheit im Licht	Die Große Galerie
Die Kreuzung der reinen Wege des Lebens	Schnittpunkt von Aufsteigendem Gang und Gang zur Königinkammer
Die Quelle des Lebens	Der Brunnenschacht
Das Königsportal (Kulmination der Sonnenbahn)	Eingang des Ganges zur Königskammer
Der Gang des Schleiers	Der Gang zur Königskammer
Die Kammer des dreifachen Schleiers	Vorkammer
Die Kammer der Wiedergeburt Die Kammer des östlichen Horizonts Die Kammer des offenen Grabes	Königskammer
Der Pfad des Hervortretens der erneuerten Seele	Gang zur Kammer der Königin
Die Kammer der Erneuerung Die Kammer der Wiedergeburt Die Kammer des Mondes	Kammer der Königin
Die Kammer der Prüfungen Die Kammer des Zentralfeuers	Unterirdische Kammer
Die geheimen Wohnstätten des Verborgenen Gottes	Entlastungskammern

Für die altägyptischen Eingeweihten versinnbildlichte das innere Gangsystem offensichtlich die Prüfungen, die die Seelen der Verstorbenen in der Unterwelt bestehen mußten. Dennoch ist nicht sicher, daß diese Auffassung von dem Baumeister der Pyramide angestrebt wurde. Vielmehr scheinen sich die Elemente der Gangsymbolik sowohl auf die Erleuchteten der Menschheit (die Decke der Großen Galerie mit ihren 153 x 12 P″) als auch auf ihre unerleuchteten Widersacher (die Ostwärts-Verlegung des gesamten Gangsystems um 286,1 P″) zu beziehen. Wenn diese Symbolik sich aber auf Erleuchtete wie Unerleuchtete bezieht, heißt dies: Ihr Sinngehalt schließt die *gesamte Menschheit* ein.

Ferner gibt der Baumeister durch die Maßverhältnisse der Pyramide ausdrücklich zu erkennen, daß sein Bauwerk ein Abbild des Erdplaneten selbst ist. Wenn also das innere Gangsystem den Entwicklungsweg der menschlichen Seele symbolisiert, dann ist seiner Anlage zu entnehmen, daß sich diese Entwicklung nicht in einer mythischen Unterwelt vollzieht, sondern *hier auf Erden*. Da dieses System offenbar die verschiedenen Möglichkeiten eines Fortschreitens zur Erleuchtung oder der Abwendung vor ihr zum Ausdruck bringt, erhält unsere Annahme mehr Gewicht. Denn die Mehrzahl der Religionen der Welt glaubt gemeinsam, daß das Schicksal der Seele allein von ihrem Bemühen in der stofflichen Welt hier auf Erden abhängt.

Man mag sich fragen, welche Meinung der Baumeister der Pyramide vom Zustand der menschlichen Seele wohl gehabt hat. Leider eine ziemlich schlechte. Die Pyramide ist nach außen hin als Grab entworfen, ausgestattet mit einem Sarkophag. Zur Gefangenschaft in ihrem Gangsystem verurteilt ist die menschliche Seele. Die gigantische Größe des Bauwerks erscheint unter diesem Aspekt angemessener, denn sie erhebt sich als Symbol nicht über irgendeinen vergessenen Pharao – sie steht für uns alle. Die Gänge der Pyramide bedeuten „den Weg der Toten“ – doch die Toten sind wir.

Der Baumeister hat keine Mühe gescheut, dies zum Ausdruck zu bringen. Nicht nur hat er das gewaltige Monument als Grab getarnt und damit ganze Generationen von Historikern in die Irre geführt, er ließ besondere Sorgfalt walten, indem er den Eingang in die neunzehnte Steinschicht verlegte, die selbst fast 38 P″ (2 x 19 P″) hoch ist. Die Zahl 38 wird, wie Rutherford hervorhebt, in der Bibel etwas vage in Verbindung mit Krankheit und Tod gebracht, ebenso die Zahl 19. Die innere Geometrie der Pyramide könnte bestätigen, daß der Zahl 19 hier eine Todesbedeutung zugelegt wird, vielleicht weil man sie zum neunzehnjährigen Finsterniszyklus des Mondes in Beziehung setzte, wodurch die lebenspendende Sonne dank des Mondes regelmäßig zu „sterben“ scheint.

Der „Dahingeschiedene“ ist also der Mensch. Das „Leben“, das er einbüßte, ist vermutlich die Unsterblichkeit, die er durch den offenen Sarg in der Königskammer wieder zu gewinnen vermag.

Wie sein geistiger Tod den Verlust der Erleuchtung bewirkt, was die Verlagerung des gesamten Gangsystems nach Osten hin zum Ausdruck bringt, so scheint die Wiedergewinnung der Unsterblichkeit durch den Zuwachs an Erleuchtung bedingt. Dies drückt sich in der Höhe der Großen Galerie aus, durch die allein man in die „Kammer der Auferstehung" gelangt. Und das bedeutet, daß nur ein bestimmes „Wissen" den Menschen „freisetzen" kann.[6]

Man könnte in dem Gangsystem eine Art Plan für die „seelische Evolution" des Menschen sehen. Das wäre eine brauchbare Ausgangshypothese. Aber dann müssen wir das ganze System als eines erkennen, das *jedes Menschen Seele* real durchlaufen muß, wie dies auch die Eingeweihten des Altertums taten. Denn wäre es bloß eine Art abstraktes Symbolbild der „Durchschnittsseele" oder des geistigen Zustands der Menschheit im allgemeinen, dann hätte die Sache lediglich ein gewisses allgemeines und akademisches Interesse. Jede Seele muß also wirklich den Eingang passieren und kann nicht „entkommen", ehe sie nicht in der einen oder anderen entsprechenden Kammer Unsterblichkeit gewann. Jede Seele wird offensichtlich vor eine Reihe von Entscheidungen gestellt und muß im gegebenen Zeitraum in den irdischen Bezügen verweilen. Wenn diese Zeit ein normales Menschenleben überschreitet (was wahrscheinlich ist, siehe Seite 50), wäre daraus zu folgern, daß sich jede Seele im Verlauf ihres Ringens um Unsterblichkeit viele Male verkörpert. Und da die Hauptgänge allesamt zwei Königsellen breit sind (2 KE = 41,21 P"), dürfte dieses Maß die Wiederverkörperung oder *Reinkarnation der menschlichen Seele* symbolisieren. Doch die Tatsache, daß die Große Galerie an ihrer breitesten Stelle *vier* Königsellen mißt, läßt vermuten, daß die Galerie die gleichzeitige Reinkarnation *zweier Seelen* versinnbildlicht, und diese Tatsache muß mit der Gesamtinterpretation, zu der wir schließlich gelangen (siehe Seite 129), in Einklang gebracht werden.

So dürfte denn auch eine Wendung um 2 KE nach links eine *Wiedergeburt in die Sterblichkeit* anzeigen, und gleiches gilt für die Senkung um dieses Maß (die Senkung der Decke am Eingang zum

[6] Vergleiche Johannes 8, 32: „Ihr werdet die Wahrheit erkennen, und die Wahrheit wird euch frei machen."

„Gang des Schleiers"), da „links" wie „tiefer" Symbole für die Sterblichkeit sind.

Ein weiterer von Rutherford ermittelter symbolischer Faktor ist der von ihm so genannte Todesfaktor. Er wird dargestellt durch die vertikale Höhe des Eingangs (37,995 P" oder fast genau 2 x 19 P") und ist ein Maß, das „das ganze abwärtsführende Gangsystem durchdringt". Da aber diese Abmessung nichts anderes ist als die vertikale Komponente einer jeden parallel zum Böschungswinkel der Pyramide (51°51'14,3 P") vom Boden zur Decke verlaufenden Linie, so würde es logisch entsprechen, ihre horizontale Komponente innerhalb des absteigenden Ganges (29,8412 P") ebenfalls mit dem Tod gleichzusetzen. Man könnte daher vielleicht damit rechnen, auf Beispiele für die Anwendung dieser Abmessung in diesem Sinn zu treffen.

So läßt sich Schritt für Schritt eine ganze Skala möglicher symbolischer Faktoren der inneren Abmessungen der Großen Pyramide ermitteln – Faktoren, die nach der alten Wissenschaft der okkulten Zahlenkunde (deren berühmtester Protagonist, Pythagoras, sein Wissen vermutlich zeitgenössischen ägyptischen Priestern verdankt) in wechselseitiger Beziehung stehen. In der Pyramide wie auch in anderem okkulten Zusammenhang bedeutet etwa die Zahl 2 *Produktion* oder *produktiv*, die 3 *vollkommen, vollendet* oder *höchst*, die 7 *geistige Vollkommenheit*, die 10 *Millennium* oder *Ewigkeit* und die 12 *Menschheit*. Die Zahl 6 scheint trotz ihrer traditionellen Zuordnung zur leiblichen Erfüllung in diesem Fall *Vorbereitung*, und somit in ihrem geistigen Sinn *Unvollkommenheit* oder gar *Unvermögen* zu bedeuten, so wie nach hebräischer Überlieferung sechs Tage der Vorbereitung der irdischen Schöpfung dienen, die ohne den siebenten Tag spirituell unvollständig bliebe. Addition, Subtraktion, Multiplikation (= *von*) wie auch Division (= *durch*) haben also alle ihre eigene unmittelbare Bedeutung.

Insofern scheint eine ziemlich wörtliche und unverschleierte Auslegung der vielfältigen symbolischen Details der Pyramide durchaus möglich zu sein – allerdings unter der Voraussetzung, daß unsere Ausgangshypothesen zutreffen und dem Entwurf der Pyramide eine Art Code zugrunde liegt, der sich rekonstruieren läßt.

Dieser Code hätte in sich folgerichtig zu sein: An Funktionen wie $6 = 2 \times 3$; mit der mutmaßlichen Bedeutung *Vorbereitung bewirkt Vollendung* ließe sich ein solcher Code leicht erproben.

Darüber hinaus wäre wohl noch eine Zeitskala zu berücksichtigen. Da die alten Königslisten alle wichtigen Dimensionen der Pyramide enthalten, ausgedrückt im Verhältnis 1 Jahr gleich 1 Pyramidenzoll, dürfte eine ähnliche Zeitskala auch im Gangsystem stecken. So besteht ein Zusammenhang zwischen der Summe der Grundflächendiagonalen der Pyramide, ausgedrückt in *Pyramidenzoll*, und der Dauer des Präzessionsumlaufs der Erde, ausgedrückt in *Jahren*. Die provisorische Hypothese, daß jeder Pyramidenzoll (entlang dem Boden der Gänge gemessen) einem Jahr entspricht, scheint also brauchbar. Die Länge des betreffenden „Jahres" wird durch die Pyramide selbst auf 365,242 Tage festgelegt, so daß sogar die „Chronographie" der Pyramide als eine unmittelbare Funktion der astronomischen Verhältnisse der Erdbahn angesehen werden könnte, wie sie in den äußeren Ausmaßen des Bauwerks (das heißt in dem von der Pol-Achse abgeleiteten Zollwert und dem äquinoktialen Jahr mit seinen 365,242 Tagen) festgelegt ist.

Allerdings hat der Planer der Pyramide anscheinend gegen eine verfrühte Entzifferung der Botschaft Vorkehrungen getroffen. Rutherford sah sich an bestimmten Punkten mit einem Wechsel der jeweiligen Skala konfrontiert, der durch die verschiedenen Abstufungen der Gänge angezeigt war. Über das Verhältnis der jeweiligen Stufe zur neuen Skala machte er jedoch keine klaren Angaben. Wenn allerdings die Stufen auf einen Wechsel der Skala hinweisen sollten, dann müßten die Dimensionen einer jeden Stufe auf irgendeine Weise die Beziehung zwischen alter und neuer Skala zum Ausdruck bringen. Die Umrechnungsformel wird aber nur in Relation zu historischen Datenfolgen ermittelt werden können, und die Hauptschwellen scheinen in der Chronographie der Pyramide relativ spät zu liegen, die letzten Schwellen sogar erst vor etwa vierzig Jahren überwunden worden zu sein. Damit kann aber die Konstruktion und Verifikation einer Gesetzesmäßigkeit des Skalenwechsels zumindest versucht werden.

Was den Ausgangspunkt betrifft, haben jüngste Untersuchungen der Gestirnsstände ergeben, daß die „Markierungen" im ersten Teil des Absteigenden Ganges astronomisch auf 2141 v. Chr. (Frühlings-Tagundnachtgleiche) zu datieren sind[7]. Rechnet man nun ein Pyramidenzoll pro Jahr zum Eingang der Pyramide hin zurück, so fällt der Eingang selbst zeitlich in die bekannte Regierungszeit des Pharao Cheops oder Chufu, der als Erbauer der Pyramide gilt.

Die hier umrissene Grundlage für eine symbolische Interpretation der inneren Anlagen der Pyramide muß sich nunmehr in ihrer Anwendung bewähren. Zunächst muß eine klare Bestätigung des vorgeschlagenen „rekonstruierten" Codes und seiner Symbolik nach den angedeuteten Richtlinien gegeben sein. Dann folgt die Lesung des Codes, wie sie jeder entsprechend programmierte Computer zu leisten vermag. Ergibt schließlich das Resultat einen Sinn, dürfen wir Zufälligkeit ausschließen und folgern, daß die rekonstruierte Botschaft mit der Mitteilungsintention des Baumeisters der Pyramide übereinstimmt. Die prognostischen Elemente, die in ihr enthalten sein mögen, werden durch späteren Erweis ihrer Richtigkeit rückwirkend auch die Deutung des Codes erhärten.

Im folgenden wird eine Rekonstruktion des Pyramidencodes versucht, die sich hauptsächlich auf eine kritische und erschöpfend überprüfte Analyse der Rutherfordschen Daten stützt.

Hypothetische Rekonstruktion des Codes

Die Pyramide = der Planet Erde.
Der Schlußstein (5 Spitzen, 5 Seiten) = Der Kommende oder der Große Eingeweihte; Geburt der Erleuchtung.
Die Gänge und Kammern = das Fortschreiten der Seele auf den Ebenen irdischer Existenz.

Richtungssymbolik

Südwärts = Das Fortschreiten der Seele durch die Zeit.
Nordwärts = Rückkehr in die physische Existenz.

[7] Siehe S. 70 und vgl. Rutherford in dieser Hinsicht.

Abwärts nach links Ostwärts	= Abstieg zum Bösen, geistiger Niedergang, Verneinung, Wiedergeburt in die Sterblichkeit.[8]
Aufwärts nach rechts Westwärts	= Fortschreiten zu Erleuchtung und Unsterblichkeit.[8]

Architektonische Merkmale der Gänge

Auf- und absteigende Gänge, Neigungswinkel 26°18′9,7″ = fortschreitende Entwicklung der Seele im Lauf der Zeit, ein Pyramidenzoll pro Jahr.

Waagerechte Gänge = „Einsatzsteine" bezeichnen den Moment, da bestimmte Entwicklungsebenen erreicht sind (siehe Ebenen).

Senkrechte Stufen an den Gangeingängen = Wechsel der Zeitskala (mit Geltung bis zur nächsten Stufe), die auf dem Verhältnis der Stufenhöhe zur nächstgelegenen Grundeinheit der vorherigen Skala basiert: (a) Stufen nach oben = mehr Zeit pro Zoll; (b) Stufe nach unten = weniger Zeit pro Zoll.

Senkrechte Stufen im Innern des Ganges = zeigt die für den ganzen jeweiligen Gang geltende Grundskala an.

Nicht-senkrechte Stufen = Wechsel der Skala, trigonometrisch durch Projektion der vorherigen „abfallenden" Skala auf den waagerechten Fußboden des neuen Ganges errechnet.

Kragstufen verjüngen die Räume nach oben = „teleskopartige" Strukturen, die ursprünglich als „zusammengeschoben", dann aber durch eine innere Kraft zu ihrer vollen Höhe auseinandergeschoben gedacht werden müssen, (vgl. die Sarkophage späterer Zeit, bei denen wie bei dem „chinesische Nester" genannten Spielzeug ein Schrein den nächsten umgibt).

Horizontale Eintiefungen auf halber Wandhöhe = Lager für den „gleitenden Fußboden", die anzeigen, daß derjenige, der die be-

[8] Diese Deutungen stimmen mit der bekannten Symbolik des weit späteren Grabes des Tutenchamon überein, – siehe C. Desroches Noblecourt, *Tutankhamen*, o. O. o. J., S. 246.

zeichnete Ebene erreicht hat, bis zum Ende des betreffenden Gangabschnitts nicht mehr absteigen muß.

Vertikale Eintiefungen an den je gegenüberliegenden Seiten des Ganges = Vorkehrung für Fallsteinplatten zur Schließung des Ganges nach Erfüllung seines Zweckes.

Blockierungen = müssen beseitigt werden, ehe man weiter fortschreiten kann.

Kalkstein = Der Weg der physischen Welt; Raum und Zeit.

Granit = Das Wirken der geistigen Welt; das Göttliche, Ewigkeit.

Geglättete, jedoch nur grob bearbeitete Oberflächen = Erde, Welt, das Irdische.

Unebene Bodenflächen = keine spezielle Zeitskala, oder eine nur annähernde.

Unregelmäßig geformte obere Flächen der Einsatzsteine aus Granit (wie Bruchflächen wirkend) = das „von oben Gesandte", Botschaft oder Bote aus den „geistigen Ebenen".

Kammern = Zeiträume der endgültigen Entscheidung.

Giebelkammern (7 Wände, 10 Ecken) = Erlangung der Erleuchtung, Entrinnen, Ewigkeit.

Kammern mit flachem Dach (6 Wände, 8 Ecken) = die Pforte zu höheren Ebenen durch Wiedergeburt (kein Endzustand).

Offene Särge = Befreiung aus Sterblichkeit und leiblicher Existenz; Versetzung auf höhere Ebenen.

Hintere Enden des Ganges = Ende der auf den rechten Weg sich beziehenden Botschaft.

Luftschächte = Befreiung aus der Sterblichkeit und der physischen Welt.

Markierungen = Anfang der Botschaft an die Nachwelt.

Ebenen

Ebene des Fußbodens der Königinkammer = Ebene des Lebens oder der potentiellen Erleuchtung.

Ebene des Daches der unterirdischen Kammer = Ebene des Todes oder der nichterleuchteten Sterblichkeit.

Geometrische Symbolik (alle Abmessungen in Pyramidenzoll)

1 n (1/100 einer Königselle) = 0,206066″ = ein Jahr auf granit-

nen Böden (wie aus der geometrischen Symbolik des Königskammerkomplexes hervorgeht).[9]

1″ (1 Pyramidenzoll = 1,00106 englische Zoll) = ein Jahr (nur für die Auf- und Absteigenden Gänge).

20,6066″ = 1 Königselle = (a) waagerecht, 100 Jahre (100 n), (b) senkrecht, Tod oder Geburt.

25″ (5 x 5) = der Große Eingeweihte oder das messianische Ideal.

29,84″ = Tod, Sterblichkeit (waagerechte Komponente des *pi*-Winkels, wenn in Aufsteigenden und Absteigenden Gängen vorkommend).

33,5″ = die messianische Präsenz oder die Präsenz des Avatara (siehe Fn 15, S. 34).

35,76″ (286,1″/8) = Auswirkung auf das Karma durch Gewinn oder Verlust an Erleuchtung, wie er sich bei der nächsten Wiedergeburt offenbart; erleuchtete/nichterleuchtete Reinkarnation.

37,995″ = Tod, Sterblichkeit (senkrechte Komponente des *pi*-Winkels in Aufsteigenden und Absteigenden Gängen).

41,21″ = 2 Königsellen = (a) waagerecht, Ergebung in Sterblichkeit und Wiedergeburt, Aufsichnehmen der Bürde der sich reinkarnierenden Seele. (b) senkrecht, „der Schleier", der tatsächlich zweifache Durchgang vom Leben zum Tode und ins Leben zurück und umgekehrt – also zweimal 1 Königselle.

67,59″ = Höhe des „zur spirituellen Reife gelangten Menschen".

286,1″ (35,76 x 8) = Gewinn oder Verlust an Erleuchtung.

365,242″ = eine Zeit, ein Zeitalter.

1881,24″ = Entwicklungsunterschied zwischen blinder Sterblichkeit und Erleuchtung, oder zwischen Erleuchtung und endgültiger Befreiung von der Sterblichkeit (die Distanz zwischen der Ebene des Todes und der Ebene des Lebens: siehe *Ebenen* und S. 218).

5448,736″ = die unvollendete oder unvollkommene Welt.

26°18′9,7″ = der messianische Plan für die menschliche Evolution (Bethlehem-Winkel).

51°51′14,3″ = das Göttliche, der Geist (Böschungswinkel der Pyramide oder *pi*-Winkel).

[9] Das „n" wurde bekanntlich von den alten Ägyptern als Unterteilung der Königselle benutzt, die selbst ein Hundertstel der Seitenlänge eines Arure-Quadrats betrug.

Quadrat oder Rechteck = das Stoffliche.
Kreis = das Geistige, Himmlische oder Ewige.
Kreis und Quadrat gleichen Inhalts ineinander verschränkt = Stoffliches und Geistiges in Übereinstimmung gebracht.
Geometrische Projektionen durch Stein hindurch = symbolische Querverweise.

Arithmetische Symbolik

1 = Einheit, das Eine. (Alle anderen Codezahlen sind unmittelbare Funktionen dieser Grundeinheit, – ein Umstand, der ihrer symbolischen Anwendung zugute kommt.)
2 = Produktivität, Zeugung, Hervorbringen, Bewirken.
3 = vollkommen, höchst, vollständig.
π (3,1412) = Ewigkeit, das Ewige, das Göttliche, das Geistige (siehe Kreis).
4 = stofflich, irdisch (siehe Quadrat).
5 = Einweihung, Initiation, ein Eingeweihter oder ein messianischer Führer; der Große Eingeweihte (in Verbindung mit der Abmessung 33,5″ – siehe dort).
6 = Vorbereitung, in spirituellem Sinn Unvollständigkeit oder Unvollkommenheit.
7 = ewige oder spirituelle Vollkommenheit.
8 = Wiedergeburt.
9 = höchste Vollkommenheit (3^2).
10 = Ewigkeit, ein Millennium (Die Geheimlehre versteht unter einem Millennium nicht 1 000 sondern 100 000 Jahre. A.d.Ü.), ein messianisches Zeitalter.
11 = stoffliche Wirklichkeit, Verwirklichung, Leistung.
12 = alle Menschen, die Menschheit, der wahre Mensch.
19 = Tod, Sterblichkeit.
25 = der Große Eingeweihte oder der Kommende, das messianische Ideal (5^2).
99 = Kulmination, Höhepunkt.
100 = höchster Lohn oder schrecklichste Vergeltung.
153 = der Erleuchtete, Erleuchtung.
1000 = gleich 10.
Addition = hinzugefügt, und, mit, gibt Anstoß für etwas.

Substraktion = ohne, entziehen, mindern.
Multiplikation = von, Mal.
Division = durch, hindurch (wirkende Kraft).
Quadrat = beispielhaft, in unendlichem Maße, vollkommen, höchst.
Quadratwurzel = das Wesen von etwas, der Anfang, die Saat.

Test auf Stimmigkeit und Folgerichtigkeit

6 = 2 x 3 Vorbereitung erzeugt/bewirkt Vollkommenheit – gut.
8 = 2 x 4 Wiedergeburt erzeugt Irdisches – annehmbar.
10 = 2 x 5 Das Millennium bringt den Eingeweihten hervor – gut.
12 = 2 x 6 Die Menschheit bringt Unvollkommenes hervor – gut.
12 = 3 x 4 Der Mensch ist die Vervollkommnung des Irdischen – d. h. der Höhepunkt der irdischen Evolution – gut.
286,1 = 8 x 35,76 Erleuchtung führt zur Wiedergeburt eines Erleuchteten – annehmbar.
8 + 12 = 2 x 10 Die Wiedergeburt, von allen Menschen „erlebt", zeugt (dauert) ein Millennium – annehmbar.
25 – 6 = 19 Unvollkommenheit, gemessen am messianischen Ideal (?) ist Tod – gut.
4 x 4 = 2 x 8 Hochgradiges Verhaftetsein am Irdischen führt zur Wiedergeburt – gut.
4 x 5 = 2 x 10 Der terrestrische Große Eingeweihte d. h. die Wiedergeburt des Kommenden (?) – bewirkt den Beginn eines neuen Millenniums – gut.
8 x 5 = 10 x 4 Die Wiedergeburt des Eingeweihten oder Kommenden fällt zusammen mit dem Beginn eines irdischen Millenniums – gut.

Die innere Schlüssigkeit dieser Ergebnisse läßt eine Anwendung des Codes auf die Pyramide und ihr Gangsystem experimentell lohnend erscheinen.

Zerlegung in Faktoren

Einige Maßzahlen können in eine Reihe von Faktoren zerlegt werden. So kann beispielsweise die 12 in 1 x 12, 12 x 1, 2 x 6, 6 x 2, 3 x 4 oder 4 x 3 zerlegt werden, die 40 in 4 x 10, 10 x 4, 5 x 8 oder

8 x 5. Es wird dabei vorausgesetzt, daß im Rahmen des Codes keine Maßzahl in mehr als zwei Faktoren aufgegliedert wird.

Jeder Wert läßt eine Reihe von alternativen Deutungen zu, denen zunächst einmal gleiches Gewicht beigemessen werden muß. Betrachten wir die Maßzahlen indes im Zusammenhang mit den sie umgebenden architektonischen Gegebenheiten, werden wir feststellen können, daß die eine Aufgliederung symbolisch weit sinnfälliger ist als ihre Alternativen – und insofern können wir die jeweilige Aufgliederung als die *in diesem Zusammenhang* richtige identifizieren.

Genau dies geschieht auch im Alltag mit den uns vertrauteren Wortsymbolen unserer Umgangssprache. Für sich genommen sind die Wörter oft ohne Bedeutung, weil es allzu viele Möglichkeiten der Interpretation für sie gibt. Das Wort „Feuer" zum Beispiel kann in mindestens viererlei Sinn gebraucht werden – von den Sinnabwandlungen dieses Wortes in seiner Verbindung mit anderen ganz zu schweigen. Linguistische Untersuchungen haben ergeben, daß wir uns bei der Sinndeutung unserer Wörter fast ausschließlich auf den Kontext oder Zusammenhang verlassen. Gleiches gilt auch für die verschlüsselte Sprache der Pyramide.

Maßtoleranzen

Die Pyramide wurde in all ihren Teilen mit außerordentlicher Präzision erbaut. Man darf indes nicht erwarten, daß diese Präzision absolut ist. Wir müssen uns vielmehr fragen, welche Maßtoleranzen ihre Erbauer einräumten und welche Abweichungen sich dann in der Praxis ergaben.

Untersuchungen der inneren Anlagen der Pyramide lassen vermuten, daß es beim Bemühen um Genauigkeit offensichtlich Prioritäten gab. So dürften zum Beispiel die Fußbodenlängen, das heißt die chronologische Datierung, in allen Fällen Vorrang vor anderen Gesichtspunkten gehabt haben; hier scheinen nur minimale Abweichungen von nicht mehr als einem Tausendstel Zoll gemessen worden zu sein. Doch ganz allgemein ist es trotz mehr als vier Jahrtausenden mit ihren Erdbewegungen, Verschiebungen und Verformungen (siehe Abbildung S. 154) noch heute möglich, aufgrund trigonometrischer Berechnung die Abmessungen des ursprünglichen Entwurfs exakt zu rekonstruieren. Andere sich aus dem geometrischen und arithmetischen Code ergebende Aspekte scheinen dabei der grundsätzlichen Zielsetzung untergeordnet worden zu sein, denn im Hinblick auf andere symbolische Elemente und Querbezüge hat man anscheinend einen geringeren Grad an Genauigkeit walten lassen, insbesondere dann, wenn man in Konflikt mit den chronologischen Erfordernissen geriet.[10] Auch werden sich bei den Gängen die Abmessungen der Fußbodenlinie am wenigsten unter der Einwirkung von Bodenbewegungen im Laufe der Zeit verändert haben, wie Vermessungsingenieure feststellen konnten.

Es gibt deutliche Anzeichen dafür, daß Code-Hinweise ganz allgemein im Entwurf nur in ganzzahligen Zoll ausgedrückt wurden. Anscheinend pflegte man eher nach unten abzurunden als nach oben aufzurunden – eine Gepflogenheit, für die auch Davidson und Aldersmith aufgrund ihrer Beschäftigung mit der Chronologie der Königslisten Beweise zu haben glauben. Im Fall des geometrischen Codes kam es weniger auf Annäherungswerte als auf ganzzahlige Zollwerte an, sofern die Differenz noch im Rahmen der im Entwurf eingeräumten Toleranzen lag.

So gibt es Fälle, in denen 286,1 P″ anscheinend auf 286 P″ abgerundet wurden, während man 67,50 P″ bisweilen verwendet, als wären sie nur 67 P″ und 29,84 P″ als wären sie 29 P″. Fälle dieser Art treten ziemlich oft bei mathematischen Funktionen auf, in denen geometrische mit arithmetischen Faktoren kombiniert werden – so bei arithmetischen Multiplikaten geometrischer Größen symbolischen Inhalts, wie auch bei Abmessungen, die offensichtlich direkte Hinweise auf den arithmetischen Code beinhalten (siehe Fn 10, S. 58). In der Praxis enthält also der arithmetische Code, so weit wir sehen, ganzzahlige Versionen aller Größen des geometrischen Codes.

[10] Man vergleiche die Länge des unteren Abschnitts des Ganges zur Königskammer (insgesamt 153,057 P″ lang), die anscheinend eine Zeitperiode und zugleich arithmetisch den Erleuchteten (153) bedeuten soll. Dies läßt vermuten, daß die Entfernung chronologisch stimmig sein mußte. Symbolisch war jedoch der 153ste Zoll das Entscheidende.

Bedeutung der Steinschichten des Kernmauerwerks

Die 203 Steinschichten der Pyramide zwischen Basis und Gipfelplattform sind jeweils von unterschiedlicher Höhe. Da es architektonisch zweifellos einfacher gewesen wäre, sich für ein einziges durchgehendes Maß zu entscheiden, darf man vermuten, daß diese unterschiedlichen Höhen der Schichten nicht auf Willkür beruhen, sondern sich zwingend aus der symbolischen Bedeutung ergaben. Sowohl die Anzahl der Schichten als auch ihre Höhe mögen also im Rahmen des Pyramidencodes ihre mathematische Bedeutung haben.

Gewisse Schichten scheinen unmittelbar zu bestimmten Lagen innerhalb des Gangsystems in Beziehung zu stehen, während andere für die äußere Geometrie der Pyramide eine bestimmte Bedeutung erkennen lassen. Andererseits haben sorgfältige Messungen ergeben, daß

a) die Höhe der Steinschichten, selbst wenn man von stellenweisen Senkungen absieht, auch ursprünglich um Bruchteile variierte.
b) die Gangebene (im Gegensatz zu deren Öffnungen nach außen) meistens nicht genau mit den Ober- oder Unterkanten der Schichten in einer Ebene lagen.
c) die ursprünglichen Schichten des Kalksteinmantels ebenfalls nicht immer genau an die Ober- oder Unterkanten der Steinschichten des Pyramidenkerns anschlossen.

Es schien also wohl nicht nötig, das Kernmauerwerk mit der gleichen Akkuratesse aufzuschichten, mit der Kalksteinmantel und Gänge ausgeführt wurden, da es vielleicht lediglich als „Füllwerk" dienen sollte.

Zieht man indes (b) und (c) und ebenso die offensichtlich beabsichtigten erheblichen Unterschiede in der Höhe der einzelnen Steinschichten in Betracht, wäre dennoch daran zu denken, ob nicht das Gangniveau möglicherweise ursprünglich mit den Ober- und Unterkanten der Schichten der Bemantelung korrespondierte, so daß diese *zumindest annäherungsweise* in gleicher Ebene mit den Schichten des Pyramidenkerns gelegen hätten. Wir müßten dann noch heute in der Lage sein, an Hand der erhaltenen Struktur den Verlauf der wichtigsten architektonischen Gegebenheiten der Gänge im Verhältnis zur nächstgelegenen Steinschicht zu bestimmen und zugleich einen durchschnittlichen Wert für die Dicke jener Steinschicht in Pyramidenzoll zu ermitteln, soweit Senkungen und Veränderungen durch frühere Erdbeben dies zulassen.

Um ein Beispiel herauszugreifen: Das Fußbodenniveau der Königinkammer – provisorisch als „Ebene des Lebens" gedeutet – liegt 846,0654 P″ über der Pyramidenbasis. Architektonisch könnte das Niveau des Fußbodens daher sowohl der 24ten Steinschicht (deren Basis etwa 820,4 P″ über der Pyramidenbasis liegt), als auch der 25ten zugeordnet werden (deren Basis in 852,7 P″ und deren Oberfläche etwa in 885 P″ Höhe über der Pyramidenbasis liegt). Der nächstgelegene Bezugspunkt wäre in diesem Fall also die Fuge zwischen den beiden Schichten. Die 24te Schicht hat eine Höhe von 32 P″, die 25te eine von etwas mehr als 33 P″.

Wir dürfen also das Fußbodenniveau der Königinkammer dem symbolischen Bezug nach vermutlich der 24ten Schicht zuordnen, auf der die 25te ruht. Das heißt, sie der physischen Unvollkommenheit und/oder dem Bereitsein (6 x 4) gleichzusetzen, aus denen der (wahre?) Mensch und das messianische Ideal oder der Große Eingeweihte einst hervorgehen wird (5^2). Gleichzeitig gibt der Durchmesser der 24ten Schicht (32 P″) sich dem symbolischen Gehalt nach als zur physischen Wiedergeburt (8 x 4) gehörend zu erkennen. Die altägyptische Bezeichnung dieser Kammer als „Kammer der Wiedergeburt" scheint dies zu erhärten; sie führt zu „vollkommener Leistung" oder zur „Erlangung des Vollkommenen" (11 x 3).

Es folgt nun eine Aufstellung der wichtigsten Niveauwerte der Gänge und jener Schichten, denen sie am ehesten zuzuordnen sind. Diese approximativen Gleichsetzungen gelten durchweg dem symbolischen Gehalt.

Gänge etc.	*Niveauhöhe, inhaltlich*	*Steinschicht, durchschnittliche Höhe*[11]
Basis-Schicht	Schicht 1	58 P″ (2 x 29)
Ungefährer Mittelpunkt der Granitsperrblöcke und oberer Rand der Grotte im Brunnenschacht	Basis von Schicht 7	41 P″ (2 Königsellen)

Fußbodenniveau der Königinkammer (Ebene des Lebens)	Oberfläche von Schicht 24 (6 x 4)	32 P″ (8 x 4)
	Basis von Schicht 25 (5^2)	33 P″ (3 x 11)
Höhe der Königinkammer Nord- und Südwand	Oberfläche von Schicht 30 (6 x 5 oder 3 x 10)	28 P″ (7 x 4)
Höhe des aus dem Querschnitt der Pyramide abgeleiteten Arure-Parallelogramms	Achse von Schicht 35 (7 x 5)	50 P″ (10 x 5)
Schicht über der 35ten	Schicht 36 (6^2 oder 3 x 12)	41 P″ (2 Königsellen)
Fußboden der Königskammer	Oberfläche von Schicht 50 (10 x 5)	28 P″ (7 x 4)
Decke der Königskammer	Basis von Schicht 60 (6 x 10 oder 5 x 12)	28 P″ (7 x 4)
Öffnungen der Luftschächte der Königinkammer am Rand des Kernmauerwerks	Schicht 90 (9 x 10)	38 P″ (2 x 19)
Öffnungen der Luftschächte der Königinkammer im Pyramidenmantel	Schicht 91 (7 x 13)	35 P″ (7 x 5)
–	Schicht 100 (10^2)	35 P″ (7 x 5)
Öffnung des nördlichen Luftschachts der Königskammer am Rand des Kernmauerwerks	Schicht 101 (100 + 1)	33 P″ (11 x 3)
Öffnung des südlichen Luftschachts der Königskammer am Rand des Kernmauerwerks	Schicht 102 (100+2?)	28 P″ (7 x 4)
Öffnung des nördlichen Luftschachts der Königskammer im Pyramidenmantel	Schicht 103 (100+3?)	29 P″
Öffnung des südlichen Luftschachts der Königskammer im Pyramidenmantel	Schicht 104 (100 + 4? oder 8 x 13)	26 P″ (2 x 13?)
Gipfel-Plattform	Oberfläche der Schicht 203 (7 x 29)	21 P″ (3 x 7)

[11] Auf ganzzahlige Pyramidenzoll abgerundet und unter Voraussetzung einer bautechnischen Toleranz von mindestens 0,1 P″ (Pyramidenzoll).

Mögliche Verfahren bei der Entschlüsselung

Für den Versuch, die mutmaßliche Botschaft der Pyramide an die Nachwelt zu entschlüsseln, stehen vor allem zwei Wege zur Verfügung, von denen jeder seine Schwierigkeiten hat. Entweder beschreibt und analysiert man lediglich solche Gegebenheiten, die für unmittelbare Funktionen des postulierten Codes zu halten sind – die Kritik wird dann vielleicht einwenden, daß dabei alle Auffälligkeiten, die nicht zur These passen, einfach vernachlässigt werden. Oder man kann jede denkbare Einzelheit des Gangsystems, mögen ihre mathematische und symbolische Bedeutung auch nebensächlich, fragwürdig oder vage erscheinen, einzeln aufführen und abzuschätzen versuchen. In diesem Fall wird dann bemängelt werden, daß hier die Fakten den Theorien entsprechend zurechtgebogen worden seien.

Ich habe mich hier für den zweiten Weg entschieden, und zwar weil ich meine, daß der intelligente Leser, kennt er erst einmal alle Fakten, durchaus imstande ist, selbst zu entscheiden, was er für relevant hält und was nicht. Und hat er sie erst einmal kritisch durchmustert, vermag er selbst zu beurteilen, wie weit die gewonnenen Schlüsse aufgrund des gegebenen Beweismaterials gerechtfertigt sind. Ich hielt es allerdings für angebracht, gewisse Gegebenheiten, deren mögliche Bedeutung mir selbst zufällig, bestenfalls bloß zweifelhaft erscheint, mit einem Fragezeichen zu versehen.

3 Die Pyramide beginnt zu sprechen

Wenn wir die Botschaft der Pyramide nach unserem Code zu entschlüsseln versuchen, gehen wir am besten so vor, daß wir die Aufgabe aus der Sicht des damaligen archaischen Adepten sehen, der seine Initiation in die Mysterien der Pyramide herbeisehnte. Wir nähern uns der Pyramide von ihrer Nordseite und treten so in sie ein, wie er es getan haben würde: mit prüfendem Blick für jede Besonderheit, der wir begegnen. Einer allgemeinen Beschreibung der Details wird dann eine einfache Deutung im Sinne des rekonstruierten Codes folgen. Alle Abmessungen werden durchweg in Pyramidenzoll wiedergegeben, jener Maßeinheit, die der Baumeister ursprünglich benutzte (1 P″ sind 1,00106 Inches oder englische Zoll, also 2,54 cm). Stets wird davon ausgegangen, daß sich der Ablauf der Zeit in unserem Fortschreiten entlang der Mittellinie der Fußböden der verschiedenen Gänge darstellt.

Allgemeine Beobachtungen

Nähert sich der fingierte Initiand an einem Sommertag um die Mittagszeit dem Gizeh-Plateau, sieht er die Große Pyramide schon von weitem leuchten – ein riesiges, fast weiß schimmerndes Bauwerk, das die Strahlen der Sonne weithin über Wüste und Nildelta reflektiert (siehe Seite 383). Er wird sich dem Eindruck nicht entziehen können, hier einen „Artefakt“ einer „höheren Welt“ vor sich zu haben und wird dessen strahlendes Licht nicht als physikalisches Phänomen, sondern als spirituelles „Licht der Welt“ verstehen.

Der Initiand jener Zeit wird überrascht gewesen sein, die strahlende Pyramide ohne krönende Spitze, ohne den abschließenden Schlußstein zu sehen, der bei anderen Pyramiden häufig vergoldet war und die Sonne symbolisierte. Es war ihm aber sogleich klar, daß dies einer bestimmten Absicht entsprach. Die symbolische Bedeutung dieses enormen Bauwerks konnte nur die sein, das „unvollendete Haus der menschlichen Bestimmung" darzustellen. Der fehlende Schlußstein hätte dann auf eine krönende Leistung verwiesen, die erst mit dem Advent eines neuen Zeitalters zu erwarten war.

Gehen wir davon aus, daß der Initiand die Regeln des Codes bereits kannte; er wird dann versucht haben, ihn auf das anzuwenden, was er im Folgenden sah. Die unvollendete Pyramide hatte acht Ecken und sechs Seiten (unter Einschluß der Grundfläche und der Gipfelplattform): ein Symbol also der Wiedergeburt, der Unvollkommenheit oder der vorbereitenden Wiedergeburt. Käme jedoch der Schlußstein hinzu, wäre sie ein fünfseitiges, fünfeckiges Bauwerk und damit Sinnbild für die Geburt der Erleuchtung oder die messianische Tat. Die vier Fassaden wären endlich im Gipfel vereint – wohl Hinweis auf die schließliche Befriedung der Menschen. Der Schlußstein, der diese Umwandlung symbolisieren könnte, hätte selbst fünf Ecken und fünf Seiten und stünde für den Großen messianischen Eingeweihten – jene „Sonne", die den Anbruch eines neuen und glorreichen Zeitalters des Friedens herbeiführen würde[1].

Bei näherem Studium der äußeren Maßverhältnisse der Pyramide wäre der Initiand erstaunt, daß die Abmessungen kürzer ausgefallen sind, als sie den deutlich markierten Eckpfannen nach hätten sein sollen, und daß diese Differenz genau der Strecke entspricht, um die Eingang und Gangsystem in östlicher Richtung von der Mittellinie der Pyramide abweichen. In dieser Abweichung vom idealen Entwurf wird er ein Symbol für die Unvollkommenheit des gegenwärtigen menschlichen Zustands erblickt haben.

Eine Bestätigung dieser Vorstellung hätte er aus den Abmessungen selbst gewinnen können. Denn der Gesamtentwurf der Pyrami-

[1] Der Begriff der Pyramide dient noch heute als Symbol für eine Hierarchie mit nur einem Mann an der Spitze.

de, ihre Ausrichtung wie alle ihre Gegebenheiten waren als direkte Funktionen der grundlegenden geophysikalischen Daten und des Gestirnumlaufs gedacht. Das gewaltige Bauwerk war offenbar als ein Abbild der Erde in Harmonie mit ihrer kosmischen Umwelt konzipiert. Indes war für den Initianden zu sehen, daß der Plan nicht völlig verwirklicht war; man hatte den Bau absichtlich kleiner gemacht, wobei der Durchmesser der Grundfläche um insgesamt 286,1 P″ kürzer ausgefallen war. Symbolisch mochte ihm das bedeuten, daß unser Planet nur dann zu seiner wahren kosmischen Harmonie gelangen würde, wenn das *Licht* auf der Welt wiederhergestellt wäre.

Die offenkundige Symbolgestalt der Pyramide, die nach ihrer gesamten Innenanlage als Grab gedacht war, hat ihn wohl die Gänge als Wege der dort Bestatteten (oder Eingeschlossenen) durch die stoffliche Welt verstehen lassen. Der noch ausstehende Abschluß des Baues durch den Schlußstein mochte ihm jene Zeit ankündigen, in der die dort Begrabenen endlich von den „Toten“ auferstehen und ihr spirituelles Erbe antreten würden. Der nach Erleuchtung Strebende hatte in der Symbolsprache des Grabmals eine Erklärung des Monuments zur Hand, ohne daß ihm damit auch schon die entscheidende Information vorzeitig enthüllt worden wäre. Er mußte erst noch den notwendigen Entwicklungsstand erreichen, um die Pyramide nach ihrem vollen Sinn zu erfassen und daraus Gewinn zu ziehen.

Des Codes kundig hätte der Besucher den fast 38″ (2 x 19) hohen Eingang in der 19ten Schicht des Mauerwerks gesucht. Er hätte ferner die Abweichung der Achse um 286,1″ in östlicher Richtung (links) von der Mittelachse der Pyramide dahingehend gedeutet, daß die Gänge den Weg der geistig Toten darstellten. Die Heranziehung der heiligen Schriften der alten Ägypter, vor allem der saïtischen Version des *Totenbuches*, hätte ihm weiter bestätigt, daß die Gänge als Symbolisierung des Entwicklungsganges der Seelen der „Toten“ aufzufassen seien.

Ein Blick nach oben ließ den Initianden erkennen, daß die 35ste Schicht der Decksteine der Ummantelung mächtiger war als die über und unter ihr gelegene (siehe Abbildung Seite 18 und Text). Ganze 50 Pyramidenzoll war sie hier mächtig. Und die nächste

Schicht darüber war zwei Königsellen stark. Aus dem Code war abzuleiten, daß die 35ste Schicht, deren Achse genau 25 (oder 5^2) Zoll zwischen Ober- und Grundfläche verlief, bei einem Fünftel der Gesamthöhe der Pyramide lag. Die Zahl 35 (5 x 7) entsprach der geistigen Vollkommenheit des Initianden, entsprach auch der Möglichkeit, durch Wiedergeburt Gewinn oder Verlust an Erleuchtung zu erfahren (35,76 P″ = 286,1 P″/8). Gleichzeitig war das Maß 50 P″ als Symbolisierung des messianischen Zeitalters (10 x 5) und/oder des Erscheinens des Großen Eingeweihten selbst (2 x 5^2) zu interpretieren.

Die nächsthöhergelegene, 2 Königsellen messende Schicht, die auf der 35sten ruhte, mußte daher zur Sterblichkeit in symbolischer Beziehung stehen. Als 36ste Schicht des Mauerwerks bezog sie sich nicht nur auf die Vollkommenheit des Menschen (3 x 12) sondern zugleich auch auf seine äußerste Unvollkommenheit (6^2). Dabei war der Unterschied zwischen der Zahl 36 und 35,76 genügend gering, um Gewinn oder Verlust an Erleuchtung durch Wiedergeburt anklingen zu lassen.

Der Initiand hätte aus den ihm zugänglichen Informationen über diese beiden Mauerwerkschichten folgende Bedeutungen ableiten können:

Untere (35ste) Schicht

(1) Anzahl der Schichten von der Basis aus	35 (7 x 5)	Geistige Vollkommenheit des Initiierten
(2) Dicke der Schicht	50″ (10 x 5 oder 2 x 5^2)	Das Millennium der Initiierten, aus dem der Große Eingeweihte hervorgeht
(3) Entfernung der Schichtachse von der Basis	1162.6″	
(4) Entfernung der Schichtachse von der Basis	(365,242″ x 10)/π	Ein Millennium, durch das Geistige und das Göttliche hervorgerufen
(5) Entfernung der Schichtachse von der Basis	Volle Höhe der Pyramide / 5	Eine durch Initiation vervollkommnete Welt

(6) Grade Länge der Pyramidenseite nach theoretischem Entwurf in der Höhe der Schichtachse	2 x 365.242″ x 10	Entstehen eines Millenniums
(7) Entfernung der Achse von Ober- und Grundfläche der Schicht	25″ (5^2″)	Der Große Eingeweihte oder das messianische Ideal

Obere (36ste) Schicht

(8) Schichtzahl von der Basis aus	36 (3 x 12 oder 6^2)	Menschliche Vollkommenheit, äußerste Unvollkommenheit
(9) Dicke der Schicht	41,21″ (2 KE)	Sterblichkeit
(10) Lage der Schicht	auf der unteren	erhebt sich aus/beruht auf
(11) Beide Schichtzahlen können auch zu der geometrischen Größe 35,76″ in Beziehung stehen	286,1″/8	Erleuchtung durch Wiedergeburt

Aus diesen Daten hätte der Adept dann folgenden Text gewinnen können:

Aus der spirituellen Vollkommenheit der Initiierten (1) wird der Große Eingeweihte selbst (2) (7) hervorgehen und mit ihm ein messianisches Zeitalter (2) (6) der vervollkommneten Welt (5), erwirkt durch spirituelle Mittel (4)[2/3].

Dieses messianische Zeitalter oder Millennium bewirkt (10) entweder Vollkommenheit des Menschen (8) oder seine äußerste Unvollkommenheit (8), je nachdem, ob er im Laufe der sukzessiven Wiedergeburten an Erleuchtung gewinnt oder einbüßt (9) (11).

Diese Aussage des Codes, vermittelt durch die Außenformen der Pyramide und so gewissermaßen über den Eingang in ihr Gang-

[2/3] „Nicht durch Macht und nicht durch Gewalt, sondern durch meinen Geist, spricht der Herr der Heerscharen." Dieser Vers (6) aus dem prophetischen 4. Kapitel des Buches Zacharias erscheint in einem Passus, der zu dem fehlenden Schlußstein Bezug hat (siehe S. 259) und mit Sicherheit mit der oben gegebenen Lesart übereinstimmt.

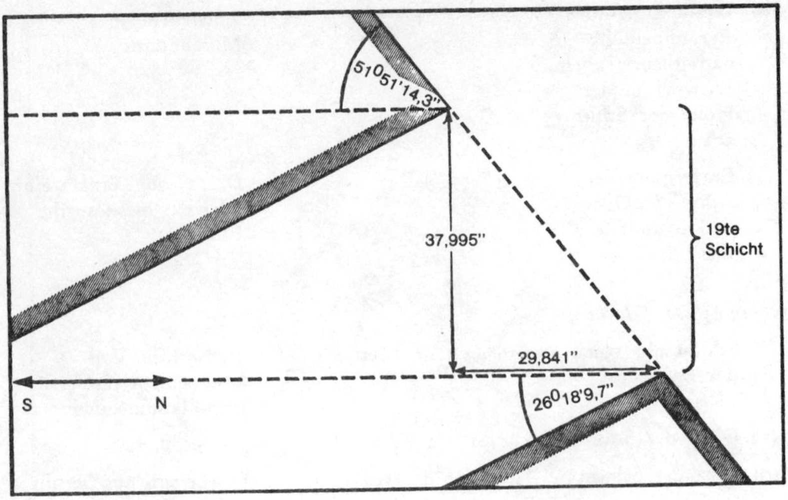

Abbildung 9
Symbolische Gegebenheiten des Eingangs.

system geschrieben, war eine Art Kurzfassung der detaillierten Botschaft, die im Inneren zu erwarten war. Wir verstehen sie als den begrifflichen Rahmen für unser gesamtes weiteres Forschen, das seinerseits wieder bestätigen wird, ob das begriffliche Rahmenwerk tragfähig ist oder nicht.

Der Eingang

(1) Niveau	19te Schicht des Mauerwerks	Tod
(2) Schichthöhe	37,995" (2 x 19")	bringt Tod hervor
(3) Lage der Gangachse	286,1" links (östlich) der Pyramidenachse	An Erleuchtung verloren
(4) Äußerer Böschungswinkel der Bemantelung	51°51'14,3" horizontal	göttlich/spirituell
(5) Eingangsbreite	41,21" (2 KE)	Sterblichkeit/Wiedergeburt

Deutung: *Dies ist der Pfad der Toten (1) (2) – der Pfad jener reinkarnierenden Sterblichen (5), die ihre Erleuchtung einbüßten (3) und an ihrer geistigen Natur Verrat übten (4).*

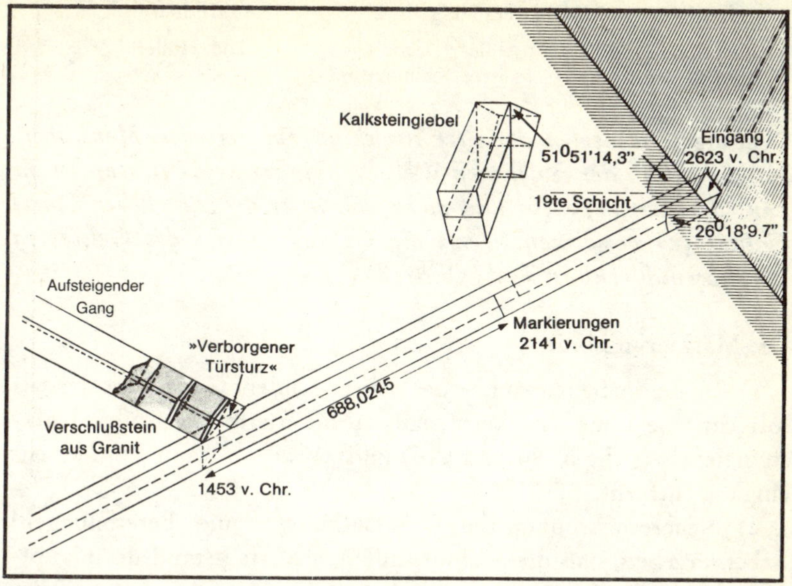

Abbildung 10
Skizze des Absteigenden Ganges.

Hier scheint angedeutet zu sein, daß der Mensch ursprünglich ein rein geistiges Wesen gewesen ist.

Der absteigende Pfad (Das Hinabsteigen)

Hauptmerkmale des absteigenden Ganges:

(1) Richtung	nach Süden	in der Zeit
(2) Neigung	abwärts	Verfall
(3) Neigungswinkel	26°18'9,7"	menschliche Entwicklung
(4) Breite	41,21" (2 KE)	Wiedergeburt/Sterblichkeit
(5) Senkrechter Schenkel des *pi*-Winkels, in den Gang projiziert	37,995"	Tod
(6) Waagerechter Schenkel des *pi*-Winkels, in den Gang projiziert	29,841"	Tod

(7) Querschnitt	rechteckig	stofflich/irdisch
(8) Ursprüngliche Gestirnausrichtung	Alpha Draconis untere Kulmination	Tod/Hölle?

Deutung: *Die Seelen der in Entwicklung begriffenen Menschheit (3), die sich in der stofflichen Welt (7) reinkarniert (3), werden im Lauf der Zeit (1) mehr und mehr von ihrer ursprünglichen Spiritualität (2) verwirken. Denn die Gefangenschaft des Geistes in sterblichem Fleisch ist Tod (5) (6) (8).*

Die Markierungslinien

1) In beide Seitenwände des Absteigenden Ganges ist jeweils lotrecht eine Linie eingekerbt, nahezu unterhalb des großen Kalksteingiebels (siehe S. 69 und 216) und 481,7457″ vom Pyramideneingang entfernt.

2) Neuere astronomische Untersuchungen und Berechnungen[4] haben ergeben, daß diese Linien auf den Mittagsstand des Hauptsterns der zum Sternbild des Stiers gehörenden Plejaden, η *Tauri* oder Alkyone, am Tage des Frühlingsäquinoktiums (21. März) des Jahres 2141 v. Chr. ausgerichtet waren – ein etwas späterer Zeitpunkt, als ihn die Astronomen Herschel und Piazzi-Smyth errechneten. Es gehört in diesen Zusammenhang, daß im Nahen Osten das Stier-Opfer die Vergebung der Sünden und Erlösung bewirken sollte, während die Plejaden in der ägyptischen Tradition der Hathor, der „Göttin der Gründung" und Verursacherin der vorzeitlichen „Sintflut", zugeordnet waren.

3) Die Vermutung, daß diese Ausrichtung nach Alkyone vom Planer beabsichtigt war, erhält Bestätigung durch einen weiteren Bezug der Markierungslinien: sie korrespondieren mit einer großen glatten Fläche, die als Peilscheibe gedient haben könnte (s. S. 238).

4) Genau in der Verlängerung des Absteigenden Ganges stand im Jahr 2141 v. Chr. der damalige Polarstern *Alpha Draconis* (Thuba), Hauptstern im Sternbild des Drachens, in seiner unteren Kulmination. Der Drachen und sein Stern wurden den Mächten des Bösen und daher dem geistigen Tod zugeordnet. Die Tatsache, daß

[4] Siehe Rutherford Bd. I.

Alpha im Drachen direkt in den Absteigenden Gang bis zur Einmündung des unterirdischen Ganges (Brunnenschacht) hineinschien, mag diese Zuordnung bestätigen.

5) Für kein anderes Datum des damaligen Präzessionszyklus treffen sowohl (2) als auch (4) zu, noch kommt eine andere Gestirnsausrichtung zu jener Zeit in Frage.

Deutung: *Dies ist der Anfang der Weissagung und des messianischen Planes für die Menschheitsentwicklung (2141 v. Chr.).*

Rechnet man nach dem Code 1″ pro Jahr zurück, so liegt der Eingang der Pyramide genau unter dem Punkt der Sommersonnenwende des Jahres 2623 v. Chr. Denkbar wäre es, daß zwischen diesem Datum und der Bauzeit der Pyramide ein Zusammenhang besteht. Ziemlich sicher aber bezieht sich dieses Datum nicht auf die Planung, deren Beginn Hunderte oder sogar Tausende von Jahren früher anzusetzen ist. Es fällt übrigens in die Regierungszeit des Pharaos Cheops, dem die Errichtung dieser Pyramide zugeschrieben wird.

Der Anfang des Aufsteigenden Ganges (die Pforte des Aufstiegs)

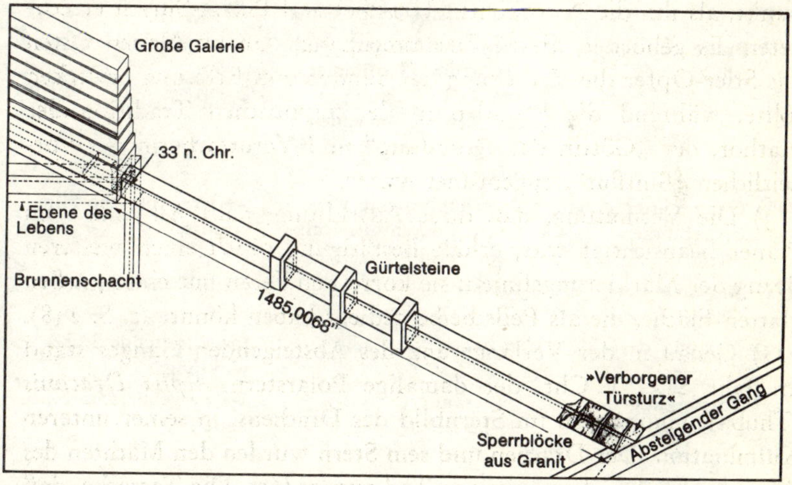

Abbildung 11
Skizze des Aufsteigenden Ganges (die Pforte des Aufstiegs).

(1) Lage	688,0245″ nach den Markierungen[5]	(Zeitmessung)
(2) Symbolische Datierung	688,0245 Jahre nach dem Frühjahrsquinoktium des Jahres 2141 v. Chr. = 30. März 1453 v. Chr. (10.34 vormittags)	(Zeitmessung) (Datierung)
(3) Gangöffnung	ursprünglich durch Kalksteinplatte versperrt (entspricht offensichtlich dem „verborgenen Türsturz" aus dem Totenbuch)	physische Behinderung des Vollendungsweges, deren Beseitigung ist unvermeidlich
(4) Bereich hinter der Steinplatte	Gang weiterhin versperrt	weitere Behinderung
(5) Art der Sperre	drei Blöcke roten Granits (die beiden oberen zusammenhängend)	(doppelte?) spirituelle Hindernisse – müssen beseitigt werden
(6) Besonderheit der Sperrblöcke aus Granit	oberes Ende des oberen Blockes rauh wie Bruchstelle	herabgesandt aus einer höheren Ebene[6]
(7) Länge der Sperrblöcke insgesamt	ursprünglich etwa 10 KE (2 KE x 5)	Millennium (?), Tod oder Wiedergeburt der Eingeweihten (?)
(8) Höhe der Sperrblöcke	exakt die gleichen Daten wie für Absteigenden und Aufsteigenden Gang	„Einliegendes": von Anfang an geplant (?)
(9) Breite der Sperrblöcke	oben 2 KE breit, nach unten um 3″ schmaler zwecks Einpassung in den sich verjüngenden Gang = Breite etwa 38″ oder 2 x 19″	führt zum Tod
(10) Gang hinter den Sperrblöcken	ursprünglich mit weiteren Blöcken aus Kalkstein gefüllt	weitere stoffliche Hindernisse
(11) Richtung des Ganges	südlich	zeitlich fortlaufend
(12) Neigung des Ganges	aufwärts	fortschreitende Entwicklung
(13) Fortsetzung des Absteigenden Ganges an der Öffnung vorbei	unverändert (siehe Abb. S. 71)	Wiedergeburt/Sterblichkeit/Tod

[5] Präzise Anwendung dieser Maßzahl siehe Abb. S. 69.
[6] Seltsamerweise könnte man hier auch deuten „durch die Zeit zurückgesandt".

Die Deutung dieser Gegebenheiten läßt erkennen, daß das Eindringen in den Aufsteigenden Gang symbolisch ein „Herunterholen“ der ersten Steinplatte des „verborgenen Türsturzes“ und der riesigen Granitsperrblöcke voraussetzte. Wollte man den Weg freilegen, mußte man die Granitblöcke den unteren Teil des Absteigenden Ganges hinuntergleiten lassen, der dann versperrt war.

Symbolisch heißt dies, daß in dieser Phase die physische Initiative durch eine geistige ergänzt werden mußte, durch das Aufsichnehmen einer spirituellen Last, die ihrerseits den abwärts führenden todesträchtigen Pfad zuverlässig abriegeln und damit der Menschheit die Prüfungen der unterirdischen Kammer ersparen sollte. Diese spirituelle Belastung scheint zahlensymbolisch mit dem Aufsichnehmen der Sterblichkeit durch Eingeweihte und/oder zum Millennium in Beziehung zu stehen.

Die Anlage der Pyramide macht deutlich, daß niemand die Granitblöcke der Sperre „herunterzuholen“ vermag. Sie sperren den Aufsteigenden Gang für immer und werden auch in Zukunft durch die Verjüngung der Gangwände an ihrem Platz festgehalten werden. Da sie aus Granit bestehen, sind sie absolut undurchdringlich. Will man weiter in dem Gang aufsteigen, muß man sich durch das weichere Kalksteinmauerwerk „hindurchgraben“ (so wie al-Mamuns Männer im 9. Jahrhundert), und auch durch die Kalksteinblöcke, die ursprünglich noch den übrigen Teil des Ganges füllten.

Die spirituellen Voraussetzungen für den Eintritt in den Aufsteigenden Gang sind demnach für den Menschen schwer erreichbar; so muß er den Gang mit physischen Mitteln gewinnen.

Deutung: *688 Jahre nach dem Anfang der Weissagung (dem 30. März 1453 v. Chr.) (1) (2), wird der Mensch sich um seine geistige Entwicklung (12) zu bemühen beginnen und zwar mit Hilfe des Geschehens in der stofflichen Sphäre (3).*

Doch wird er den Weg versperrt finden (4), es sei denn, er nähme die „von oben“ diktierten spirituellen Bedingungen voll auf sich (5) (6) – die der Wiedergeburt der Eingeweihten (7), also dem Millennium (7), den Boden bereiten.

Würde der Mensch sie restlos akzeptieren, könnte er seinen spirituellen Tod (8) (9) (13) verhindern; vorerst aber ist die Erfüllung noch zu schwer für ihn. Der Mensch wird also lieber auf die völlige Annahme verzichten und statt dessen die schmerzliche und mühselige Beschränkung auf das Physische (10) auf sich nehmen. So wird die Pforte zum Tode auch hinfort weit geöffnet sein (13).

Der sich hier andeutende historische Zeitraum scheint nahezu weltweit durch die Auferlegung von Beschränkungen ritueller Natur sowie durch eine Entwicklung zum Monotheismus gekennzeichnet gewesen zu sein. Um diese Zeit etwa wurden in Indien die Veden niedergeschrieben.

Im Nahen Osten kam es bei Ägyptern und Juden zu ähnlichen Entwicklungen. Rutherford führt zahlreiche Beweise dafür an, daß der Auszug der Kinder Israels aus Ägypten unter Führung des halbmythischen Moses im Jahr 1453 v. Chr. begann. Wenn diese Jahreszahl stimmt, dann kann aufgrund der astronomischen Voraussetzung für das jüdische Passah-Fest (das auf den ersten Vollmond nach der Frühlings-Tagundnachtgleiche fällt) der einzig mögliche Zeitpunkt für den Aufbruch der Israeliten der Morgen des 30. März gewesen sein.

Es ist ein seltsames Zusammentreffen, daß die Sperrblöcke der Pyramide aus dem gleichen roten Granit bestehen, wie dem vom Berg Horeb, worauf Moses das göttliche Gesetz auf zwei Steinblöcken für das auserwählte Volk bekommen haben soll. Aufgabe der Gebote war es, die Menschheit aus der sie umfassenden Dunkelheit zu erretten – fraglos eine messianische Zielsetzung.

Ob die biblische Geschichte auf „realen" Begebenheiten beruht oder ob ihr die Kenntnis der Symbolik der Pyramiden zugrunde liegt (oder umgekehrt die Bibel der Pyramidensymbolik) – eines scheint offensichtlich: Zu ihrer prophetischen Aussage kam es etwa um diese Zeit aufgrund weltweiter Entwicklungen im Bereich des religiösen Denkens.

Der Aufsteigende Gang (Der Saal der Gerechtigkeit in der Finsternis)

(1) Richtung	südlich	zeitlich fortlaufend
(2) Neigung	aufwärts	Fortschritt der Entwicklung

(3) Neigungswinkel	26°18′9,7″	menschliche Entwicklung
(4) Breite	41,21″ (2 KE)	Wiedergeburt/Sterblichkeit
(5) Querschnitt	rechteckig	stofflich/terrestrisch
(6) Weitere Besonderheiten	Gang durchbricht drei „Gürtel" aus Kalkstein	
(7) Besonderheiten der „Gürtelsteine"	dem 1. und 3. gehen Markierungen an der *West*wand, der 2. an der *Ost*wand voraus.	Drei spezielle physische Hindernisse, das 1. und 3. „günstig", das 2. „ungünstig".
(8) Offensichtliche Datierungen	Stein 1: 797–765 v. Chr. Stein 2: 592–559 v. Chr. Stein 3: 384–352 v. Chr.	(Datierungen)
(9) Länge des Gangbodens	1485,0068″	(Zeitmessung)
(10) Datierung am oberen Ende des Ganges	1485,0068 Jahre nach 30. März 1453 v. Chr. = 1. April n. Chr. 33[7] (theoretisch 10,04 abends)	(Datierung)
(11) Besonderheiten am oberen Ende des Ganges	steile Erhöhung der Decke um 286,1″	Erlangung der Erleuchtung
(12) Weitere Merkmale am oberen Ende des Ganges	Gangboden setzt sich in gleicher Ebene in der Großen Galerie (Saal der Wahrheit im Licht) fort	Eintritt in ein erleuchtetes Zeitalter (?)

Deutung: *Die Seelen der sich entwickelnden Menschheit (3) werden reinkarnieren (4) in der physischen Welt (5) und werden ihre angestrengten Bemühungen zur spirituellen Entfaltung (2) durch die Zeit (1) fortsetzen.*

Im Verlauf dreier geschichtlicher Perioden (797–765 v. Chr., 592–559 v. Chr. und 384–352 v. Chr.) werden ihre Anstrengungen

[7] Man beachte, daß nach unserem derzeitigen System der Jahreszählung auf das Jahr 1 v. Chr. anschließend das Jahr 1 n. Chr. folgt (ohne ein Jahr null). Berechnungen über die v. Chr./n. Chr.-Grenze hinweg führen stets zu Datierungen, die um ein Jahr zu hoch scheinen.

durch besondere physische Vorgänge gelenkt und konzentriert werden (6) (8); die zweite dieser Perioden wird besonders hart sein (7).

Im Frühjahr des 1485ten Jahres nach Beginn des Aufsteigenden Weges (1. April 33 n. Chr.) (10) wird den Menschen plötzliche Erleuchtung zuteil werden (11), und danach wird sich der gesamten Menschheit ein Pfad zur möglichen Erleuchtung öffnen (12).

Der Aufsteigende Gang legt eine Gleichsetzung mit der geschichtlichen Entwicklung der jüdisch-biblischen Lehre nahe, obwohl er zugleich auch auf andere Entwicklungsparallelen anspielt. Die historische Bedeutung der „Gürtelsteine" ist indes schwer nachzuweisen. Sicher nahm die babylonische Gefangenschaft der Juden um 590 v. Chr. ihren Anfang, und dauerte wohl bis etwa 534 v. Chr. Es wäre denkbar, daß sie der vom Chronographen der Pyramide angekündigten „Zeit der Prüfung" entspricht. Es fällt dabei auf, daß diese Epoche dem plötzlichen Erwachen von Buddhismus, Konfuzianismus und Taoismus in der östlichen Welt sowie dem Aufblühen des einflußreichen Pythagoreismus in der westlichen Welt unmittelbar vorausging. Die Zeitmaske des dritten Gürtelsteins könnte der Ära Platos, Aristoteles' und Alexanders des Großen entsprechen.

Die Datierung des oberen Endes des Aufsteigenden Ganges entspricht genau der Entstehungszeit des Christentums, während gleichzeitig im Fernen Osten die buddistische Lehre der „Heilung durch Glauben" dank des „Erlösers" *Bodhisattva* ihre besondere Ausformung erfuhr.

Das Messianische Dreieck

(1) Fußbodenhöhe der Königinkammer (Ebene des Lebens) schneidet in der Projektion den Aufsteigenden Gang bei G	Erlangung des „Lebens" (?)
(2) Deckenhöhe des Aufsteigenden Ganges steigt bei C zuerst um etwa 77"	Messianische Erleuchtung

	(11 x 7), (Eingang zur Großen Galerie, dem Saal der Wahrheit im Licht), und später 25″ jenseits C (5^2) um 286,1″ (vergleiche S. 126)		
(3)	Nordwand der Großen Galerie schneidet den Boden des Aufsteigenden Ganges bei D ...		Datierung von (2)
(4)	... Fußbodenniveau der Königinkammer bei F		Südseite des Dreiecks GDF
(5)	Die Bodenbreite bleibt zwischen G und D 41,21″ (2 KE); der Querschnitt des Ganges bleibt rechteckig		Wiedergeburt/Sterblichkeit
(6)	Winkel DGF	26°18′9,7″	menschliche Entwicklung
(7)	Weg von der Ebene des Lebens (G) zur tatsächlichen Erleuchtung (D) ist unmittelbare Funktion des Dreiecks GFD		Dreieck GDF = ein den Menschen vorantreibender „Keil“
(8)	Aber FD	14,85″ (Codeäquivalent 2 x 7) = annähernd 29,8412″/2	bewirkt geistige Vollendung (?)
(9)	GF	30,043″ (Codeäquivalent 6 x 5)	messianischer Führer oder Großer Eingeweihter bereitet sich vor
(10)	GD	33,5116″ (Codeäquivalent 33,5″)	messianische Präsenz
(11)	Punkt D steht für	1. April 33 n. Chr.	(Siehe Deutung unten)
(12)	Punkt G steht für	27. September 2 v. Chr.[8] (theoretisch 7,20 a. m.)	(Siehe Deutung unten)

[8] Rutherford weist auch darauf hin, daß die Entfernung GF, auf die Hypothenuse GD übertragen, das Datum des 14. Oktober 29 n. Chr. ergibt.

(13)	Höhe der Basis (BHFG)	theoretisch 25ste (5^2) Steinschicht des Mauerwerks	Geburt des lebenspendenden (siehe [1]) Großen Eingeweihten oder des messianischen Ideals

Deutung: *Die irdische Wiedergeburt (5) der lebenspendenden (1) messianischen Präsenz (10) wird am 27. September 2. v. Chr. (12) erfolgen. Der Mensch, der sein Leben der Epiphanie des messianischen Ideals widmet (13); wird spirituelle Vollkommenheit erlangen (2) (8), wenn seine Vorbereitungszeit auf den Großen Eingeweihten (9) zu Ende ist. Dieser Zeitpunkt tritt 33 n. Chr. (1. April) (11) ein. Von diesem Augenblick an wird sich der Menschheit ein Pfad zur Erleuchtung eröffnen (2), der in die Nachfolge des messianischen Ideals führt.*

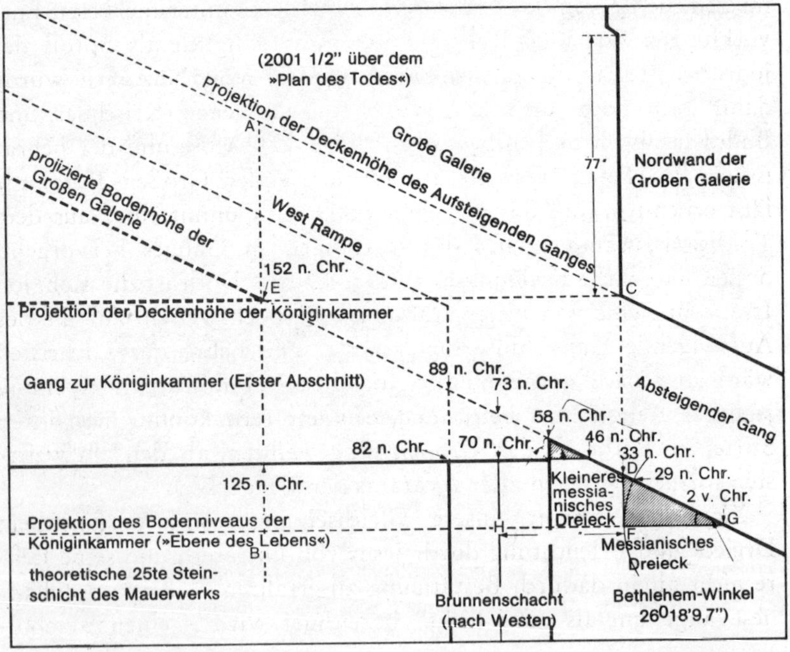

Abbildung 12
Die Kreuzung der Reinen Wege des Lebens (Westansicht).

Das Dreieck GFD scheint für eine messianische Gestalt zu stehen, die im Jahr 2 v. Chr. erschien und 33 n. Chr. den vollen Status des Großen Eingeweihten erlangen sollte.

Es läßt sich historisch belegen (ausführlich bei Rutherford), daß dies die wirklichen Lebensdaten des jüdischen religiösen Führers sind, den wir unter dem Namen „Jesus von Nazareth"[9] kennen. So liegt der Gedanke nahe, die Erleuchtung der Großen Galerie mit der Anwendung seiner Lehre in unmittelbarem Zusammenhang zu sehen.

Ob die heutigen Lehren des Christentums überhaupt noch mit jenen ursprünglichen Lehren Joshuas des Nazareners etwas gemein haben, ist eine umstrittene Frage. Wenn die Botschaft der Pyramide tatsächlich so universal ist, wie wir annehmen, halte ich es für unwahrscheinlich, daß die „Erleuchtung" der Großen Galerie allein einer religiösen Sekte oder Tradition habe gelten sollen. Ohnedies müssen die Lehren des Urchristentums als eine unter mehreren Entwicklungen der *Welt*-Religion und nicht lediglich als Sproß der jüdischen Tradition gesehen werden. Jesus von Nazareth würde dann auch noch auf anderen Lehren wie jenen Krischnas und Buddhas stehen und nicht nur auf denen des Mose und der hebräischen Propheten. Gewiß, die Geometrie der Großen Pyramide läßt erkennen, daß das messianische Dreieck unmittelbar aus dem Traditionszusammenhang des Aufsteigenden Ganges hervorgeht, dessen natürliche Krönung es zu sein scheint. Doch ist die Religion Israels nur eine von vielen tradierten Glaubensweisen, auf die der Aufsteigende Gang hinweisen könnte. Die Lehre der Urchristen wäre aber nach der Symbolsprache der Pyramiden als Krönung jeglicher Religion zu betrachten, und insofern könnte man ihren Stifter zu Recht als den Großen Eingeweihten, als den am weitesten fortgeschrittenen aller Avataras der Welt sehen.

Zumindest scheint unsere Gleichsetzung von Messianischem Dreieck und Erleuchtung durch Jesus von Nazareth und seine Lehre nicht allein dadurch Bestätigung zu erfahren, daß er im Johannesevangelium als „das Licht" bezeichnet wird – einen Symbol-

[9] Rutherford meint, daß das Datum des 14. Oktober 29 n. Chr. auch das Datum der Taufe Jesu im Jordan sein könnte.

namen, den man früher auch der Pyramide beigemessen hatte – sondern auch durch den geografischen Bezug des Bethlehem-Winkels. Darüber hinaus ergibt sich eine noch weit faszinierendere Verbindung zur Bibel. Denn die beiden Seiten des Messianischen Dreiecks sind unmittelbare Funktionen (a) des „Weges zur Erleuchtung" (Hypotenuse), verkörpert in der Großen Galerie; (b) der Nordwand der Großen Galerie, deren Höhe die Erlangung der Erleuchtung oder Wahrheit (lotrecht) symbolisiert; und schließlich (c) auch dessen, was wir als „Ebene des Lebens" oder als potentielle Erleuchtung bezeichnet haben. So mag zwischen dem Anspruch Jesu „Ich bin der Weg und die Wahrheit und das Leben" (Johannes 14, 6) und dieser Definition seiner Person im Messianischen Dreieck ein unmittelbarer Zusammenhang bestehen.

Es ließe sich einwenden, daß der Geometrie des Messianischen Dreiecks keine sichere symbolische Aussage über sein Sterben zu entnehmen ist. Jesus scheute nach dem biblischen Zeugnis vor dem Tode zurück, ja er betete, daß der Kelch an ihm vorübergehen möge. Auch kennen wir die seltsame Überlieferung der Moslems wie der Templer, nach der nicht der „wirkliche" Jesus gekreuzigt worden sei. Schonfield hat sogar die Auffassung vertreten, daß Jesus die Kreuzigung überlebte, wie seine Jünger, freilich in anderem Sinne, gleichfalls behaupteten.[10]

Für die biblische Darstellung, derzufolge Jesus am vierzigsten Tag nach seinem Tode wieder unter den Lebenden erschien, gibt es in diesem Teil des Gangsystems der Pyramide ebenfalls keine Entsprechung. Doch wäre denkbar, daß die biblische Darstellung hier den symbolischen Hinweis auf den „Jüngsten Tag" aufnimmt:

[10] Am ehesten scheint ein Hinweis auf den Tod in der ersten Übertragung der 286,1″ hohen Nordwand der Großen Galerie oberhalb des Südendes der aufsteigenden Galerie gegeben zu sein. Dieser Abschnitt ist anscheinend rund 38″ (2 x 19) hoch, was auf einen Grad der Erleuchtung deutet, der den physischen Tod notwendig macht. Sollte dies tatsächlich als Hinweis auf den Tod des Großen Erleuchteten aufzufassen sein, dann müßte das „pyramidische" Datum ein späteres sein, – womöglich 38 oder 39 n. Chr., – während der 1. April 33 n. Chr. sich dann nur auf die Vollendung der Vorbereitungszeit für die messianische Aufgabe bezöge. Indes gibt es keine spezifische Identifikation mit dem Großen Eingeweihten, und so bleibt die Frage offen, ob diese Fakten in irgendeiner Beziehung zum Kreuzigungsdatum stehen.

die Ankündigung der Wiedergeburt des Einen, der noch kommen wird (8 x 5).

Die Kreuzung der reinen Wege des Lebens

An diesem symbolischen Bezugsknotenpunkt der Pyramide tritt eine Anzahl von eng ineinandergreifenden Momenten in Erscheinung, wie das Diagramm auf S. 78 verdeutlicht.

(I) Fortsetzung des Bodens des Aufsteigenden Ganges:

(1) Richtung	südlich	durch die Zeit
(2) Neigung	aufwärts	fortschreitende Entwicklung
(3) Neigungswinkel	26°18′9,7″	spirituelle Entwicklung des Menschen
(4) Breite	41,21″ (2 KE)	Wiedergeburt/Sterblichkeit
(5) Wegführung	durch die Große Galerie	(Pfad des „Lichts"?)

(II) Decke der Großen Galerie:

(6) Höhe	286,1″ höher als Decke des Aufsteigenden Ganges	Erlangung von Erleuchtung
(7) Alle anderen Merkmale	wie oben, (1)–(5)	(Siehe [1] bis [5])

(III) Eingang zum Gang zur Königinkammer:

(8) Richtung	südlich	zeitlich fortlaufend
(9) —	horizontal	statischer Zustand
(10) Höhe	1 KE oberhalb des Planes des Lebens (oder der theoretischen Basis der 25ten Schicht)	Geburt/Tod, fußend auf Messianischem Ideal
(11) Breite	41,21″ (2 KE)	Wiedergeburt/Sterblichkeit
(12) Höhe	46,99″	(?)
(13) Beschaffenheit	natürliche architektonische Fortsetzung des Aufsteigenden Ganges	Alternative oder niedere Ebene zu (5)

(14) Eingang	über die Stufe *abwärts* wegen des aufgerissenen Fußbodens der Großen Galerie	Abstieg von (5)

Allgemeine Deutung: *Alle menschlichen Seelen, die zu dieser Zeit (5) (6) Erleuchtung erreichen, werden sich spirituell (2) (3) durch Wiedergeburten (4) (7) weiterentwickeln.*

Diejenigen, denen es zu dieser Zeit nicht gelingt, Erleuchtung zu erlangen (14), werden den aufwärts führenden Entwicklungsweg als zu steil empfinden (9) (13) und stattdessen auf einem Weg durch die Zeit (8) fortschreiten (13), der durch physische Wiedergeburt und erneutes Sterben (11) charakterisiert ist. Dennoch werden sie sich in ihrem Verhaftetsein in der Sterblichkeit zu einem gewissen Grade auf das lebenspendende messianische Wissen stützen (10).

Im Licht dieser Deutung bietet sich folgende detaillierte Untersuchung der verschiedenen Merkmale der Kreuzung der Reinen Wege des Lebens an:

(I) Merkmale des Aufsteigenden Ganges (Eintritt in die Große Galerie):

(1) Richtung	südlich	zeitlich fortlaufend
(2) Neigung	aufwärts	fortschreitende Entwicklung
(3) Neigungswinkel	26°18′9,7″	menschliche Entwicklung
(4) Breite	41,21″ (2 KE)	Wiedergeburt/Sterblichkeit
(5) Querschnitt	rechteckig	physisch/terrestrisch
(6) Deckenhöhe am Eingang zur Großen Galerie	beginnt sich um 286,1″ zu erhöhen, 1. April 33 n. Chr. erlangt schließlich diese Höhe etwa 25″ (5^2) weiter.	Erleuchtung durch das messianische Ideal, den messianischen Führer
(7) Andere Merkmale an der gleichen Stelle	nur der Boden setzt sich wie früher fort	weitere Aufwärtsentwicklung
(8) Länge des weitersteigenden Gangbodens	25″ (1 HE)	Messianisches Ideal

(9) Ende des Aufsteigenden Ganges	eine Stufe abwärts um 5,321″	Niedergang/Veränderung der Maßskala
(10) Nächstes Merkmal	erster Teil des Gangbodens vor der Königinkammer	Anfang des „niederen Pfades“
(11) Bodenniveau des ersten Teiles des Ganges zur Königinkammer	1 KE höher als der Plan des Lebens (theoretische Basis der 25. Schicht)	Geburt/Tod beruhend auf messianischem Ideal (?)

Deutung: *Die Seelen derer, die den Pfad der Aufwärtsentwicklung (3) eingeschlagen haben, werden durch Reinkarnation (4) in der physischen Welt (5) geistig weiterhin fortschreiten (2) bis zum 25. Jahr (8) nach der Morgendämmerung der messianischen Erleuchtung (6). Dann wird es (vom 1. April 58 n. Chr. an) zu einem plötzlichen Absinken kommen (9), das Ursache für die Bindung an die Sterblichkeit trotz Kenntnis der Messianischen Lehre ist (10) (11).*

(II) Anfang des Bodens der Großen Galerie:

(1) Richtung	südlich	zeitlich fortlaufend
(2) Neigung	aufwärts	fortschreitende Entwicklung
(3) Neigungswinkel	26°18′9,7″	menschliche Entwicklung
(4) Breite	41,21″ (2 KE)	Wiedergeburt/Sterblichkeit
(5) Länge des ersten Abschnitts	25″ (5^2) von der Nordwand ab	Messianisches Ideal (Datierung)
(6) Höhe der Nordwand	286,1″ über die Decke des Aufsteigenden Ganges	Gewinn an Erleuchtung
(7) Datierung der Nordwand	1. April 33 n. Chr.	(Siehe S. 75)
(8) Nächstfolgendes Merkmal	Stufe abwärts, Höhle entsprechend dem Eingang zum Gang der Königinkammer	Abstieg, der auf den niederen Pfad führt
(9) Theoretischer Punkt des Neubeginns	Punkt E auf Abb. S. 78 Kreuzung mit der Linie der Deckenhöhe des Ganges zur Königinkammer	„Trennung der Wege?“

(10) Abstand GE	152,54″ (arithmetische Entsprechung des Code = 19 x 8 (oder 8 x 19)	Sterbliche Wiedergeburt, nur durch den Erleuchteten „zu überbrücken“ (Zahl = 153)
(11) Daher Datierung des Punktes des Neubeginns	April 152 n. Chr.	(Datierung – 153 Jahre nach 2 v. Chr.)
(12) Abstand DE	152,54″ – 33,51″ (GD)	Entfernung der Messianischen Präsenz
(13)	= 119,03″ (Codeäquivalent 4 x 29,84″ oder 19 + 100)	Physischer Tod
(14) Beschaffenheit von E	Trennung von Großer Galerie und Gang zur Königinkammer	„Trennung der Wege“

Deutung: *Die Seelen der reinkarnierten Menschheit (4) werden, von der Messianischen Lehre erleuchtet (5) (6), sich weiterentwikkeln (3) und Fortschritte erzielen (2). Doch ab Frühjahr 58 n. Chr. (5) wird ihr Pfad über unsicheren Grund führen (8) und nur die, welche bis dahin vollkommene Erleuchtung errangen (11), werden noch geistig genügend Kraft aufbringen können, um weiter höher zu gelangen (9), nachdem die Messianische Präsenz nicht mehr gegeben ist (12). Sie werden den physischen Tod (13) durchlaufen müssen, doch wird dies seinen Lohn bringen (13).*

Ab Frühjahr 152 n. Chr. (11) werden sich die Wege der wahrhaft Erleuchteten (6) (11?) und derer, die ungeachtet der Messianischen Lehre der Sterblichkeit verhaftet sind (14), trennen.

(III) Merkmale des Brunnenschachts (oberer Abschnitt):

(1) Nord-Süd Lage	Unmittelbar nach Punkt 58 n. Chr. und dem Anfang der Großen Galerie mit ihrem „Dach der Erleuchtung“	dem Erleuchteten (?) oder der Verwirklichung des Messianischen Ideals (25″) zugeordnet
(2) Nord-Süd Breite	31″ auf der Neigung gemessen	(Zeitmaß)
(3) Nord-Süd Breite	26,7021″ horizontal[11] (Code-Entsprechung = 2 x 13″)	führt zu Tod/Wiedergeburt

[11] Desgleichen die ungefähre innere Breite des „Sarkophags“ in der Königskammer.

(4) Nord-Süd Lage der Achse	35,76″ südlich der Nordwand der Großen Galerie (FH nach Abb. 12)	Erleuchtung durch Wiedergeburt
(5) Ost-West Lage der Achse	89,61″ *westlich* der Gangachse (Codeäquivalent 3 x 29,84″)	Absoluter Tod
(6) Deckenhöhe des Brunnenschachts	Bodenniveau des Ganges zur Königinkammer (erster Abschnitt)	Ebene der Wiedergeburt (?)
(7) Randniveau des Schachts	Bodenniveau des Ganges zur Königinkammer (zweiter Abschnitt) 1 KE unterhalb von (6)	Schacht bezeichnet Verlust des Lebens (?) im Sinne des Messianischen Ideals
(8) Randniveau des Schachts	Plan des Lebens (theoretische Basis der 25. Schicht)	
(9) Daher Zeitskala für Überquerung der Schachtöffnung	für ersten Abschnitt des Ganges zur Königinkammer (siehe dort)	
(10) Daher Datierung der Nordkante	58 n. Chr. (Frühjahr)	(Datierung)
(11) Daher Datierung der Achse	70 n. Chr. (5. Juni)	(Datierung eines zentralen Ereignisses)
(12) Datierung der Südkante	82 n. Chr. (9. August)	(Datierung)
(13) Höhe des Eingangstunnels	1 KE	Tod/Geburt
(14) Höhe der Abwärtsstufe zum Tunneleingang	1 KE	Tod
(15) Querschnitt des oberen Abschnitts des Brunnenschachts	quadratisch	physisch/terrestrisch
(16) Art des Eingangs	niedriger Tunnel in westlicher Richtung (nach rechts) anschließend an Abwärtsstufe die 58 n. Chr. markiert …	Fortschreiten zur Erleuchtung durch Verfolgung des Messianischen Ideals (25″) das in den physischen Tod führt
(17)	… und direkt zum Rand des quadratischen Kalksteinschachts führt	

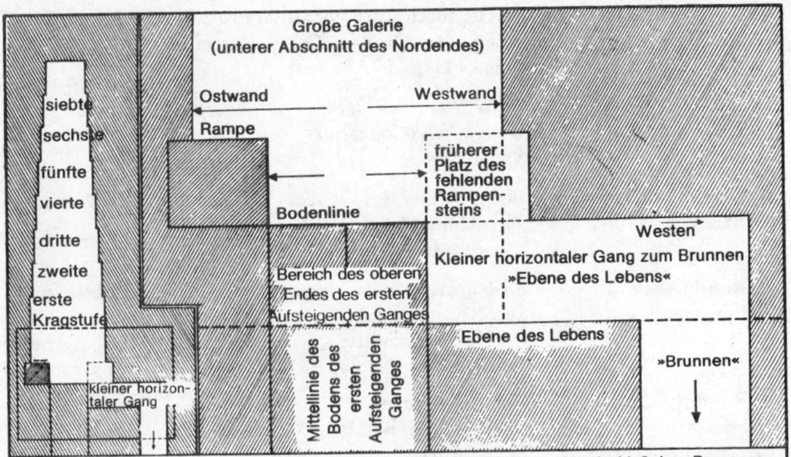

Dieser vertikale Querschnitt in Ost-West-Richtung führt am nördlichen Wandschluß des »Brunnens« vorbei und macht den kleinen horizontalen Gang sichtbar, der ihn mit der Großen Galerie verbindet.

Deutung: *Im Jahre 58 n. Chr. (1) wird sich ein direkter Weg zur spirituellen Erleuchtung (5) (8) (17) auftun, der jene, die darauf vorbereitet sind, ihn vorbehaltlos zu gehen, zur künftigen erleuchteten Inkarnation führt (4).*

Doch der Preis für das Beschreiten dieses seelischen Weges (3) ist die Bereitschaft zum physischen Tod (5) (13) (14) (15)[12] *während eines Zeitraums von 24 Jahren – von 58 bis 82 n. Chr. (10) (12) – wobei die Vorgänge des Sommers 70 n. Chr. (11) (17) das zentrale Geschehen darstellen.*

Die letzten drei Deutungen haben das Bild einer Krisenzeit vermittelt, die für die Jahre 58 bis 82 n. Chr. vorausgesagt wird. Sie lassen durchblicken, daß eine Entstellung und Schwächung der Messianischen Lehre zu dieser Zeit stattfinden wird, so daß die Mehrheit ihrer Anhänger künftig lediglich den geistig nicht weiterführenden Weg der Sterblichkeit und der Reinkarnation (Gang zur Königinkammer) zu beschreiten vermag, während die wenigen wahrhaft Erleuchteten nur dann ihren Aufwärtsweg fortsetzen

[12] Aus (5), (14) und (17) geht hervor, daß der Sturz in den Brunnenschacht den Bedeutungsakzent des Todes tragen dürfte. Seine symbolische Funktion als „Brunnen des Lebens" wird offensichtlich nur den von unten aufsteigenden Seelen zuteil.

können, wenn sie plötzlichen Tod und Vernichtung (Überquerung des Eingangs zum Brunnenschacht) auf sich nehmen[12]. Allein diesen Wenigen wird der in der Großen Galerie symbolisierte spirituelle Weg offen stehen[13].

Auffallend ist, daß die fraglichen Jahre genau jene Zeit umfassen, in der die ursprünglichen Nazarener, jene ausschließlich jüdische Glaubensgemeinschaft unter Führung des Jesus von Nazareth, aus dem geschichtlichen Blickfeld verschwanden. Schon 58 n. Chr., dem Jahr der Gefangennahme des ehemaligen Pharisäers Paulus, hatte unter Kaiser Nero die Verfolgung der Christen eingesetzt. Doch bei dem von messianischem Geist inspirierten Aufstand der Juden im Jahr 66 n. Chr. wandte Rom seine ganze Macht gegen die von Widerstandswillen erfüllte jüdische Nation. Mit den Massakern an Tausenden von Juden, der Einnahme Jerusalems durch die Römer im Sommer 70 n. Chr., der Eroberung der letzten Festung Masada – Besatzung und dorthin Geflüchtete gingen im Jahr 73 n. Chr. vor dem letzten Sturm der Römer freiwillig bis auf den letzten Mann in den Tod – fand ein langer, blutiger Krieg sein Ende.

Die Folge dieses nationalen Unglücks war die Zerstreuung der wenigen noch überlebenden Nazarener in alle Himmelsrichtungen. Weder sie noch die wenigen bejahrten, in Judäa verbliebenen Nazarener waren in der Lage, ihren allmählichen Niedergang und ihr Verschwinden als geschichtliche Kraft zu verhindern. In dieser Krise vermochten sie nur die kostbaren Lehren schriftlich niederzulegen und diese Zeugnisse in weniger heimgesuchte Gebiete zu schaffen. Indirekt verdanken wir ihnen somit die neutestamentlichen Evangelien.

Das Jahr 70 brachte also den Anfang des Endes der Nazarener, der ursprünglich jüdischen Christen. Ihre Lehre verschwand bis auf Spuren – nicht aber verschwand damit die messianisch-jüdische Lehre allgemein, die Palästinas Juden zu zwei weiteren Erhebungen in den Jahren 115 und 132 veranlaßte. Auch brachte das Jahr 70 nicht den Untergang des außerjüdischen Christentums, der

[13] Vgl. die Ähnlichkeit mit Matth. 10, 39: „Wer sein Leben findet, wird es verlieren; und wer sein Leben verliert um meinetwillen, wird es finden."

von dem Pharisäer Paulus verkündeten Version der nazarenischen Lehren. Die Kämpfe des paulinischen Christentums sollten nach dem Jahr 82 unter der Herrschaft des Domitian unvermindert andauern, und durch Diplomatie, Geduld, Stärke und Kompromisse gelang es dieser Lehre, bis zum heutigen Tag zu überleben.

Die Art und Weise, wie die Kreuzung der Reinen Wege des Lebens in der Pyramide angelegt ist, läßt keinen Zweifel daran, daß die Große Galerie mit ihrer zwischen 58 und 152 n. Chr. „unterbrochenen" Bodenlinie ausschließlich *den Weg der Nazarener* symbolisiert, vermutlich sogar nur den Weg jener, die ihre Erleuchtung noch unmittelbar durch Jesus selbst erfuhren. Dies spiegelt sich in den eigenen überlieferten Worten Jesu: Im Matthäusevangelium (10, 6 und 15, 24) sagt er ausdrücklich, er sei nur „zu den verlorenen Schafen Israels" gesandt. Der Weg der übrigen im Gang aufsteigenden Menschheit (und mit ihr wohl das überlebende, nichtjüdische paulinische Christentum), findet, wenn überhaupt, im Gang zur Königinkammer Entsprechung, da sich allein hier der Boden ab 58 n. Chr. ohne Unterbrechung fortsetzt. Die Datierung des theoretischen „Trennungspunktes" (siehe S. 78) auf 125 n. Chr. (QCP Bodenlinie) oder 152 n. Chr. (Bodenlinie der Großen Galerie) scheint in diesem Fall stimmig: etwa um diese Zeit brach das westliche Christentum endgültig nicht nur mit dem Rest der jüdischen Christenheit (was der heilige Hieronymus bezeugt), sondern auch mit der orthodoxen jüdischen Tradition, aus der beide hervorgegangen waren. Die Botschaft der Pyramide hätte gewiß nicht auf die internen Aufsplitterungen einer einzelnen Religion, des Christentums, Bezug genommen, wenn dieses nicht als die logische, höchste Entwicklungsform aller anderen vorangegangenen Weltreligionen erschienen wäre.

Hier lassen sich unsere Schlußfolgerungen prüfen, und zwar mittels des Kleinen Messianischen Dreiecks (siehe S. 78), das aus der Abwärtsstufe an der Markierung des Jahres 58 n. Chr. (dem ersten Abschnitt des Gangbodens der Großen Galerie und dem ersten Abschnitt des Gangbodens zur Königinkammer) gebildet wird. Wenn das Große Messianische Dreieck für den historischen Jesus von Nazareth steht, dann müßte dessen kleineres Gegenstück wohl für einen späteren historischen, halb-messianischen Nachfolger stehen.

Und wenn wir diese Gestalt tatsächlich zu identifizieren vermögen, dann sollten wir auch zu einer klaren Identifikation des Weges imstande sein, auf den sie hinweist: es ist jener Weg, der durch den Gang zur Königinkammer repräsentiert wird.

Einzelheiten des Kleineren Messianischen Dreiecks sind:

(1) Ebene der Hypotenuse	Ebene des Weges der Erleuchteten der Großen Galerie	ein Erleuchteter (?)
(2) Ebene der Südseite	Ebene der Nordwand des Brunnenschachts und oberster Abschnitt der Nordwand der Großen Galerie (siehe S. 126)	Erleuchtung, die Tod bedingt (?)
(3) Ebene der Basis	1 KE über der Ebene des Lebens (theoretische Basis der 25. [5^2] Schicht)	Leben/Sterblichkeit gestützt auf das Messianische Ideal
(4) Ebene der Basis	in gleicher Ebene mit erstem Abschnitt des Gangbodens zur Königinkammer	Wiedergeburt (?)
(5) Ebene der Basis	unterteilt nach dem Messianischen Dreieck die 25″ (5^2) Bodenlinie in zwei Abschnitte	Zerstörung des Messianischen Ideals
(6) Beschaffenheit der Südseite	*Abwärtsstufe* im Gang zur Königinkammer. Im gleichen Augenblick volle Erleuchtung der Großen Galerie. Gleichzeitig, durch den Brunnenschacht symbolisiert, Tod (siehe Seite 126)	Abwendung zur Zeit der Erleuchtung/Unfähigkeit, dem Maßstab der Erleuchteten zu entsprechen
(7) Höhe	5,32068″ (Codeäquivalent 5)	Eingeweihter oder Messianischer Führer (?)
(8) Länge der Hypotenuse	12,009″ (Codeäquivalent 12)	Menschheit
(9) Also: Bodendatierung des Anfangs der Hypotenusen	46 n. Chr. (28. März)	(Datierung)
(10) Bodendatierung des Endes der Hypotenuse	58 n. Chr. (1. April)	(Datierung)

(11)	Datum ergibt sich aus Übertragung der Basislänge auf die Hypotenuse am Markierungspunkt 46 n. Chr.[14]	57 n. Chr. (Januar)	(Zwischendatierung)
(12)	Lage des Gangbodens zur Königinkammer	in einer Ebene mit der Basis des Dreiecks und *unmittelbar unter* der Großen Galerie	durch Dreieck symbolisierte Gestalt führt niedereren Pfad

Deutung: *Im Jahr 46 n. Chr. (9) wird ein weiterer messianischer Führer (7) sich bemühen, alle Menschen (8) den messianischen Weg zur Erleuchtung (1) zu führen. Im Jahr 57 wird sein Wirken den Höhepunkt erreichen (11), ab dem Jahr 58 (10) beginnt dann die Zeit des Sterbens für die Erleuchteten (2) und damit das Ende seines Wirkens (6).*

Dieser Führer ist Gründer eines Nebenzweiges der wahren messianischen Lehre (5), aus dem wiederum ein spirituell nicht weiterführender, wenngleich auf der messianischen Lehre basierender (3) (4) (6) Weg fortwährender Sterblichkeit hervorgeht.

Aus den historischen Daten ergibt sich klar, wer dieser messianische Führer gewesen ist. Im Jahre 46 begab sich Paulus der Pharisäer auf seine erste Missionsreise zu den „Heiden", um die Lehren des Messias in der ganzen Welt zu verbreiten; im Jahre 57 kehrte er nach Beendigung seiner weltbewegenden Mission nach Jerusalem zurück. Im Frühjahr 58 wurde er gefangengenommen, ehe er seine letzte Reise nach Rom antrat, wo er den Märtyrertod erlitt.

Diese Identifikation führt unvermeidlich zu weiteren Schlüssen. Wenn das kleine Messianische Dreieck für Paulus steht, muß der anschließende Gang zur Königinkammer – was immer auch er weiterhin anzeigen mag – die von Paulus verkündete spezielle Form des Christentums symbolisieren.

Dann aber liegt in der Pyramide eine weitere Offenbarung verborgen. Denn ihre Symbolsprache betont ausdrücklich, daß es dem Paulinischen „Christentum" bestimmt war, nur ein Sproß, ein Ab-

[14] Dieses Verfahren wandte Rutherford auf das *Große* Messianische Dreieck an (siehe Fn. 8 und 9 auf S. 77 und 79).

leger der Lehre des Jesus von Nazareth zu sein. Tatsächlich stellt es nach den obigen Daten und Deutungen eine spirituell nicht weiterführende, mindere, auf einer Reduzierung der nazarenischen Lehre beruhende Entwicklungsform dar (vgl. [5]). Zudem geht aus der Symbolik der Pyramide deutlich hervor, daß der erste Schritt abwärts genau in dem Augenblick erfolgt, da jenen, die bereit sind, den Tod auf sich zu nehmen, Erleuchtung zuteil wird (6) – möglicherweise ein Hinweis auf eine vorgängige Weigerung, die messianische Lehre vorbehaltlos zu verwirklichen.

Die Ausbreitung des Christentums unter den Heiden ist dem Apostel Paulus auch früher schon zugeschrieben worden und wohl kaum noch Gegenstand ernstlicher Kontroversen. Aber man erinnere sich an Jesu Warnung vor der Gefahr, die seinem „Brot" durch den „Sauerteig der Pharisäer" drohe (Matthäus 16, 5–12): daß in der Tat des Paulus eine Abkehr von der wahren nazarenischen Lehre lag, ist eine Idee, die auch jetzt noch in den Kinderschuhen steckt. So sieht es denn aus, als müßten noch viele Jahre vergehen, bis die christliche Idee allgemein in der Welt angenommen und die originale Botschaft Jesu von der Menschheit als Ganzes wiederentdeckt und akzeptiert wird. Gewiß bedarf es dazu einer entschlossenen Kehrtwendung, da die Christen seit jeher von der Annahme ausgingen, die Lehre des Paulus und die Aufzeichnungen seiner Anhänger seien tatsächlich die eigentliche Botschaft Jesu gewesen. Es bedurfte erst der Forschungen moderner Gelehrter wie Dr. Hugh Schonfield *(Passover Plot)*, um die Fragwürdigkeit dieser Annahme nachzuweisen.

Was sich als „Paulinische Häresie" bezeichnen ließe, ist jedoch offenbar von den Baumeistern der Pyramide als eine notwendige Entwicklung angesehen worden. Wäre dieser religionsgeschichtliche Kompromiß in der Entwicklung des Christentums nicht zur rechten Zeit möglich gewesen, wäre wohl mit den Nazarenern auch deren Lehre verschwunden. So aber blieb sie, wenn auch unvollkommen, bis in die heutige Zeit erhalten. Der Gang zur Königinkammer mag zwar einen geringeren Weg darstellen, doch ist hier immerhin ein Boden gegeben, auf dem sich weiterschreiten läßt.

Schließlich ist es Sache der Theologen, über *Pro* und *Contra* der Paulinischen Doktrin zu streiten. Andererseits sind es vielleicht gar die Theologen, die an der gegenwärtigen Situation des Christentums Schuld haben. Jedenfalls hat der Chronograph der Pyramide den künftigen Paulus als dezidierten „Revisionisten“ angekündigt und durchblicken lassen, daß die von ihm ins Leben gerufene Bewegung eine schwerwiegende Abweichung vom Messianischen Urchristentum sein werde.

Ehe wir die Kreuzung der Reinen Wege des Lebens hinter uns gebracht haben, sei noch darauf verwiesen, daß der Boden der Großen Galerie und die Decke des Ganges zur Königinkammer von den Erbauern der Pyramide nicht ganz bis zu ihrem geometrischen Schnittpunkt (E) geführt wurden, sondern kurz vorher wohl aus Gründen der Konstruktion abbrechen und in einer vertikalen 38″ hohen Fläche enden (siehe Abb. S. 97). Dort wurde eine durch fünf ungleichmäßig angeordnete Querbalken verstärkte Übergangsplatte angebracht, die den unteren Gang verschloß. Da all diese Einzelheiten sicher bewußt für ihren bestimmten Platz geplant worden sind, wären sie auf ihre mögliche symbolische und chronologische Bedeutung hin zu untersuchen.

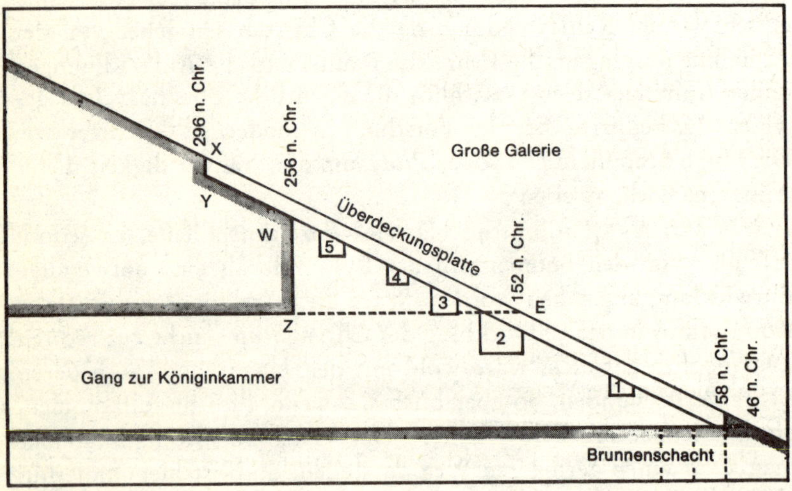

Abbildung 14
Darstellung des „Abbruchs“ und der ursprünglichen Überdeckungsplatte mit Trägern in ungefährer Lage.

Zum Beispiel lassen sich die konstruktiven Besonderheiten der Gangmündung sowohl auf dem Boden der Großen Galerie als auch auf dem des Ganges zur Königinkammer theoretisch wie folgt datieren:

	Gang zur Königinkammer	Große Galerie
Geometrischer Schnittpunkt	125 n. Chr.	152 n. Chr. (April)
Tatsächliches Gangende „Abbruch“	220 n. Chr.	256 n. Chr. (September)
Schwelle (XY)		296 n. Chr. (Oktober)

Jedoch ist zu bedenken, daß unsere Datierungs-Theorie bisher durchweg auf den *Boden*abmessungen aufbaut. Da die hier angeführten Details den Boden der Großen Galerie und nicht den des Ganges der Königinkammer betreffen, werden die Bodendatierungen der Großen Galerie auch größere Bedeutung haben.

Auch hier scheint es einige symbolträchtige Abmessungen zu geben. Petries Messungen zufolge beträgt der Abstand EX etwas mehr als 144″, was sich so verstehen läßt, daß der Boden der Großen Galerie „Weg der Auserwählten“ bedeutet (12 x 12 = die „Menschen der Menschen“). Die „Schwelle“ (WY) ist 40″ (8 x 5) lang und 8″ (XY) hoch, was heißen könnte, daß der Weg der Auserwählten mit der „letzten Wiedergeburt der Eingeweihten“ zusammenhängt (8 x 8 x 5). Die Höhe des „Abbruchs“ (WZ) ergibt die Maßzahl 38 = (2 x 19), deren Symbolbedeutung zufolge der endgültige Durchstieg von der Großen Galerie in den unteren waagerechten Gang „Tod hervorrufend“ ist. Schließlich deutet die Symbolik der Überdeckungsplatte an, daß der obere „höhere Weg“ nur dann zugänglich ist, wenn die Platte an ihrem Platz bleibt. Deckt man sie auf und legt den Zugang zum unteren „niederen Weg“ frei, ist symbolisch die Große Galerie verschlossen. Gleichwohl bleiben die Wege bis an die Stelle verbunden, wo die vertikale Wand des Gangendes sie endgültig trennt.

Davon ausgehend läßt sich eine detailliertere Deutung für den Schnittpunkt von Großer Galerie und Gang zur Königinkammer versuchen:

Deutung: *Der niedere, durch Zeit und Sterblichkeit führende Weg, entstanden zwischen 46 und 58 n. Chr., trennt sich vom Weg der Auserwählten im Jahr 152. Es folgt eine Zeit der Unsicherheit und des Schwankens, und noch im Jahre 296 wird man versuchen, die beiden divergierenden Wege miteinander in Einklang zu bringen. Bis 256 jedoch wird sich die Tendenz zur Sterblichkeit hin bereits so verfestigt haben, daß noch verbleibende Aussichten auf Beschreitung des höheren Weges in verhängnisvoller Weise vereitelt werden.*

Hält man sich vor Augen, daß der Gang zur Königinkammer zu einem Teilaspekt den Weg des westlichen Christentums darstellt, könnte diese Deutung helfen, die Gültigkeit unserer Deutungen an den allerdings dürftigen geschichtlichen Daten der frühen Kirche zu überprüfen.

Der Durchschnittschrist ist mit der frühen Geschichte seiner Religion wenig vertraut. Ihm ist gerade bekannt, daß die Urchristen von den Römern verfolgt wurden und viele den Märtyrertod erlitten. Dabei geht er stillschweigend von der Voraussetzung aus, daß sie der gleichen Lehre anhingen wie er. Nur allzu leicht wird vergessen, daß die Frühkirche annähernd zwei Jahrhunderte lang zutiefst zerstritten war, ehe eine allgemeine Einigung über die Lehre erzielt werden konnte – vor allem hinsichtlich der Dreieinigkeit und der Gottessohnschaft Jesu.

Gerade im 2. und 3. Jahrhundert unserer Zeit gab es heftige Auseinandersetzungen zwischen Anhängern der nazarenischen und paulinischen Richtung, wobei sich Gnostiker und andere Randgruppen lautstark in die komplizierte Debatte einmischten. So wird die Voraussage von einer Zeit der Unentschiedenheit und der vergeblichen Bemühungen, die divergierenden Lehren in Einklang zu bringen, durch das historische Geschehen bestätigt.

Etwa Mitte des 2. Jahrhunderts gewann die von Paulus begründete Bewegung langsam das Übergewicht über die jüdisch-christliche Bewegung; dies bestätigt das Zeugnis des heiligen Märtyrers Justinian. Und wiewohl Verfechter des jüdischen Christentums (wie Papias und Hermas) noch Ende des 3. Jahrhunderts ihre Stimme erhoben, konnten sie doch die Ausweitung der Spaltung nicht verhindern. Andere, heftigere Verfechter der Gnosis (wie Basilides und Valentinus) sollten eine Reaktion hervorrufen, die sich in Formen *anti*-gnostischer christlicher Orthodoxie äußerte. Eine ähnliche Reaktion bewirkten sogar später noch die Lehren des Origenes, – eines der größten und gedanklich selbständigsten der alten Kirchenväter. Zur Zeit seines Todes, etwa um 254, hatte indes die orthodoxe Bewegung eine eigengesetzliche Dynamik erreicht, die durch menschliche Anstrengungen nicht mehr aufzufangen war. Es ist daher nur angemessen, wenn die Pyramide diese Entwicklung durch einen „Abbruch" auf das Jahr 256 datiert. Da die orthodoxe Lehrtendenz als solche noch keine offizielle Formulierung gefunden hatte, gab es noch immer eine Fülle von unabhängigen Denkern; ihre Ansichten rangierten von annähernd-nazarenisch bis durch-und-durch-paulinisch. Einer der einflußreichsten von ihnen war Arius, der Ende des 3. Jahrhunderts noch immer kühn die nazarenischer Ansicht nahestehende Auffassung vertrat, daß Jesus ein Mensch und nicht Gott gewesen sei, und der für diese Auffassung sogar den römischen Kaiser gewinnen konnte. Doch war die Gegenbewegung zuletzt stärker und konnte schließlich die Auseinandersetzung zu ihren Gunsten entscheiden.

Im Jahre 313 erhob Kaiser Konstantin das Christentum zur offiziellen Staatsreligion. So mußte die Lehre endlich kodifiziert werden. Auf dem ökumenischen Konzil zu Nicäa im Jahr 325 wurde mit überwältigender Mehrheit gegen die Ansichten des Arius entschieden. Man einigte sich auf die Lehren des Athanasius, die nun die doktrinäre Basis für die neue Orthodoxie abgaben. So wurde also erst etwa dreihundert Jahre nach dem Tode Jesu von Menschen bestimmt, was er geglaubt und gelehrt habe oder nicht. Und das hieraus resultierende Nicänische altkirchliche Glaubensbekenntnis wird bis auf den heutigen Tag noch in vielen orthodoxen Kirchen gesprochen.

Die Große Pyramide bringt, wie wir sahen, das Ende der Bemühungen um eine Verständigung zwischen Nazarenertum und Christentum mit dem Datum 296 n. Chr. in Verbindung. Man mag in diesem Zusammenhang daran denken, daß Athanasius, dessen Auffassungen das in Nicäa akzeptierte christliche Glaubensbekenntnis folgt, im Jahre 295 geboren wurde.

So darf wohl gesagt werden, daß Datierung und Sinngehalt des „Abbruchs" unsere Vermutung bestätigen: Der Gang zur Königinkammer steht für den „niedereren" Weg des paulinischen Christentums.[15]

Der Gang zur Königinkammer (Der Weg des Hervortretens der erneuten Seele)

(1) Richtung	südlich	zeitlich
(2) Neigung	horizontal	Bewußtseinsebene
(3) Breite	41,21″ (2 KE)	Wiedergeburt/Sterblichkeit
(4) Querschnitt	rechteckig	physisch/terrestrisch
(5) Bodenhöhe des ersten Gangabschnitts	1 KE über dem Plan des Lebens	Leben/Sterblichkeit fußend auf messianischem Ideal
(6) Gesamtlänge des Ganges	annähernd 7/6 der Länge des ersten Gangabschnitts	Geistige Vervollkommnung durch Vorbereitung
(7) Bodenhöhe des zweiten Gangabschnitts	Plan des Lebens (theoretische Basis der 25. Quaderschicht)	Das Messianische Ideal (?)
(8) Richtung der Stufe am Anfang des Ganges	abwärts	Verlust an Spiritualität
(9) Höhe der Abwärtsstufe innerhalb des Ganges; Höhe der Abwärtsstufe zur Mündung des Brunnenschachts	20,60659 (1 KE)	Tod oder Geburt: Rückkehr der Seelen, die diesen Weg wählten, in die Sterblichkeit

[15] Wir dürfen indes nicht vergessen, daß die Übergangsplatte, die ursprünglich den Eingang verschloß, von fünf Steinbalken gestützt wurde, deren Wandnuten noch vorhanden sind (siehe Abb. S. 92). Da diese Vertiefungen unregelmäßige Abstände haben, können wir schließen, daß auch sie wichtige Vorgänge oder Entwicklungen jener Zeit symbolisieren. Tatsächlich hatten die Balken die Aufgabe, die *Überbrückungsplatte zu stützen.* Daraus ließe sich ableiten, daß alle fünf Balken spezielle pro-nazarenische Entwicklungen repräsentieren. Für Leser, die diesen besonderen Punkt untersuchen wollen, gebe ich hier die wahrscheinlichen „Datierungen" für die fünf Balken: Nr. 1–99 bis 109 n. Chr.; Nr. 2–149 bis 168 n. Chr.; Nr. 3–180 bis 191 n. Chr.; Nr. 4–202 bis 213 n. Chr.; Nr. 5–229 bis 243 n. Chr. Da diese Datierungen aus Messungen auf in kleinem Maßstab veröffentlichten Diagrammen gewonnen wurden, muß eine Toleranzspanne von ± 3 Jahren eingeräumt werden.

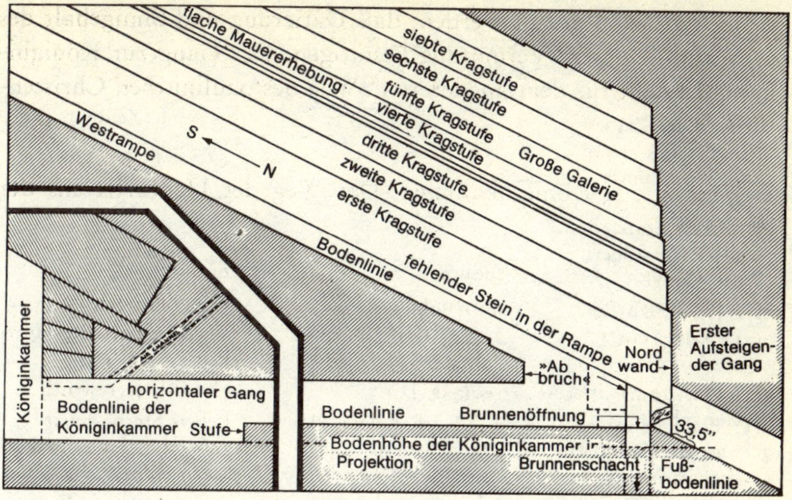

Abbildung 15
Gang zur Königinkammer (Ausschnitt).

(10) Basis des Zeitmaßes für den gesamten Gang	Königselle anstatt Heilige Elle, d.h. 1 n (1 KE/100 pro Jahr statt 1" (1 HE/25) pro Jahr
(11) Umwandlungsformel von Zoll in n	100/20,60659
(12) Doch für das Zeitmaß des ersten Gangabschnitts bleibt die erste *Abwärtsstufe* bestimmend	
(13) Daher ist das Zeitmaß des *ersten* Gangabschnitts *weniger* als 1" pro Jahr	
(14) Höhe der ersten Stufe jetzt	5,32068"
(15) Nächste Basiseinheit des vorherigen Maßes	1" (= 1 HE/25)

(16) ∴ Im ersten Gangabschnitt, 1″	= (100 x 1) / (20,60659 x 5,32068) Jahre – ,91 20669 Jahre	
(17) Ende des Zeitmaßes des ersten Gangabschnitts markiert durch nächste Stufe, d. h. 1 KE im Innern des Ganges		(bestimmt Zeitmaß für den Gang)
(18) ∴ Zeitmaß für zweiten Gangabschnitt	1 n im Jahr	
(19) Daher im zweiten Gangabschnitt 1″	= 4,8528 Jahre	
(20) Ausgangsdatum für den Boden des ersten Gangabschnitts″	58 n. Chr. (April)	
(21) Bodenlänge des ersten Gangabschnitts	1282,81285″	
(22) dargestellte Zeit	1170,0152 Jahre	
(23) Daher Datierung für Stufe im Innern des Ganges	1228 (12. April)	

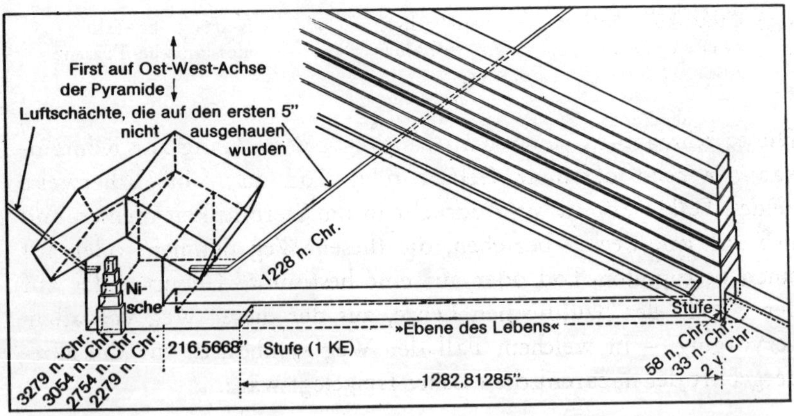

Abbildung 16
Projektion der Königinkammer und des Ganges.

(24) N-S-Breite des Brunnenschachts	26,7021″	
(25) N-S halbe Breite des Brunnenschachts	13,35105″	
(26) Daher Datierung für die Achse des Brunnenschachts nach dem Zeitmaß des ersten Gangabschnitts	70 n. Chr. (5. Juni)	
(27) Datierung für den Südrand des Brunnenschachts	82 n. Chr. (9. August)	
(28) Datierung der Trennungsstelle von der Großen Galerie	125 n. Chr.	
(29) Länge des zweiten Gangabschnitts	216,5668″	
(30) Anzahl der dargestellten Jahre	1050,9589	
(31) Datierung des Eintritts in die Königinkammer	2279 (23. März)	
(32) Natur des Bodens im zweiten Gangabschnitt	rauh belassener Kalkstein	Terrestrisch/irdisch
(33) Deckenhöhe im zweiten Gangabschnitt	67,5946″ (direkte Codeziffer, entspricht 2 x 33,5)	Reifung, bewirkt messianische Präsenz

Die in Königsellen gemessene Abwärtsstufe im Gang zur Königinkammer zeigt offenbar Geburt oder Tod an – möglicherweise beides. Daher könnte sie Rückkehr in die Sterblichkeit meinen und sich auf jene Seelen beziehen, die diesen Weg nahmen; oder auf einen bestimmten Tod oder auf eine bestimmte Geburt; oder auf den „Tod" der paulinischen Lehre, aus der dieser Weg vor allem hervorging, – in welchem Fall der Weg symbolisch für die Wiedergeburt der nazarenischen Lehre freigelegt wäre.

Deutung: *Die Seelen, die dem spirituell nicht weiterführenden (2) (8), wenn auch auf der Messianischen Lehre fußenden (5) Weg in die Sterblichkeit folgen, werden sich in der Zeit (1) weiterhin in der physischen Welt (4) reinkarnieren (3). Doch zwischen 58 n. Chr. (20) und 82 n. Chr. (27) werden jene, die zur Vollkommenheit streben, im Zusammenhang mit Ereignissen im Jahre 70 n. Chr. (24) (25) (26) den Tod erleiden, und vom Jahr 125 an werden sie den endgültigen Durchbruch auf dem Weg der Erleuchteten vollbringen (28).*

Dabei kann selbst die Unvollkommenheit dieses Weges zur Vollkommenheit hinführen (6?)

Ein Tod oder eine Geburt wird im Jahr 1228 (9) (23) eine Rückkehr zur wahren Messianischen Lehre (7) bezeichnen, und man wird gegen die bereits im Gehalt reduzierten Erscheinungsformen dieser Lehre (9) in einer Weise vorgehen, die ihren Tod bedeutet. Indem sie „noch einmal auf die Erde zurückkommen" (9) (32), werden die Seelen, die jenen Weg gehen, zu dieser Zeit (9) in die Sterblichkeit zurückkehren und die Menschen endlich zu spiritueller Reife führen (33); schließlich bewirkt dies noch einmal eine messianische Präsenz (33).

Im Sommer des Jahres 2279 (31) wird man dann in eine Epoche der endgültigen Entscheidung eintreten.

Interessant ist, daß die offizielle Heiligsprechung des Franz von Assisi nur zwei Jahre nach seinem Tod erfolgte und in das Jahr 1228 fiel. Mittlerweile hat ein Historiker in seiner Darstellung dieses außergewöhnlichen Mannes bekannt: „Seit Christus und seine Jünger in Galiläa predigten, hat von den Menschen kein einziger ein Leben geführt wie der heilige Franziskus".[16]

Der franziskanischen Bewegung war, mehr als ihrem zeitgenössischen dominikanischen Gegenstück, vor allem an der Wiederentdeckung der praktischen Bedeutung des Evangeliums für das einfache Volk gelegen. Sie reagierte damit auf die Tendenz der Kirche, sich gesellschaftlich zu etablieren, weltlichen Reichtum zu erwerben und rituelle Äußerlichkeiten im Übermaß zu betonen. 1230 gründete Robert Grosseteste in Oxford eine franziskanische Gelehrtenschule, deren Absolventen großen Einfluß auf das europäi-

[16] Carter and Mears, *History of Britain*, Oxford, o. J.

sche Denken nehmen sollten. Der berühmteste unter ihnen war der franziskanische Ordensbruder und Gelehrte Roger Bacon (1214–94). Seine Abneigung gegen jegliche etablierte Autorität und sein Eintreten für die Rückkehr zur Erfahrung entsprach im weltlichen Bereich der franziskanischen Einstellung zur Religion. Seine Methodologie sollte später in der Renaissance bedeutende Früchte zeitigen und trug ihm den Ruf eines „Vaters der modernen Wissenschaft“ ein.

Deutlich lassen sich diese Entwicklungen in der Geschichte des menschlichen Denkens mit der „Rückkehr auf die Erde“ und der für diese Epoche mittels des Ganges zur Königinkammer vorhergesagten Neuentdeckung der Messianischen Lehre in Einklang bringen. Und sie enthalten bereits die Keime für unsere heutige wissenschaftliche Kultur; tatsächlich können wir sie als die ersten Schritte zur spirituellen Reifung des Menschen betrachten.

Die Königinkammer (Kammer der Erneuerung/der Wiedergeburt/des Mondes)

Dem alten ägyptischen *Totenbuch* zufolge ist die Königinkammer vor allem eine „Kammer der Wiedergeburt“. Die Bezeichnung „Kammer des Mondes“ trägt die gleiche Bedeutung, da der Mond fortgesetzt „stirbt“ und „wiedergeboren“ wird. Auch mag sich der Einfluß des Mondes auf die Gezeiten des Meeres – der Quelle alles irdischen Lebens – und auf den Menstruationszyklus der Frau im alten Namen der Kammer widerspiegeln, die nichts anderes als den „Schoß der Pyramide“ darstellt. Die Untersuchung der Symbolelemente der Kammer wird diese Vorstellung bestätigen:

(1) Form der Kammer	10 Ecken, 7 Seiten (10 x 7)	Millennium der spirituellen Vervollkommnung
(2) Art des Daches	Kalksteingiebel aus 12 Blöcken, 30° Neigung	zum Wohl der Menschheit, siehe (3)
(3) Symbolik des Giebels	aufwärts weisender Pfeilkopf (?)[17]	Aufstieg zu höherer Bestimmung

[17] Die drei „Giebel“ in der Großen Pyramide (siehe auch die „Giebel“ über der Königskammer und über den „Markierungslinien“ im Absteigenden Gang) werden leicht allzu umstandslos real als solche gesehen. Giebel und Dach-

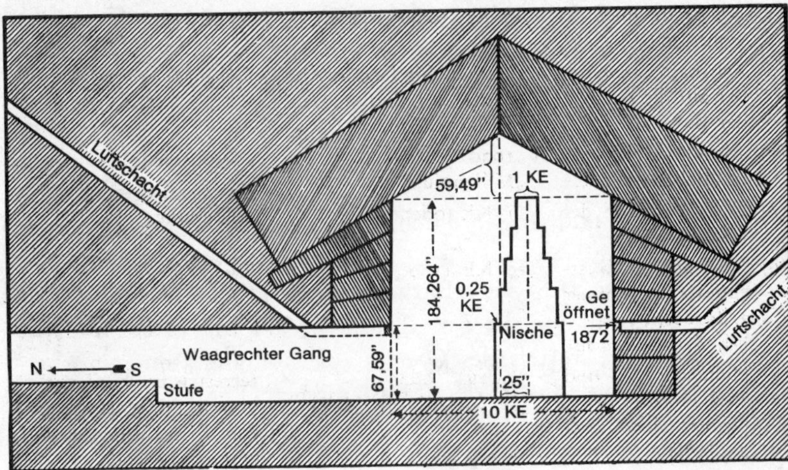

Dieser senkrechte Querschnitt der Königinkammer (von Westen gesehen, Nord-Süd) zeigt die Stufe im waagrechten Gang, die Nische in der Ostwand und die unvollendeten Luftschächte.

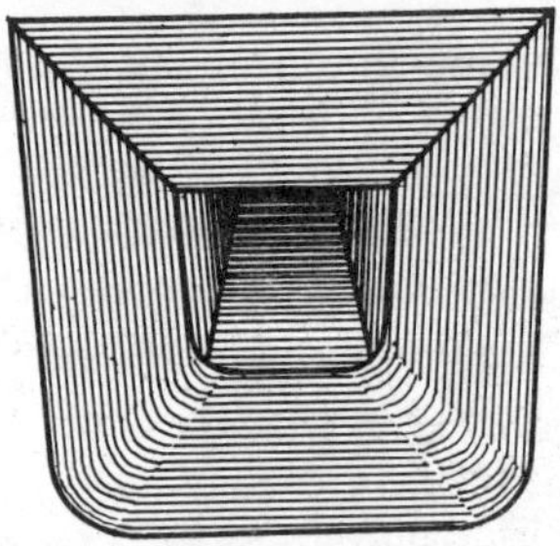

Abbildung 18
Blick in die freigeräumten unteren Öffnungen der Luftschächte der Königinkammer.

(4) Lage des Firsts (Ost-West-Achse der Kammer)	auf Ost-West-Achse der Pyramide, genau unter der „Hohen Schwelle" der Großen Galerie	„Wendepunkt" (?) zur erleuchteten Wiedergeburt

neigungen dienen in unseren Breiten dazu, Regenwasser und Schnee abzuführen. In einer weitgehend regenfreien Zone haben sie keinen praktischen Sinn. Ihr Vorkommen in der Pyramide beweist, daß ihre Funktion über die der Bedachung hinausgeht: „Aufwärtsweisender Pfeilkopf" scheint eine zutreffendere Deutung zu sein. Und die Lage genau unter der Großen Schwelle und unter dem Scheitelpunkt der fehlenden Pyramidenspitze läßt den Schluß zu, daß diese Kammer zum höheren Weg und ins Messianische Jahrtausend führt (siehe (4)).

(5) NS-Breite quer gemessen	10 KE (oder 1000 n)	Siehe (7)
(6) Zeitskala anwendbar auf die Breite der Kammer	Zeitmaß für letzten Abschnitt des Ganges zur Königinkammer	Siehe (7)
(7) also in der Kammer symbolisierte Zeit	„1000" Jahre (d. h. ein „Millennium")	(Zeitmessung)
(8) O – W Länge der Kammer	11 KE (oder 11 x 100 n)	Belohnung
(9) Abstand des Westendes der Kammer nach rechts, westlich der Gangachse	10 KE (1000 n)	Ewigkeit
(10) Höhe der N.- und S.-Wand und der Nische (siehe [17] bis [27])	184,264″ oder [(4 x 35,76″) + 2 KE]	terrestrische Wiedergeburten mit entsprechendem Erleuchtungsgrad münden in Tod
(11) Höhe des Giebels über N.- und S.-Wänden und Nische (s. diese)	59,49″ (Codeäquivalent = 2 x 29,84″)	Bewirkt Tod
(12) Bodencharakter	unbehauener Kalkstein[18]	irdisch/physisch
(13) Material	Kalkstein mit dicker Salzkruste bedeckt	terrestrisch
(14) Bedeutung des gewählten salzverkrusteten Kalksteins	Wohl Symbol für das Meer, die Quelle des physischen Lebens, den Schoß[19]	physische Wiedergeburt: „zum Anfang zurück"
(15) Inventar	ursprünglicher Kalksteinsarg ohne Deckel. N-S-Achse vermutlich 7 KE (144,2″) westlich der Gangachse	Ausbruch aus der irdischen Sterblichkeit verbunden mit dem „Erwählten"

[18] Verschiedene Forscher haben darauf aufmerksam gemacht, daß dem ungeglätteten Boden die in vielen anderen „Grabkammern" anzutreffende Auflage aus Steinplatten fehlt. Und tatsächlich verläuft der Boden etwa 6,6 P″ unterhalb der Unterkante der 25sten Steinschicht, womit sie zur Identifizierung geradezu herausfordert (siehe S. 59). Man durfte also von der Annahme ausgehen, daß eine 6,6 P″ dicke Plattenauflage hinzuzurechnen ist, wenn einmal die Kammer symbolisch nach Öffnung der Luftschächte „fertig" sein wird ((28) und (29)). Das Niveau (Schicht 25) würde dann die Erlangung der vollen Initiation bedeuten (5^2).

[19] Die gleiche symbolische Uterus-Gestalt haben auch die Brunnenschächte späterer Gräber, die (nach C. Deroches Noblecourt) „die aquatische Region, in der das werdende Wesen bis zur Wiedergeburt weilt", bezeichnen.

(16) andere Merkmale	Nische in der Ostwand. Zwei Luftschächte, je in N.- und S.-Wand	
(17) Beschaffenheit der Nische	Kragstufen, aus 5 Absätzen bestehend, „teleskopisch" sich nach oben verjüngend	Fünffacher Fortschritt aus innerer Kraft
(18) O-W-Lage der Nische	östlichster Teil des gesamten Gangsystems	Mangel an Spiritualität/Wiedergeburt
(19) N-S-Achse der Nische	2 KE östlich (links) der Gangachse	Tod/Wiedergeburt
(20) O-W-Achse der Nische	25″ südlich der O-W-Achse der Kammer	zur Vollendung des Messianischen Ideals führender „Wendepunkt"
(21) N-Seite der Nische	28,2 n (etwa 6″) vor der O-W-Achse der Kammer	(Zeitmaß)
(22) S-Seite der Nische	228,2 n vor der Südseite der Kammer	(Zeitmaß)
(23) Tiefe der Nische durchweg	2 KE	Sterblichkeit
(24) Breite der Nische an der Basis	3 KE	
(25) Breite der Nische oben	1 KE	Tod: Verlust der Sterblichkeit (?)
(26) Anzahl und Breite der Kragstufen	8 x 1/4 KE [oder 8 x (2 KE/8)]	Der Sterblichkeit durch Wiedergeburt unterworfen
(27) Mögliche Bedeutung der Nische	5 Wiedergeburten, die jeweils die Saat für die nachfolgende legen	
(28) Charakter der Luftschächte	nach N. u. S. aufsteigende Luftschächte, am unteren Ende nicht ausgehöhlt[20]. Vermutliche Bedeutung: „Fluchtweg" aus der Kammer	

[20] Anzeichen sprechen dafür, daß ursprünglich Hindernisse – oder zumindest Verengungen – den Eingang zur Kammer selbst verwehrten (von denen heute nur noch Reste in Gestalt eines grobgearbeiteten „Pilasters" am Ende der Westwand des hineinführenden Ganges zeugen). In allen drei Fällen soll die Symbolik Assoziationen an die Gebärmutter hervorrufen, deren enger Hals sich erst öffnen muß, ehe das Kind (hier der Mensch) aus dem Uterus hervorgehen kann.

(29) Länge der beiden Blockierungen	5″ (1872 freigelegt)	Hindernisse, zu deren Überwindung 5 Leben notwendig sind
(30) Querschnitt der Schächte	oben eckig, unten abgerundet (s. S. 102)	teils physisch, teils spirituell
(31) Durchmesser (im Durchschnitt)	8″ x 8″	Zur „letzten Wiedergeburt“ führend
(32) Höhe der oberen Teile und Höhe der unteren Teile der Nische	67,59″ (äquivalent 2 x 33,5?)[21]	Spirituelle Prüfung des Menschen; bewirkt Messianische Präsenz
(33) Ungefähre Lage der Schachtachsen	96″ westlich der Gangachse (8 x 12″)	Zur Wiedergeburt der Menschheit / des Menschen
(34) Länge des ersten, waagerechten Abschnitts der Schächte	fast 84″ (7 x 12)	Zur spirituellen Vervollkommnung des Menschen
(35) Westende der Kammer	noch 80,037″ vor der N-S-Achse der Pyramide (Codeäquivalent = 8 x 10)	„Wiedergeburt des Millenniums“ noch erforderlich für die volle Erleuchtung
(36) Charakter der Datierungen innerhalb der Kammer	vermutlich symbolisch, nicht chronologisch (da kein weiterer N-S-Gang vorhanden)	(Querverweise auf andere Teile der Chronographie [?])
(37) Symbolische Datierung des Kammeranfangs	2279 n. Chr. (23. März)	
(38) Symbolische Datierung der Kammerachse	2279 n. Chr. (23. März)	(Denkbar: Hinweise auf das Frühjahrsäquinoktium)
(39) Symbolische Datierung der Kammersüdwand	3279 n. Chr. (23. März)	

[21] Da die oberen Endabschnitte der Luftschächte und ebenso der unterste Teil der Nische mit der Decke des Ganges zur Kammer *genau in einer Ebene* liegen, stehen alle vier symbolisch in enger Beziehung. Daraus kann man folgern, daß der Eintritt in die Kammer entweder ein halb-spirituelles „Entweichen“ über die Luftschächte (sie liegen westlich des Ganges, d. h. rechts) *oder* wiederholte Wiedergeburten und eine Rückkehr in die Sterblichkeit ermöglicht (23) (25) (27), wie die Nische sie evoziert, (die östlich des Ganges beziehungsweise links von ihm liegt). Wir befinden uns in der „Kammer der Alternativen“. Beides ist möglich: der Weg aufwärts *und* der Weg abwärts.

(40) Symbolische Datierung der Nische	anscheinend auf Vielfachem von 1/4 KE basierend (siehe [26]) doch so ausgerichtet, daß die Achse 25″ hinter der Kammerachse liegt	
(41) Daher symbolische Datierung der Nordseite der Nische	25 oder (100/4) Jahre[22] vor Datierung der Kammerachse = 2254 n. Chr.	
(42) Symbolische Datierung der Südseite der Nische	225 oder (2 1/4 x 100) Jahre[22] vor Datierung Südwand der Kammer 3054 n. Chr.	

Bemerkungen zur symbolischen Datierung

(43) 2279 n. Chr. (Anfang der Kammer)	365 Jahre nach S-Wand der Großen Galerie (s. d.)	Höhe der auf das Zeitalter der Erleuchteten folgenden Ära (?)
(44) 2279 n. Chr. (Anfang der Kammer)	365 Jahre nach Eingang der unterirdischen Kammer	Höhepunkt des Zeitalters der Hölle auf Erden (?)
(45) 2754 n. Chr. (N-Seite der Nische)	475 (19×5^2) Jahre nach Anfang der Kammer	Tod des Messianischen Ideals
(46) 3054 n. Chr. (S-Seite der Nische)	65 (13×5) Jahre nach N-Wand der Königskammer	(Siehe Kap. 4)
(47) 3279 n. Chr. (S-Wand der Kammer	225 ($3^2 \times 5^2$) Jahre nach Südseite der Nische	Höchste Vollendung des Messianischen Ideals

Ebenen

(48) Niveau des Bodens der Königinkammer	Plan des Lebens = theoretische Basis der 25.(5^2) Steinschicht, Oberkante der 24. (6×4)	Basis möglicher Erleuchtung und Erneuerung/Vorbereitung auf den physischen Anstoß zum Messianischen Ideal
(49) Niveau der äußeren Luftschachtmündungen	90. (9×10) Steinschicht (annähernd 38″ oder 2×19 hoch)[23]	Höchste Vollendung des Millenniums, doch in die Sterblichkeit führend

[22] In *n* gemessen, würden sich 28,2 respektive 228,2 ergeben.

[23] Der Abstand zwischen Pyramidenbasis und 90ster Schicht beträgt theoretisch im Durchschnitt 2727,7 P″ Höhe. Doch die halbe Höhe von Pyramidenbasis bis Gipfelplattform mißt genau 5448,736 P″ : 2 gleich 2724,368 P″. Die Wahrscheinlichkeit ist daher groß, daß man die beiden Höhen zueinander in Beziehung

(50) Niveau der äußeren Luftschachtmündungen	91. Schicht (7 x 13) der Verkleidung (annähernd 35″ oder 7 x 5)	Spirituelle Vollkommenheit von (13?) Spirituelle Vollkommenheit der Initiierten

Das doppelte Auftreten der Zahl 5 in der Königinkammer (27) (29) verweist auf die Präsenz eines Initiierten. Dennoch läßt sich weder das eine noch das andere Auftreten zeitlich datieren. Die Nische deutet fünf aufeinander folgende „Leben" an und meint damit vier Gelegenheiten, die Leiter zur Erleuchtung jeweils bei einer Wiedergeburt (4 x 35,76″) ein Stück höher zu rücken. Die Blockierung der Luftschächte (5″) scheint zu bedeuten, daß in jedem Leben ein Zoll abgetragen werden muß, wenn am Ende der fünften Inkarnation ein „Entweichen" möglich werden soll. (Das Verhältnis 1 Zoll für 1 Jahr bezieht sich ausschließlich auf die Chronologie der Bodenlinien). Der Buddhismus kennt übrigens einen ähnlichen Weg zur Erlösung – durch vierfache Erfahrung der Erleuchtung.

Wer es versäumt, sich in diesem Augenblick „nach rechts (dem Rechten) zu wenden", unterliegt dem Prozeß, den die restliche Höhe der Ostwand oberhalb der Nische symbolisiert, nämlich dem Weg in den endgültigen Tod. Dieser fünffache Prozeß kann in der vollen Initiation resultieren, die den Betreffenden qualifiziert, sich im Tod (10) (25) den Erwählten der Königskammer (15) über die Luftschächte der Königinkammer (30) (31) (32) (33) zuzugesellen. (Vergleiche den Abschnitt über die Königskammer).

Heute münden diese Luftschächte in der 38″ starken 90sten Schicht und zeigen somit an, daß der Mensch weiterhin der Sterblichkeit unterworfen ist (2 x 19). Vermutlich waren sie ursprüng-

setzen wollte und die Ausgänge der Königinkammer-Luftschächte für die Definition des Niveaus der Gipfelplattform eine Rolle spielten. Mit Sicherheit ist den Daten der Königskammer zu entnehmen, daß die beiden anderen Luftschächte eine solche Funktion hatten, da die Summe der von ihnen durchzogenen Schichten gleich der Anzahl der Schichten bis zur Gipfelplattform ist (vergleiche Kapitel 5).

Mittlerweile hat sich der Symbolgehalt aufgrund der auf S. 218 unterbreiteten Informationen dahingehend abgewandelt, daß die Luftschächte der Königinkammer Wege des Nicht-Entweichen-Könnens bedeuten, ungeachtet weiterhin bestehender Hoffnung auf bessere Dinge.

lich auch an ihrer äußeren Öffnung auf der Seitenfläche der Pyramide verschlossen und von der Außenverkleidung verdeckt, (siehe Kap. 5). Doch für die Höhe der Messianischen Zeit – und für die Zeit der Vollendung der Pyramide nach ihrem theoretischen Entwurf – sind die Luftschächte durch die neue Bemantelung hindurchgeführt zu denken. Sie treten dann an der 35" hohen 91sten Schicht zutage. Wenn das Millennium herannaht, werden sie sich in Wege zur spirituellen Vollkommenheit von Eingeweihten (7 x 5) verwandelt haben.

Auch dieser Vorgang hat in der Königinkammer sein symbolisches Gegenstück. Denn die Erbauer der Pyramide hatten offensichtlich die Absicht, den Eindruck des Unvollendeten hervorzurufen: Die Luftschachtmündungen wurden nicht durchbrochen, manche Steine blieben unbehauen, der Fußboden ungeglättet und ohne die übliche Plattenauflage. Der Boden – siehe Fußnote 18 – sollte vermutlich rund 6" hoch sein. So wird wohl dereinst der Boden bei der theoretisch-symbolischen Vollendung der Kammer auf ein Niveau gebracht werden, das in gleicher Ebene die Oberfläche der 25sten Steinschicht fortsetzt – im Zeichen der vor allem auf den Großen Eingeweihten hinweisenden Zahl 5^2.

Deutung: *Mit dem Jahr 2279 werden die Seelen, die den geringeren, spirituell nicht weiterführenden, zwischen 46 und 58 n. Chr. angebahnten Weg nahmen, nunmehr zur Reife gelangt (4) (20) (32), in eine Ära der endgültigen Entscheidung eintreten.*

Diese Ära wird ein irdisches (12) (48) tausendjähriges Zeitalter (5) (9) sein. Wegen der Vernachlässigung des Messianischen Ideals (45) werden diese Seelen fünf kritische Inkarnationen (10) (14) (17) (18) (19) (23) (25) (27) (29) durchlaufen und dabei die Chance erhalten, die physische Unvollkommenheit (48) zu überwinden, dem wahren Messianischen Weg (20) (48) zu folgen und durch Wendung „nach rechts (dem Rechten zu)“ (9) zu einer höheren Daseinsebene zu gelangen (2) (3) (28).

Soll dies gelingen, muß jede folgende Inkarnation aus der Erleuchtung der vorangegangenen (10) (27) (29) hervorgehen. Wird dieser Prozeß wegen Versagens auch nur einmal unterbrochen, dann gelingt der „Durchbruch“ am Ende (10) (25) des fünften Le-

bens (29) nicht, und die Rückkehr zur Sterblichkeit (11) ist unabwendbar. Doch bei Gelingen wird sie den Kreislauf der physischen Wiedergeburt (15) (29) durchbrechen und einen zumindest in der Tendenz spirituellen (30) höheren Weg (3) (28) eröffnen – den lang schon verlorenen „Weg der Erleuchteten" (4) (29).

Es bringt also Lohn (8), sich um der geistigen Vervollkommnung (1) (9) willen in dieser Zeit irdischer Verhaftung (12) dem Rechten zuzuwenden. In der Tat wird es den zur Reife gelangten Menschen möglich sein, die spirituelle Vollkommenheit der Initiierten (32) (34) (50) durch Erfahrung der letzten Wiedergeburt (31) (33) des Messianischen Zeitalters (1?) (5?) (7?) (49) zu erreichen. Dazu wird die Erfahrung weiterer Wiedergeburten notwendig sein, auf daß der Mensch seine volle spirituelle Natur (31) (35) (49) für immer zurückgewinnt.

Im Licht solcher Deutung bestätigt sich, daß die Königinkammer wahrhaftig eine Kammer des Lebens darstellt. Hingegen liegen die Kammern des Todes der anderen Pyramiden alle unter dem Boden und sind nur durch abwärts führende Gänge zu betreten. Auch die Unterirdische Kammer der Großen Pyramide ist mit dem Tod in Zusammenhang zu bringen, während die beiden oberen Kammern der Großen Pyramide – als einzige – hoch *über* dem Boden liegen und durch *aufwärts* führende Gänge betreten werden. So ist es erlaubt, sie im Gegensatz zu den anderen Kammern als Sinnbilder des Lebens zu betrachten.

Beide oberen Kammern sind mit Luftschächten versehen. Man kann nun fragen, ob Luftschächte für Tote sinnvoll wären, da es ja die Lebenden sind, die zum Atmen Luft brauchen. Die „Lebenden" der Großen Pyramide leben aber im symbolischen Sinn: Sie besitzen „geistiges Leben" im Gegensatz zu denen, die physisch dem Tod verfallen sind. In diesem Zusammenhang sind die Luftschächte zu sehen.

Ein Luftschacht ist ein Weg für Atemluft: Seit undenklichen Zeiten ist der Begriff „Atem" eng mit den Begriffen „Wind" und „Geist" verbunden. So wurde das griechische Wort *pneuma* für beides benutzt, und das deutsche Wort *atmen* entspricht dem hinduistischen *Atman* (Das Göttliche im inneren Selbst). Auch das lateinische Wort *spiritus* für „Geist“ bedeutete ursprünglich „Atem“. Die Luftschächte symbolisieren also einen Weg für den „ausfahrenden Geist“. Da die Luftschächte beider Kammern, des Königs wie der Königin, in ihren Zahlenverhältnissen zur halben Höhe der Entfernung zwischen Basis und Gipfelplattform in Beziehung stehen – im einen Fall geometrisch, im anderen numerisch (siehe Kap. 5) – sind sie als aufeinander bezogen zu betrachten.

Der unbearbeitete Boden der Königinkammer – er schließt an die Basis des Messianischen Dreiecks und theoretisch an die 25ste Steinschicht wie auch an die Oberfläche der 24sten Schicht an – läßt aber erkennen, daß jene Ausfahrt der Befreiung nur unter der Bedingung einer Rückkehr zur Erde und nur durch Neu-Erlernen und Neu-Anwenden der Messianischen Lehre möglich ist. Sollte es eines Tages ein Messianisches Millennium geben, dann allein aufgrund der Anstrengungen des unvollkommenen, stofflichen Menschen. Gerade im Bereich der Sterblichkeit des Menschen – so lehrte auch Buddha – ist der Schlüssel zu einer endlichen Befreiung zu suchen.

Bemerkung zur Deutung des Codes.

Es ist nunmehr möglich, jene Ebene in der Pyramide, die wir bisher „Ebene des Lebens“ genannt haben, genauer zu präzisieren. Zunächst einmal beinhaltet sie keine Endlichkeit. Nach ihrem Zahlenwert rückt sie nicht einmal halbwegs in die gleiche Höhenstufe wie der Boden der Königskammer, der mit der Oberkante der 50sten Schicht in gleicher Ebene liegt und somit vermutlich das Messianische Millennium (10 x 5) symbolisiert. Doch ist die Ebene des Lebens die Basis des Messianischen Dreiecks und seines Aufwärtswegs zur Erleuchtung wie der fünf jeweils höher gestuften, in der Nische versinnbildlichten Wiedergeburten; schließlich auch des durch die Luftschächte der Königinkammer symbolisierten Weges zur endgültigen Befreiung. Zudem läuft diese Ebene gleich mit der Oberfläche der 24sten Schicht, die ihrerseits ein Symbol der unvollkommenen physischen Welt (6 x 4) ist. Die Ebene des Lebens entspricht also der untersten menschlichen Entwicklungsstufe, auf der Erleuchtung überhaupt erreicht zu werden vermag, und markiert daher genau *den Beginn* des Messianischen Prozesses, in dessen Verlauf Sterbliche zu „lebenden Wesen“ werden. In diesem Sinn also sind die in dem von uns rekonstruierten Code aufgeführten Bezeichnungen „Ebene des Lebens“ und „Ebene der potentiellen Erleuchtung“ aufzufassen.

Unterer Abschnitt des Absteigenden Ganges (Das Hinabsteigen)

Wir fahren nun mit der Erforschung des Absteigenden Ganges an der Einmündung des Aufsteigenden Ganges fort:

(1) Richtung	südlich	durch die Zeit
(2) Neigung	abwärts	spiritueller Verfall
(3) Neigungswinkel	26°18′9,7″	menschliche Entwicklung
(4) Querschnitt	rechteckig	physisch/terrestrisch
(5) Breite	41,21″ (2 KE)	Sterblichkeit/Reinkarnation
(6) Senkrechte Komponente des eingefügten pi-Winkels	37,995″	Tod
(7) Waagerechte Komponente des eingefügten pi-Winkels	29,841″	Tod
(8) Ursprüngliche Gestirnsausrichtung	Alpha Draconis (untere Kulmination)	Tod/Hölle (?)
(9) Abstand zum Schnittpunkt des Bodens mit der Ebene des Daches der Unterirdischen Kammer (Ebene des Todes)	2675,006″	(Zeitmaß)
(10) .·. Datierung des Schnittpunkt des Bodens	1223 n. Chr. (1. April)	(Datierung)
(11) Abstand von obigem Schnittpunkt zum Schnittpunkt des Bodens des Unterirdischen Ganges	283,378″	(Zeitmaß)
(12) Abstand zum unteren Ende des Bodens (Ostseite)	286,1″	Verlust an Erleuchtung

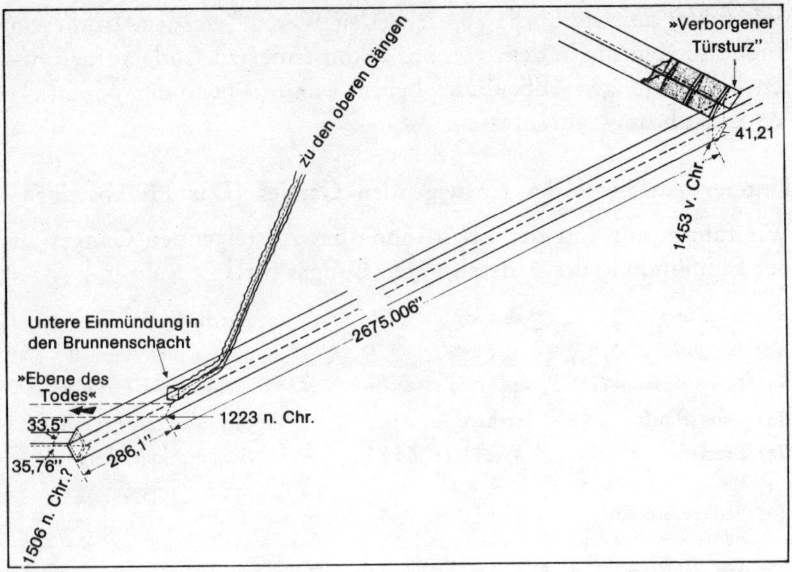

Abbildung 19
Unterer Abschnitt des Absteigenden Ganges.

(13) Abstand zum unteren Ende des Bodens (Mittellinie)	286,835″	(Zeitmaß)
(14) Theoretische Datierung daher für (11)	1506 n. Chr. (17. August)	(Datierung)
(15) Theoretische Datierung für (13)	1510 n. Chr. (8. März)	(Datierung)
(16) Weitere Gegebenheiten	Untere Einmündung des Brunnenschachts (Quelle des Lebens), führt zu oberen Gängen, ist nach rechts (Westen) geöffnet, direkt über der Ebene des Todes	Entweichen nach rechts auf der Suche nach Erleuchtung, möglichst nicht unterhalb der Ebene des Todes
(17) Beschaffenheit und Ausmaße der Öffnung des Brunnenschachts	unbearbeitet, unterschiedlich	keine genaue Datierung; durchweg in der „Höhle" des Unterirdischen Ganges anwendbar (?)

(18) Querschnitt	nicht rechteckig, unregelmäßig	Nicht physisch/nicht zeitlich
(19) Art der Fortführung des Absteigenden Ganges	kleiner waagerechter Gang führt zur Unterirdischen Kammer (Kammer der Prüfung/Feuerzone)	Ebene der eingeschränkten (?) Erleuchtung
(20) Art der Zusammenführung der Gänge	nicht existent: weder Boden, Wände noch Decke grenzen aneinander; die Ebene der „Vereinigung“ bildet keine rechten Winkel zu baulichen Gegebenheiten im einen oder anderen Gang	(Siehe [21] und [22])
(21) Mögliche Bedeutung der unregelmäßigen Zusammenführung	Zeit des Übergangs, nicht genau vom Chronographen datiert[24]	
(22) Von Entsprechungen in den Gängen der Prüfung evozierte Bedeutung	teleskopisches Verbindungsstück, das im Licht der tatsächlichen Ereignisse ausgerichtet wird	

Der unbestimmte Charakter der unteren Einmündung des Brunnenschachts und die fraglos gegebene Verbindung zum Mauerrücksprung in der Unterirdischen Kammer (siehe Seite 175) lassen erkennen, daß dieses untere Ende des Brunnenschachts chronologisch keine Einordnung erfährt. Vielmehr ist hier symbolisch eine Ebene (die Ebene des Todes) gekennzeichnet, unterhalb der ein Eingehen in höhere Spiritualität nicht möglich ist. Die höhere Ebene kann indes im wesentlichen Teil der großen Unterirdischen Kammer wieder erreicht werden.

[24] Kein Punkt des Bodens des Unterirdischen Ganges ist in der Senkrechten nach irgendeinem anderen Punkt des Bodens des Absteigenden Ganges ausgerichtet, so daß Daten des letzteren für die Datierung des ersteren keinen Anhalt liefern. Man vergleiche die ähnlich „anomalen“, auf die „Trennung der Wege“ von Gang zur Königinkammer und zur Großen Galerie bezüglichen Datierungen (S. 78).

Deutung: *Nach Loslösung der einen höheren Weg anstrebenden Seelen (1453 v. Chr.), wird die übrige Menschheit (3) durch Reinkarnation in der stofflichen Welt (4) im Lauf der Zeit (1) mehr und mehr an Geistigkeit (2) einbüßen. Die Folge ihrer Gefangensetzung im sterblichen Fleisch (6) (7) (8) wird so auch künftig der Tod sein.*

Vom Jahr 1223 (10) an schlagen diese Seelen einen todesträchtigen (9), zu keiner Erleuchtung (12) mehr führenden Weg ein, – der schließlich in die Hölle auf Erden (19) führt. Von 1506 an kommt es auf diesem Weg zu entscheidenden Ereignissen (14) (15) (21) (22).

Es wird aber in dieser Epoche (16) (17) all jenen Seelen, die genügend Erleuchtung wiederzugewinnen vermögen, ein Weg der Selbst-Erlösung offenstehen, auf dem sie sich über die tödliche Ebene, zu der sie absanken (16), erheben können. Dieser im Stofflichen nicht verharrende Weg wird sie schließlich in „lebende Wesen" verwandeln, die sogar inmitten der irdischen Hölle einem höheren, zur Unsterblichkeit führenden Drang folgen (16).

Das Datum 1223 scheint sich auf die gleiche Epoche zu beziehen, auf die auch die Abwärtsstufe im Mittelabschnitt des Ganges zur Königinkammer verweist (siehe dort). Es ist die Zeit des Bemühens um Rückkehr zur ursprünglichen Messianischen Lehre, die Zeit des Franz von Assisi. Wir haben gesehen, daß in dieser Epoche auch das einsetzte, was wir als spirituelle Reifung des Menschen bezeichnen, vor allem auch jene intellektuellen Prozesse, die zu unserer heutigen wissenschaftlichen Ära führen sollten.

Die unterirdische „Höhle" mag so als Symbol einer Hölle verstanden werden, wo der wissenschaftliche Fortschritt des Menschen die Temperatur des Feuers bestimmt. Aber die Hölle enthält auch die Möglichkeit zur Erlösung. Denn fast mag es scheinen, als könne der Mensch allein durch intensive Vermehrung wissenschaftlicher Erkenntnis die tiefen Gedanken, die dem Messianischen „Rettungsplan" zugrunde liegen, begreifen und intellektuell akzeptieren. Wie Jesus von Nazareth nach Johannes 16, 12 gesagt haben soll: „Noch vieles habe ich euch zu sagen, doch ihr könnt es jetzt nicht tragen".

Der Brunnenschacht (Die Quelle des Lebens)

(1) Niveau der unregelmäßig geformten unteren Mündung	unmittelbar über der Ebene des Todes oder dem Deckenniveau der Unterirdischen Kammer	Entrückung zu höherer Spiritualität nur oberhalb der Ebene des Todes möglich
(2) Niveau der oberen Öffnung	Ebene des Lebens (theoretische Basis der 25sten Steinschicht oder 5^2)	Brunnenschacht führt nach oben auf die Ebene der potentiellen Erleuchtung, des Messianischen Ideals oder der Initiation
(3) Abstand der Ebene des Todes zur Ebene des Lebens	1881,2426″	Abstand zwischen Tod und Leben; potentielle Erlangung von Erleuchtung
(4) Richtung der unteren Schachtmündung	westlich[25]	der Erleuchtung entgegen
(5) Richtung der oberen Schachtmündung	östlich	zur physischen Wiedergeburt
(6) Zahl der Abschnitte	4	vierfacher Pfad
(7) Richtung des ersten unteren Abschnitts	steil aufwärts und nördlich	mühseliges Fortschreiten zur Wiedergeburt
(8) Richtung des zweiten Abschnitts	weniger steil aufwärts, nördlich	leichteres Fortschreiten zur Wiedergeburt
(9) Querschnitt des ersten Abschnitts	unregelmäßig	unkörperlich
(10) Richtung des dritten Abschnitts	steil aufwärts, nördlich	mühseliges Fortschreiten durch Reinkarnation
(11) Besonderheit des dritten Abschnitts	verläuft senkrecht durch unregelmäßig geformte natürliche „Grotte", ehe er nördlich abbiegt; extreme Unregelmäßigkeit	körperlose Zwischenzeit der Ruhe (?) vor erneuter Wiedergeburt
(12) Ungefähres Niveau des oberen Grottenteils	Niveau der Granitsperrsteine = 7te Steinschicht des Mauerwerks = etwa 286″ über der Grundfläche der Pyramide	Spirituelle Vervollkommnung (?) Wiedererlangung der Erleuchtung
(13) Richtung des oberen Teils	Senkrecht nach oben	„Explosionsartiger" spiritueller Fortschritt

[25] Der Gang weicht auch ein wenig nach Norden und nach unten von der Geraden ab.

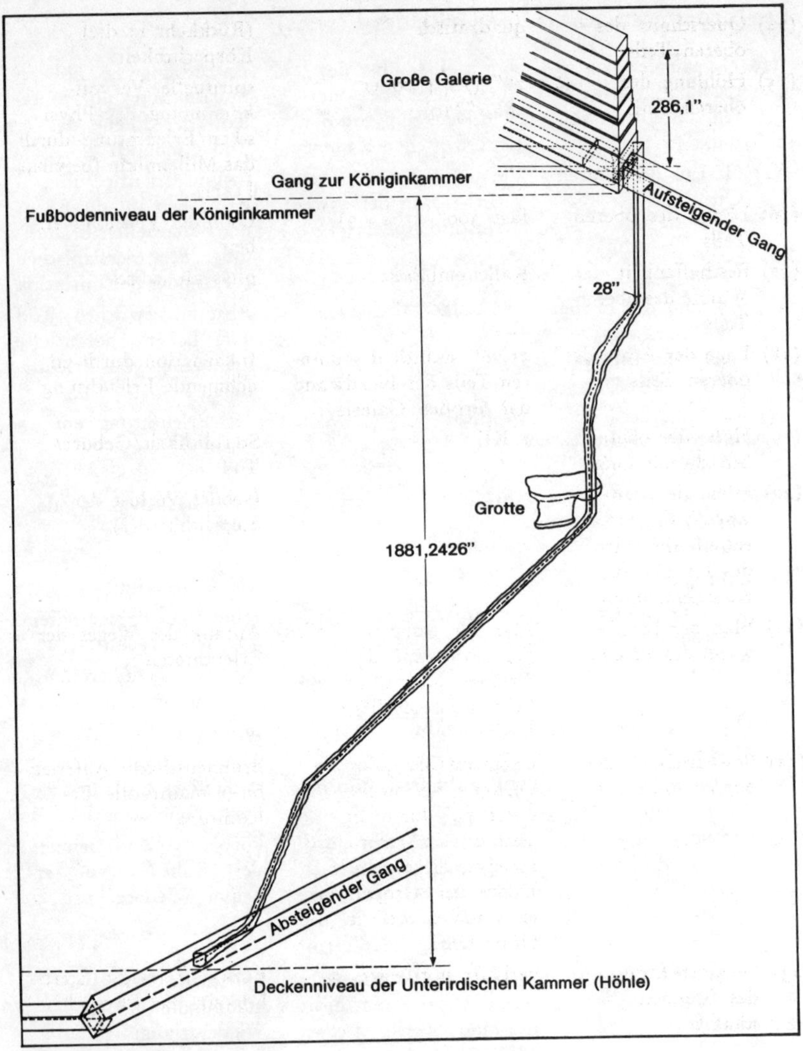

Abbildung 20
Der Brunnenschacht.

(14) Querschnitt des oberen Teils	quadratisch	(Rückkehr in die) Körperlichkeit
(15) Höhlung des oberen Teils	28″ (7 x 4″ oder 286,1″/10)	spirituelle Vervollkommnung des Physischen/Erleuchtung durch das Millennium (bewirkt [13?])
(16) Länge des oberen Teils	fast 300″ (100 x 3)	Lohn der Vollkommenheit
(17) Beschaffenheit der Wände des oberen Teils	Kalksteinblöcke	physisch/irdisch
(18) Lage der Achse des oberen Teils	35,76″ südlich des unteren Teils der Nordwand der Großen Galerie	Inkarnation durch zunehmende Erleuchtung
(19) Höhe der oberen Schachtmündung	1 KE	Sterblichkeit/Geburt/Tod
(20) Höhe der Aufwärtsstufe im ersten Abschnitt des Ganges zur Königinkammer	1 KE	Geburt/Verlust der Sterblichkeit (?)
(21) Plan der Nordwand des Schachts	Plan des oberen Teils der Nordwand der Großen Galerie und Anfang der eigentlichen Decke	Anfang des Weges der Erleuchteten
(22) Beschaffenheit der oberen Mündung	unregelmäßig geformte Öffnung, vermutlich von unten her durch die gleiche Kraft herausgesprengt, die auch die Decke der Großen Galerie um 286,1″ in die Höhe trieb	Brunnenschacht-Aufstieg birgt machtvolle Erleuchtung
(23) Gesamtrichtung des Brunnenschachts	verläuft nordwärts	Rückkehr in die Sterblichkeit, das Physische

Deutung: *Während der ganzen Epoche der „Hölle auf Erden" bleibt der Seele, die bereit ist, sich dem Rechten zuzuwenden (4) und sich über die Ebene der blinden Sterblichkeit (1) zu erheben, ein Notausgang offen (1).*

Dieser geistige Weg nach oben (9) (11) ist ein mühseliger, vierfacher Pfad (7) (10) (6). Ist aber ein Anfang gemacht, fällt

Weiteres nicht mehr so schwer (8). Schließlich wird eine in körperlosem Zustand verbrachte Zeit der Erholung und Festigung (11?) die Voraussetzung für die zunehmende Erleuchtung und spirituelle Vervollkommnung schaffen, die für die letzte Wegstrecke der Selbsterlösung (12) notwendig sind.

Bis zu seinem Ende führt dieser Weg die Seelen, die ihn beschreiten, aufwärts aus blinder Sterblichkeit und empor zur Ebene potentieller Erleuchtung (1) (2) (3). Zugleich ist er ein Pfad der Wiedergeburt (19) (20) (23). Denn kraft Erlangung spiritueller Vollkommenheit in der stofflichen Welt (15) (16), kehren jene Seelen auf die irdische Ebene zurück (5) (14) (17) (19) (20) (23), voll von der Macht Messianischer Erleuchtung (18) (22). Es mag ihnen sogar durch die Vereinigung mit dem ursprünglich Erwählten gelingen (21) (22), die höchste Stufe der Erleuchtung des kommenden Millenniums (15) zu erreichen.

Jener vierfache Pfad, den der Brunnenschacht darstellt, ist der Glaubensanschauung des Theravada-Buddhismus verwandt, der zufolge der durch Meditation zu *vipassana* (Hellblick)-Gelangte den Pfad der Erleuchtung (das *satori* des Zen-Buddhismus) viermal erfahren muß, ehe er schließlich die vollkommene Befreiung erreicht. Jedes Mal vermag er dabei andere physische „Fesseln" abzustreifen.

Nicht ganz so klar stellt sich der Weg dar, den die aus dem Brunnenschacht „auftauchenden" Seelen einschlagen sollen. Gewiß aber stehen das obere Ende des Brunnenschachts und die „erweiterte" Nordwand der Großen Galerie (siehe diese) miteinander in Beziehung (18) (21) (22); dies könnte bedeuten, daß sich die betreffenden Seelen mit dem ursprünglich Erwählten, dem Nazarener, vereinen (siehe Seite 88)[26].

[26] Tatsächlich könnte der Verlauf des Brunnenschachts in nördlicher Richtung „retrospektiver Inkarnationsprozeß" bedeuten, d. h. eine fleischliche Wiedergeburt *zur Zeit Jesu* zum Zweck der Nachvollziehung seiner „spirituellen Taufe". Es kommt der obere Ausgang des Brunnenschachts mit 58 n. Chr. erst *nach* dem Ende des Aufsteigenden Ganges, und so dürfte es sich hier um eine beabsichtigte symbolische Beziehung handeln. Punkt (22) hat vermutlich, wie (1), keine chronologische Bedeutung.

Andererseits scheint diese Ebene lediglich dem Niveau des Bodens des Ganges zur Königinkammer zu entsprechen. Hingewiesen wäre hier also auf solche Seelen, denen es trotz der „Hölle auf Erden“ gelingt, mit Hilfe der Messianischen Lehre einen gewissen Grad der Erleuchtung zu erringen. Mit wachem Sinn für diesen Moment genutzt, könnte die partielle Erleuchtung eine Basis für den Übergang ins Messianische Millennium abgeben (siehe Seite 108).

Am ehesten aber ist der Brunnenschacht ein Sinnbild für die Möglichkeit, den Pfad der Erleuchteten zu betreten. Lauheit und Unentschiedenheit führen aber nur auf den Weg der Halb-Erleuchteten. In beiden Fällen signalisiert der Brunnenschacht den Pfad des Lebens für jene, die in ihm aufsteigen.

Andererseits kann der Brunnenschacht auch unmißverständlich den Tod des Leibes darstellen, und zwar für jene, die hinabsteigen. Es ist ja keineswegs unlogisch, daß ein Gang diametral entgegengesetzte Bedeutung erhält, wenn er in der Gegenrichtung durchmessen wird. Je nach dem Richtungszusammenhang kann so ein und dasselbe Merkmal zwei verschiedene Bedeutungen zugleich haben. Die Doppeldeutigkeit dieser zweifachen Symbolik läßt eine bewußte Hervorhebung der Bezüge zwischen physischem Tod und geistigem Leben vermuten – die scheinbare Widersprüchlichkeit könnte hier ein heilsgeschichtliches Ineinandergreifen aufzeigen.

Bekanntlich blieb die untere Mündung des Brunnenschachts verschlossen. Sie sollte vermutlich auch gar nicht ausgebrochen werden. Dafür spricht, daß den Menschen der Antike die unterirdischen Gänge der Pyramide wohlbekannt waren, während sie von der Existenz der oberen Gänge nichts wußten. So haben sich zwar mit rußenden Fackeln geschriebene Inschriften auf Decke und Wänden der Unterirdischen Kammer aus der Römerzeit erhalten, doch hat bis zum Jahr 820 (siehe Seite 29) offenbar kein Mensch einen der oberen Gänge betreten. Die Westwand des Absteigenden Ganges ließ also im Altertum nicht erkennen, daß der untere Abschnitt des Brunnenschachts unmittelbar hinter ihr lag. So haben wohl die Planer den Eindruck erwecken wollen, der Brunnenschacht sei *von oben* her angelegt worden. Und tatsächlich läßt sich aus den Abbildungen auf den Seiten 116 und 195 ersehen, daß das untere Ende des Schachts zu weit herabgeführt wurde, wodurch das Verbindungsstück zum Absteigenden Gang wieder ein wenig ansteigen mußte. In umgekehrter Richtung gesehen führt diese Verbindung zum höher endenden Schacht jedoch bergab, was nicht in der Absicht der Erbauer gelegen wäre, wenn der Schacht den Eindruck hätte erwecken sollen, er sei von unten nach oben angelegt worden. Es darf darum als ziemlich sicher gelten, daß der Schacht tatsächlich von oben nach unten angelegt wurde; seine oberen Abschnitte sind nachweislich durch bereits errichtetes Mauerwerk hindurchgeschlagen worden.

Wenn wir also Recht haben mit der Annahme, daß der Planer der Pyramide die Absicht hatte, den Brunnenschacht so zu gestalten, als sei er von oben nach unten „niedergebracht" worden, dann muß man auch zugeben, daß die symbolische Darstellung dieses Prozesses nach unserer Deutung treffend ist. Die Möglichkeit, den Brunnenschacht als einen Aufwärtsweg ins Leben zu nutzen, hing dann letztlich davon ab, ob er der Seele *zuvor* als Abwärtsweg in den physischen Tod gedient hatte.

Wenn die Erleuchteten des ersten Jahrhunderts unserer Zeitrechnung den Brunnen nicht in die Tiefe „niedergebracht" hätten, indem sie bereitwillig den physischen Tod als Preis für ihre Erleuchtung auf sich nahmen (wie schlichte Symbolik zu verstehen gibt), dann wäre der Brunnenschacht für den Aufstieg späterer Generationen ans Licht nicht eröffnet worden. Tatsächlich ergibt sich nach dieser Interpretation eine aufschlußreiche Verwandtschaft mit der traditionellen christlichen Lehre, der zufolge der Messianische Märtyrer die spätere Menschheit „durch sein Blut erlöste".

Der genaue Ablauf dieses Erlösungsprozesses ist schwer zu ermitteln. Es soll aber später noch gezeigt werden, daß der verborgene Impuls aus dem Bedürfnis initiierter Märtyrer kommt, zu einem späteren Zeitpunkt auf die Ebene der irdischen Existenz zurückzukehren, um dem „neuen Zeitalter des Geistes" als „Geburtshelfer" zu dienen. So lange wird die zwischen dem Niveau des unteren Endes des Brunnenschachts und dem Niveau der Decke der Unterirdischen Kammer bestehende Beziehung auf den symbolischen Zusammenhang zwischen dieser Kammer und dem stofflichen Rahmen des neuen Zeitalters hinweisen.

Der Brunnenschacht symbolisiert also den tödlichen Abwärtsweg und den Aufwärtsweg zum Leben nicht gleichzeitig. Vielmehr muß er, einer Einbahnstrecke vergleichbar, zuerst die Bewegung in der einen, dann in die andere Richtung leiten – etwa nach dem System von Ebbe und Flut. Zuerst muß der Schacht „niedergebracht" werden; dann können die „artesischen Wasser" der menschlichen Seelen durch den Schacht aufsteigen zum Licht.

Es ist daran zu erinnern, daß der untere Eingangstrakt des Schachts, der die wiederbelebte Seele endlich nach Westen in den erlösenden Schacht führt, sie zunächst sowohl rückwärts als auch abwärts leitet, ehe sie den steilen Aufstieg in die „Regionen des Lichts" beginnen kann. Symbolisch entspricht dies der Erfahrung, daß die ersten Schritte auf dem Pfad der Erleuchtung als beschwerlich und entmutigend erlebt werden. Anscheinend führen sie nur noch tiefer „in den Sumpf" hinein, in „der Seele schwarze Nacht", und kein Licht winkt am Ende des Tunnels. Doch Ausharren wird belohnt; die dunkelste Stunde ist die vor der Dämmerung. Über den Brunnenschacht werden die aus der Großen Galerie zurückkehrenden Eingeweihten auf der „rechten Seite des Bootes" ihre Netze herablassen und die „hundertdreiundfünfzig Fische", die Erleuchteten des Neuen Zeitalters, ins Morgenlicht heraufholen.

Die Große Galerie (Die Halle der Wahrheit im Licht)

(1)	Richtung	nach Süden	in der Zeit
(2)	Neigung	aufwärts	geistige Fortschritte
(3)	Böschungswinkel	26°18′9,7″	menschliche Entwicklung
(4)	maximale Deckenhöhe	286,1″ über der Deckenhöhe des Aufsteigenden Gangs	erlangte Erleuchtung
(5)	Breite des Ganges zwischen den Rampen	41,21″ (2 KE)	Sterblichkeit/Reinkarnation
(6)	Breite der obersten Kragstufe und der Decke	41,21″ (2 KE)	Sterblichkeit/Reinkarnation
(7)	Höhe der oberen Kragstufe und der Rampen, wenn beide zusammengebracht werden	52,7″ (4 x 13?)	das Terrestrische (13?)

Abbildung 21
Unterer Trakt der Großen Galerie von oberhalb des Eingangs vom Gang zur Königinkammer aus gesehen. Man beachte die sich nach oben verjüngenden Kragstufenwände, die mit Eintiefungen versehenen Rampen und die obere Öffnung des Brunnenschachtes.

(8) Doch (5), (6) und (7) sind die Maße des Aufsteigenden Ganges		
(9) Daher symbolische Bedeutung der Großen Galerie: Aufsteigender Gang, teleskopartig steil nach oben erweitert[27]		
(10) Querschnitt der Galerie	nach oben teleskopartig erweitertes Rechteck	„Erweitertes" physisches Bewußtsein?/„überphysischer" Weg?[28]
(11) Architektonische Gestalt der „teleskopischen Erweiterung"	Raumschluß durch Kragstufen	
(12) Anzahl der Abschnitte teleskopischer Erweiterung zwischen Rampen und Decke	7	geistige Vollendung/der spirituell Vollkommene
(13) Anzahl der Kragstufen an den Wänden im S, O und W	7	geistige Vollendung/spirituelle Vollkommenheit
(14) Anzahl der Kragstufen oberhalb der Sockelzone	7	geistige Vollendung ...
(15) Höhe der Sockelzone	89,9″	
(16) Gesamthöhe der 7 Erweiterungsabschnitte von den Rampen bis zum oberen Rand	286,1″	wachsende Erleuchtung
(17) Durchschnittliche Breite der Vorkragungen	3″	Vollkommenheit

[27] Die nicht nach oben „erhöhte" Galerie würde einfach eine Fortsetzung des in sie hineinführenden Aufsteigenden Ganges sein.

[28] Ein Vergleich mit Punkt (20) bzw. mit S. 132 wird ergeben, daß die Galerie nach oben zu tatsächlich 2 Königsellen an Breite verliert, was darauf hinweist, daß sie tatsächlich in symbolischer Beziehung zum „Verlust der Sterblichkeit" steht.

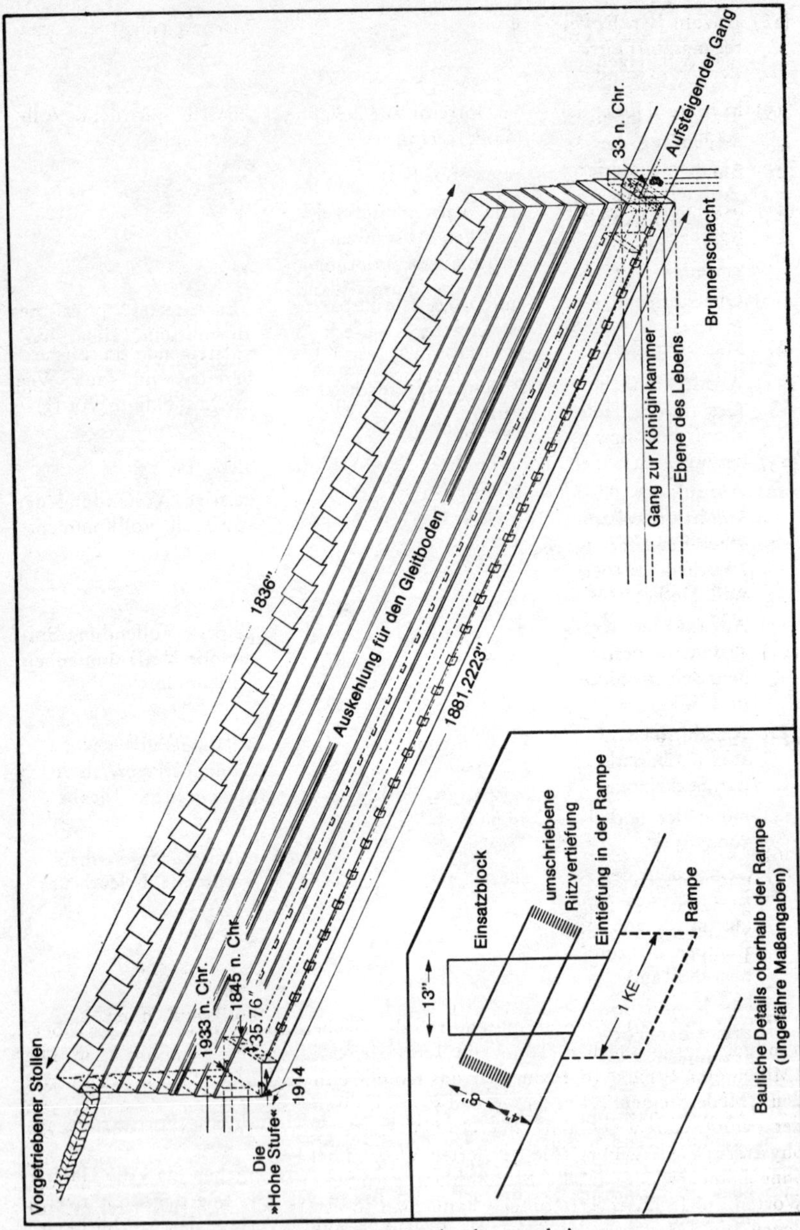

Abbildung 22 Die Große Galerie mit Deckenkonstruktion.

(18) Anzahl der Erweiterungsabschnitte der *Nord*wand	6	Vorbereitung
(19) Mittlere Höhe der Rampen	21″ lotrecht zur Neigung (Code gleich 3 x 7)	höchste spirituelle Vollkommenheit
(20) Rampenbreite	20,61″ (1 KE)	Siehe S. 131
(21) Besonderheiten der Rampen	jede weist in unregelmäßigen Abständen rechteckige Eintiefungen senkrecht zum Wandsockel auf	
(22) Maße der Eintiefungen	6″ breit, 20,61″ (1 KE) lang, abwechselnd auf Horizontale und auf Schräge; 10″ tief	aufsteigende Sterbliche bereiten sich auf Weg ins Millennium vor (?)
(23) Beschaffenheit der Wand über jeder Eintiefung, ausgenommen den zweien in der Hohen Stufe (siehe diese)	senkrechter Einsatzblock („Meilenstein", vgl. Abb. S. 124), überlagert von rechteckiger Ritzvertiefung (s. Abb. 124)	Siehe Fn 29
(24) Tiefe und Breite der Einsatzblöcke in der Mauer	13″ x 10″	die Seelen (?) des Millenniums
(25) ungefähre Ausmaße der Ritzvertiefung	8″ Breite zu 25″ Länge (Endenverlauf an den Seiten absichtlich unbestimmt)	Wiedergeburt des Großen Eingeweihten/ Messianisches Ideal
(26) Abstand der oberen und unteren Begrenzung der Ritzvertiefung von der Rampe	etwa 8″ (12 – 4)[29]	physische Menschheit

[29] (21) und (26) lassen vermuten, daß die Gruben die Vernichtung oder Überwindung des physischen Todes im Lauf des Millenniums symbolisieren. Die „Millennium-Seelen" (d. h. die „für das Königsreich tauglichen") symbolisiert von den „Meilensteinen", werden irgendwann während des Letzten Zeitalters von der evolutionären Dynamik des Großen Eingeweihten auf seinem Weg in die physische Wiedergeburt (die vertieften Querflächen) mit „nach oben" getragen, ohne immer wieder in die Sterblichkeit zurückkehren zu müssen. Mit anderen Worten, in den Ritzvertiefungen kann man so etwas wie „Schienen" sehen, auf denen die „Meilensteine" über die Eintiefungen in den Rampen zum oberen Ende der Galerie hinweggleiten. Vgl. S. 132.

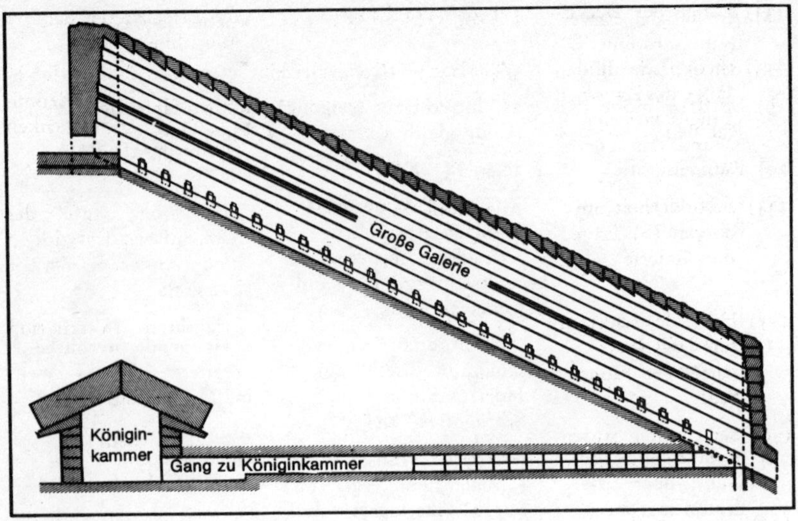

Abbildung 23
Große Galerie und Gang zur Kammer der Königin.

(27)	Vorgesehene Zahl der Eintiefungen samt Eintiefung der Hohen Stufe	56 (8 x 7) oder 28 (7 x 4) auf jeder Seite der Galerie	Wiedergeburt oder spirituelle Vervollkommnung/Spirituelle Vervollkommnung im Physischen
(28)	Tatsächliche Anzahl der Eintiefungen	55 (11 x 5), infolge Wegfalls der untersten auf der („guten") Westseite bei Durchbruch der Schachtöffnung	Leistung der (des) Eingeweihten
(29)	Besonderheit auf halber Höhe der O- und W-Wand	eine der Länge nach an beiden Seiten der Galerie verlaufende Auskehlung, wohl für gleitenden Zwischenboden	„Wiederabstieg" bei Beschreiten der Galerie nicht notwendig; Reinkarnation erlassen
(30)	Breite der Auskehlung	6″	Vorbereitung
(31)	Beschaffenheit der Decke	40 (8 x 5) präzise geschnittene Kalksteindeckblöcke, mit Vorstoß aus der Deckenflucht versetzt (siehe Abb. 23)	(erlassene) Wiedergeburt der Eingeweihten/Großer Eingeweihter bis zum oberen Ende des Ganges

(32) Länge der Decke	1836″ (153 x 12)	die Erleuchteten der Menschheit
(33) theoretische Bodenlänge des Zwischenganges von der N-Wand bis zur S-Wand	1881,2223″ (Code gleich 99 x 19)	Weg von der Erleuchtung zur Flucht/Kulmination der Sterblichkeit (Ende des Todes)
(34) Besonderheit am oberen (S) Ende der Galerie	die Hohe Stufe	Eine „hohe Stufe“ der menschlichen Entwicklung; Änderung der Zeitskala
(35) Höhe des senkrechten Teils (Setzstufe) der Hohen Stufe	35,67″	Erleuchtete Inkarnation . . .
(36) Senkrechter Stufenteil überragt Rampen um	etwa 12,3″	. . . als Mensch (?)
(37) Abstand der Stufenbasis zum oberen Ende (S) des Bodens der Galerie	68,744″	
(38) Rechtfertigung unserer Annahme, daß sich der Boden nach S unter der Hohen Stufe fortsetzt	zwei rechteckige, 1 KE lange Vertiefungen in Fortsetzung der Bodenlinie in Stufe angebracht (siehe S. 128)[30]	
(39) Daraus chronologische Bedeutung der Hohen Stufe	Den Abmessungen des Bodens der Großen Galerie zugrundeliegender Maß-Wechsel	
(40) Lage der Setzstufe der Hohen Stufe	genau auf O-W-Achse der Pyramiden, damit genau über dem First der Königinkammer	Wendepunkt (?)
(41) Datierung des Zwischengangbodens an der Nordwand	1. April 33 n. Chr.	

[30] Über diesen Vertiefungen, die wie jene der Rampen 1 KE lang und von gleicher Breite sind, befinden sich keine Einsatzblöcke in der Wand. Wenn also die Einsatzblöcke für „übersprungene Inkarnationen“ stehen (siehe Fn. 29, S. 125), könnten die Vertiefungen in der Hohen Stufe durchaus auf eine Inkarnation, in diesem Fall auf eine Rückkehr in die Sterblichkeit, verweisen, die *nicht* übersprungen werden darf (vgl. (29) (50) und (20) (21) auf S. 138).

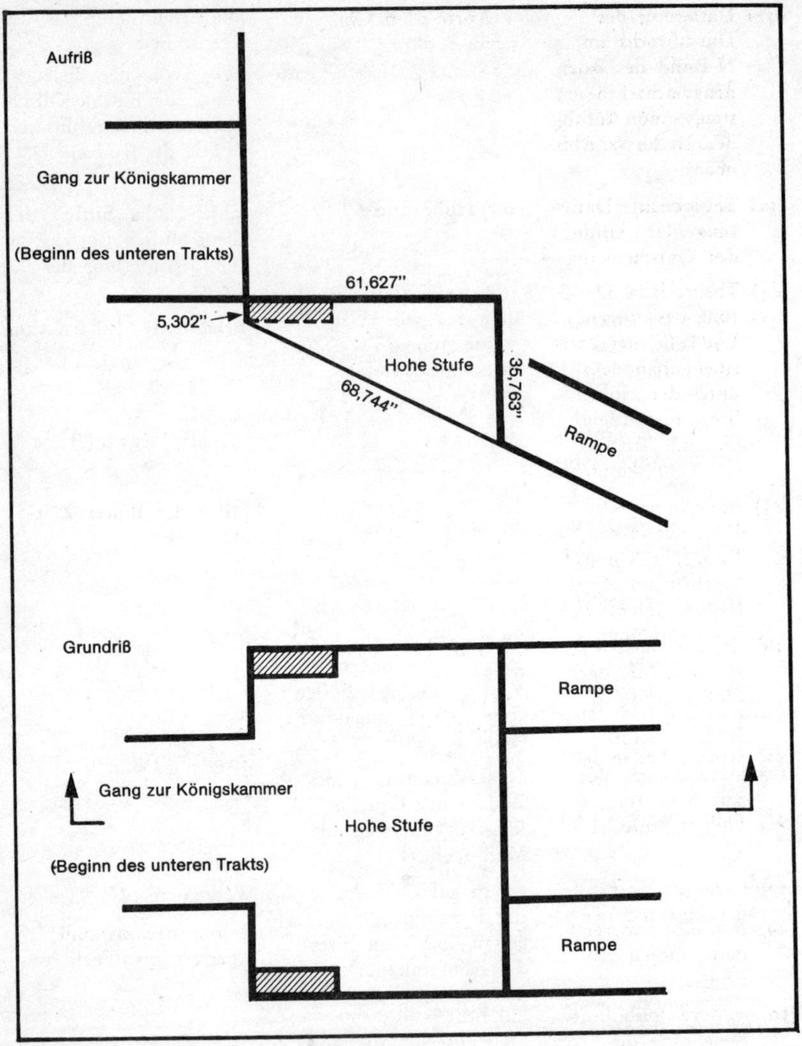

Abbildung 24
Die Hohe Stufe, Aufriß und Grundriß.

(42)	Datierung des Durchbruchs am N-Rand des Brunnenschacht-Einstiegs und Anfang der Decke (s. Abb. oben)	1. April 58 n. Chr. (siehe S. 78)	
(43)	Theoretische Datierung des Anfangs des Zwischengangs	1. April 152 n. Chr.	
(44)	Theoretische Datierung des oberen Endes (S) des Zwischengangbodens unter der Hohen Stufe fortlaufend bis zum Eingang der Königskammer	1881, 2223 Jahre nach dem 1. April 33 n. Chr. = 22. Juni 1914 (Sommersonnenwende)	
(45)	Bezeichnung des Eingangs in den Gang zur Königskammer im *Ägyptischen Totenbuch*	Das Königsportal	Höhe des Jahres/Zeitalters (?)
(46)	Daraus Datierung für Setzstufe der Hohen Stufe	22. Juni 1914 minus 68,744 Jahre = 23. September 1845 (Herbsttagundnachtgleiche)	
(47)	Größte Breite der Großen Galerie	82,42637″ (4 KE)	Siehe (48)
(48)	Bedeutung von (47)	vermutlich „Reinkarnationsraum“ zweier Seelen (gleichzeitig) (2 KE x 2)	
(49)	Breite der oberen und unteren Abschnitte	41,2 = (2 KE)	Reinkarnationsraum einer einzigen Seele
(50)	weitere symbolische Bedeutung der Großen Galerie	möglicherweise eine „Riesenseele“, die eine andere zwischen 33 und 58 n. Chr. „auf sich nimmt“ und auf einer höheren Ebene durch die Zeit trägt (siehe [29]), und sie nach 1845 wieder „auf eigene Füße“ stellend (siehe S. 132)	

(51) Weitere Besonderheit der Galerie	Vom obersten Ende (S) des obersten Abschnitts (Ostseite) führt ein kleiner Stollen zur untersten der Entlastungskammern (siehe S. 161 und Abb. S. 124, 136, 154)	direkter Zugang zu den geistigen Ebenen für die vollkommen Erleuchteten[31]
(52) Eigenart des Stollens	unbearbeitet, unregelmäßig geformt; im Aufriß rechteckig; durch Kalkstein getrieben	außer-zeitlicher Pfad durch das Stoffliche

Die Symbolik dieses von der Großen Galerie in die unterste Entlastungskammer vorgetriebenen kleinen Stollens fügt sich gut in unsere Gesamtexegese ein. Von der höchsten (d. h. der geistigsten) Ebene der Großen Galerie öffnet er sich nach Osten – in die Richtung der Wiedergeburt. Doch statt wie sonst zu physischer Wiedergeburt führt er direkt auf die unterste der geistigen Ebenen. Es ist dies der Weg für jene Initiierten, die in ihrer Vergeistigung am weitesten fortgeschritten sind.

Früher hat man daran gezweifelt, ob der vorgetriebene Stollen im ursprünglichen Entwurf vorgesehen war. Da sich seine Symbolsprache der Pyramidenbotschaft einfügt, ist er aber doch wohl eingeplant gewesen. Zugunsten dieser Ansicht spricht, daß die unterste der Entlastungskammern die einzige ist, die keinerlei Steinbruch-Kartusche aufwies, was den Gedanken nahelegt, daß sie, anders als die darüber liegenden Kammern, für künftig erwartete Besucher freigehalten wurde.

Deutung: *Die Seelen jener Menschen, die es lernen, die zwischen 33 und 58 n. Chr. (4) (41) (42) vor sich gehende Messianische Erleuchtung als solche anzuerkennen, werden einen den spirituell Vollkommenen (12) (13) (14) (19) vorbehaltenen Entwicklungsweg nach oben (2) (3) betreten.*

Zuerst jedoch werden sie sich dem Rechten zuwenden und den physischen Tod als Preis für ihre Initiation (28) auf sich nehmen müssen. Es wird ihnen aber gerade dadurch gelingen, den Zyklus

[31] Speziell für jene, die auf dem gleichen schwierigen Weg durch den Schacht, durch den Brunnen des Lebens aufsteigen.

der Wiedergeburt in dieser stofflichen Welt (9) (10) (31) (32) zu durchbrechen. Dank der Macht messianischen Eingreifens (25) (47) (49) (50) brauchen die wahrhaft Erleuchteten nicht noch einmal Sterblichkeit und Tod (22) (29) (31) zu erfahren (Fn 28); vom Jahr 1845 an (46) werden sie je nach dem Grad ihrer Erleuchtung (35) der Menschheit des Millenniums (24) (36) zugehören.

Tatsächlich sind es nur wenige (51), die eine so hohe spirituelle Vollkommenheit (12) (13) (14) erreichen, daß sie von der physischen Ebene aus einen unmittelbar zu den geistigen Ebenen führenden außerzeitlichen Weg zu betreten imstande sind, ohne daß weitere leibliche Wiedergeburten notwendig werden (51) (52).

Für den Rest der Erleuchteten führt der Aufwärtsweg direkt in die Kulmination der Sterblichkeit (33), – d. h. zur Vollkommenheit des sterblichen Menschen, in der sich der Entwicklungsprozeß erfüllt –, und zwar dank der Vollkommenheit des zu erwartenden Millenniums (24) (39) und der Rückkunft der Eingeweihten (25) (31). Die Hohe Stufe, die dazu hinführt, beginnt 1845 (39) (46) und wird im Sommer 1914 (44) erklommen sein.

Die Botschaft der Großen Galerie enthält eine deutliche Parallele zu dem, was Jesus nach Matthäus 16, 21 und 24–28 verkündete: „Von da an begann Jesus seinen Jüngern zu zeigen, er müsse nach Jerusalem gehen und vieles erleiden ... er müsse getötet, am dritten Tage aber auferweckt werden“[32] ... Dann sprach Jesus zu seinen Jüngern: Wenn einer mir nachfolgen will, so verleugne er sich selbst, nehme sein Kreuz auf sich und *folge mir nach.* Denn wer sein Leben retten will, wird es verlieren; wer aber sein Leben um meinetwillen verliert, wird es finden. Denn was wird es einem Menschen nützen, wenn er die ganze Welt gewinnt, an seiner Seele aber Schaden erleidet? Oder was kann der Mensch als Gegenpreis bieten für seine Seele? Denn der Menschensohn wird kommen in der Herrlichkeit seines Vaters zusammen mit seinen Engeln und dann einem jeden vergelten nach seinem Tun. Wahrlich, ich sage euch: Unter denen, die hier stehen, sind einige, die den Tod nicht

[32] Über die vermutliche Bedeutung der Formulierung „am dritten Tag“ siehe Kapitel 7.

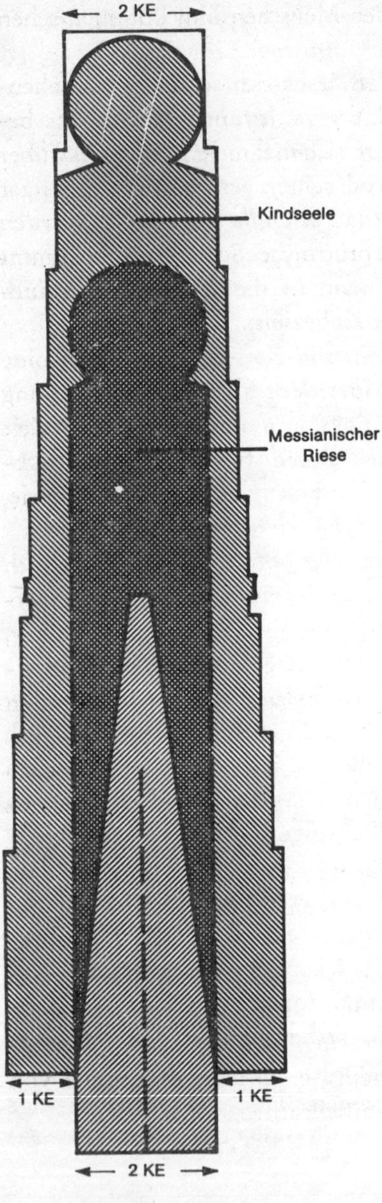

Abbildung 25
Querschnitt der Großen Galerie. Symbolische Darstellung eines Messias und einer „Christopherus"-Gestalt. Die alte Legende vom gütig hilfreichen Riesen, der das Jesuskind über die Fluten trägt, könnte zurückgehen auf die Vorstellung von einem himmlischen Messias von unendlicher Hoheit, der die Seele (in der frühchristlichen Kunst stets als Kind dargestellt) über die Wasser der Wiedergeburt und der Sterblichkeit hinwegträgt (siehe (47) bis (50)). Der hl. Christopherus wurde in der Ostkirche früher mit einem Hundekopf dargestellt – Remineszenz an Anubis, denn der ägyptische Seelengeleiter erschien ebenfalls mit Hundekopf. Er war Sohn des Gottes Osiris und *Wächter der Toten.* Diese Symbolik findet ihre Parallele in der Darstellung des Gottes Mencheret im viel späteren Grab des Tut-ench-Amun: Er trägt die eingehüllte Seele des jungen Königs durch die „Vorhölle" der Geisterwelt seiner nächsten Wiedergeburt entgegen (Christiane Desroches-Noblecourt, *Leben und Tod eines Pharao – Tut-ench-Amun,* Frankfurt 1971).

(wieder[33]) kosten werden, bis sie den Menschensohn kommen sehen in seinem Reiche".

Diese Worte lassen erkennen, daß Jesus sich seines bevorstehenden Todes bewußt war. Er sah, daß er aufgrund eines bereits bestehenden „Planes" diesen Tod auf sich nehmen mußte. Darüber hinaus sah er den gewaltsamen Tod seiner getreuesten Anhänger voraus, ja, daß dies etwas war, das *bewußt angestrebt werden mußte.* Und der scheinbar widersprüchliche Schlußsatz bekommt einen sehr deutlichen Sinn, wenn man in das Wort „Tod" auch Sterblichkeit und Wiedergeburt mit einbezieht.

Alle drei Gedankengänge spiegeln die Botschaft der Pyramide in dem von uns gedeuteten Sinn wider. Vor allem die Vorstellung einer langen, dem kommenden Millennium vorausgehenden Zeit der Unkörperlichkeit der Vollerleuchteten findet ihr pyramidisches Gegenbild nicht nur in der Symbolik der Großen Galerie, sondern auch in der des Brunnenschachts (siehe S. 118).

Jesus hat nach dem gleichen Evangelium (Matthäus 24, 14) auch vorausgesagt: „Und es wird dieses Evangelium vom Reiche verkündet werden in der ganzen Welt, zum Zeugnis für alle Völker, und dann wird kommen das Ende" (unseres gegenwärtigen Zeitalters). Es ist interessant, daß die Deckenabmessung der Großen Galerie (siehe (32)) mit 1836″ (153 x 12) nicht nur als „die Erleuchteten der Menschheit" gedeutet werden kann, sondern ebenso als „Erleuchtung" der Menschheit – was fast identisch ist mit dem, was Jesus verkündete.

Diese unverkennbaren Parallelen zwischen der Botschaft der Pyramide und Jesu eigenem Wissen um eine Art Welten-Plan, der erfüllt werden muß, stellen uns noch einmal vor die Frage, ob nicht die Pyramide die Quelle seines Wissens war. Hat nicht Jesus nach Matthäus 24, 35 erklärt „Himmel und Erde werden vergehen, *meine Worte aber werden nicht vergehen*"? Waren Jesu „Worte" am Ende schon im dauernden Gestein der Großen Pyramide von Gizeh niedergelegt, ehe er sie selbst aussprach?

[33] Einfügung des Verf.

Abbildung 26
Die heute verfallene Hohe Stufe am oberen Ende der Großen Galerie, dahinter der Eingang des Ganges zur Königskammer. Sichtbar sind die Eintiefungen in den Rampen, die nach innen vorkragenden Wände und die horizontale Riefe oberhalb der dritten Kragstufe.

Durchgang zur Königskammer (Gang des Schleiers und Kammer des dreifachen Schleiers)

(1) Niveau des Gangfußbodens	Oberkante der 50ten (10 x 5) Steinschicht 153 Schichten unterhalb der Gipfelplattform	Messianisches oder initiatorisches Millennium Die Erleuchteten
(2) Höhe der 50sten Schicht	28″ (7 x 4)	spirituelle Vervollkommnung des Physischen
(3) Merkmal am Eingang des Durchgangs	Hohe Stufe (siehe S. 128)	„Hohe Stufe" der menschlichen Entwicklung
(4) Datierung der Setzstufe	23. September 1845	Datierung
(5) Höhe der Setzstufe	35,76277" (286,1″/8)	Wiedergeburt der Erleuchteten
(6) Chronologische Bedeutung der Hohen Stufe	Zeitskala für den „Aufstieg" wechselt am 23. September 1845: *mehr* als ein Jahr pro Zoll, auf den Größen 35,76″ und 25″ (Heilige Elle) basierend	
(7) Zeit pro Zoll nach neuer Zeitskala	35,76277/25 Jahre = 1,4305 Jahre	
(8) Abstand von N nach S die Oberfläche der Hohen Stufe quer hinüber	61,6266″	
(9) chronologische Zeit, quer über die Hohe Stufe gemessen	61,6266 x 1,4305 Jahre = 88,157516 Jahre	
(10) Datierung für den Eintritt in den Durchgang zur Königskammer	20. November 1933 n. Chr.[34] (nach der Bodendatierung der Großen Galerie auf den 22. Juni 1914 n. Chr.)	

[34] Dieses Datum liegt 19 Jahre später als die mit ihm korrespondierende Datierung des Bodens der Großen Galerie auf den 22. Juni 1914 n. Chr., und 1900 (100 x 19) Jahre später als 33 n. Chr.

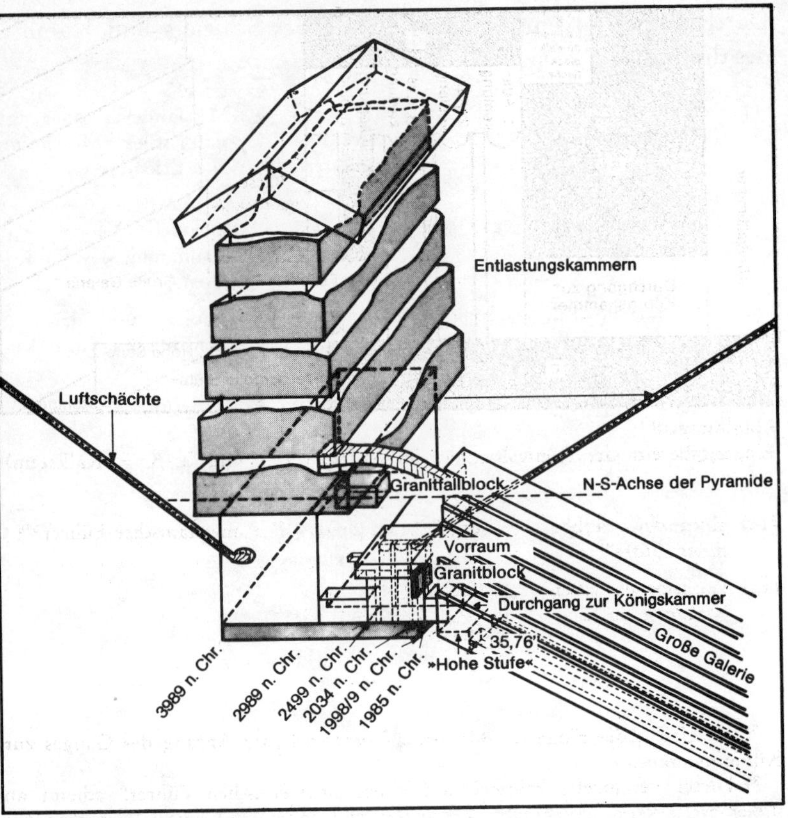

Abbildung 27
Entlastungskammern über der Königskammer.

(11) Besonderheiten am Eingang	theoretisch „verborgene Stufe" (siehe S. 128 und 137), verbindet Boden der Galerie mit Boden des Durchgangs zur Königskammer	(Neuerlicher Wechsel der Skala)
(12) Besonderheiten am Eingang	Südwand der Großen Galerie" Deckenhöhe fällt steil ab auf 41,21" (2 KE)	Rückkehr des Erleuchteten in die Sterblichkeit

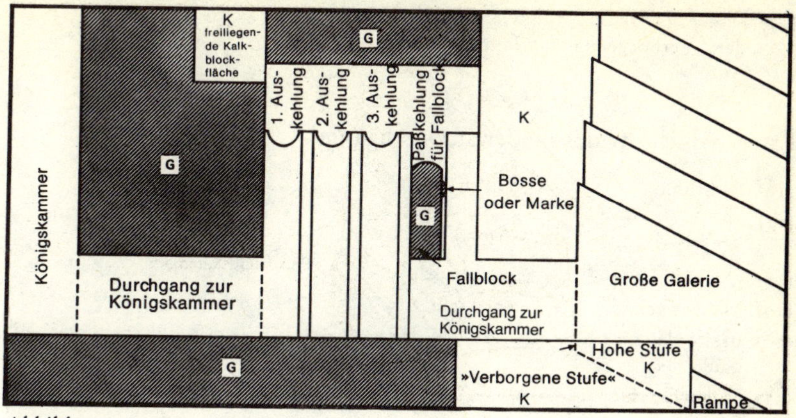

Abbildung 28
Eingangsbereich der Königskammer im Aufriß (G = Granit, K = Kalkstein).

(13) Höhe der „verborgenen Stufe“	5,3015″ (Code gleich 5)[35]	messianischer Führer?[36]
(14) Funktion der „Verborgenen Stufe“	Aufhebung der vorherigen Zeitskala (siehe Code)[37]	

[35] Vergleiche die Höhe der kleinen *Abwärts*stufe am Anfang des Ganges zur Köninginkammer.

[36] Dieser vereinzelte Hinweis auf einen „messianischen Führer“ scheint an dieser Stelle kaum angebracht. Verlängert man indes die Gehsteiglinie über den Punkt hinaus, wo sie den Zugang zur Königskammer tatsächlich schneidet, ergibt sich ein umgekehrtes „Messianisches Dreieck“, das (nach der Zeitskala des Durchgangsbodens) am 20. November 1933 n. Chr. beginnt und am 10. August 1944 n. Chr. endet. Wollte man dies als Hinweis auf einen Anti-Messias auffassen, läge es nahe, das umgekehrte Dreieck mit Adolf Hitler gleichzusetzen, dessen ganze Weltanschauung gespickt war mit pervertiertem jüdisch-messianischem Gedankengut: Das auserwählte Volk, die Rückkehr ins Mutterland, Rassenreinheit, der messianische Retter, die Hingabe an eine „Rasse der Zukunft“ und an ein tausendjähriges Reich. Hitlers pathologischem Antisemitismus mag sehr wohl ein unterbewußter Neid auf den jüdischen Messiasglauben zugrunde gelegen haben. Allerdings sind die angeführten Daten, gemessen am Standard der Pyramide, nicht ganz exakt; sie weichen um etwa zehn Monate ab. Dem Datum des 20. November liegt Deutschlands verhängnisvoller Austritt aus dem Völkerbund im Oktober jenes Jahres am nächsten.

[37] Bei der „Verborgenen Stufe“ kann sich keine eigene Skala ergeben, zumal sie bereits bei der Berechnung der Zeitskala der Hohen Stufe mit einbezogen wurde.

(15) Daher Zeitskala der „Verborgenen Stufe“	wie früher = 1″ pro Jahr	

Erster Abschnitt des niederen Durchgangs

(16) Richtung	südlich	durch die Zeit
(17) —	horizontal	erreichte Bewußtseinsebene
(18) Querschnitt	quadratisch	physisch-terrestrisch
(19) Mauerwerk	Kalkstein	irdisch
(20) Breite des Durchgangs	41,21″ (2 KE)	Tod/Reinkarnation
(21) Höhe des Durchgangs	41,21″ (2 KE)	Tod/Reinkarnation
(22) Länge des ersten unteren Abschnitts	52,02874″ (4 x 13″?)	Zeitmessung
(23) Daher Datierung für den Anfang der	52,02874 Jahre nach 20. November 1933 = 30. November 1985	(Datierung)

Vorkammer

(24) Erste Besonderheit	Deckenhöhe steigt um 108,23382″ (Code gleich 9 x 12) an	Vervollkommnung der Menschheit
(25) Beschaffenheit der Decke	Granit	spirituell
(26) Anzahl der Deckenplatten	3	vollkommen
(27) Ausrichtung der Kammer	nach Süden	durch die Zeit
(28) Boden	horizontal	erlangte Bewußtseinsebene
(29) Querschnitt	Grundform: rechteckiger Gang mit „abgenommenem Deckel“; angefügtes Oberteil ohne exakte Form; manche Wandstrukturen reichen bis 3″ unter den Boden	Eingreifen „von oben“ in die physische Welt: vervollkommnet sie an der untersten Basis
(30) Höhe des östlichen Wandsockels	103,03296″ (5 KE)	Initiation, der Große Eingeweihte
(31) Höhe des westlichen Sockels	111,8034″	

(32)	Breite der Absätze oberhalb der Wandsockel	12,0214″ (Codeäquivalent 12)	Einflüsse „von oben“ wirken auf die Menschheit?
(33)	Deckenbreite daher	65,25603″	
(34)	Breite des Ganges, unterer Teil des Vorraums	41,21″ (2 KE)	Sterblichkeit/Reinkarnation
(35)	Höhe der Vorkammer	149,44701″ = (vertikale Höhe + Basisseite der Pyramide)/100	
(36)	Länge der Vorkammer	116,26025″ = 365,242″/π	Zeitalter unter Einwirkung des Ewigen
(37)	Erste Besonderheit des Fußbodens	Anfang des Granitbodens	neue geistige Basis
(38)	Abstand vom Anfang der Vorkammer bis zum Anfang des Granitbodens	13,22729″	(Zeitmessung)
(39)	Datierung von Anfang des Granitbodens daher	13,22729 Jahre nach 30. November 1985 = 21. Februar 1999[38]	(Datierung)
(40)	Chronologische Bedeutung des Granitbodens	Anfang der neuen Zeitskala zu 1*n*/pro Jahr (siehe Code)	
(41)	Jeder Zoll nach neuer Skala daher	= 100/20,60659 Jahre = 4,8528 Jahre[39]	

[38] Der Granitboden beginnt daher 153,413354 Jahre entlang des durch Kalksteinblöcke führenden Durchgangs zur Königskammer vom Anfang der Hohen Stufe aus gerechnet. Dieser deutliche Hinweis auf die Präsenz der Erleuchteten (153) auf den irdischen Ebenen findet sein Gegenstück darin, daß der gleiche Boden in Höhe der 153ten Steinschicht unter der Gipfelplattform liegt (siehe (1)), und daß beide Gangabschnitte zusammen 153,07503″ lang sind. Damit wird die Stimmigkeit unserer früheren Berechnung der Zeitskala der Hohen Stufe wie auch die Deutung für das obere Ende der Galerie bestätigt. Zu beachten ist auch, daß der Anfang des Granitbodens eine „verzögerte Widerspiegelung“ des Anfangs der Granitdecke bezeichnet – ein Beispiel für das hermetische Gesetz „wie oben, so unten“.

[39] Wegen der relativen Ungenauigkeit der zur Zeit zur Verfügung stehenden Daten für die restlichen Bodenabmessungen der Vorkammer und wegen der Difrenziertheit der Zeitskala, nicht zuletzt auch aufgrund zunehmender Fehler in der Berechnung, sollten sämtliche Datierungen von diesem Punkt an nur als annähernd korrekt, mit einer Toleranz von einem Monat, betrachtet werden.

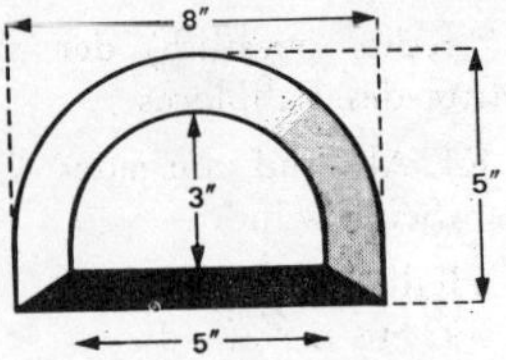

Abbildung 29 Die Bosse oder Maße (ungefähre Maße).

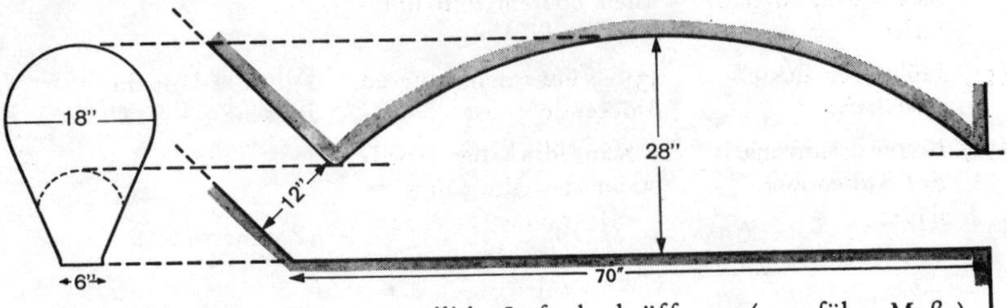

Abbildung 30 Königskammer, südliche Luftschachtöffnung (ungefähre Maße).

(42) Wichtigste Besonderheit	Fallblock (Granit)	Geistiges
(43) Beschaffenheit des Fallblocks	2 aufeinanderliegende Blöcke in 2 viereckige Fallblockausführungen in den Seitenwänden heruntergebracht; der obere Block hat auf der N-Seite eine „Bosse" bzw. eine Marke und ist oben wie abgebrochen. Die Marke ist wohl eine symbolische Darstellung des Sonnenaufgangs oder des Regenbogens.	... doppeltes Eindringen in die physische Welt ... ... „von oben" gesandt ...
(44) Größe der Bosse	3″ hoch x 5″ breit	... neues Zeitalter bricht an (?) Der vollendete Eine, der kommen wird (siehe [51])
(45) Ausmaß der Unterfläche der Bosse	8″ breit x 5″ hoch	Wiedergeburt des Großen Eingeweihten
(46) Dicke der Bosse	genau 1″[40]	das Göttliche

[40] Mit anderen Worten, der Granit-Fallblock selbst war ursprünglich 1″ stärker, wurde jedoch gleichmäßig geglättet, so daß nur die Bosse mit ihrer Seite die ursprüngliche Stärke markiert.

(47) Lage der Mitte der Bosse	1″ rechts (westlich) der Mitte des Fallblocks	zum Göttlichen führend
(48) Lage der Mitte des Fallblocks	1 KE Abstand von jeder der Seitenwände	Sterblichkeit
(49) Lage der Mitte der Bosse	1 Heilige Elle von der Ostkante des (in die Wand eingelassenen) Fallblocks entfernt	Messianisches Ideal führt von der Sterblichkeit fort
(50) Höhe der Bossenbasis Abstand nach unten	5″ über der Fuge zwischen oberem und unterem Block	Der Große Eingeweihte
(51) Höhe der Bossenoberfläche	33 1/2″ über dem unteren Blockende	Die Messianische Präsenz
(52) N-S-Ausrichtung der Bossenoberfläche	1 KE südlich der Nordwand des Vorraums = 1 KE minus 13,22729″ jenseits des Anfangs des Granitbodens (= 7,3739″)	
(53) Abstand vom Boden bis zum unteren Blockende	41,21″ (2 KE)	Sterblichkeit/Sterblicher
(54) theoretische Datierung des Bodens, beginnend unter der Bosse	7,3793 x 4,8528 Jahre nach 21. Februar 1999 = 35,810388 Jahre = (14. Dezember) 2035	
(55) Stärke der Bosse und der Schrägseiten	1″ genau = 4,8258 *n*	(Zeit-Messung)
(56) Somit theoretische Datierung N-Seite des Granitblocks selbst	(21. Oktober) 2039 n. Chr.[41]	(Datierung)
(57) Abschliff der Blockoberfläche	15,75″ (Codeäquivalent 3 x 5) = 76,431859 *n*	der vollendete Eine, der kommen wird
(58) Theoretische Datierung der S-Seite des Blocks daher	(28. März) 2116 n. Chr.[42]	

[41] Dieses Datum liegt vierzig Jahre nach 1999. Rutherford weist darauf hin, daß vierzig Jahre in den hebräischen Schriften oft für „Zeit des Gerichts“ stehen. Doch dem Code der Pyramide zufolge scheinen sie sich auf die Wiedergeburt des Großen Eingeweihten (8 x 5) zu beziehen.

[42] Die für die restlichen chronologischen Merkmale des Vorraums zur Verfügung stehenden Abmessungen sind nur bis auf ein Hundertstel Zoll genau, in manchen Fällen nur bis zu einem Zehntel. Bis zur Südwand des Vorraums ist daher mit einem Spielraum von ± 6 Monaten zu rechnen.

Abbildung 31
Südende des Vorraums mit den bis unter den Granitboden hinabreichenden Fallblockführungen (stark verfallen). Hinten öffnet sich nach rechts die Königskammer. Man beachte die bogenförmigen Austiefungen rechts oben über den Fallblockführungen, ferner den über dem Granit der Südwand zutagetretenden Kalksteinblock.

(59) Weitere Besonderheit	Auf jeder Seite des Ganges ein Wandpfeiler aus Granit	neue geistige Umwelt
(60) Tiefe des Wandpfeilers (O–W)	3,25″ (Codeäquivalent 3)	(führt zur) Vollkommenheit
(61) Breite des Ganges zwischen den Wandpfeilern	41,21″ (2 KE)	Sterblichkeit/Reinkarnation
(62) Wandpfeilerbreite (N–S)	3,75″ (Codeäquivalent 3)	Vollkommenheit
(63) Weitere Besonderheit	vom oberen Rand des Wandsockels bis 3″ unterhalb des Fußbodenniveaus eingelassene rechteckige Vertiefung, vermutlich um weitere Fallsteine aufzunehmen[43]	Rückkehr einer weiteren „Messiasgestalt“ in die Sterblichkeit, was Verriegelung des Durchgangs zur Folge hat
(64) Theoretische Datierung der N-Seite der Fallblockführungen	3,75 x 4,8528 Jahre nach (28. März) 2116 n. Chr. = (8. Juni) 2134	
(65) Tiefe der Fallblockführung	3,25″ (Codeäquivalent 3)	Vollkommenheit
(66) Besonderheiten	in der W-Wand des Ganges oben über jedem Kasten eine bogenförmige Austiefung von $8^3/_4$″, die 12″ westlich der Gangwand endet	Wiedergeburt des Spirituellen in menschlicher Gestalt
(67) Durchmesser der bogenförmigen Austiefung	17,25″	
(68) Umfang jeder bogenförmigen Austiefung	17,25″ x π (pi)/2 = 27,463″ (Codeäquivalent 9 x 3)	Geist von höchster Vollkommenheit

[43] Die Tatsache, daß die drei Fallblockführungen sich um 3″ *unter* den Granitboden hinab fortsetzen sollten, daß aber andererseits der Granitboden trotz der drei Fallblöcke eine durchgehende Struktur erhielt (siehe S. 142), deutet symbolisch an, daß der Durchgang allen, die nicht ihr Leben auf die „geistigen Dinge“ gründen, verwehrt ist. Die drei „Schleier“ des Vorraums können als „Filter“ betrachtet werden, – ähnlich wie die drei „Linsen“ in Gestalt der Gürtelsteine im Aufsteigenden Gang. Nur wer die drei Filter zu passieren vermochte, durfte in die Königskammer eintreten. Damit wird ein intensiver Siebungsprozeß versinnbildlicht; auf ihn hat auch Jesus von Nazareth oft hingewiesen.

(69) N-S-Breite der Führungen	21,5″ (Codeäquivalent 3 x 7)	höchste spirituelle Vollendung
(70) Somit theoretische Datierung für die Südseite der Fallsteinführungen	21,5 x 4,8528 Jahre nach (8. Juni) 2134 n. Chr. = (9. Oktober) 2238 n. Chr.	
(71) Weitere Besonderheit	noch ein Wandpfeilerpaar, dem ersten gleichend	Fortbestand der spirituellen Umgebung
(72) N-S-Breite der Wandpfeiler jedoch	5,3″ (Code = gleich 5)	Fortschreiten der Eingeweihten
(73) Weitere Besonderheit	noch einmal zwei gegenüber gelegene Fallsteinführungen, die sich bis 3″ unter das Bodenniveau erstrecken; oben mit halbzylindrischen Austiefungen	eine dritte Messianische Gestalt steigt in die Sterblichkeit herab, verriegelt den Gang ein weiteres Mal; Herabsteigen eines Geistes in Menschengestalt
(74) Theoretische Datierung der N-Seite der Fallsteinführungen	5,3 x 4,8528 Jahre nach (9. Oktober) 2238 n. Chr. = (28. Juni) 2264 n. Chr.	
(75) N-S-Breite der Fallsteinführungen	21,5″ (Codeäquivalent 3 x 7)	Höchste spirituelle Vollkommenheit
(76) Somit theoretische Datierung der S-Seite der Führung	21,5 x 4,8528 Jahre nach (28. Juni) 2264 n. Chr. = (29. Oktober) 2368 n. Chr.	
(77) Weitere Besonderheit	ein drittes Wandpfeiler-Paar, dem vorigen gleichend	Fortbestehende spirituelle Erleuchtung
(78) Somit N-S-Breite der Wandpfeiler	5,3″ (Codeäquivalent 5)	Messianischer Fortschritt/Fortschritt der Eingeweihten
(79) Weitere Besonderheit	ein drittes Paar Fallsteinführungen aus Granit, den vorigen gleichend	eine vierte messianische Gestalt, wie oben (73)
(80) Theoretische Datierung der N-Seite der Führungen	5,3″ x 4,8528 Jahre nach (29. Oktober) 2368 n. Chr. = (18. Juli) 2394 n. Chr.	
(81) Theoretische Datierung der S-Seite der Führungen	21,5″ x 4,8528 Jahre nach (18. Juli 2394) = (18. November) 2498 n. Chr.	

(82) Weiteres Detail	Südwand der Vorkammer	Ende der vorbereitenden Messianischen Ära
(83) Länge des Granitbodens des Vorraums	5 KE (siehe Diagramme S. 154)	(Zeitmessung)
(84) Anfang des Granitbodens	21. Februar 1999 n. Chr. (siehe [39])	(Datierung)
(85) Somit *genaue* Datierung für S-Wand des Vorraums	genau 500 Jahre nach 21. Februar 1999 n. Chr. = 21. Februar 2499 n. Chr.[44]	
(86) Besonderheiten der S-Wand	4 senkrechte Hohlriefen von der Kammerdecke bis zur Decke des unteren Teiles des Ganges verlaufend, teilen die S-Wand in 5 senkrechte Streifen auf	der spirituelle Weg der physischen Eingeweihten
(87) Breite der Riefen	4″	physisch/terrestrisch
(88) Tiefe der Riefen	2,8″ (7 x 4/10?), doch sich unten auf 8″ löffelförmig verflachend, als wollten sie die Essenz des Inhalts des Ganges „abschöpfen“	spirituelle Vervollkommnung des Physischen im Verlauf des Millenniums; „Erhöhung des Menschen“ bei Wiedergeburt
(89) Länge der Riefen	108,23382″ (Codeäquivalent 9 x 12)	höchste Vollkommenheit des Menschen
(90) Länge ohne löffelförmige Verflachung der Riefen	annähernd 100″	Lohn
(91) Weitere Besonderheit an der S-Wand	die *oberen* 12″ bestehen aus Kalkstein, die übrige Wand aus Granit	der physische Mensch, „erhöht“ durch den Geist
(92) Höhe des Granitteils	annähernd 96″ (8 x 12)	Wiedergeburt des geistigen Menschen

Zweiter Abschnitt des niederen Durchgangs

(93) Nächste Besonderheit	zweiter Abschnitt des niederen Ganges	

[44] Ein Vergleich mit (81) wird die von uns angenommene Toleranz von ± 6 Monaten verifizieren.

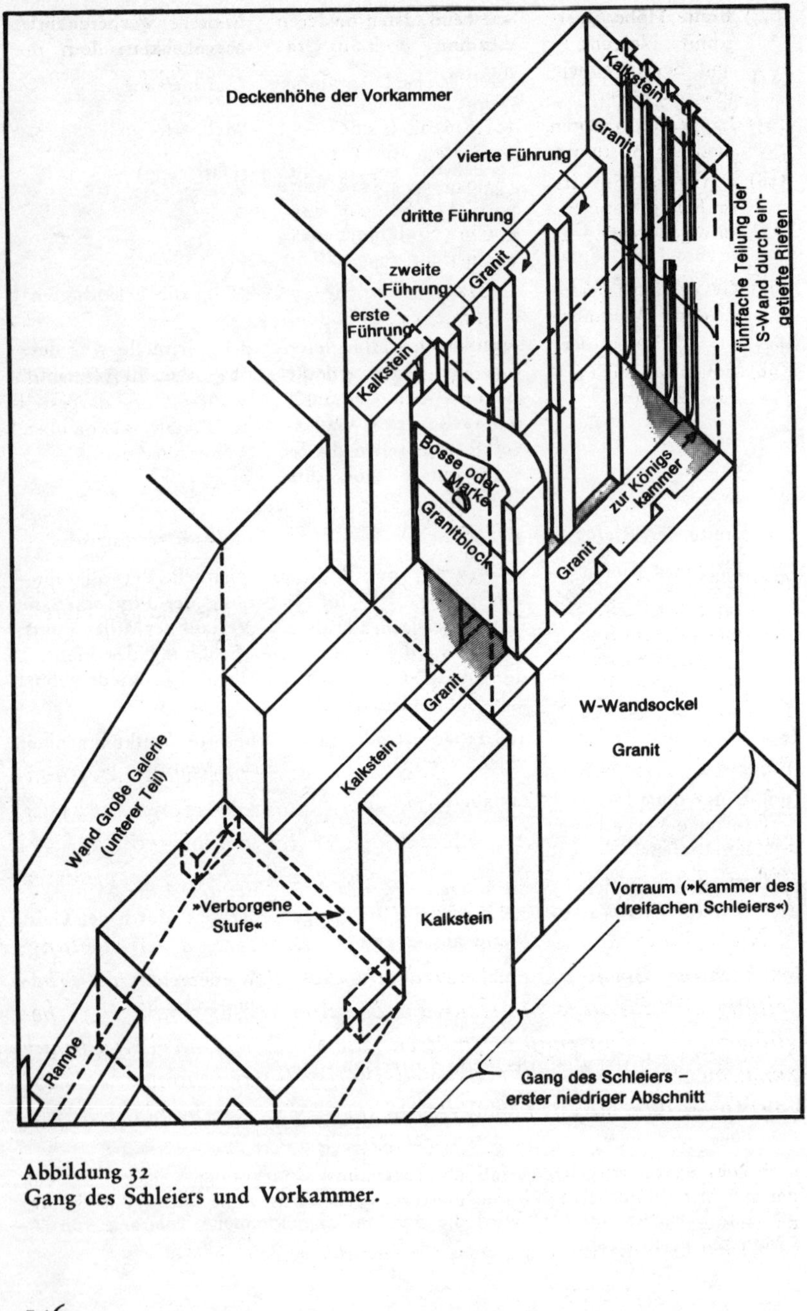

Abbildung 32
Gang des Schleiers und Vorkammer.

(94) Breite, Höhe, Querschnitt, Neigung und Beschaffenheit des Mauerwerks	wie beim ersten niederen Abschnitt, doch aus Granit	Weitere Wiedergeburt/Sterblichkeit, doch infolge einer geistigen Umwelt
(95) Länge des zweiten niederen Abschnitts	101,04629″ (Codeäquivalent 100 + 1?)	Mehr als ein Lohn (?)
(96) Datierung Eintritt in Königskammer infolgedessen	101,04629 x 4,8528 Jahre nach 21. Februar 2499 n. Chr. = 2. Juli, 2989 n. Chr.	
(97) Gesamtlänge beider niederer Abschnitte	52,02874 + 101,04629″ = 153,07503″ (Codeäquivalent 153)	(Für) die Erleuchteten
(98) Folgerung aus (53), (61) und (94)	Durchgang zur Königskammer sollte bei 2 KE Breite durchweg als 2 KE hoch gelten, wobei während der durch die Vorkammer bezeichneten Zeit ein „Hereinbrechen von oben“ erfolgt	Weg für Sterbliche, die während des dargestellten Zeitalters „von oben“ geleitet werden
(99) Abstand vom Anfang der Vorkammer bis zum S-Ende des Sarkophags in der Königskammer[45]	= Abstand von Vorkammermitte bis S-Wand der Königskammer = 365,242″ siehe Diagramme S. 154	Ein Zeitalter, das zu Unsterblichkeit führt

Deutung: *Die Hohe Stufe (3), die zum Fundament des Messianischen Zeitalters (1) leitet, macht ihren Einfluß ab Herbst 1845 (4) geltend; von diesem Zeitpunkt an wird der Erleuchtete (1) (97) noch einmal in einer durch messianische Erleuchtung inspirierten Inkarnation (3) (5) (Fn 39) geboren.*

Nach Ende des Zeitalters der inkarnationsfreien Erleuchtung, im Sommer 1914 (10) (12), wird eine Zeit der ernstlichen Vorbereitung auf das neue Messianische Zeitalter (1) ab Ende 1933 beginnen (10). Von nun an müssen alle jene, die an Erleuchtung zunahmen[46]*, eine Epoche (16) wiederholter Inkarnationen (20) (27) (94) (97) in der physischen Welt (18) (19) (Fn 39) durchlaufen.*

[45] Dies davon ausgehend, daß der sogenannte „Sarkophag“ zentral entlang der NS-Mittellinie der Pyramide placiert wurde, was wohl in der Absicht des Baumeisters lag.

[46] Tatsächlich die Seelen der *gesamten Menschheit*, siehe S. 180.

Ende 1985 (23) werden spirituelle oder kosmische Ereignisse eintreten (25), deren Ziel es ist, die Basis sich reinkarnierenden menschlichen Lebens zu vervollkommnen (24) (26) (29) (34) (60) (62) (63) (65) durch spirituelle Einflüsse von oben (29) (32) (98) und einen „Durchbruch" des Ewigen in die Sphäre des Zeitlichen (36).

Vom beginnenden Jahr 1999 (39) an wird eine die neue spirituelle Initiative reflektierende Messianische Ära (83) den Menschen dazu nötigen, sein Leben auf das Geistige statt auf das Physische zu gründen (37). Dann, Ende des Jahres 2034 (54), wird das Bogenzeichen des Großen Eingeweihten, des Einen-der-noch-kommen-wird, im Kosmos erscheinen (44) (45) (46) (47) (49) (50) (51), und bis Herbst 2039 (56) wird dieser Mittler aus der Ewigkeit (43), der messianische Vollkommene, (44) (37) seine physische Rolle auf den irdischen Ebenen (43) (48) (53) übernommen haben.

Im Frühjahr 2116 wird diese Messiasgestalt entschwinden (58). Doch im Sommer 2134 (64) wird ein neuer messianischer Sendbote von höchster spiritueller Vollendung (68) (69) erscheinen (63). Er bewirkt die Wiedererrichtung der wahren Grundlagen des menschlichen Lebens und die schließliche Abschirmung der Erleuchteten gegen eventuelle Rückfälle in die blinde Sterblichkeit (63).[47] *Hat dieser messianische Geist die menschliche (66) beziehungsweise physische (63) Phase seiner spirituellen Existenz durchlaufen (66), wird auch er sich im Herbst des Jahres 2238 (70) wieder entfernen, um 25 Jahre später, im Sommer 2264 (73) (74), einen neuen Zyklus seiner körperlichen Existenz zu beginnen.*

Im Herbst 2368 (76) entschwindet der messianische Führer nochmals und erscheint dann im Sommer 2394 (80) ein drittes Mal. Mit dem Ende seiner Mission Anfang des Jahres 2499 (85) wird auch die Ära der vorbereitenden messianischen Initiative zu Ende sein (82).

Von diesem Zeitpunkt an, wenn der Weg zurück in die blinde Sterblichkeit dreifach hinter ihnen verriegelt ist,[48] *werden die sich reinkarnierenden Erleuchteten (92) (94) (97) die letzte Wegstrecke*

[47] Theoretisch werden die Fallblöcke, wenn „herab"gelassen, den Durchgang vollkommen blockieren.

[48] Durch die drei „herabgelassenen" messianischen Fallblöcke.

(94) zum erhabenen Lohne (90) (95) gehen, die den leiblichen Eingeweihten durch das katalytische Erleben des irdischen Millenniums (2) (88) zur höchsten spirituellen Vollkommenheit (86) (87) (89) (91) erheben wird. In dieses Millennium (1) (99), das im Jahr 2989 (96) seinen Anfang nimmt, mündet die vierfache messianische Initiative unmittelbar ein.

Die Abmessungen der Vorkammer lassen insgesamt deutlich erkennen, daß in ihnen der Schlüssel zu sämtlichen Maßen der Pyramide enthalten ist. Wir hatten zum Beispiel bereits festgestellt, daß Länge und Höhe des Vorraums (36) (35) in direktem Verhältnis zu den entscheidenden Dimensionen der Pyramide stehen. Wie das Diagramm B auf S. 154 zeigt, bilden Ostwand und Granitboden ein Quadrat (ABCD), dessen Seiten je 5 Königsellen lang sind[49], während der Kreisumfang eines Kreises, der im Aufriß des Vorraums zwischen Nord- und Südwand geschlagen wird, 365,242 P″ beträgt. Außerdem bedecken Quadrat wie Kreis genau die gleiche Fläche, nämlich 5 Königsellen im Quadrat. Und deutlich ergibt sich aus dem Code, daß die Vorkammer ein messianisches, der Welt spirituelle Vollendung bringendes Zeitalter versinnbildlicht.

Der Granitblockstein selbst führt die Maßanalogien noch einen Schritt weiter, denn seine Abmessungen weisen gleicherweise sowohl auf Pyramidenzoll als auch auf Königselle und auf Heilige Elle hin (46) (47) (48). Die Abmessungen der Granitplatte des „Fallblocks“ sind als Schlüssel für die gesamte Pyramide zu betrachten.

Doch enthalten Vorkammer und Granitblock nicht nur den *geometrischen* Schlüssel, sie vermitteln auch den *symbolischen*. Der Schlüssel zur Vervollkommnung des sterblichen Menschen und des Erdplaneten besteht in jenen Vorgängen und Ereignissen, die formal im Vorraum ausgedrückt werden, vor allem aber in jener Gestalt, die der Granitstein selbst symbolisiert. Und dessen Abmessungen und ebenso die auf ihm angebrachten Zeichen berichten unmißverständlich von der Wiederkehr eines messianischen Führers.

[49] Deshalb kann angenommen werden, daß für die Granitböden die auf Königsellen basierende Zeitskala gilt.

Vor allem die Bosse weist auf die messianische Präsenz (siehe (44) (45) (49) (50) (51)) hin und versinnbildlicht selbst entweder die aufsteigende Sonne[50] oder den Regenbogen, die beide eine neue Ära ankünden.[51] Vielleicht will die Bosse auch an die messianische Aura, an den „Heiligenschein“ erinnern. Die Bosse kann also gleichgesetzt werden mit dem biblischen „Messiaszeichen“, der Granitblock mit der christlichen Vorstellung des Zweiten Advent, mit der Wiederkunft Christi – dem lang ersehnten Erscheinen des Einen-der-noch-kommen-wird.[52]

Indes gibt es sogar ein noch deutlicheres Beweisstück, das unsere Auffassung unterstützt. Am meisten nämlich ähnelt die Bosse der ägyptischen Hieroglyphe 𓏏 (t), – ein Zeichen, das ursprünglich einen Laib Brot vorstellte. Zusammen mit dem „abgebrochenen“ oberen Ende des Granitblocks und den messianischen Maßzahlen der Bosse könnte diese Marke eine Art „himmlisches Brot“ bedeuten, das der Messias zur Vorbereitung auf die Kammer der Auferstehung verteilt (Brotbrechung). Genau dieses Bildes hat sich Jesus zur Erläuterung seiner messianischen Funktion bedient: „Ich bin das lebendige Brot, das vom Himmel herabgekommen ist“, sagt Jesus im Evangelium des Johannes (Kap. 6, 51, 54). „Wenn einer von diesem Brote ißt, wird er leben in Ewigkeit ... Ich werde ihn auferwecken am Jüngsten Tage“.

Darüber hinaus diente das Zeichen 𓏏 nicht im hieroglyphischen sondern im ideographischen Sinn der Wiedergabe des Wortes „Vater“ im Zusammenhang mit den geistlichen Titeln  oder ,

[50] Vergleiche das ägyptische Ideogramm  in  „Hügel des Sonnenaufgangs“ und 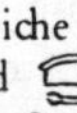 „Erscheinen in Glorie“ bei Gardiner, *Egyptian Grammar*, 3. Aufl., S. 489.

[51] Vergleiche die biblische Geschichte von Noah und der Sintflut; siehe auch S. 304.

[52] Der Ägyptologe Petrie hat stets die Einzigartigkeit der Bosse bestritten und behauptet, daß viele ähnliche vorspringende Elemente in der Pyramide zu finden seien. Diejenigen aber, die er anführt, befinden sich allesamt im *Königskammerkomplex*, und die für Vorraum und Kammer aufgeführten Zahlen sind ausnahmslos *Multiplikate der Zahl 5*. So liegt ihre messianische Bedeutung nahe, auch wenn sich Petries Behauptung erhärten ließe, daß die von ihm erwähnten Bossen ebenso fein ausgearbeitet und in den gleichen Maßen gehalten sind. Die von ihm erwähnten Bossen haben aber von anderen Forschern in ihrer Existenz nicht bestätigt werden können.

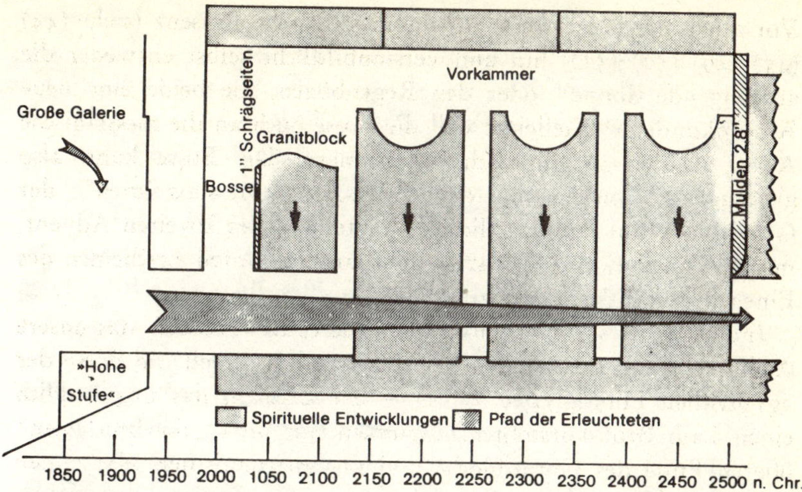

Abbildung 33
Zeitkarte: Dauerskala der Vorkammer (nicht maßstabgetreu).

gleich „Gottesvater".[53] Jesus sagt von diesem „himmlischen Brot" im Evangelium des Johannes im gleichen Kapitel, Vers 27: „. . . die Speise, die anhält zu ewigem Leben, wie sie der Menschensohn euch geben wird; denn ihn hat *Gott der Vater* beglaubigt mit seinem Siegel." Es sieht so aus, als stünden wir hier vor einem versteckten esoterischen Fingerzeig, die sich an jene richtet, „die Ohren haben zu hören". Wie bei den berühmten Worten „Ich bin der Weg und die Wahrheit und das Leben" (Johannes 14, 6) – vermutlich eine direkte Anspielung auf das Messianische Dreieck der Pyramide[54] – scheint auch hier ein Beweis vorzuliegen, das Jesus selbst (oder zumindest der Verfasser des Johannesevangeliums) mit Symbolik und Botschaft der Pyramide genau vertraut war und sich bewußt um ihre Erfüllung bemühte.[55]

[53] Gardiner, *Egyptian Grammar* (3. Aufl.), S. 555.
[54] Vergleiche Seite 79.
[55] Die Reihe bemerkenswerter Gegebenheiten im Umkreis des „Brot"-Zeichens ist damit noch nicht erschöpft. Ob es, wie seine hebräischen und griechischen Entsprechungen jemals *tau* ausgesprochen wurde, bleibt reine Vermutung. Doch im Griechischen wurde später daraus das Tau – ein Zeichen, dem seit undenklichen Zeiten eine sakrale Bedeutung beigemessen wurde, die später im christ-

So stellt also für uns der granitne Block den Advent des Messias als spirituellen Durchbruch auf die irdische Ebene dar, als das spirituelle Ergriffenwerden des fleischlichen Menschen durch ein Geistwesen von unvorstellbarer Kraft. Doch solch ein Durchbruch wirkt nicht in Ewigkeit. Er mußte sich dreimal wiederholen. Die Vorstellung einer vierfachen messianischen Epiphanie mag für manchen Leser fremd wirken, aber die judaisch-christlichen Schriften spielen unmißverständlich darauf an, vor allem in den Geschichten von Noah und Moses. „Dies alles aber widerfuhr ihnen nur symbolisch, und es wurde niedergeschrieben zur Warnung für uns, für die das Ende der Zeiten gekommen ist", schrieb einst Paulus der Pharisäer über den Auszug aus Ägypten unter der Führung des Moses[56]. Einer eingehenderen Betrachtung dieser Zusammenhänge ist das neunte Kapitel dieses Buches gewidmet.

Was die obigen Daten betrifft, sind sie die einzigen, die mit denen unseres hypothetischen Codes völlig übereinstimmen. Nehmen wir jedoch mit Rutherford an, daß die Hohe Stufe keinerlei Veränderung der Zeitskala zur Folge hat, dann müssen alle oben aufgeführten Datierungen ab 1845 rund 19 Jahre früher angesetzt werden, wobei der Anfang des Granitbodens auf 1979 und das „Messiaszeichen" auf 2015 fiele.[57] Wenn dagegen in der Skala die Hohe Stufe, weil im Entwurf als Bemäntelung geplant, ohne Zeitwert bleibt, dann würde die „verborgene Stufe" für einen Wechsel der Zeitskala sorgen, wodurch die gegebenen Datierungen erheblich später fallen müßten. In diesem Fall würde der Anfang des Granitbodens um 2260 liegen und die erste messianische Wiederkehr auf etwa 2300 anzusetzen sein.

Selbst wenn man an dem oben vorgeschlagenen Skalenwechsel durch die Hohe Stufe festhalten wollte, könnte immerhin noch das

lichen Kreuz ihren Niederschlag fand (in Kapitel 9 wird noch erörtert, daß es zwischen Bosse und Kreuz bestimmte Zusammenhänge gibt). Die Ähnlichkeit zwischen den Worten *tau* und *Tao* legt den Gedanken nahe, ob nicht die biblischen Worte für „Brot", „Weg", „Wahrheit", „Leben" mit dem Tao der taoistischen Schriften ausstauschbar sind.

56 1. Kor., 10, 11.

57 Rutherford hingegen postuliert, daß die Granitböden keinerlei Zeitskala hätten.

Argument angeführt werden, daß die Relation von 1″ pro Jahr auf alle Abschnitte des Durchgangs und bis in die Königskammer hinein anzuwenden sei, da keine wirkliche „Stufe“ dazwischen liege. Dies würde indes mit dem postulierten Code nicht übereinstimmen und der unmißverständlichen Symbolik des 5 KE langen Vorkammerbodens und der 10 KE (1000-Jahres-)Breite der Königskammer widersprechen. So fiele bei Anwendung dieser These die Erste Rückkehr des Messias in das Jahr 2012, sein zweites Erscheinen auf 2030, das dritte auf 2057 und das vierte auf 2084. In diesem Fall liegt klar auf der Hand, daß die Daten zu dicht beieinander liegen, um stimmig zu sein.

Im Licht der Geschichte hat sich schon manche Prophezeiung als falsch erwiesen. So hat sich die von Davidson und Aldersmith, allerdings nicht ohne Vorbehalte, veröffentlichte Berechnung, nach der die Welt bereits 1953 „am Ende sein“ werde, von selbst widerlegt. Uns bleibt nichts anderes übrig, als abzuwarten, die „Zeichen“ zu beobachten und der biblischen Warnungen eingedenk zu sein, daß manche Dinge später geschehen als wir glauben.

Die Königskammer (Die Kammer des Offenen Grabes/der Auferstehung)

Wendet sich der Besucher beim Betreten der Königskammer nach rechts, kann er nun endlich nach Westen schreiten – und gelangt sogar über die Nord-Süd-Achse hinaus. (Siehe Diagramm auf S. 136).

(1) Beschaffenheit	vollständig mit Granit ausgekleidet	spirituelle Ebene
(2) Fußboden	horizontal	erreichte Erkenntnisebene
(3) Bodenniveau	in Höhe der Oberfläche der 28″ (7 x 4) dicken 50sten Steinschicht (10 x 5)	spirituelle Vollkommenheit des Physischen: Millennium der Eingeweihten
(4) Anzahl der Seiten (mit Decke und Boden)	6	lediglich vorbereitend
(5) Anzahl der Ecken	8	Wiedergeburt

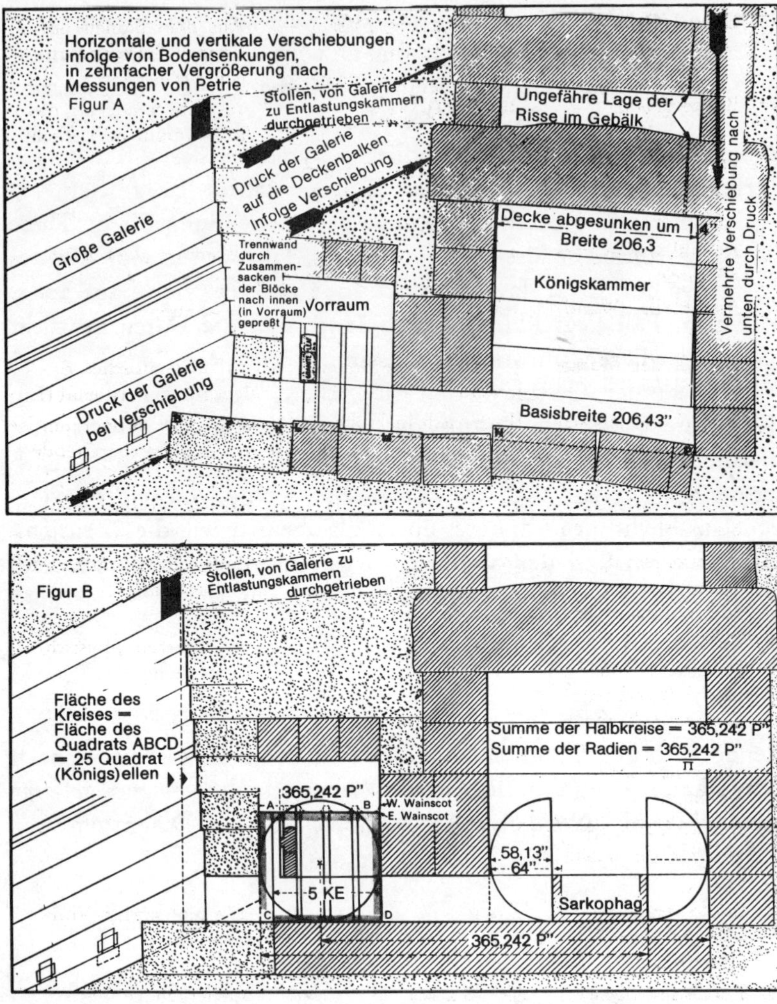

Abbildung 34
Königskammerkomplex. Verschiebungen durch Erdbewegungen (A), ursprünglicher Zustand (B).

(6) Länge (O-W)	2 x 365,24235″/$\sqrt{\pi}$ = 20 KE (2 x 10)	Aus dem Samen des Ewigen hervorgegangenes Zeitalter
(7) Breite (N-S)	365,24235″/$\sqrt{\pi}$ = 10 KE	aus dem wiederum das Millennium hervorgeht
(8) Höhe	$\sqrt{5}$ x 365,24235″/2$\sqrt{\pi}$ = Bodendiagonale/2 = 230,3871″	
(9) Anzahl der Wandschichten	5	(Kammer des) Eingeweihten
(10) Anzahl der Wandsteine	100	Belohnung
(11) Niveau der Wandbasis	5″ unter dem Bodenniveau	auf messianischer Erleuchtung beruhend (?)
(12) Niveau der oberen Wandenden	theoretisch in Höhe der Oberfläche der 60sten (6 x 10) Quaderschicht	selbst das Millennium ist nur eine vorbereitende Phase
(13) Anzahl der Deckenbalken[58]	9	höchste Vollkommenheit
(14) Abstand der S-Wand von der Mitte des Vorraums	365,24235″	Ende des Zeitalters der Vorbereitung
(15) Verhältnis der Diagonale von N- und S-Wand zur Länge der Kammer und zur kubischen Diagonale der Kammer[59]	3:4:5	vollkommen/physisch/Eingeweihte
(16) Anzahl der Luftschächte der Kammer	2 (in N- und S-Wand)	
(17) Eröffnung der oberen Schachtabschnitte	9″ x 9″	(für die) höchst Vollkommenen
(18) Durchschnittlicher Abstand der Eingangsachse zu den Schachtmündungen	80″ (8 x 10)	Wiedergeburt des Millenniums

[58] Der größte der Balken wiegt schätzungsweise 72 Tonnen.

[59] Das Verhältnis besteht auch bei den drei Seiten des größten rechtwinkligen Dreiecks, das (diagonal) in die Kammer projiziert werden kann, wobei seine Basis sich mit der N-S-Kante des Bodens deckt und sein einer Schenkel eine Schräge von Boden zur Decke bildet. Weitere Einzelheiten siehe Rutherford, S. 1010–12.

(19) Höhe der Schachtmündung an der N-Seite über dem Fußboden	41,21″ (2 KE)[60]	für Sterbliche
(20) Neigung der Schächte jenseits ihrer horizontalen ersten Abschnitte	ansteigend[61]	weiteres spirituelles Fortschreiten

Nordschacht

(21) Horizontaler Abschnitt	8″ breit x 5″ hoch x 112″ lang (Code = gleich 8 x 2 x 7?)	(führt zur) Wiedergeburt von Eingeweihten : bewirkt spirituelle Vollkommenheit (?)
(22) Querschnitt	rechteckig	(führt zum) Physischen/Irdischen
(23) Niveau der Schachtöffnung im Mauerwerk	101te (100 + 1) Schicht	Mehr als Belohnung (?)
(24) Theoretische Dicke der 101sten Schicht	32″ (8 x 4)	leibliche Wiedergeburt
(25) Niveau der Schachtöffnung in der Außenverkleidung	103te (100 + 3) Schicht	Durchbruch mißlingt[62]

[60] Der obere Rand der Mündung des Nordschachts liegt, wie bei den Schachtmündungen in der Kammer der Königin, genau in einer Ebene mit der Decke des Durchgangs zur Königskammer. Gleiches wird ursprünglich wohl auch auf die heute stark verfallene Mündung des Südschachts zugetroffen haben. Symbolisch hieße dies, daß der Eintritt in den Vorraum den unmittelbaren „Ausbruch“ über den einen oder anderen der Luftschächte ermöglicht (vorausgesetzt, daß bei Eintritt in die Kammer die „Hinwendung zum Rechten“ oder „nach Westen“ vollzogen wurde).

[61] Den beiden Pyramidenforschern Edgar zufolge soll der Nordschacht eine Reihe von kurzen scharfen Biegungen aufwärts und in nordwestlicher Richtung machen, ehe er zuletzt nach Norden in steilem Winkel aus der Pyramide hinausführt. Es könnte sein, daß jede dieser Biegungen einen „Durchgangspunkt“ auf dem Aufwärtsweg der Seele symbolisiert, was mit den Granitschichten zwischen den Entlastungskammern korrespondieren würde (siehe S. 161–166).

[62] Die wahre Bedeutung der Schachtmündung in der 103ten Schicht der Außenverkleidung beruht vermutlich weniger auf ihrem Abstand von der Pyramidenbasis als auf *ihrem Abstand von der auf der 203ten Schicht gelegenen Gipfelplattform.* Denn es ist klar, daß die Addition von 100 weiteren Schichten (die „Belohnung“) über das Niveau der nördlichen Schachtöffnung hinaus auf das Vorhandensein des in der *203ten Schicht* symbolisierten geistigen Niveaus hindeutet. Daraus ergibt sich, daß die Seele trotz Kraftgewinn durch die Be-

(26)	Theoretische Dicke der 103ten Schicht	29″ (Code = gleich 29,85″)	Tod/Sterblichkeit

Südschacht

(27)	Höhe der Schachtöffnung Süd im Kernmauerwerk	102te (100 + 2) Schicht[63]	
(28)	Theoretische Dicke	28″ (7 x 4)	spirituelle Vervollkommnung des Physischen
(29)	Höhe der Schachtöffnung in der Außenverkleidung	104te Schicht (100 + 4 oder 8 x 13?)	Ausbruchsweg (siehe Fn 62)
(30)	Theoretische Dicke der 104ten Schicht	26″ (2 x 13?)	bewirkt (13?)
(31)	Querschnitt des unteren Endes	Kreisdurchmesser rund 12″	der spirituelle Mensch
(32)	Beschaffenheit der unteren Mündung	unregelmäßig, gewölbt, siehe Abb. S. 140	(Siehe [33])
(33)	Symbolik der unteren Mündung	vermutlich Ofen oder Gebärmutter: siehe auch Bosse (S. 140, 150/1)[64]	Zum Backen des „Brotes"; schwangere Seele vor der Befreiung

lohnung auf diesem Pfad nicht „auszubrechen" vermag. Nur über den südlichen Luftschacht gelangt die auf der 104ten Schicht auftauchende Seele mit Hilfe der Belohnung auf das Niveau des Gipfelsteins selbst, – die theoretisch die 204te und letzte „Schicht" ist und die Vollendung der Evolution des Erdplaneten bezeichnet.

[63] Die Luftschachtöffnungen im Mauerwerk definieren also numerisch die höchste Schicht (203) unter der Gipfelplattform, denn die Summe von 101 und 102 ergibt 203. Dies wird durch die Lage der Öffnungen im *Kernmauerwerk* evident; sie läßt darauf schließen, daß die Schächte ursprünglich *nicht* bis in die Außenverkleidung der Pyramide durchliefen, sondern daß alle vier Luftschächte zunächst versiegelt waren. Offensichtlich hat der Planer vorhergesehen, daß die Pyramide später ihrer Außenverkleidung beraubt werden würde.

[64] Die auf S. 140 angegebenen Dimensionen des Querschnitts der unteren Schachtöffnung (dessen Breite an der schmalsten Stelle 6″, an der breitesten 18″ beträgt), machen symbolisch deutlich, daß dieser Luftschacht den Unvollkommenen (6″) endlich erlaubt, wie Brot im Ofen „aufzugehen" zu ihrer vollkommenen geistigen Gestalt (2 x 9″). Die übrigen Gegebenheiten (in Seitenansicht) bestätigen diese Deutung, da sie symbolisch dem (geistigen) Menschen (12″) die Möglichkeit bieten, aufgrund spiritueller Vervollkommnung des Physischen im Lauf des Millenniums (7 x 4; 7 x 10) aus der Kammer hervorzugehen. Man vergleiche mit (31), woraus erhellt, daß der aufsteigende „Mensch" spiritueller Natur ist. Die Gleichsetzung des Fötus in der Gebärmutter mit dem Brot im Ofen ist bis auf den heutigen Tag in der Folklore vieler Kulturen lebendig geblieben.

(34) Beschaffenheit des „Sarkophags“	ohne Inschrift, ohne Deckel, rechteckig, Granitsarkophag	Ausbruch des Geistes aus der physischen Sterblichkeit
(35) Äußere Länge des „Sarkophags“	Breite der Königskammer minus Länge der Vorkammer = 89,80568″ (Codeäquivalent 3 x 29,84″?)	Höchster Tod?
(36) Äußere Breite des „Sarkophags“	38,69843″ (2 x 19)[65]	Bewirkt Tod
(37) Äußere Höhe des „Sarkophags“	41,21319″ (2 KE)	Tod
(38) Summe der drei Dimensionen des „Sarkophags“	Summe der drei Dimensionen der Kammer/5 = 169,7173″ (13 x 13)	„Letzte Auferstehung“ (durch Erlangung der) Initiation
(39) Dicke der Seiten	rund 6″	Unvollkommenheit/ Vorbereitung
(40) Dicke des „Sarkophag“-Bodens	rund 7″	auf spiritueller Vollkommenheit beruhend
(41) Innere Länge des „Sarkophags“	rund 77,8″ (Codeäquivalent 11 x 7)	Erlangung spiritueller Vollkommenheit
(42) Innere Breite	rund 26,7″ (2 x 13?)	bewirkt (13?)
(43) Gesamtdicke der Seiten des „Sarkophags“	Gesamt O-W-Dicke der Seiten = rund 12″	Menschheit
(44) Standort des „Sarkophags“	beweglich (innerhalb der Kammer)[66]	
(45) Beabsichtigter Platz des „Sarkophags“ (vermutlich)	In der Mitte zwischen N- und S-Wand der Kammer in nord-südlicher Richtung, auf der Mittelachse der Pyramide	Siehe (46)
(46) Daher Abstand der „Sarkophag“-Achse von der Gangachse nach Westen	286,1″	Wiedererlangung der Erleuchtung

[65] Der „Sarkophag“ ist um ein Geringes breiter als der unterste Abschnitt des Aufsteigenden Ganges, der ja verjüngt wurde, um die Granitsperrblöcke zu verkeilen. Doch auch ohne die Verriegelung durch die Granitsperrblöcke hätte man den „Sarkophag“ nicht durch den Gang hinaufschaffen können; er muß also „eingebaut“ worden sein.

[66] Dies läßt vermuten, daß der „Sarkophag“ keine spezielle Chronologie aufweist.

(47) Abstand zwischen den „Sarkophag"-enden und der N- und S-Wand der Kammer	58,1013″ = 365,24235″/2 π	Zeitalter unter dem Einfluß des Ewigen
(48) Bedeutung der N-S-Stellung des „Sarkophags"	„Loslösung" von Raum und Zeit (siehe Diagramm S. 154)	
(49) Abstand zwischen N-Wand und „Sarkophag"-Innern	rund 64,1″ (Codeäquivalent 8^2)	Die „letzte Wiedergeburt"
(50) Abstand der „Sarkophag"-Achse von der Westwand (Abstand von der Westwand der Kammer westlich der Pyramidenachse)	105,42314″ (Codeäquivalent 3 x 7 x 5)	Noch immer nicht die höchste Vollkommenheit des gänzlich Eingeweihten erreicht
(51) Abstand von der N-Wand des Vorraums (Kalkstein) bis zum Südende des „Sarkophags" (Granit)	365,24235″	Ende des Zeitalters
(52) Datierung des Eintritts in Kammer	30. Juni 2989 n. Chr. (siehe S. 144)	
(53) Bedeutung der 10 KE Breite des Kammerbodens (Granit)	10 x 100 Jahre = 1000 Jahre	Millennium: Zeitmessung
(54) Daher theoretische Datierung der Südwand	30. Juni 3989[67]	
(55) Weitere Besonderheit des Königskammer-Komplexes	*über* der Königskammer fünf flache Kammern	fünf weitere spirituelle Ebenen

[67] Wie weit den N-S-Abständen der Endkammern chronologische Bedeutung zugemessen werden kann, ist eine offene Frage. Immerhin paßt der deutliche Hinweis auf eine tausendjährige Epoche zur Idee des Millenniums. Zwischen dem Jahr 3989 n. Chr. und dem Jahr 1453 v. Chr. (der Pyramidendatierung für den Anfang des Aufsteigenden Ganges und mutmaßlich auch für den Exodus der Kinder Israels aus Ägypten) liegen 5441 Jahre. Diese Zahl rückt sehr dicht an den Zahlenwert für die Gipfelplattform: 5448,736 Pyramidenzoll.

Deutung: *Das große spirituelle (1) Millennium (3) (6) (7) (53) wird im Sommer des Jahres 2989 n. Chr. (52) seinen Anfang nehmen. Messianisches Einwirken aus den Ebenen der Überzeitlichkeit (6) (7) (8) (11) (47) soll physische Welt zur geistigen Vollendung bringen (3) (13) (17) (21) (28) (51).*

Im Verlauf dieser Zeit werden die Seelen der Erleuchteten des ganzen Erdkreises (43) noch einmal eine stoffliche Wiedergeburt erleben (5) – doch diesmal, um die Belohnung (10) in Gestalt der letzten Jahrtausend-Wiedergeburt (18) (49) zu empfangen. Doch selbst noch in diesem Stadium kann ein Blick 'zurück[68] *verhängnisvoll werden. Wenn es nicht gelingt, den Lauf zu vollenden, wird dies nach dem Tod (19) (35) (36) (37) zu erneuter stofflicher Wiedergeburt (22) (24) im Streben nach spiritueller Vollendung (21) führen. Wem es gelingt, zuletzt die verlorene Erleuchtung wiederzugewinnen und Vollkommenheit zu erlangen (13) (17) (41) (46), dem wird auch im Tode (19) (35) (36) (37) der endgültige Ausbruch aus der Sterblichkeit und der physischen Welt (20) (32) (33) (34) (48) zuteil; er erreicht eine höhere Daseinsebene (20) (55) – eine Umwandlung, deren Natur und Grad von der erlangten spirituellen Vollkommenheit (41) und dem Besitz der vollen Initiation abhängt (9) (11) (38).*

Doch selbst nach ihrem Entrinnen aus der physischen Welt ist die Entwicklung der menschlichen Seele noch nicht abgeschlossen. Ihre Einweihung wird noch immer nicht ganz vollendet sein (4) (12) (50). Durch diese Wiedergeburt wird zunächst nur die unterste geistige Ebene (31) (33) (34) (55) erreicht.[69]

Gestützt auf diese Deutung und mit Hilfe des hypothetischen Codes läßt sich bestimmen, welchen Inhalt der „Sarkophag“ birgt: hier rasten die Seelen der Erleuchteten, die endlich spirituelle Vollkommenheit (41) durch Initiation (38) erreichten und damit „nach oben“, aus der Sterblichkeit (37) zu entfliehen vermochten. Treffend spricht der saïtische Kommentar zum *Ägyptischen Totenbuch*

[68] Vergleiche mit Jesu Worten nach Lukas 9,62: „Niemand, der seine Hand an den Pflug legt und zurückschaut auf das, was hinter ihm liegt, ist tauglich für das Reich Gottes.“

[69] Siehe nächsten Abschnitt.

von der Königskammer als von einem „Offenen Grab“. Und die „Auferstehung“, von der sie berichtet, ist der Durchbruch des Menschen in eine neue Dimension.

Die Entlastungskammern (Die geheimen Wohnstätten des Verborgenen Gottes)

Dieser Bauteil besteht aus einer Reihe von verborgenen Kammern, die eine über der anderen auf die Königskammer aufgestockt wurden (die letzten entdeckte man erst im Jahr 1837). Nach Auffassung der Ägyptologen sollten sie den enormen Druck des darüber liegenden Mauerwerks auf die Königskammer abfangen, und diese Wirkung ist ihnen wohl nicht abzusprechen. Warum aber sollte die Königskammer auf diese Weise geschützt werden und die Kammer der Königin nicht? Warum bedurfte es einer ganzen Reihe von fünf Kammern, wenn eine einzige vermutlich die gleiche Wirkung getan hätte? Und weshalb wurde das so entstandene „Granithaus“ mit einem einfachen Kalksteingiebel überdacht, wenn ein mehrfacher Granitgiebel weit dauerhafter gewesen wäre?

Wiederum liegt der Schluß nahe, daß die Erbauer sich für all diese Einzelheiten – auch bei dem Stein für den krönenden Giebel – mit ganz bestimmter symbolischer Absicht entschieden. Unserem hypothetischen Code gemäß sind wir bisher davon ausgegangen, daß Kalkstein die physische Welt und Granit die geistige repräsentiert. Zudem ist hier von menschlichen Seelen die Rede (siehe oben), die der physischen Welt entkamen und Eingang in die geistige Ebene fanden.

An diesem Punkt scheint es geboten, zwei grundlegende Thesen aufzustellen. Die erste lautet: allein der Geist – symbolisiert durch Granit – vermag symbolhaft Geist zu „fassen“, während das Stofflich-Physische – symbolisiert durch den Kalkstein – von ihm durchdrungen wird. Die Tatsache, daß die Nord- und Südwände der Entlastungskammern, die beiden obersten ausgenommen, aus Granit sind, führt uns zu unserer zweiten These: Die Seelen, die diese Kammern durchlaufen, müssen jede Kammer noch von Nord nach Süd passieren, ehe sie weiter aufsteigen können – allerdings nun nicht länger mehr durch die „Zeit“, was die ganz ungewöhnlich geformten Böden aller fünf Kammern zur Anschauung bringen.

Die Ost- und Westwände sämtlicher Entlastungskammern sind aus Kalkstein. Es scheint also, als hätten für die hier gegenwärtigen Seelen die Ost- und Westwände einfach nicht existiert. Wir können dies dahingehend interpretieren, daß die nicht inkarnierten Wesenheiten unseren Begriffen „gut und böse" oder „positiv und negativ" nicht mehr unterstehen: Sie haben die Relativität hinter sich gelassen und mit ihr den „Baum der Erkenntnis von Gut und Böse". Sie haben sich, wie der Buddhismus es ausdrückt, von der „Welt der Gegensätze" befreit. Der Mensch ist damit in seinen vorzeitlichen, spirituellen Zustand „vor dem Sündenfall" zurückgekehrt und lebt fortan in der Welt der urzeitlichen Absoluta.

Von diesem Aspekt her sei nun bei der Aufstellung der Daten für diese Kammern ausgegangen.

Kammer 1 (unterste Entlastungskammer)

(1) Lage der Kammer	unmittelbar über dem flachen Granitdach der Königskammer	nach Verlassen des „Sarkophags" erreichte Ebene
(2) Beschaffenheit der Böden sämtlicher Entlastungskammern	unbehauene Granitbalken	Siehe (3)
(3) Bedeutung von (2)	keine Zeitskala: ein „spiritueller" Plan	
(4) Beschaffenheit der N- und S-Wände	senkrecht; geglätteter Granit	notwendiges spirituelles Fortschreiten
(5) Beschaffenheit der O- und W-Wände aller Kammern	senkrecht; geglätteter Kalkstein	nicht mehr in relativen Wertungen befangen
(6) Durchschnittliche Höhe der 4 unteren Kammern	120″ (10 x 12)	„Verewigung" der Menschheit (?)
(7) Beschaffenheit der Decke von Kammer 1	waagerecht; geglätteter Granit	Betreten eines höheren spirituellen Plans
(8) Theoretische Anzahl der Ecken	8	Wiedergeburt der ...
(9) Theoretische Anzahl der Flächen	6	Unvollkommenheit/ Vorbereitung

(10) Besonderheit	ein grob ausgehauener Stollen (26 1/2 x 32") durchbricht N-Seite der Kammer von der höchsten Stelle der Galerie aus[70]	nicht-physischer Pfad für die völlig Erleuchteten

Kammer 2

(11) Lage	über und *wenig* westlich von Kammer 1	Betreten des höheren Plans abhängig von weiterem spirituellen Bemühen
(12) Beschaffenheit der N- und S-Wände	senkrecht; geglätteter Granit	jenseits der Relativität
(13) Beschaffenheit der Decke	waagerecht; geglätteter Granit	Betreten eines höheren Geist-Plans
(14) Theoretische Anzahl der Ecken	8	Wiedergeburt ...
(15) Theoretische Anzahl der Flächen	6	der Unvollkommenheit/Vorbereitung

Kammer 3

(16) Lage	über und *wenig westlich* von Kammer 2	Betreten der höheren Ebene abhängig von weiterem spirituellem Bemühen
(17) Andere Merkmale	wie bei Kammer 2	Plan außerhalb und über der Relativität, noch unvollkommen, führt immer noch höher

Kammer 4

(18) Lage	unmittelbar über Kammer 3	Höhere Ebene, ohne weitere spirituelle Anstrengung erreicht

[70] Alle Entlastungskammern mit Ausnahme der ersten enthalten Inschriften in ägyptischen Hieroglyphen – darunter nach Meinung der Ägyptologen auch die Kartusche des historischen Pharao Chufu (Cheops). Diese Tatsache, wie auch der unbearbeitete Zustand des Stollens lassen vermuten, daß nur die unterste Kammer neugierigen Blicken zugänglich sein sollte. Vermutlich sollte die Erinnerung an die „verborgenen Kammern" nur durch mündliche Überlieferung wachgehalten werden, bis zu der Zeit, in der durch neue Techniken (wie die heute in der zweiten, der Pyramide des Chephren, aufgestellten elektronischen Geräte zur Messung kosmischer Strahlen) eine Wiederentdeckung möglich würde.

(19) Beschaffenheit der N- und S-Wände	senkrecht; geglätteter Kalkstein	keine weitere spirituelle Leistung, doch noch unvollkommen; Weg führt immer noch höher
(20) Andere Merkmale	wie bei Kammer 3	

Abbildung 35
Aufriß der Königskammer mit sogenannten Entlastungskammern, von Osten gesehen. Raster = Granit, Schraffierung = Kalkstein.

Kammer 5

(21)	Lage	unmittelbar über Kammer 4	folgt von selbst auf den vorherigen Plan
(22)	Beschaffenheit der N- und S-Wände	Kalkstein, unregelmäßig, – nicht existent	nicht-endlich
(23)	Beschaffenheit der Decke	Salzverkrustungen am Kalksteingiebel (24 Steine – 2 x 12 oder 6 x 4)	Quelle allen Lebens; Vorbereitung der physischen, Hervorbringung des (wahren?) Menschen
(24)	Mögliche Bedeutung des Giebels	aufwärts weisende Pfeilspitze[71]	Transformation in höhere Daseinsform
(25)	Theoretische Anzahl der Ecken	10	Millennium ...
(26)	Theoretische Anzahl der Flächen	7	... der spirituellen Vollendung
(27)	Lage der obersten Kammer	Gipfel des gesamten Gangsystems	Vollendung der menschlichen Entwicklung

Insgesamt

(28)	Anzahl der Kammern	5	Für die Eingeweihten Initiation

Deutung: *Die nichtinkarnierten Seelen der Erleuchteten, die der Sterblichkeit (1) entrannen und die überzeitlichen (2) (3), nicht länger in Wertrelationen verankerten (5) Ebenen des Geistes (2) betraten, werden zu immer höheren Ebenen (1) (7) (13) (20) der Initiation (28) aufsteigen und schließlich die Apotheose des Menschen (6) bewirken.*

Frucht dieses fortgesetzten geistigen Strebens wird das Aufsteigen zur zweiten und dritten dieser Ebenen (11) (16) sein. Das Erreichen der vierten Ebene jedoch bedeutet das Ende spirituellen Bemühens (18); es wird von selbst auf den höchsten Plan (21) führen. Ist alles getan (22), erreichen die bis hierhin (24) aufgestiegenen Seelen die nichtendlichen Reiche (23) spiritueller Vollkommenheit (25), (26). Der Mensch wird nun seiner wahren Identität gewahr (23) und der Messianische Plan für die Evolution des wah-

[71] Siehe S. 101. Die Symbolik des Giebels scheint zu sagen, daß der „Wahre Mensch" die physische Welt hinter sich gelassen hat und zur „Quelle allen Lebens" – die Salzinkrustation – zurückkehrt.

ren Menschen ist endlich erfüllt (23) (27). Der Mensch, – der „verlorene Sohn" der Welt des Geistes – wird „heimkehren", um sein immerwährendes Erbe anzutreten.

Der unterirdische Komplex

Die unterirdische Höhle liegt am untersten Ausläufer des Gangsystems, nämlich an dem sich südlich an den Absteigenden Gang anschließenden horizontalen Gang und besteht aus einer Reihe von horizontalen Gängen und Kammern. Die Große Unterirdische Kammer dürfte der Kammer der Prüfungen oder der Feuerzone des *Ägyptischen Totenbuches* entsprechen.

Große unterirdische Kammer

(1) Richtung	südlich	durch die Zeit
(2) —	im Ganzen horizontal	erreichte Ebene
(3) Querschnitt der Gänge und Kammern	im Ganzen rechteckig	physisch/terrestrisch

Der Gang zur Unterirdischen Kammer

(4) Breite	33,5204" (Code-äquivalent 33,5")	die Messianische Präsenz
(5) Höhe	35,7628" (286,1"/8)	Unerleuchtete Inkarnation[72]
(6) Lage der Achse	5/8" *westlich* der Achse des Absteigenden Ganges	messianischer Weg durch Wiedergeburt
(7) Besonderheit am Eingang	nicht-vertikale Stufe nach oben	Trigonometrische Skalenwechsel
(8) Niveau der Unterkante der Setzstufe	1162,60251" unter der Basis der Pyramide = 3652,42"/π	Zeitalter (unter Einfluß) des Ewigen?

[72] Siehe (12) S. 167. In der Unterirdischen Höhle herrscht die Abwärtstendenz: Der Abstand 286,1" wurde bereits in Abwärtsrichtung durchmessen, und die darauf folgende Maßstrecke von 35,76" wird ebenfalls im *Absteigen* auf das Niveau des Gangbodens zurückgelegt. Sie muß daher gleicherweise als ein „Abwärtsmaß" verstanden werden.

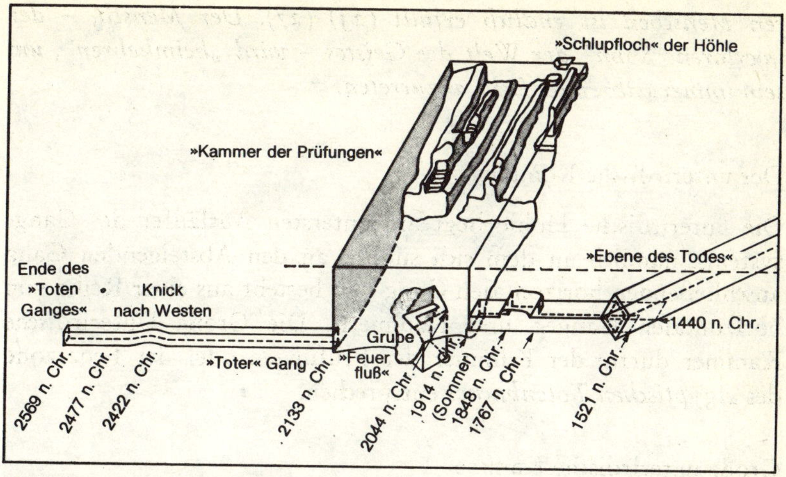

Abbildung 36
Die Unterirdische Höhle.

(9) Bedeutung von (7)	Trigonometrischer Skalawechsel aufgrund der Projektion der horizontalen Abmessungen auf die fortgesetzte Bodenneigung des Absteigenden Gangs
(10) Neuer Skala zufolge Zeit für 1″	1,11549 Jahre *(mehr* Jahre pro Zoll)
(11) Besonderheit von Stufe und Einmündung des Absteigenden Ganges in den Unterirdischen Gang	kein Teil steht zum anderen im rechten Winkel
(12) Bedeutung von (11)	präzise Datierung ergibt sich aus Angleichung (vgl. Abb. S. 238)
(13) Angleichungsmethode	durch versuchsweise historische „Einpassung“[73]

[73] Man vergleiche mit den in der Seefahrt üblichen Reihenlotungen in bestimmten Intervallen zur Bestimmung der Position aufgrund von Tiefenangaben auf Seekarten.

Abbildung 37
Einmündung des Absteigenden Ganges in den Unterirdischen Komplex. Pyramidenforscher John Edgar verdeutlicht die Größenverhältnisse.

(14) Mittellinien-Abstand vom Schnittpunkt der Bodenlinie des Absteigenden Ganges[74] mit dem Unterirdischen Gang bis zum Eingang in die Große Unterirdische Kammer	352,2933″
(15) Daher die durch (14) dargestellte Zeit	392,9803 Jahre
(16) Abstand vom gleichen Punkt bis zur Nordwand der kleineren Unterirdischen Kammer	220,3984″
(17) Daher die durch (16) dargestellte Zeit	245,8526 Jahre
(18) Länge der Diagonale der Unterirdischen Kammer	72,35187″
(19) Daher die durch (18) dargestellte Zeit	80,70792 Jahre (siehe bestätigende Maßwerte auf Abb. S. 171)
(20) Bedeutung der Kleineren Kammer	physisches Absinken der Decke: vermutlich eine Zeit der Unruhen und Wirren[75]
(21) Bedeutung der Großen Kammer	eine Zeit der „Hölle auf Erden"?[76]
(22) Nach versuchsweiser Zuordnung zu historisch relevanten Daten:	

[74] Dies ist natürlich der einzige Berührungspunkt der beiden Bodenlinien.

[75] Es ist denkbar, daß die Abmessungen 6″ und 18″ (3 x 6 oder 2 x 9) auf das Bestreben hinweisen, im Lauf der angezeigten Epoche „Unvollkommenheit" in „Vollkommenheit" zu verwandeln, – was sich in starken idealistischen Strömungen manifestiert.

[76] Diese Ausdeutung ergibt sich aus dem Aussehen der Kammer wie aus der altägyptischen Nomenklatur.

(a) äußerstes Ende des Bodens an Eingang zur Großen Unterirdischen Kammer	(August) 1914 n. Chr.[77]
(b) Südende der Kleineren Kammer	(Februar/März) 1848 n. Chr.
(c) Nordende der Kleineren Kammer	(Juni) 1767 n. Chr.
(d) Schnittpunkt der Bodenlinien des Absteigenden und des Unterirdischen Ganges	(August) 1521 n. Chr.
(23) Maximale „Abweichung" der Datierungen für diese Kreuzung (siehe S. 169 [14] [15])	15 Jahre[78]
(24) Mißt man dem Schnittpunkt von Deckenlinie mit Bodenlinie des Absteigenden Ganges ebenfalls eine bestimmte Bedeutung zu, bezeichnet diese Stelle	80,70792 Jahre vor (August) 1521 = (Juli/August) 1440 n. Chr.

[77] Gehen wir davon aus, daß die Toleranzspanne nicht mehr als rund 20 Jahre in der einen oder anderen Richtung beträgt, dann muß der Eingang zur Unterirdischen Kammer einem Zeitpunkt zwischen 1879 und 1919 entsprechen. Die „epochale Veränderung" könnte mit dem Beginn des Ersten Weltkriegs im Jahre 1914 eingetreten sein, – ein Ereignis, auf das auch der Anfang des Durchgangs zur Königskammer verweist. Es ergibt sich nunmehr, daß die anderen Merkmale des Unterirdischen Ganges früheren historischen Ereignissen weithin genau entsprechen (siehe S. 178). Ebenso herrscht Übereinstimmung mit späteren vom Pyramiden-Chronographen registrierten Gegebenheiten, während versuchte Korrelierungen auf anderer Basis keinerlei Ergebnis erbrachten. Insoweit dürften obige Daten stimmig sein.

[78] Die Zahl halte ich für durchaus angemessen; sie ist weder zu niedrig, um bedeutungslos, und weder zu hoch, um unwahrscheinlich zu sein.

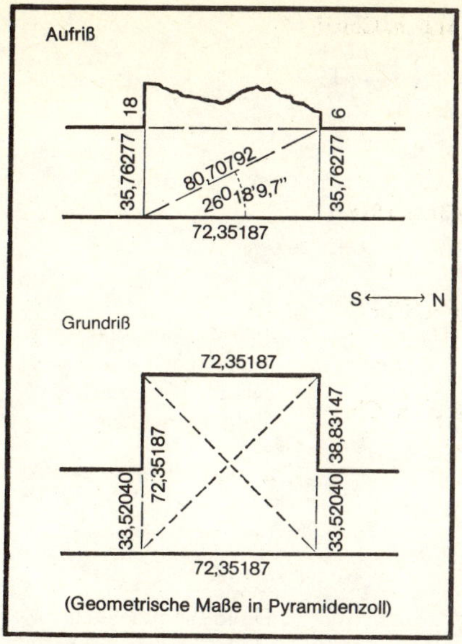

Abbildung 38
Kleinere Unterirdische Kammer.

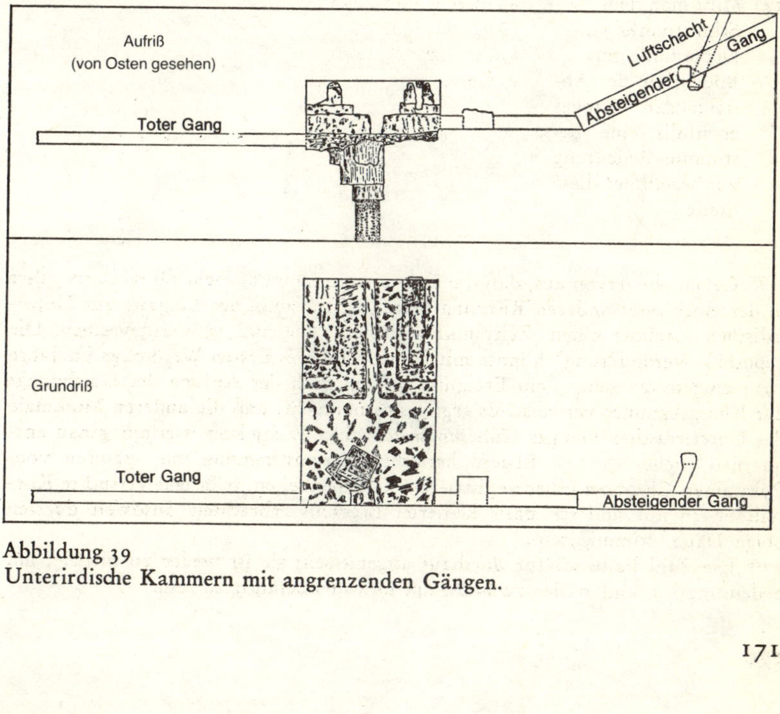

Abbildung 39
Unterirdische Kammern mit angrenzenden Gängen.

(25) Daher mögliche Bedeutung der Bodenlinie des Absteigenden Ganges, die Zeit von 1440–1521 bezeichnend	historische Zeit, die die Geschehnisse der Unterirdischen Höhle bewirkt oder zur Folge hat	
(26) Ausmaße der quadratischen Kleineren Kammer		
(a) Seitenlänge	72,35187″ (Codeäquivalent 6 x 12 oder 8 x 9)	menschliche Unvollkommenheit: Wiedergeburt der höchsten Vollkommenheit
(b) Abstand zwischen Westwand und Gang nach *Westen* (rechts)	38,813147″ (Codeäquivalent 2 x 19)	bewirkt Tod
(c) Höhe der Nord- und Südwände oberhalb der Deckenlinie des Ganges	6″ und 18″ (3 x 6 respektive 2 x 9)	Unvollkommenheit bewirkt höchste Unvollkommenheit oder Vollkommenheit
(27) Besonderheit	unebener abfallender Boden bzw. Stufe, während Deckenhöhe ansteigt um 89,80568″ (3 x 29,84″ gleich äußere Länge des „Sarkophags“ in der Königskammer)	Alternative zwischen plötzlichem Abstieg oder „Ausbruch“ aus Zeit und Raum (siehe S. 159)
(28) Berechtigung für die Bezeichnung „Stufe“	Bodenniveau des Ganges am südlichen Kammerausgang liegt genau 2 KE niedriger als Bodenniveau am nördlichen Eingang, die einzige Stelle, an der Boden sichtlich absinkt	Tod oder Geburt: bei Wahl dieses Pfades Rückkehr in die physische Existenz

(29) Daher neue Skala nach Abwärtsstufe	25 x 1,11549/41,2131 pro Zoll[79] = ,6766598 Jahre pro Zoll = weniger als ein Jahr pro Zoll	
(30) Abstand von Kammersüdwand bis äußerstes Ende des Bodens des Eingangsganges	322,7711″[80]	
(31) Zeit dargestellt durch (30)	218,40622 Jahre	
(32) Datierung der Kammer-Südwand	Dezember 2132 n. Chr./ Januar 2133 n. Chr.[81]	
(33) Beschaffenheit der Kammer	Die größte Kammer der Pyramide (könnte sämtliche anderen Kammern aufnehmen). Ihr äußerstes Westende ist der *westlichste* Punkt des gesamten Gangsystems	Ära der möglichen Erlösung
(34) Beschaffenheit von Wänden und Decke	flach, Grundform rechteckig	Irdisch/physisch
(35) Beschaffenheit des Bodens	starke Unebenheiten	Zeitangaben: Näherungswerte
(36) Beschaffenheit des östlichen Abschnitts des Bodens	relativ eben, enthält eine tiefe Grube in Form eines halben Rechtecks, theoretisch mit Einmündung eines „Flußbetts" von der Ostwand	Pfad führt zu physischer „Prüfung"
(37) Länge der Seite der Grube	„fast sieben Fuß" (Rutherford)	
(38) Länge der Diagonale der Grube	100″	Belohnung

[79] Man sollte bedenken, daß der Code die der betreffenden Stufe am nächsten gelegene Maßeinheit als Grundlage der Kalkulation benutzen soll. Dies muß in diesem Fall, in Anpassung an den vorhergegangenen Wechsel der trigonometrischen Skala (9), die Heilige Elle mit 25″ sein.

[80] Die *Nordwand* der Kammer trifft etwa 5″ auf das äußerste Ende des Bodens des hinführenden Ganges auf und mag daher ein rund 3 Jahre früheres Datum anzeigen.

[81] Wenn der Boden des Eingangs in die Kammer tatsächlich, wie Rutherford meint, den 1. August 1914 markiert, muß die Südwand der Kammer die Nacht vom 29. auf den 30. Dezember 2132 repräsentieren.

(39)	Tiefe des oberen Teils der Grube	67,59″ (Codeäquivalent 2 x 33,5)	Spirituelle Reifung des Menschen: bewirkt Messianische Präsenz
(40)	Tiefe des unteren Teils der Grube (unterhalb des Mauerabsatzes in der Südwestecke)	41,2″ (2 KE)	Tod/Sterblichkeit
(41)	Gesamttiefe der Grube	108,8″ (Codeäquivalent 9 x 12)	Höchste Vollkommenheit des Menschen
(42)	Mittlere Breite des SW-Simses der Grube	20,6″ (1 KE)	Sterblichkeit/Wiedergeburt
(43)	Gesamtabstand von der Kammerdecke bis zur Sohle der Grube	306″ (2 x 153)	(abwärts) bewirkt Einbuße an Erleuchtung, (aufwärts) bringt Erleuchtete hervor
(44)	Ausrichtung der Grube	rund NNW-SSO, d. h. abweichend von der Kammer	
(45)	Bedeutung von (44)		ungefähre Datierung[82]
(46)	Beschaffenheit des westlichen Bodenabschnitts der Kammer	unvermittelt erhöhte Felsplattform überwiegend westlich der Pyramidenachse, aus der sich in O-W-Richtung Kämme erheben (durch tiefe Rinnen getrennt). Plattform in der Mitte durch noch tiefere, nach Westen verlaufende Rinne geteilt	Zivilisation dank intellektueller Erleuchtung, deren Errungenschaften und ihr zeitweiliger Zusammenbruch
(47)	Besonderheit der Westwand	eine kleine Höhle oder ein „Schlupfloch" dicht unter der Decke – das *westlichste* Detail des gesamten Komplexes	Siehe (52)
(48)	Breite des Schlupflochs rund	36″ (3 x 12)	führt zu menschlicher Vollkommenheit
(49)	Äußerste Tiefe des Schlupflochs	18″ (6 x 3 oder 2 x 9)	Vorbereitung der Vollkommenen / bewirkt höchste Vollkommenheit

82 Mißt man die Kammer quer hinüber, ergibt sich für die Nordseite der Grube ein Datum von rund 2004 und für ihren Mittelpunkt von rund 2032.

(50) Höhe des Schlupflocheingangs	28″ (7 x 4)	spirituelle Vervollkommnung des Physischen
(51) Höhe des Schlupflochs	12,5″ (1 Heilige Elle/2?)	(fähig zur Hervorbringung) des messianischen Ideals (?)
(52) Mögliche Bedeutung	entspricht symbolisch dem Brunnenschacht, der am unteren Ende unmittelbar *oberhalb* des gleichen Deckenniveaus nach Westen abknickt und im Durchmesser ebenfalls 28″ mißt	
(53) Zugang zum „Schlupfloch“	gegenüber der Grube, durch Wendung nach *rechts* und entlang der zur Westwand führenden Rinne	Geistige Reformierung zur Zeit der „Feuerprobe“
(54) Ausgang aus der Kammer nach Süden	Eintritt in den toten Gang	

Toter Gang

(55) Breite	29,8412″	Tod/Sterblichkeit
(56) Höhe	29,8412″	Tod/Sterblichkeit
(57) Querschnitt	quadratisch	physisch
(58) Wandoberfläche	rauh	irdisch
(59) Lage der Achse	1,2114″ *östlich* der Achse des Unterirdischen Ganges – die am weitesten östlich gelegene Achse der Pyramide	Wiedergeburt
(60) —	horizontal	Höhe der erreichten Stufe
(61) Richtung	südlich	durch die Zeit
(62) äußerste Länge	645,5422″	(Zeit-Messung)
(63) Länge der dargestellten Zeit	436,81245 Jahre	
(64) Datierung für Südende des Ganges infolgedessen	432,81285 Jahre nach Dezember 2132 n. Chr./ Januar 2133 n. Chr. = Herbst 2569 n. Chr.	(Datierung)

(65) Besonderheit	„Knick" nach W etwas mehr als 35 Fuß vom Eingang entfernt	zeitweilige Reformierung
(66) Ausmaß des Knicks	6″ nach *Westen*	unvollständige Reform
(67) Länge des Knicks	84″ (?) (Code = gleich 7 x 12)	(beeinflußt von) geistiger Vervollkommnung der Menschheit (?)
(68) Beschaffenheit des Gangendes	rauhe nackte Wände	(siehe [69])
(69) Bedeutung des toten Ganges	plötzlicher Abbruch	
(70) Gesamtabstand vom äußersten Gangende zum ursprünglichen Pyramideneingang, gemessen längs der Bodenlinie	5448,736″	irdische Unvollkommenheit/unvollendete Geschichte

Nach Punkt (43) ist die Grube der Unterirdischen Kammer eine Funktion der Erleuchtung für alle, die sich dieser Erfahrung öffnen. Doch kann die Gesamttiefe von der Kammerdecke bis auf die Sohle der Grube sowohl aufwärts wie abwärts gedeutet werden. Daher muß eine Abwärtsbewegung unter die Ebene des Todes, muß ein Sturz in die Grube Erleuchtungsverlust bedeuten, während eine Aufwärtsbewegung zur Deckenhöhe hin (also über die Ebene des Todes hinaus) vermehrte Erleuchtung meint. Tatsächlich zeigt das notwendige Fortschreiten in der Zeit durch die Kammer nach Süden, daß man früher oder später aus der Grube heraus *muß*. Jeder Mensch muß also den „Feuerfluß" überqueren oder umgehen, und schon allein dies bringt ein bestimmtes Maß an Erleuchtung oder an Läuterung mit sich. Im Endzeitalter muß sich das „Gold" im Feuer bewähren, wie es bei Paulus, 1. Korinther 3 : 13, 15 heißt: „Denn der Tag [des Herrn] wird es erweisen, er offenbart sich ja im Feuer, und wie beschaffen das Werk des einzelnen ist – das Feuer wird es erproben ... wessen Werk aber niederbrennt, der wird Schaden erleiden, er selbst jedoch wird gerettet werden, doch so wie durch Feuer hindurch." Paulus scheint vorausgesehen zu haben, was auch die Pyramide offenbart: die

Grube – der kommende „Feuerfluß" – ist nicht das Ende, sondern birgt in sich Rettung und Erlösung.

Deutung: *Zwischen 1440 und 1521 n. Chr. (22) (23) treffen Ereignisse ein, die eine Reihe unerleuchteter physischer Reinkarnationen (2) (3) (5)*[83] *für all jene bringen, die den Abwärtsweg einschlugen – den Pfad durch die Zeit (1), der direkt in eine Zeit der „Hölle auf Erden" (21) mündet.*

Doch selbst auf dieser niederen Ebene wird die Messianische Präsenz zu spüren sein (4) (6?)[84]*, denn auch diese Epoche ist eine Funktion des Heilsplans (8).*

Zwischen 1767 und 1848 n. Chr. (22) durchleben die Seelen eine Zeit der Stürme (20); der unvollkommene Mensch wird bemüht sein, etwas von seiner Vollkommenheit (26) auf physischem Wege zurückzugewinnen. Der aber führt in den Tod (26).

Der Vorwärtspfad wird dann wieder aufgenommen bis im Sommer 1914 n. Chr. (22) alle unvollkommenen Menschenseelen sich zu reinkarnieren beginnen (28)[85]*, um sich in eine Epoche der physischen (34) Prüfungen (21) (27) zu stürzen, die jedoch die Möglichkeit mit sich bringt, den Kreislauf von Zeit und Raum zu durchbrechen (33) (27)*[86].

In dieser Zeit müssen all jene, die sich nicht rechtzeitig „dem Rechten" zuwenden (46), durch den „Feuerfluß" (36), der den zur spirituellen Reife gelangten Menschen (39) in eine tödliche (40), „bodenlose Grube" spült – die unentrinnbare Strafe (38) der Unerleuchteten (43). Doch die Reaktion auf diese Erfahrung kann ihn aufgrund seiner vervollkommenden und läuternden Eigenschaften (41) wieder zur Erleuchtung führen (43). Sie wird Messianische Präsenz (39) zur Folge haben. In der Tat sind alle Seelen, die sich in der Zeit der großen Prüfung (46) (53) „dem Rechten zuwenden", noch in der Lage, Erleuchtung zu gewinnen – mehr sogar, als sie ursprünglich einbüßten (33) (47). Denn ihrer harrt

[83] Siehe S. 111, (12).

[84] Vgl. Matth. 28, 20, „Seht, ich bin mit euch alle Tage bis zum Ende der Welt".

[85] Siehe S. 180.

[86] Vergleiche mit der Bedeutung des „Sarkophags", S. 154.

noch der Brunnen des Lebens mit seiner messianischen Verheißung (51) der spirituellen Vervollkommnung des leiblichen Menschen (52) (48) (49).

Für jene aber, die sich trotz allem nicht „dem Rechten zuwenden" wollen (54), beginnt im Jahr 2133 n. Chr. (32) ein neuer Weg zum letzten Tod (55) (57) und zum physischen Verfall (57) (58) (59). Trotz halbherziger Anstrengungen zur Besserung (67) in den Jahren 2422 bis 2477 n. Chr. (65) (66) (67) setzen die Irrenden unbewegt ihren niederen Weg durch die Zeit (61) bis über das Jahr 2569 n. Chr. (64) fort – dem Jahr, das unseren Prophezeiungen hier eine Grenze setzt (68) (69).

Die im letzten Abschnitt genannten Daten 2422 und 2477 n. Chr. beruhen auf Näherungswerten für die Datierung des Knicks im Toten Gang. Man darf daran erinnern, daß sie ziemlich gut mit der letzten Datierung (der Südwand) des Vorraums (s. diesen) zusammenfallen. Vielleicht also verweist der Knick auf eine *allgemeine* Anstrengung zur Reformierung, zu welcher der Eintritt der Erleuchteten in den letzten Abschnitt des Wegs zum endgültigen Entkommen ermutigt. Der Gang setzt sich dann gerade weit genug fort, um zu zeigen, daß es für den Weitergehenden hier keine Möglichkeit des Entkommens auf den höheren Weg mehr gibt. Denn dieser wird 2499 n. Chr. versiegelt – genau siebzig Jahre (die durchschnittliche Lebensspanne des Menschen) vor dem letzten Datum des toten Ganges. „Das Leben geht weiter" auf dieser niederen Ebene will diese Besonderheit symbolisch besagen.

Unterdessen gibt es noch andere interessante Bezüge, sowohl auf bekannte historische Ereignisse wie auf weitere Bereiche der Chronographie der Pyramide, die sich aus Daten und Deutungen in der Unterirdischen Höhle ablesen lassen.

Zunächst ist da die Epoche von 1440 bis 1521 – der historische Wurzelboden der Neuzeit: Das Jahr 1453 brachte die Eroberung Konstantinopels, der letzten Bastion des byzantinischen Reiches, durch die Türken – ein Ereignis mit ungeheuren Folgen. Byzantinische Gelehrten flohen nach Italien und brachten ihr Wissen über die Antike, das ohne sie für Europa verloren gegangen wäre. Aus dieser Übermittlung verlorenen Gedankenguts ging die große

Zeit der Renaissance hervor, deren offener Geist die herrschenden Ideen zu Fall und die alten Schriften wieder zu Ehren brachte. Diese Tendenzen, die sich längst im Werk des Mönchs und Philosophen Roger Bacon angekündigt hatten, haben auch zu jener geistlichen Reformation geführt, zu deren entscheidenden Momenten Luthers Anschlag der 95 Thesen im Jahre 1517, seine Exkommunikation im Jahr 1520 und das 1521 vom Reichstag erlassene Wormser Edikt gehören. In jenem Jahr bezeichneten sich die Anhänger der Reformation, nunmehr zu einer starken Bewegung geworden, erstmals als „Protestanten“. Nicht zuletzt aber hat die Erfindung des Buchdrucks *im Jahr 1440* durch Gutenberg die Verbreitung der antiken wie der biblischen Schriften und damit sowohl Renaissance wie Reformation ermöglicht.

Die Einnahme Konstantinopels durch die Türken hatte noch andere wichtige Wirkungen. Da die alten Handelswege in den Orient, die Gewürz- und Seidenstraße, nunmehr verschlossen waren, begannen die Europäer nach anderen Routen nach Osten zu suchen. Und bald darauf wagten sie – wiederum unter dem Einfluß alten Wissensgutes, diesmal von Geographie und Astronomie, die Fahrt nach Indien in westlicher Richtung: die Reisen des Columbus nach Amerika 1492, 1493 und 1498 sowie die des Caboto im Jahr 1497. 1498 erreichte Vasco da Gama, diesmal in östlicher Richtung, das wirkliche Indien – während 1519 Magellans Schiffe zum ersten Mal die Welt umkreisten. Die Beherrschung des Erdballs durch die Europäer hatte begonnen.

Zwischen 1440 und 1521 wurde also das Fundament unserer gegenwärtigen Weltordnung gelegt; auf die Vorgänge in jener Zeit lassen sich die meisten grundlegenden Entwicklungen und Tendenzen unserer eigenen Epoche zurückführen.

Auch die turbulente Epoche, von der Kleinen Unterirdischen Kammer für die Zeit zwischen 1767 und 1848 angezeigt, läßt sich geschichtlich eingrenzen. Auf die britische *Revenue Act* von 1767, die den Amerikanern einen Tee-Zoll auferlegte, folgten Krieg und Unabhängigkeitserklärung im Jahr 1776, auf die welterschütternde Französische Revolution von 1789 die beiden Revolutionen von 1830 und 1848 – ein Jahr, in dem es in Europa nicht weniger als sechs Revolutionen gab. 1847 wurde das Marx-Engelssche

Kommunistische Manifest veröffentlicht. Um den Beginn des Jahrhunderts hatten Napoleons Kriege Veränderungen in ganz Europa ausgelöst, die auch nach der Schlacht von Waterloo (1815) weiter wirkten. Im angesprochenen Zeitraum wurden auch sämtliche Bibelgesellschaften der Welt ins Leben gerufen – Ausdruck einer intensiven Suche nach spiritueller Vollkommenheit, wie sie im Breitenmaß von 33,5″ des Unterirdischen Ganges symbolisiert wird, der seinerseits wieder die fortbestehende Messianische Präsenz in dieser Epoche bekundet.

Schließlich erfolgt 1914 der Sturz in die Kammer der Prüfung, der klar mit den Daten für das Ende der alten Weltordnung – in Europa wie im Fernen Osten – übereinstimmt. Das psychische Trauma des Ersten Weltkrieges, der Verfall der alten Werte, der Sturz europäischer Dynastien, die Russische und die Chinesische Revolution, die Einsteinschen Theorien, die Wissensexplosion auf naturwissenschaftlichem, militärischem, wirtschaftlichem und technologischem Gebiet, der medizinische Fortschritt und das aus ihm resultierende gewaltige Anwachsen der Weltbevölkerung – all diese Umwälzungen haben die Menschheit einer Wandlung von unerhörten Dimensionen unterworfen.

Indes mag hier der Einwand laut werden, diese Koinzidenz mit dem Ende der alten Ordnung sei manipuliert. Doch die Kammer der Prüfung existiert nun einmal, so wie sie in den letzten viertausend Jahren und vermutlich schon weit früher bestand. Wir haben allein die erfüllten Vorhersagen zwecks feinerer Datierung genauer einzupassen versucht.

Die Vorhersage der Pyramide nährt die Erwartung, daß ab 1914 eine „allgemeine" Wiedergeburt eingesetzt habe. Sie wird für diesen Zeitpunkt nicht nur von Punkt (28), sondern auch von den Punkten (18), (19), (29) und (21) auf S. 138 angezeigt, ebenso von der „fortgesetzten Reinkarnation", wie sie der Gang zur Kammer der Königin symbolisiert. Jenen Seelen, denen es gelingt, alle drei Gänge zu „nehmen", wird eine Wiedergeburt zu Beginn der Messianischen Ära in Aussicht gestellt, – eine Vorstellung, die mit Johannes 3, 3 ff. übereinstimmt. In der Zerstörung der alten Ordnung muß man die unmittelbare Folge der Belastungen sehen, die der Menschheit mit diesem Plan auferlegt werden. Wenn schon in grauer Vorzeit Kulturen auf Erden existierten, deren Wissensstand dem unseren ebenbürtig oder gar überlegen war, kann es kaum überraschen, daß in den letzten hundert Jahren weitaus bedeutendere wissenschaftliche Fortschritte erzielt wurden, als je zuvor in der uns bekannten Geschichte des Menschen. Sie sind eine Folge davon, daß in den sich nun wieder reinkarnierenden Seelen auch das alte Wissen neu erwacht.

Eine weitere nahezu unvermeidliche Folge der allgemeinen Reinkarnation aller Seelen, unabhängig davon, wie lange sie in körperlosem Zustand verblieben, ist die enorme „Kluft zwischen den Generationen". Viele in unserer Zeit Geborene werden schon als Kinder seelische und geistige Tendenzen bekunden, die ihren Eltern unverständlich sein müssen, die aber weit mehr mit den Entwicklungen zur Zeit ihrer letzten Inkarnation übereinstimmen. Darüber hinaus werden sich ihre destruktiven Tendenzen dadurch verschärfen, daß sie infolge des wissenschaftlich-materiellen Fortschritts über unendlich viel mehr Freizeit verfügen als frühere Generationen.

So repräsentiert die Unterirdische Kammer unsere Epoche mit all ihren Höhen und Tiefen samt den Vorzeichen eines künftigen „Fasses ohne Boden" (die Grube) – jene Prüfung vermutlich, von der verschont zu werden die Christen schon lange im Vaterunser bitten. Doch werden viele Seelen in die Erlösung eingehen, während andere auch in Zukunft es so weiter treiben werden wie bisher. Und um 2133 n. Chr. – einem Jahr vor der in der Vorkammer angezeigten Wiederkehr des Messias, – wird der unverbesserten Menschheit zu guter Letzt die Tür zum „Notausgang" verschlossen sein.

Von 2569 n. Chr. an bricht die Pyramide ihre Voraussagen zu diesen unerlösten Seelen ab. Vielleicht steht deren fernerer Weg in einer anderen Pyramide geschrieben. Die Große Pyramide von Gizeh aber wird dann ihre Aufgabe erfüllt haben und im Wüstensand allmählich versinken.

Wie aus Punkt (70) der Unterirdischen Höhle zu ersehen, beträgt der Abstand zwischen dem äußersten Ende des toten Ganges und dem Pyramideneingang genau 5448,736″. Doch diese Zahl, die dem Code zufolge für die „unvollendete oder unvollkommene

Welt“ steht, gibt von der Pyramidenbasis aus gemessen auch die Höhe der Gipfelplattform der unvollendeten Pyramide. Wenn die Pyramide einmal, ihrem Entwurf entsprechend, bei der Vollendung des Evolutionsplans des Erdplaneten ihren krönenden Schlußstein erhält, kommen weitere 364,2765″ hinzu.[87]

Doch in diesem Fall darf der Gang, was seine Länge betrifft, selbst als „unvollendet“ gelten. Dieser muß vermutlich eine weitere Abmessung zur Erfüllung des Plans hinzuaddiert werden. Damit stellt sich sogleich die Frage: Gibt es im Felsgrund unter der Pyramide, *etwa 364¼ P″ jenseits des Endes des toten Ganges* gelegen ebenfalls eine krönende Ergänzung? Wenn ja, dann könnte sie entweder mit dem toten Gang auf gleicher Ebene liegen oder in Fortsetzung des Gefälles des Absteigenden Ganges, wie die Versuchsgänge (siehe S. 238) vermuten lassen. Wie auch immer – ob Kammer oder Zeitkapsel – sie liegt nunmehr schon an die viertausend Jahre auf dem Grunde eines tiefen Schachts im Fels, 791 Pyramidenzoll unter dem Bodenniveau des toten Ganges und 1993½ Pyramidenzoll (etwa 166 Fuß, 3½ Zoll) unterhalb der Pyramidenbasis. Dieses Niveau entspricht einem heute ständig überfluteten, etwa 19 Fuß unter dem oberen Wasserstand des Nils[88] gelegenen Punkt. Die königliche Grabkammer, – so hatten schon die Priester Herodot erzählt – läge auf einer unterirdischen Insel, die von allen Seiten von den Wassern des Nils umgeben sei. Was aber diese Kammer nun wirklich enthalten mag – wenn es sie überhaupt gibt – ist Gegenstand reiner Vermutung. Wie lange aber, so darf man fragen, wird der lange Schlaf des Khufus – wer oder was er auch sein mag –, ungestört bleiben?

[87] Interessanterweise läßt sich dieser Abstand in 7 x 4 x 13 zerlegen, woraus zu ersehen ist, daß der Schlußstein (vgl. Kap. 4) die „spirituelle Vervollkommnung der erdgebundenen Seele“ versinnbildlicht. Allein durch sie (bringt die Gesamthöhe der Pyramide zum Ausdruck) kann die „unvollendete oder unvollkommene Welt“, angezeigt im Niveau der Gipfelplattform, schließlich zur Erfüllung gelangen. Diese Konzeption paßt vortrefflich in unsere allgemeine Exegese.

[88] Oder rund 12 Fuß über dem unteren Wasserstand des Nils (Wasserstände des Nils für das dritte Jahrtausend v. Chr. nach Pochan, der eine Sedimentierungsrate von 13 cm in hundert Jahren ansetzt).

Die Große Unterirdische Kammer

Die riesige Unterirdische Kammer – offensichtlich entspricht sie der Kammer der Prüfungen oder der Feuerzone des *Ägyptischen Totenbuches* – zeigt viele bedeutsame Einzelheiten. Sie ist aus dem harten Fels herausgemeißelt worden, und eine solche Formgebung kann kein Zufall sein. Die gängige Theorie, die Unebenheiten des Bodens ließen darauf schließen, daß die Kammer unvollendet blieb, steht im Widerspruch zu der Tatsache, daß Wände und Decke bearbeitet und geglättet sind. Zudem wurde an der hinteren Seite der Kammer ein weiterer toter Gang in südlicher Richtung vorgetrieben. Wenn die Erbauer tatsächlich die Decken der Unterirdischen Kammer fertiggestellt hätten, ehe sie diese bis zum Boden hinunter aus dem Felsen schlugen, bleibt schwer zu erklären, warum dann in der Kleineren Unterirdischen Kammer umgekehrt die Decke unbearbeitet belassen, aber Boden und Wände geglättet wurden. Vom Standpunkt technischer Erfordernisse ist hier nichts erklärbar, wohl aber könnte ein symbolischer Sinn vermutet werden.

Wir meinen also, daß die Große Unterirdische Kammer (siehe Abbildung Seite 185) absichtlich ihre unregelmäßige Gestalt erhielt: Sie soll das „Auf und Ab“ der von ihr dargestellten kritischen Phase der Menschheitsgeschichte widerspiegeln. Und diese Epoche ist keine andere als die unsere.

Folgen wir allein dem Code, lassen sich die starken Unebenheiten des Bodens keiner Zeitskala zuordnen. Die bearbeiteten Decken und Wände hingegen legen die Vermutung nahe, daß sich die Vielfalt der Gestaltung durchaus von einer Zeitskala herleiten läßt. Immerhin verfügen wir über ein „Ausgangsdatum“ und ein „Abschlußdatum“. Die Gesamtlänge der Kammer läßt sich in Bezug setzen zur bereits ermittelten Zeitskala. Diese müßte es ermöglichen, alle Einzelheiten zu datieren.

Wenn wir der Reihe nach in der Nord-Süd-Achse einige Querschnitte durch die Kammer legen, lassen sich einige der für diese Zeit vorausgesagten Strömungen und Ereignisse identifizieren und zeitlich korrelieren. Dabei müssen wir uns damit abfinden, daß die Rauhigkeit und Unebenheit des Bodens lediglich die Ermittlung von Näherungswerten zuläßt. Unsere Resultate werden dort also weniger präzise ausfallen. Auch ist zu berücksichtigen, daß jeder Datierungsversuch sich notwendigerweise auf Messungen und Zeichnungen von Forschern stützen muß, die diese Kammer an Ort und Stelle untersuchten[89]. Ohnehin dürfte hier für sämtliche Datierungen ein Spielraum von etwa 3 Jahren einzuräumen sein[90]. Infolgedessen wird die Toleranz der meisten Daten bei ± 3 Jahren liegen, und Abweichungen bis ± 5 Jahren kommen im Einzelfall vor.

Der erste Querschnitt ist entlang der Projektion der Achse vom Eingangsgang durch den östlichen Teil der Kammer zu legen. Sie wird der Bahn derer entsprechen, die weiterhin jenen Weg verfolgen, den der Unterirdische Gang versinnbildlicht: den Weg des unerleuchteten Materialismus, wie er für die führenden westlichen Kulturen unserer Tage charakteristisch ist.

Der nächste Querschnitt sollte ziemlich weit nach rechts (nach Westen) und noch in dem tiefer gelegenen östlichen Teil der Kammer gezogen werden, damit er nicht über die Grube verläuft. Auch dieser Schritt bezeichnet einen möglichen Weg durch die Kammer, doch werden diejenigen, die ihn beschreiten, sich vom Unterirdischen Gang aus bereits mehr nach rechts – dem Rechten zugewandt haben. Sie hätten die materialistische Einstellung der übrigen Menschheit bereits abgelehnt und bemühen sich auf der Suche nach geistigen Werten um die Vervollkommnung.

Durch den höher gelegenen westlichen Teil der Kammer führt dagegen gar kein „Weg" – die in ost-westlicher Richtung verlaufenden Kämme und Furchen müßten jeden Versuch blockieren. Dieser Bereich ist auch besser als eine Art erhöhtes Plateau zu sehen, auf dem eine Reihe von Aufbauten errichtet wurden. Wir deuten es als die Basis unserer heutigen Zivilisation und der Errungenschaften, die der Mensch ihr verdankt.

Der nächste Querschnitt müßte dann fast auf halbem Weg zum Westende der Kammer liegen und den „gewachsenen Fels" genau östlich der Furchen und Kämme durchziehen. Da dieser Schnitt

[89] Ich stütze mich hier völlig auf die Daten Rutherfords und der Brüder Edgar.

[90] Siehe Fn. 80, S. 173.

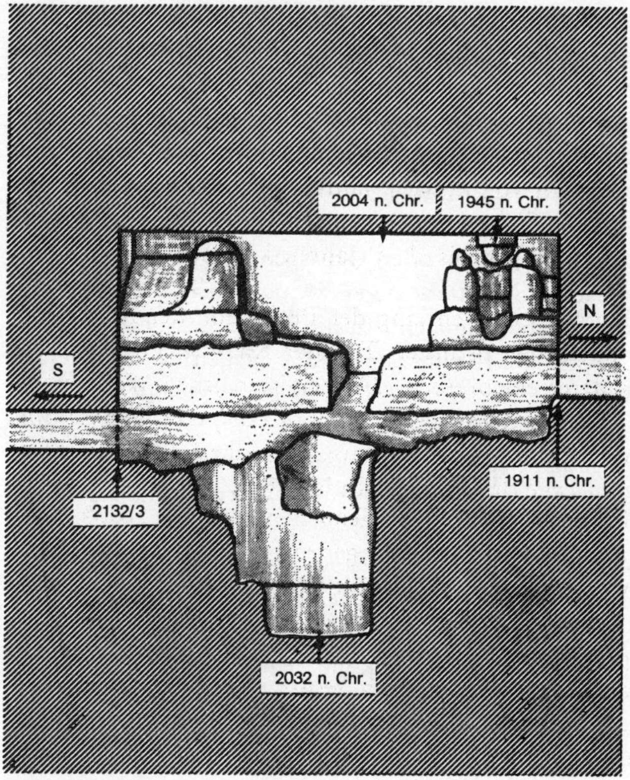

Abbildung 40
Die Große Unterirdische Kammer, von Osten gesehen. Strukturen im oberen Bildteil befinden sich im westlichen Bereich der Kammer, die im unteren Bildteil wiedergegebenen im östlichen.

fast genau auf der N-S Mittellinie der Pyramide verläuft, können wir in ihm einen Hinweis auf die Wiedergewinnung eines gewissen Maßes an Erleuchtung sehen – allerdings nur in der für die Zivilisation typischen intellektuellen Form, nicht auf spiritueller Ebene.

Wenn der vierte Schnitt für die Leistungen und Errungenschaften unserer Kultur repräsentativ sein soll, müssen wir eine Linie wählen, die alle Haupt„erhebungen" des westlichen Kammerteils durchläuft. Die Wahl der Linien unterliegt hier einer gewissen Beliebigkeit, doch dürfte ein fast auf halbem Weg zwischen dem dritten Schnitt und dem westlichen Ende der Kammer gezogener Schnitt – siehe die vorliegenden Diagramme – einigermaßen repräsentativ sein. Andererseits könnten etwas weiter östlich oder westlich verlaufende Schnittführungen auf andere Weise bedeutsam sein: Sie könnten Alternativen aufzeigen – alternative „Kulturgeschichten des 20. Jahrhunderts“ sozusagen, mit wechselnder Gewichtung zum Materiellen oder Geistigen hin. Auf jeden Fall aber ist dieser vierte Schnitt weniger zwangsläufig festgelegt als die zuvor gezogenen. Hier mögen sich die Leistungen des Menschen in Kunst und Wissenschaft widerspiegeln – vielleicht unter besonderer Berücksichtigung der für sein Leben grundlegenden Technik und ihres Entwicklungsstandes.

Der letzte Schnitt wiederum läßt freiem Ermessen kaum Spielraum, da er durch die zwischen Boden und Westwand der Kammer verlaufenden Linie bereits vorgezeichnet ist. In Anbetracht seiner im Vergleich zum übrigen Gangsystem extrem westlichen Lage steht dieser Schnitt zur Geistigen Ebene beziehungsweise zum Grad der Erleuchtung während des betreffenden Zeitraums in Beziehung, vor allem, was die Auswirkung jener geistigen Erhellung auf die Haltung im täglichen Leben betrifft.

Die noch weiter westlich gelegene Vertiefung, das „Schlupfloch“, entspricht wie erwähnt dem Brunnenschacht. Andererseits mag er auch einen Vorgang oder einen Zeitraum von besonderer Bedeutung versinnbildlichen, der wie der Brunnenschacht eine Rückwendung zu geistigen Grundsprinzipien beinhaltet.

So sieht sich die Seele, oder auch die menschliche Gesellschaft ganz allgemein, einer Reihe von alternativen Wegen durch die Kammer gegenüber. Zugegeben, die Wahl ist begrenzt. Der Mensch kann entweder weiterschreiten und in den „Feuerfluß“ schliddern, der ihn nach Westen in die Grube fegt; oder er kann sich freiwillig nach rechts, nach Westen wenden und umgeht die Tiefe der Grube. Weiter nach Westen wird er ohne erhebliche Schwierigkeiten nicht gelangen: Die Zivilisation und ihre Errungenschaften – so scheint die Gestaltung der Kammer zu suggerieren – stehen seinem geistigen Streben im Wege. Allein durch einen zeitweiligen Zusammenbruch dieser Zivilisation – die tiefe Rinne, die das westliche Plateau der Kammer in zwei Teile trennt – vermögen die Seelen schließlich zum Westende der Kammer zu gelangen und der Sterblichkeit geistig zu entrinnen.

Das Schema auf S. 188 verdeutlicht die verschiedenen Möglichkeiten anhand der ihnen zugrunde gelegten Zeitskala, und es dürfte sich lohnen, auf dieser Basis eine detailliertere Analyse der von der Kammer vorausgesagten Entwicklungen zu versuchen. Man sollte sich indes vergegenwärtigen, daß die Mündung des Ganges, die Anschlußstelle zwischen Kammer und Gang, „adaptabel" ist – also keine eindeutige Formgebung zeigt und daß die Kammer selbst durchweg unbehauen und unregelmäßig geformt bleibt. Allen Datierungen ist daher eine Toleranz von mindestens ± 3 Jahren einzuräumen. Außerdem sollte man sich vor Augen halten, daß allgemeine Vorhersagen nur für den Menschen allgemein zutreffen (so wie Asimows fiktive „Psychohistorik") und nicht für individuelle Typen oder kleinere Gruppen.

Unter diesem Vorbehalt sei nun eine Deutung der in der Großen Unterirdischen Kammer vorgezeichneten Umrisse unserer Gegenwart gewagt.

Deutung: *In den Jahren 1914 bis 1918 n. Chr. kommt es zu einem steilen Abstieg im materiellen Bereich, zwischen 1921 und 1932 hingegen zu einem zivilisatorischen und technologischen Aufstieg; nach einem vorübergehenden Rückschlag zwischen 1932 und 1939, auf den ein zwölf Jahre anhaltendes „Tief" folgt, gibt es zwischen 1951 und 1965 eine neue Periode schnellen und kraftvollen Fortschritts.*

1968 indes setzt ein Leistungsrückgang der fortgeschritteneren menschlichen Gesellschaften ein; er wird sich gegen 1971 dramatisch beschleunigen. 1978 kommt es zu einem neuerlichen Kollaps, der an den Rand des „Existenzminimums" führt. Dennoch wird unsere Kultur überleben und in den folgenden sechsundzwanzig Jahren nur einen geringfügigen Abwärtstrend aufweisen.

Dann, etwa um 2004 n. Chr., wird die Welt „den Boden unter den Füßen verlieren". Um 2010 wird die Weltzivilisation mitsamt

[91] Vergleiche den für den 24. Dezember 2011 vom Mayakalender vorausgesagten Weltuntergang.

ihrer Technologie zusammenbrechen[91] *und sich mindestens über 15 Jahre nicht wieder erholen.*

Soweit also stimmen die einzelnen Weissagungen der Großen Unterirdischen Kammer sowohl mit den historischen Tatsachen als auch mit den Voraussagen unserer zeitgenössischen Futurologen

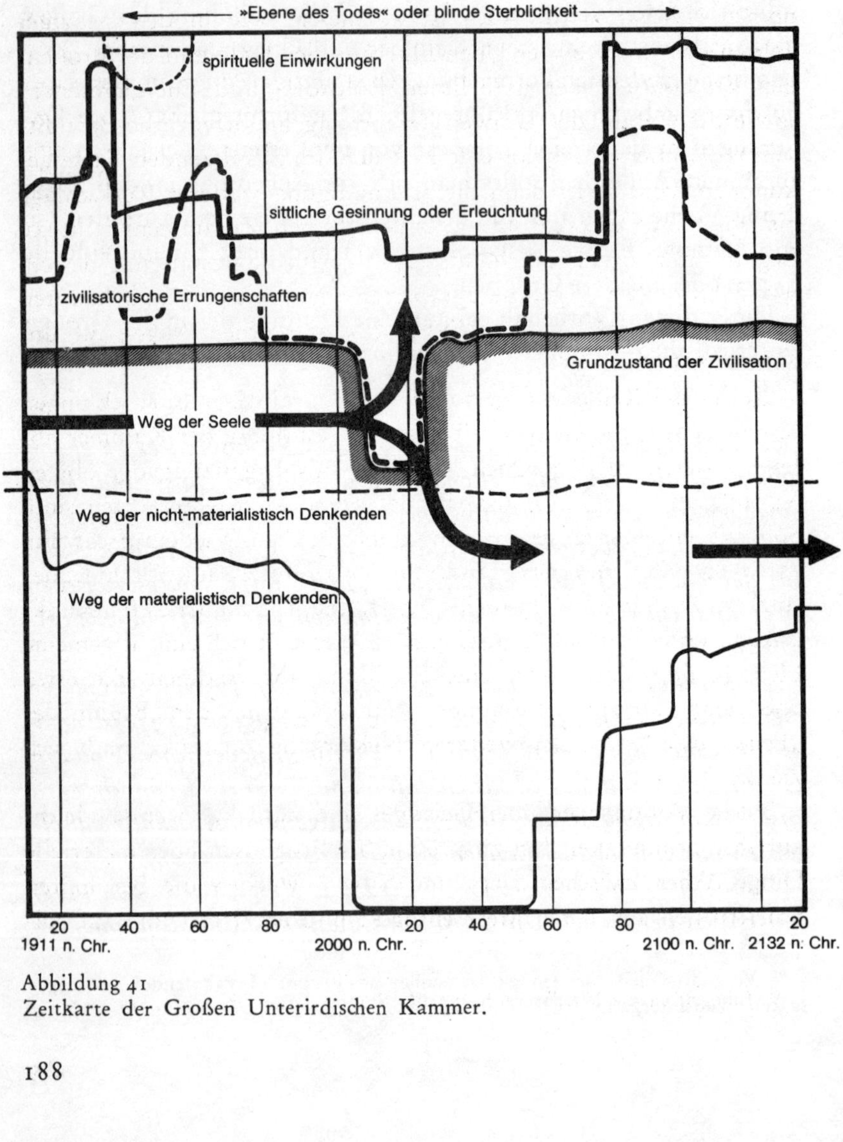

Abbildung 41
Zeitkarte der Großen Unterirdischen Kammer.

auffallend überein. Beide Weltkriege lassen sich deutlich erkennen, ebenso die beiden Nachkriegsperioden der Erholung, wenn auch nicht in allen Einzelheiten. Auch die Weltwirtschaftskrise der dreißiger Jahre wird genau vorhergesagt. Ebenso läßt sich das allgemeine Absinken der Moral und des Selbstvertrauens der führenden Nationen bis 1968 verfolgen – jenem Jahr, in dem der Ausbruch der Jugend aus unserer Gesellschaft erstmals als weltweites Phänomen sichtbar wird. Auch ist abzulesen, wie in den siebziger Jahren das Problem der Übervölkerung der Erde und der drohenden Erschöpfung der natürlichen Rohstoff- und Energiereserven sowie die Gefahr der Umweltverseuchung ins öffentliche Bewußtsein tritt. Hier ist fraglos eine Zeit der sich zuspitzenden Krise gekommen. Und so ist denn die Ankündigung weiterer Rückschläge bis 1980 und eines großen zivilisatorischen Zusammenbruchs zu Beginn des nächsten Jahrhunderts lediglich eine Bestätigung dessen, was Futurologen und andere Experten schon seit langem behaupten und die Vertreter der Intelligenz bereits wachen Auges auf uns zukommen sehen.

Auch eine Reihe von geistigen und moralischen Entwicklungen lassen sich für die gleiche Zeit aus der Gestaltung der Kammer ablesen – wiewohl es fraglich ist, ob sie als Ergänzung der obigen Voraussagen oder aber als Alternativen dazu zu betrachten sind. So fällt ein kurzer geistiger und moralischer Wiederaufschwung zwischen 1930 und 1937 und eine 1936 einsetzende Periode der starken geistigen Einflüsse ins Auge, die 1945 ihren Höhepunkt erreicht und 1955 abklingt. Gleichzeitig scheint sich eine allgemeine Hebung der Moral oder eine Erhellung abzuzeichnen, die etwa 1967 einen abrupten Zusammenbruch und – mit dem Beginn des „Feuerflusses“ – einen weiteren Niedergang um 2014 nach sich zieht.

Solche Voraussagen über Geistiges sind natürlich weniger leicht auf ihre Stimmigkeit hin zu prüfen, als Prognosen über materielle Dinge. Aber zwischen 1945 und 1955[92] wurden die berühmten Schriftrollen am Toten Meer entdeckt und entziffert, die auf spi-

[92] Inbegriffen die Wiedererrichtung des Staates Israel im Jahr 1948.

rituellem Gebiet eine tiefgreifende Wirkung hatten – die allerdings bis in die Hochburgen des religiösen Establishments noch nicht vorgedrungen zu sein scheint. Sie werfen ein neues Licht auf Ursprung und Lehre der Essener und rücken damit Urchristentum und Hintergrund der Person Jesu von Nazareth in eine überzeugendere soziale und historische Perspektive. Insofern spielen sie für jene „Rückkehr zu spirituellen Grundlehren", für die der „Notausgang" der Unterirdischen Kammer symbolischer Ausdruck ist, eine entscheidende Rolle.

Ob der für 1967 konstatierte partielle Zusammenbruch in Zusammenhang steht mit der Entwicklung der sogenannten „permissiven" Gesellschaft wie auch der wachsenden Ablehnung etablierter Verhaltensnormen seitens der Jugend, mag der Leser selber entscheiden. Der Beginn dieser Entwicklung in unseren westlichen Gesellschaften (und parallel dazu der Einbuße an Selbstsicherheit und Moralität) wird mit diesem Datum sicherlich zutreffend markiert.

Das für 2014 vorausgesagte Datum für den Eintritt in den „Feuerfluß" könnte vermuten lassen, daß die „Zeit der Prüfung" für den geistigen Menschen später einsetzen wird als für den materiell gesinnten. Andererseits scheint ein etappenweiser Ablauf als Entwicklungsgang wenig wahrscheinlich. So wird wohl der spirituelle Weg als *Alternative* für die materiellen Tendenzen unserer Gesellschaft zu sehen sein und nicht nur als deren Ergänzung. Daraus ließe sich folgern: hätte unsere Zivilisation einen erleuchteteren und vergeistigteren Weg eingeschlagen als den tatsächlich gewählten, würde die Technik (wie die Karte erkennen läßt) sich in den fünfziger Jahren unseres Jahrhunderts weniger schnell entwickelt haben; man hätte sich schon eher mit den drängenden Fragen einer Überbevölkerung dieser Welt und der damit verbundenen Rohstoffverknappung und Umweltvergiftung (um 1962) befaßt, und das mit größerem Erfolg. Die unvermeidliche, für Anfang des 21. Jahrhunderts vorausgesagte weltweite Katastrophe wäre so noch hinauszuschieben, ihre Wirkungen noch zu mildern gewesen.

Gehen wir also davon aus, daß der Mensch generell einen etwas weiter rechts – zur guten Seite hin – gelegenen Weg durch die Kammer gewählt zu haben scheint, so sind wir damit in der Lage, unsere Deutung abzuschließen.

Deutung (Fortsetzung): *Etwa um das Jahr 2025 wird die Weltzivilisation wieder gefestigt sein, und bis 2055 wird die Technologie, während sich die materiellen Bedingungen rasch verbessern, zumindest wieder ihren früheren Stand erreicht haben. Etwa um das Jahr 2075 wird dann auf allen Gebieten ein bis dahin unerhörter Fortschritt einsetzen. Eine neue, außerordentlich kraftvolle Kultur wird aus dieser Entwicklung hervorgehen, deren physische Aspekte bis 2100 andauern und deren spirituelle Errungenschaften eine bisher ungeahnte Höhe erreichen und sogar das Ende dieser Gipfelepoche überdauern werden. Dieses Ende ist für das Jahr 2132–33 vorauszusehen, unmittelbar vor der Wiederkunft des Messias.*

Wenn diese Deutung stimmt, ist mit einer fünfzigjährigen Krisenzeit oder Prüfung zu rechnen, die das Ende des gegenwärtigen Zeitalters (astrologisch das Zeitalter der Fische) und den Anfang der neuen Zeit (des Wassermannzeitalters) mit sich bringt. Um die Mitte jener Zeit der „Hölle auf Erden“, kurz nach der Wiederherstellung der menschlichen Kultur, dürfen wir mit dem ersten angekündigten Wiedererscheinen eines Messias rechnen. Wie Jesus von Nazareth nach Matthäus 24, 29–30 selbst gesagt hat: „Sogleich nach der Drangsal jener Tage wird die Sonne sich verfinstern und der Mond seinen Schein nicht mehr geben, die Sterne werden vom Himmel fallen, und die Kräfte des Himmels werden erschüttert werden. Dann wird das Zeichen des Menschensohnes am Himmel erscheinen ...“.

Was die Zeitangaben betrifft, will es dem Autor allerdings scheinen, daß die Datierungen den Ereignissen um durchschnittlich zwei bis drei Jahre vorauseilen. Bei einer Extrapolation in die Zukunft wäre es also ratsam, etwa drei Jahre zu den gegebenen Daten hinzuzuzählen.

Zwei weitere mit unserer Betrachtung in Zusammenhang stehende Punkte seien noch angeführt: Einmal gibt das französische *Institut Géographique National* für den Beginn des Wassermannzeitalters das astronomische Datum 2010 an. Zum anderen wird bei einem Vergleich der obigen Voraussagen mit den Ergebnissen des *Club of Rome* – jener berühmten „Denkfabrik“ eines Kreises aus siebzig international renommierten Wissenschaftlern und Wirtschaftssachverständigen aus aller Welt – Übereinstimmung sichtbar. Die von dieser Instanz teils mit Hilfe von Computern gewonnenen Prognosen über Bevölkerungswachstum, Umweltverseuchung und Erschöpfung der natürlichen Rohstoff- und Energievorräte sprechen von einer Krisenzeit *um 2020*, die im Jahr *2050 ihren Höhepunkt* erreiche. Beide Daten fallen genau in den Zeitraum, den der Pyramidenchronist als „Zeit der Prüfung" erkennbar machte.

Veränderungen in neuerer Zeit

Jener Adept der Geheimlehre, auf dessen Spuren wir die Pyramide durchwanderten, hat seinen Gang durch das Bauwerk nun abgeschlossen. Soweit bekannt, gibt es keine weiteren Kammern oder Gänge, die noch zu entdecken wären.

Doch werden dem heutigen Besucher noch einige roh ausgehauene Tunnels und Grabungen sowie andere nicht erwähnte architektonische Details auffallen, die jedoch alle neueren Datums sind. Zur Information sollen die verschiedenen aus späterer Zeit stammenden Veränderungen in ungefährer chronologischer Ordnung ebenfalls hier angeführt werden:

Veränderung	Urheber	Ungefährer Zeitpunkt
Al-Mamuns Eingang	Kalif al-Mamun	820 n. Chr.

(Dieser in Höhe der siebenten Steinschicht vorgenommene Durchbruch dient auch heute den Touristen als Eingang. Er liegt in der Mitte der Nordfassade, und der von hier aus vorgetriebene Gang mündet bei den Verschlußblöcken aus Granit in das originale Gangsystem.)

Rohe Aushöhlung unter dem „Sarkophag" in der Königskammer	Kalif al-Mamun	820 n. Chr.
Annähernd totale Entfernung der ursprünglichen Kalksteinverkleidung	Arabische Erbauer von Moscheen	ab 13. Jahrhundert

Die Erbauer der Moscheen von Kairo haben die Pyramide Stück für Stück ihrer herrlichen Kalksteinverkleidung beraubt, anstatt sich ihr Material aus den Steinbrüchen der Mokattamhöhen heranzuschaffen. An der weit härteren Granitverkleidung der zweiten und dritten Pyramide waren sie nicht interessiert, und so liegen die meisten dieser herrlichen, aus Assuan stammenden Steine in der Nähe dieser Pyramiden im Sand herum.

Unbehauener Stollen östlich der Nische der Königinkammer	Unbekannte „Schatzsucher“	?
Erweiterung des unteren Endes des nördlichen Luftschachts der Königskammer	Unbekannte „Schatzsucher“	?
Hieroglyphen am Giebel über dem Eingang der Pyramide	Friedrich Wilhelm IV. von Preußen (Lepsius-Expedition)	19. Jahrhundert
Unbehauener Stollen in westlicher Richtung vom unteren Gangabschnitt der Königskammer vorgetrieben	Kapitän Caviglia (Italien)	1817 und 1837

Der Forscher Caviglia, der erstmals den unteren Brunnenschacht und den unteren, zur Großen Unterirdischen Kammer führenden Gang von Schutt freilegte, trieb diesen Stollen in Richtung des nördlichen Luftschachts der Königskammer durch den Kalkstein, weil er vermutete, er werde auf eine weitere Kammer treffen. Dabei entdeckte er die seltsamen, auf S. 156, Fn 61, beschriebenen Biegungen dieses Schachtes.

Riesige Bresche im Mauerwerk der Südfassade	Richard Howard-Vyse	ab 1836
Senkrechter Durchbruch zu den vier Entlastungskammern	Richard Howard-Vyse	ab 1836
Grabung unter NW-Ecke des Giebels der Kammer der Königin	Richard Howard-Vyse	ab 1836
Vom Boden der Unterirdischen Kammer senkrecht in die Tiefe getriebener Stollen	J. S. Perring	1838

Vyse und seinem Kollegen Perring sind die wichtigsten Entdekkungen der Pyramidenforschung zu Beginn des 19. Jahrhunderts zuzuschreiben. Doch Vyse, der in der Pyramide nichts anderes als ein „heidnisches" Monument sah, zeigte keine Skrupel, sich mit großen Mengen von Sprengpulver seinen Weg ins Innere der Pyramide freizulegen.

Stahlmast auf der Gipfelplattform	Die Astronomen Gill und Watson	1874

Die Mastspitze sollte den theoretischen Gipfelpunkt der Pyramidenspitze bezeichnen.

Von all dem abgesehen, haben Gänge und Kammern durch frühe Grabungen sowie durch Besucher und Reisende, die sich mit rußenden Fackeln an den Wänden verewigten, so manchen Schaden gelitten, von den Wirkungen zweier Erdbeben 908 und 1301 n. Chr. sowie langfristiger geologischer Senkungen ganz zu schweigen. Die Anbringung von Geländern, hölzernen Laufstegen sowie die Installierung einer primitiven elektrischen Beleuchtung auf Veranlassung der ägyptischen Behörden haben in unserer Zeit weiterhin zur Verschandelung des Inneren der Pyramide beigetragen. Daß es trotz allem immer noch möglich ist, sich ein ziemlich genaues Bild vom Originalzustand zu machen, ist dem soliden technischen Können ihrer unbekannten Erbauer, aber auch jenen zu verdanken, die so ungeheure Mühe aufwendeten, um das Verbliebene zu vermessen und aufzuzeichnen.

Sonnenreflexionen zur Mittagszeit

Hätte der von uns vorgestellte Adept seinen Initiationsgang durch die Pyramide am Tag der Sommersonnenwende unternommen, und wäre er zur Mittagszeit wieder ins Freie getreten, hätte er überrascht bemerken müssen, daß die vom Sonnenlicht überflutete Pyramide keinen Schatten wirft. Stattdessen hätte er jedoch eine *sternförmige Lichtreflexion* rings um die Pyramide wahrgenommen, die von der Widerspiegelung des Sonnenlichts auf dem polierten weißen Kalksteinmantel des Pyramidenmantels hervorgerufen wurde. Diese Reflexionen verlängerten und verkürzten sich je nach

Jahreszeit und zeichneten sich so genau auf dem Wüstenplateau ab, daß die alten Ägypter danach den längsten und kürzesten Tag und somit die Jahreszeiten bestimmen konnten. (Eine Darstellung dieses Phänomens findet sich auf S. 383). Verständlich, daß die alten Ägypter die Pyramide *Ta Khut*, das Licht, nannten.

Der Bethlehem-Winkel

Hätte der genannte Adept sich in nordöstlicher Richtung von der Pyramide entfernt und seinen Weg in einem Winkel von 26°15′9,7″ zur Ost-West-Achse des Bauwerks über Land und Meer hinweg fortgesetzt, so hätte er genau die Stadt Bethlehem erreichen müssen – geleitet, wie er in seiner Sprache gesagt hätte, „vom Licht“ oder „vom Stern“ der Pyramide. Er wäre somit vom Stern geleitet nach Bethlehem gekommen wie die Heiligen Drei Könige, die zur Geburt Christi nach Bethlehem zogen. Es wird über diese Übereinstimmung im Kapitel 9 noch ausführlicher zu sprechen sein.

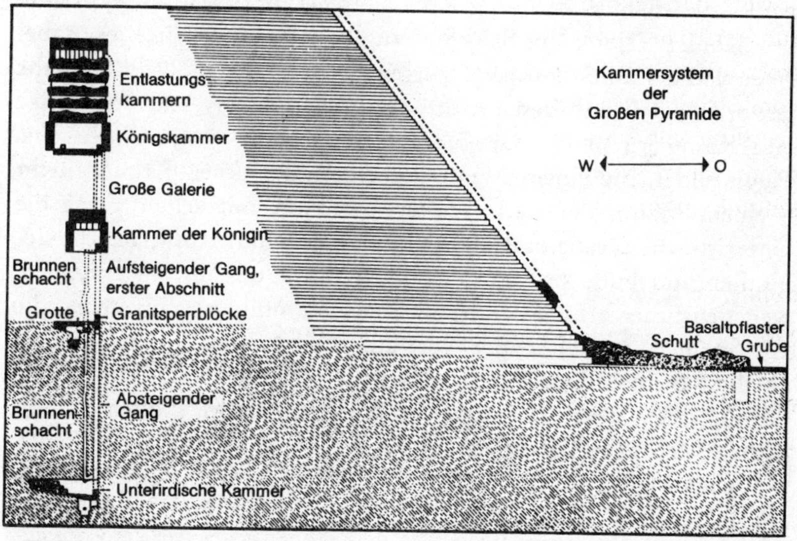

Abbildung 42
Ansicht des Gang- und Kammersystems von Süden (Darstellung aus dem Jahre 1909).

Der quadrantische Winkel

Hätte der Adept sich indes entschieden, nach Nordosten in einem Winkel zu gehen, den ein bestimmter Schnittpunkt der Quadratlinie um die Grundfläche der Pyramide mit dem Umfang eines nach Mittelpunkt und Fläche gleichen Kreises anzeigt (es gibt acht solcher Schnittpunkte – der zweite von oben im Uhrzeigersinn wäre es gewesen), dann hätte er die westlichen Vororte von Jerusalem erreicht.

Dem Code folgend ließe dies den Schluß zu, daß diese Stadt mit einem „Sonnenaufgang" in Verbindung zu bringen ist, der die stoffliche Welt mit der geistigen in Einklang bringen soll – die künftige Hauptstadt des Messias.

Der „Himmlische Messias"

Wäre jener Adept des Altertums dagegen nach Verlassen des Bauwerks südwärts in Richtung auf die archetypische Stufenpyramide des Königs Djoser in Sakkara zugegangen und hätte er dabei einen letzten Blick zurückgeworfen, so wäre er plötzlich gewahr geworden, daß aus dieser Richtung gesehen das System der Gänge und Kammern in der Großen Pyramide des Königs Chufu eine Figur bildet, die einem Mann mit einer fünffachen Krone gleicht – einem Mann, der nach Westen gewandt, mit seiner Ferse die Unterirdische Grube und ihren Inhalt zermalmt. Kopf, Bauch, Genitalien und Füße sind in der obigen Abbildung gut zu erkennen, weit deutlicher als bei den urzeitlichen Sternbildern, mit denen die Astronomen des Altertums vertraut waren. Man könnte fragen, ob diese Sicht nicht einst die Basis für die esoterische Vorstellung der jüdischen Schriftgelehrten von einem unendlich großen Himmlischen Messias geliefert hat, – jenes „ersten Adam" oder archetypischen Menschen, dem *Logos* des Johannesevangeliums, auf den am Anfang des Evangeliums als „das Licht" Bezug genommen wird. Der gleichen Vorstellung begegnet man auch in der Christologie des Paulus, und ihr verdanken wir weitgehend die christliche Doktrin von der Göttlichkeit des Jesus von Nazareth.

Es ist durchaus möglich, daß Paulus und die Schriftgelehrten als Anhänger verborgenen Wissens über die ägyptische Priesterschaft und ihre eigenen heiligen Schriften mit Bedeutung und Weissagung der Großen Pyramide bereits vertraut waren. Tatsächlich gibt es Anzeichen dafür, daß wohl einer der Verfasser des Johannesevangeliums ein Eingeweihter gewesen ist, und auch Moses scheint – man lese Kapitel 9 – ein Oberpriester gewesen zu sein. Was aber Jesus selbst betrifft, so haben wir Beweise dafür, daß ihm die Botschaft der Pyramide bekannt war und daß er *auch in Ägypten gewesen ist.* So wäre verständlich, wenn er die Schriftgelehrten verurteilte: Weil sie, wie er es ausdrückte, „die Schlüssel der Erkenntnis“ (den Code der Pyramide?) weggenommen hätten und nicht „hineingegangen“ wären und die „Hineingehenden daran gehindert“ hätten (Lukas 11, 52). In diesem Fall also fragt man sich auch, wieviel Jesaja, Daniel und auch andere von dem Inhalt der Pyramide wußten ...

4 Gegenprobe: Die Frage der Stichhaltigkeit

In den vorangegangenen Kapiteln haben wir zunächst unsere Hypothese unterbreitet, daß die Große Pyramide eine in einem architektonisch-numerischen Code verschlüsselte Botschaft enthalte. Dann stellten wir eine Liste aller architektonischen Besonderheiten auf, die dieses Konzept untermauern könnten und gingen schließlich daran, anhand all dieser Daten eine Gesamtdeutung zu versuchen. Nun ist es an der Zeit, rückblickend diese Deutung auf die Gültigkeit jenes Codes hin zu prüfen. Wie muß ihre Aussage beschaffen sein, wenn unsere Hypothese stimmen soll?

Zunächst einmal werden wir verlangen, daß die jeweiligen Aussagen sinnvoll sind. Ideen und Inhalte müssen einen Zusammenhang im Bezugsnetz einer bestimmten Logik haben; auch sollten die ihnen zugrundeliegenden Werte und Voraussetzungen dauerhaft sein und nicht willkürlich je nach den Gegebenheiten eine Umwertung erfahren.

Es ist auch zu verlangen, daß die Aussage klar und relativ einfach ist. Zweifeln und Zweideutigkeit darf sie keinen Raum bieten. Denn was für ein Geist der Planer der Großen Pyramide auch gewesen sein mag – ein Wirrkopf war er mit Sicherheit nicht.

Ferner werden wir erwarten, daß das Mitgeteilte mit den uns bekannten Fakten und den allgemein gültigen Überzeugungen des Menschen weitgehend in Einklang steht. Im Fall unserer chronologischen Ausgangsbasis sollte die Aussage daher den geschichtlichen Vorgängen entsprechen, und die hinsichtlich der Zukunft zu ziehenden Schlüsse müßten zumindest mit einigen Voraussagen aus anderer Quelle übereinstimmen. In der Tat konnten wir immer wieder enge Übereinstimmung zwischen der Chronographie der Pyramide und den bekannten historischen Ereignissen feststellen; zugleich lassen die in Kapitel 9 enthaltenen Informationen, den Forderungen einer ständig wachsenden Zahl von ausgewiesenen Fachleuten auf den verschiedensten Gebieten entsprechend, deutlich erkennen, daß der die Zukunft betreffende Teil unserer Deutung diesen speziellen Kriterien gleicherweise gerecht wird.

Ein weiteres Zeichen für die Gültigkeit der Aussage könnte ihr unorthodoxer Charakter sein. Das heißt: Würde ihr religiös-philosophischer Inhalt voll und ganz in die anglikanische Glaubenswelt des 19. Jahrhunderts oder etwa in die des Theravada-Buddhismus des 11. Jahrhunderts hineinpassen, läge die Vermutung nahe, daß der Interpret die Aussage nach seinem vorgefaßten Konzept zurechtgemodelt hat. Aber auch der Anglikanismus des 19. Jahrhunderts und das Christentum des 9. Jahrhunderts waren verschieden, und der Katholizismus des 20. Jahrhunderts und das Christentum der frühen Kirchenväter sind durch Welten getrennt. Es wäre also unwahrscheinlich, wenn aus dieser Deutung hervorginge, daß eine christliche Glaubensgemeinschaft des 19. Jahrhunderts allein die „Wahrheit" besitze, während alle anderen Religionsbekenntnisse historischer Zeit im Irrtum befangen wären.

Auch an diesen Kriterien gemessen halte ich die Auslegungen, zu denen ich im vorangegangenen Kapitel kam, grundsätzlich für zutreffend, denn es ergibt sich aus ihnen, daß keines der Religionssysteme der historischen Zeit ein Monopol auf Wahrheit beanspruchen kann. Man muß zugeben, daß Jesus von Nazareth ohne Widerspruch zu den Lehren eines Buddha oder Krischna war, ja, daß er auf ihren Lehren fußte – eine universale Auffassung, wie sie auch in der äußeren Gestalt der Pyramide zum Ausdruck gelangt. So ist die Botschaft, die wir entziffern, keine christliche im konventionellen Sinn: Die Lehre von der Reinkarnation, die ihr zugrunde liegt, wie auch vom mehrfachen Erscheinen messianischer Persönlichkeiten, vor allem aber ihre Wertung des Christentums als einen der *niederen* Pfade, dies alles läßt die Aussage der Pyramide als frei von engerer Glaubensbindung erkennen. Um so wahrscheinlicher aber wird ihre Botschaft gültig sein.

Entscheidend für die Gültigkeit einer Aussage aber bleibt, wie weit sie wichtig und nützlich ist. Es wäre undenkbar, daß ein Bauwerk von so ungeheurer Größe und Monumentalität etwas zum Ausdruck bringen sollte, das nicht wichtig und nicht nützlich ist. Wie weit also erfüllt unsere Deutung der Aussage diese entscheidende Forderung?

Aus unserer Exegese im vorangegangenen Kapitel geht hervor, daß die Mitteilung der Pyramide nichts Geringeres enthält, als den Evolutionsplan unseres Erdplaneten. Sie schildert den gesamten Prozeß, aus dem der sterbliche Mensch ein „lebendiges Geschöpf" nach dem Bilde Gottes wird. Ebensowenig läßt sie Zweifel daran, daß nur *der Mensch selbst* die schließliche Apotheose herbeiführen kann – im Verlauf vieler Reinkarnationen und unter großen physischen Opfern. Mag ihm auch Hilfe aus anderen Dimensionen zuteil werden, – letztlich muß der Mensch selbst seine Erhebung bewirken. Das Heil mag ihm zuteil werden, doch kann kein anderer der Heiland sein als der Menschensohn selbst.

Wenn also dies der Auftrag der Botschaft ist, so ist sie die wichtigste, die je verkündet wurde. Sie muß also auch *weiterhin verkündet werden.* Denn hat der Mensch einen vorrangigen Zweck zu erfüllen, und ist es ihm bestimmt, selbst dazu beizutragen, dann muß er wissen, was für ein Zweck das ist. Wie Edgar Cayce es ausdrückte: „Der Geist ist der Baumeister". Zuerst muß der Mensch erkennen, dann vermag er zu handeln – denn es gibt niemand anderen, der an seiner statt um seinetwillen handelt. Und wenn er, wie es die Schrift selbst offenbart (Johannes 8, 32), die Wahrheit erkennt, wird sie ihn frei machen.

So weit scheint also unsere Rekonstruktion der Aussage der Pyramide den angelegten Maßstäben durchaus gerecht zu werden. Daher ist es wohl an diesem Punkt angebracht, Mitteilung und Code von einem mehr technischen Gesichtspunkt aus zu prüfen – dem der angewandten Linguistik.

Grundlage unserer Hypothese war, daß die Pyramide in einem Code verschlüsselte Mitteilungen enthält. Mag dies auch ein architektonischer oder numerischer Code sein, stellt er doch nichtsdestoweniger ein Kommunikationsmittel zwischen zwei Gruppen von Menschen dar, die sich normalerweise vermutlich einer der unseren ähnlichen Sprache bedient haben würden. Man darf folglich davon ausgehen, daß der Code wirklich ein Code ist: also ein frei gewähltes System von Symbolen, die hier an die Stelle von Worten treten. Infolgedessen können wir damit rechnen, daß der Code unmißverständliche Anzeichen sprachlicher Herkunft enthält – deutliche Parallelen zu den universalen Charakteristika der menschlichen Sprache.

Worin bestünden solche Charakteristika? Um mit dem Allgemeinen zu beginnen und erst dann zum Besonderen überzugehen: es ist das Phänomen der „sprachlichen Redundanz" anzutreffen. Redundanz gibt es in allen Sprachen. Sie besteht darin, daß es für einen bestimmten Sachverhalt eine größere Zahl von sprachlichen Signalen als nötig gibt, – womit dafür Sorge getragen ist, daß die wichtigsten in einer Idee enthaltenen Aussagen öfter und auf verschiedene Weise ausgedrückt werden können.

Ein Beispiel hierfür liefert die Benutzung des Telefons. Beim Telefonieren müssen sich die Gesprächsteilnehmer allein auf das verlassen, was sie hören: Mimik und andere visuelle Signale entfallen. Schon dies bringt einen schwerwiegenden Kommunikationsverlust mit sich (mehr, als man gemeinhin wahrhaben will), denn diese Signale spielen bei der normalen sprachlichen Verständigung eine außerordentliche wichtige Rolle. Wir bedienen uns ihrer so unwillkürlich, daß wir sie auch beim Telefonieren nicht aufgeben, obwohl sie dabei völlig nutzlos sind.

Aufschlußreich daran ist jedoch, daß die sprachliche Kommunikation per Telefon trotz dieses Verlustes einer ihrer wesentlichen Elemente nicht unmöglich wird. Außerdem läßt sich demonstrieren, daß die Kommunikation auch dann aufrechterhalten bleibt, wenn *bis zu 90 Prozent der Signale* entfallen. Unsere Sprache scheint so angelegt zu sein, daß die Verständigung selbst unter den erschwerendsten Umständen aufrechterhalten werden kann, sogar unter Bedingungen, bei denen ein großer Teil der Signale verlorengeht. Von unserem gebräuchlichen Postcode kann man das jedoch nicht sagen. Schon der Ausfall oder die Vertauschung *eines einzigen Zeichens* wird zur Folge haben, daß unsere Post an eine falsche Adresse geht.

Und wie steht es in dieser Hinsicht mit der Botschaft der Pyramide? Erfreulicherweise können wir feststellen, daß sprachliche Redundanz auch in der Symbolsprache der Pyramide vorhanden ist. Schon die Grundform der Pyramide in ihrer äußeren Gestalt bekundet auf mindestens ein halbes Dutzend verschiedene Weisen, daß sie den Planeten Erde versinnbildlicht. Der Umstand, daß sie nicht vollendet wurde, die fehlende Spitze und die daraus resultierende sechseckige Form, gibt weiter zu verstehen, daß die Welt in bestimmter Hinsicht als unvollkommen und unvollendet zu betrachten ist.

Was aber die innere Anlage der Pyramide betrifft, so offenbart schon der Eingang (siehe S. 68) auf viererlei Weise, daß er das Tor der Toten ist (Breite, Höhe, horizontaler „Todesfaktor" und Zahl der Schicht), und auf zweierlei Weise wird verdeutlicht, daß hier ein Verlust an Erleuchtung erfolgt (Verlagerung der Achse ostwärts und Abwärtsneigung des Ganges). Ebenfalls auf zweierlei Weise sind Ende und Erneuerung der physischen Existenz zum Ausdruck gebracht (Querschnitt und Beschaffenheit des Mauerwerks). Weitere Beispiele wären: Die Formung des Brunnenschachts zeigt auf mindestens dreierlei Weise an, daß er, von oben betreten, den Pfad des Todes darstellt; die Kammer der Königin bringt zwölffach zum Ausdruck, daß sie eine Ära des Todes und der Wiedergeburt bedeutet; der Brunnenschacht siebenfach, daß er für die „aufsteigende" Seele eine mögliche Rückkehr auf die physischen Ebenen beinhaltet. Die Große Galerie beansprucht auf neun verschiedene Weisen, den spirituell vollkommen Erleuchteten vorbehalten zu sein, und bekundet auf viererlei Weise, daß diese während der repräsentierten Epoche keine Reinkarnationen durchlaufen müssen. Der Fallblock der Vorkammer wiederum identifiziert sich auf neun verschiedene Weisen als Symbol für die Wiederkunft eines spirituellen messianischen Führers, während seine Ausmaße zehnfach zu verstehen geben, daß es Aufgabe des betreffenden Zeitalters ist, die Basis des menschlichen Lebens zu vervollkommnen. Schließlich treffen wir auch in der Königskammer (S. 159) auf mindestens zehn verschiedene Beispiele sprachlicher Redundanz; eines davon ist allein der „Sarkophag". Sowohl seine Länge, als auch seine Breite und Höhe bedeuten dem Code zufolge dasselbe, nämlich „Tod" – ein gewichtiger Beweis dafür, daß unsere Zerlegung in Faktoren und unser Dechiffrierungsverfahren hieb- und stichfest sind.

Wenn wir uns nun den allgemeinen internen Strukturgesetzen der Sprache zuwenden, werden wir feststellen, daß der Code der Pyramide ein in sich geschlossenes, wenn auch noch ausbaufähiges „Lexikon" der Zeichen samt (einer Handvoll) grammatikalischer Grundregeln ist, die eine nahezu unendliche Zahl von möglichen Verbindungen eingehen können. Die Zeichen werden durch die verschiedenen numerischen Größen und architektonischen Einzelheiten (siehe Seiten 51 bis 55) wiedergegeben, die grammatikalischen Regeln durch die vier mathematischen Funktionen der Addition, Subtraktion, Multiplikation und Division sowie durch die Symbolik der Richtung und der Schritte (siehe S. 52) und die Zerlegung in Faktoren (ebenfalls auf S. 56). Darüber hinaus ist zu bemerken, daß die Worte oder Zeichen – ja sogar ganze Sätze –, in ihrer Bedeutung in starkem Maß von ihrem Kontext abhängen.

Was nun die Worte selbst betrifft, so werden wir erwarten, daß sie deutlich identifizierbar sind, in logischem Zusammenhang stehen und stets die gleiche Bedeutungen haben – wenn diese auch in ihrer Differenzierung weitgehend vom Kontext abhängt. Die Ausführungen in Kapitel 2 über die einzuräumenden Toleranzen und die Selbstverifizierung wie die daraus resultierende Deutung scheinen zu zeigen, daß diese Bedingungen vollauf erfüllt sind.

An diesem Punkt zeigt sich eine interessante Möglichkeit. Es gibt nämlich eine arithmetische Größe, der wir bislang noch keine Bedeutung zuschrieben, die aber nichtsdestoweniger mehrmals im Gangsystem auftritt: die Zahl Dreizehn. Die Dreizehn ist im Volksglauben Westeuropas so fest mit der Vorstellung von Unglück verbunden, daß man darüber nur zu leicht vergißt, daß sie in den antiken Religionen diese Bedeutung nicht hatte und die Teilnehmerzahl so mancher Mysterienkulte und heiligen Gastmähler dreizehn betrug – eine Tatsache, die sich in der Urzelle der Nazarener, in Jesus und seinen zwölf Jüngern, widerspiegelt.[1]

[1] Nach Johannes 13 sind vielleicht nicht dreizehn sondern vierzehn Personen beim Abendmahl zugegen gewesen: „der, den Jesus lieb hatte" braucht nicht einer der zwölf Jünger zu sein.

Es sei hier daher versucht, das Auftreten der Zahl 13 jeweils zu vergleichen und einen gemeinsamen Nenner zu ermitteln. Bald wird sich dann zeigen, daß die auf Seite 125 unter (24) vorgeschlagene Bedeutung – nämlich „Seele“ oder gar „Spiritualität“ – auch in anderem Kontext möglich wäre. Eine durchgehende Deutung der Zahl 13 in der Pyramide sollte ihre Richtigkeit in diesem Sinn nicht nur bestätigen oder widerlegen, sondern auch der Überprüfung früherer Deutungen für die Gänge und Kammern dienen, in deren Zahlenwerten die 13 vorkommt. Zum Beispiel:

Höhe der absteigenden Gänge	52,7452″ (4 x 13)	die terrestrische, d. h. erdgebundene Seele
Tiefe und Breite der Einsatzsteine, Große Galerie	10″ x 13″	die Seele des Millenniums, d. h. die Seelen derer, die in das Millennium eintreten dürfen
Länge des 2 KE-Quadrats im ersten Abschnitt des Ganges zur Königskammer	52,02874″ (4 x 13)	die in Sterblichkeit gefangene erdgebundene Seele
Länge des Kalksteinbodens der Vorkammer (Boden sonst meist Granit)	13,22729″ (13)	die erdgebundene Seele unter neuen spirituellen Einflüssen
Breite der Granitdecke der Vorkammer	65,25603″ (13 x 5)	die Seelen der Initiierten/des Großen Eingeweihten überschatten den Weg der Seele
Gesamtlänge des *Kalksteinbodens* des Ganges zur Königskammer	65,25603″[2] (13 x 5)	Die Seelen der Initiierten/des Großen Eingeweihten beeinflussen die physische Welt oder betreten sie zwischen 1933 und 1999[3] n. Chr.
Innenbreite des „Sarkophags“	Annähernd 26″ (2 x 13)	bringt die Seele hervor
Summe seiner Länge, Breite, Höhe	169,7173″ (13^2)	bringt die Seele, „Seele der Seele“ oder höchste aller Seelen zur Wirkung

[2] Man beachte die exakte – sicher beabsichtigte – Übereinstimmung mit der davor angeführten Abmessung.

Breite des zur untersten Entlastungskammer durchgebrochenen Stollens	26″ (2 x 13)	bringt die Seele zur Wirkung
Nummer der Schicht der Außenverkleidung, in die die Luftschächte der Königinkammer münden	91 K (7 x 13)	spirituelle Vervollkommnung der Seele
Nummer der Schicht der Außenverkleidung, in die der südliche Luftschacht der Königskammer mündet	104te (8 x 13)	Wiedergeburt der Seele
Dicke der 104ten Schicht	26″ (2 – 13)	bringt die Seele zur Entfaltung
NS-Diagonale des oberen Ende des Brunnenschachts	26,7021″ (2 x 13)	bringt die Seele zur Entfaltung

Das dreizehnmalige Auftreten der Größe 13 im Bauplan der Pyramide[4] macht nicht nur deutlich, daß sie mit „Seele“ richtig gedeutet sein muß, es bestätigt auch die Richtigkeit unserer übrigen Interpretationen und wirft zudem ein Licht auf die Art der erwarteten Wiederkunft des Messias.[5] Eine passendere – und befriedigendere – Bestätigung unserer früheren Schlüsse kann man sich kaum wünschen.

[3] Ein Hinweis darauf, daß die messianische Seele oder Christus schon lange *vor* der Ankunft des die messianische Präsenz personifizierenden physischen Menschen in der physischen Sphäre wirkt – und daß das Königreich des Messias schon vorher von den zurückkehrenden Initiierten vorbereitet werden wird.

[4] Vergleiche auch mit (46) auf S. 106, wo ebenfalls auf eine Verbindung mit der Seele eines Eingeweihten hingewiesen ist.

[5] In diesem Zusammenhang ist es nicht uninteressant, daß der senkrechte Querschnitt der abfallenden Gänge (41,21″ x 52,745″, also 2 KE x 4 x 13″) hier eine ganz spezielle Bedeutung erhält: die „Reinkarnation der erdgebundenen Seele“. Damit repräsentiert sie offenkundig *nicht* die nicht-inkarnierte Seele zwischen zwei Inkarnationen, die als zeitweiliges Fluchtstadium aus den irdischen Ebenen aufgefaßt werden könnte (der Kalkstein), ein Fluchtstadium, aus dem die Seele dann schließlich zurückkehrt, um ihre Arbeit genau an dem Punkt fortzusetzen, wo sie aufgehört hatte (Kalkstein kann, wie wir auf S. 161 sahen, symbolisch nichts Geistiges „enthalten“). Gerade auf diesen Prozeß der Flucht und Wiederkehr scheinen aber drei der vier Luftschächte symbolisch anzuspielen.

Eine kritische Analyse vermag also nicht nur die für die Große Pyramide ermittelte Code-Symbolik, sondern auch die sich daraus ergebende Auslegung der Wahrheit in den wesentlichen Zügen zu bestätigen.

Exkurs: Numerologische Parallelen im ägyptischen Altertum

Wenn die in den vorangegangenen Kapiteln ermittelte Zahlensymbolik der Großen Pyramide richtig ist und zumindest ein Teil des in der Pyramide niedergelegten uralten Wissens in den altägyptischen Einweihungszentren (siehe Teil II) bewahrt blieb, da die ägyptische Priesterschaft bis in spätere, besser dokumentierte Epochen einen lebendigen Teil der Gesellschaft bildete, dann wäre die rituelle Zahlensymbolik späterer Jahrhunderte auf Übereinstimmung mit dem Pyramidencode zu untersuchen.

Bei den alten Ägyptern hat sich die Überlieferung erhalten, daß die Seele nach dem Tode von zweiundvierzig Richtern geprüft werde, deren zweiundvierzig „Fragen“ in den Quellen aufgeführt sind[6]. Nur wenn sie alle 42 Fragen befriedigend zu beantworten vermochte, durfte die reinkarnierende Seele in die Totenwelt eintreten.

Die Zahl 42 läßt sich in die Faktoren 6 x 7 zerlegen. Sie kommt auch im Pyramiden-Code vor, wo sie soviel bedeutet wie „Vorbereitung auf spirituelle Vollendung“, was zu der spirituellen Funktion der „Prüfer“ paßt. Der gleichen Zahl begegnen wir auch im Alten Testament: zweiundvierzig Mal wird die Stiftshütte der Israeliten während des Exodus in der Wüste aufgeschlagen – auch dieser Auszug eine Prüfung, die bestanden sein wollte. Hier scheint gleichfalls die Zahlensymbolik die Vorbereitung auf die spirituelle Vollendung anzudeuten. Es ist dies der innere Prozeß der Selbstvervollkommnung, der dem Menschen die Erfüllung (symbolisch: die Überquerung des Jordans und das Betreten des verheißenen Landes) seiner ihm auferlegten Verpflichtung (Durchschreiten des Roten Meeres) ermöglicht.

[6] Siehe zum Beispiel das Schlußkapitel von Joan Grant: *Winged Pharaoh.*

In seinem Buch *The Sphinx and the Megaliths* weist John Ivimy darauf hin, daß der Vergöttlichung des Pharao Osiris ursprünglich der Glaube an die Reinkarnation nach den Gesetzen des Karma zugrunde gelegen habe. Exzeptionell böse oder aber besonders hochstehende Menschen reinkarnierten nicht wieder. Dem geltenden System zufolge war dem Bösen die Zerstückelung und Vernichtung bestimmt, während dem Pharao aufgrund seiner Identifikation mit dem Gott Osiris, dem Herrn der Ewigkeit, die Unsterblichkeit sicher war: Sie führte zur himmlischen Vereinigung mit der ewigen Sonnengottheit.

Ivimy zufolge handelte Osiris in seiner Rolle als Totenrichter lediglich als Sprecher, als Sprachrohr der Gesetzmäßigkeit des Karma. Auf ägyptischen Darstellungen des Totengerichts sieht man Anubis und Horus das Herz des Toten auf einer Waage gegen eine auf der anderen Waagschale liegenden Feder abwiegen, während Toth als Gerichtsschreiber das Gewicht notiert. Osiris, mit Krummstab und Geißel in den über der Brust gekreuzten Armen, nimmt nicht an den Erörterungen teil, verkündet aber zuletzt den angemessenen Richterspruch.

Ivimy verweist auf die Insignien des Osiris: Wozu, fragt er, bedarf der Richter der Toten dieser beiden Zeichen, die nach der Schulmeinung der Ägyptologie als Symbole des Feldbaus und der Viehzucht zu verstehen sind? Seiner Auffassung zufolge symbolisieren sie jedoch das Gesetz des Karma. Der Krummstab mit seinem „Haken" versinnbildlicht die karmische Belohnung, die Geißel die karmische Strafe – die ägyptische Version von Zuckerbrot und Peitsche. Den Krummstab hält Osiris in der *Linken*, die Geißel in seiner *Rechten*, denn mit ihr ist er tätig, mit ihr treibt er die Seele wie störrisches Vieh, und Rechtshänder ist er ohnehin – nie hätten die Ägypter es sich anders denken können, als daß der Gott mit der richtigen, der rechten Hand, wirkt. Krummstab und Geißel sind so für alle, die das Gesetz der *Maat* (der Göttin der Gerechtigkeit) beachten, ein überzeugendes Symbol. Es war die Aussicht auf karmische Belohnung, die die Seele vorantrieb, die Furcht vor karmischer Strafe, die sie davon abhielt, sich vom rechten Weg fortzustehlen.

Ivimy betont, daß Krummstab und Geißel der Osirisdarstellungen oft besonders reiche Ornamente aufweisen. So ist der Krummstab des Osiris aus der Grabstätte des Tutanchamun mit abwechselnd blauen und goldenen Querstreifen verziert. Die goldenen Streifen stellen die irdischen Inkarnationen, die blauen Lapislazuli-Streifen die körperlosen Zeiten zwischen den Wiedergeburten dar.

Hier läßt sich die Probe aufs Exempel unserer Deutung der ägyptischen Numerologie machen. Nicht nur der Wechsel von Blau und Gold, auch die Zahl der Querstreifen ist kein Zufall. Wir sehen, daß der Krummstab insgesamt vierzehn Goldstreifen aufweist (einer ist unter der linken Hand verborgen), während die Geißel acht Goldbänder hat, deren oberstes in die Geißelschnüre übergeht. Acht und dreizehn aber stehen im Pyramiden-Code jeweils für „Wiedergeburt“ und „Seele“! „Wiedergeburt, die zur spirituellen Vervollkommnung führt“, wäre hier wohl zu lesen. Krummstab und Geißel symbolisieren also gemeinsam die Wiedergeburt der Seele, wobei die ornamentale Gestaltung der Geißel die karmische Bedeutung unterstreicht. Die Geißel hat drei Schnüre, von denen jede zwei Perlreihen mit sieben Perlen trägt. Diese sechs Reihen von sieben Perlen bedeuten wiederum „Vorbereitung auf die spirituelle Vervollkommnung“ (6 x 7), was beweist, daß die Symbolfunktion der Geißel karmischer und nicht materieller Natur ist. Zudem steht sie auch zahlensymbolisch zu den oben erwähnten zweiundvierzig Beisitzern in Beziehung.

Der Kopfschmuck ist ebenfalls in eine Reihe von horizontalen goldenen und blauen Streifen aufgegliedert. Hier beträgt die Zahl der Goldstreifen bis hinauf zum Machtsymbol der Uräusschlange insgesamt 25. Damit wird der tote Pharao symbolisch mit dem Großen Erleuchteten gleichgesetzt – hier mit dem messianischen Osiris – während der emporgereckte Schlangenkopf auf dem fünfundzwanzigsten Goldstreifen die erwachende Weisheit und Macht des voll Eingeweihten darstellt (man vergleiche hierzu das *Kundalini* des Yoga). Ein letzter, sechsundzwanzigster Goldstreifen deutet die Krone des Pharao an und soll besagen, daß die höchste Initiationsstufe seine Seele von der Wiedergeburt erlöst hat (2 x 13 = die Seele herausführend), die orientalischer Überlieferung zufolge wie eine Krone auf dem Kopf sitzt.

Abbildung 43
Der Dsched-Pfeiler. Nach der Illustration bei Ivimy aufgrund von Schilderungen aus dem *Papyrus Anii.*

Die Zahlensymbolik des zweiten Mumiensarkophags des Tutanchamun stimmt also mit der des Pyramidencodes vollkommen überein. Allerdings lassen sich die Details einiger Stücke von geringerer Bedeutung nicht mit den hier entwickelten Zahlenbedeutungen in Einklang bringen.

Als nächstes geht Ivimy auf die sogenannten *Dsched*-Pfeiler ein, die im Kult des alten Ägyptens eine so wichtige Rolle spielten. Meist werden diese Pfeiler als „Fetische" erklärt, die aus Papyrusbündeln hervorgegangen sein sollen. Jedenfalls galten sie den alten Ägyptern als „Rückgrat des Osiris" und stehen somit wiederum im Zusammenhang mit den Gedanken der Wiedergeburt und der Seele.

Ivimy zufolge symbolisiert dei Sockel des Pfeilers den Entwicklungsweg der Seele durch die verschiedenen elementaren Reiche hin zur Bewußtwerdung und damit zur Erkenntnis von Gut und Böse, hier wiederum repräsentiert durch die Insignien des Osiris (siehe Abbildung Seite 209). Darüber reihen sich scheibenartige Verbreiterungen, die die leiblichen Reinkarnationen darstellen; sie sind durch konkave Einbuchtungen getrennt. Diese Scheiben tragen das *Anch*-Zeichen, Symbol des Lebens und der vollkommenen Erleuchtung. Ausgehend vom Querbalken des *Anch* – der eine fünfte horizontale Verbreiterung bildet – recken sich zwei Arme um das eiförmige *Anch*-Haupt zur Umarmung der Sonnenscheibe als dem Zeichen der höchsten Gottheit. So betrachtet ist das *Dsched*-Symbol eine Version des „Lebensbaums", ein wunderschönes Sinnbild des aufsteigenden Pfades der sich entfaltenden Seele.

In altägyptischer Zeit gab es das *Dsched*-Symbol in den verschiedensten Formen. Bei der hier abgebildeten Version fällt uns als erstes auf, daß der Fuß mit einer Reihe von wechselweise hellen und dunklen Querstreifen geschmückt ist ähnlich wie die Insignien des zweiten Tutanchamun-Sarkophags. Die acht hellen Streifen würden demnach die Wiedergeburt symbolisieren. Außerdem weist das hier abgebildete *Dsched*-Symbol an den beiden Außenseiten seines Fußes eine Reihe von Punkten auf. Es sind ihrer dreizehn, und wenn sie überhaupt etwas zu bedeuten haben, dann die Seele. Die Querstreifen am Säulenfuß variieren je nach Darstellung und sind nicht immer deutlich zu erkennen. Die Querteile oberhalb der Osiris-Insignien betragen aber stets vier und stehen für das Physische.

Der Sinn des *Anch* selbst ist bekannt, und die mit ihm zum Ausdruck gebrachte Vorstellung, daß der leibliche Mensch die lebenspendende Macht der vollkommenen Eingeweihten zu erlangen vermag, ist auch uns vertraut. Mit dem Querstück am Oberteil des *Dsched* erhöht sich die Zahl der horizontalen Gliederungen auf fünf – nach dem Pyramiden-Code die Zahl für den Eingeweihten oder den Großen Eingeweihten. Erst von dieser Ebene aus kann die Seele die Sonnengottheit erreichen und erfassen: Nur der vollkommen Erleuchtete, wahrhaft Initiierte vermag in der Nachfolge des Großen Eingeweihten die Vereinigung mit dem Göttlichen zu vollziehen (hier entsprechend dem Pyramiden-Code durch die kreisförmige Sonnenscheibe dargestellt). Das eiförmige *Anch*-Haupt scheint ausdrücklich auszusagen, daß dieser Vollzug letztlich von einer Art Neugeburt auf den geistigen Ebenen abhängt. Die *Dsched*-Säule gibt uns also eine einzigartige Wegmarke der karmischen Evolution des Menschen. Wenn sie als „Rückgrat des Osiris" galt, so mag an gewisse Überlieferungen der hinduistischen Religion erinnert werden, wonach der Aufstieg der schlummernden *Kundalini*-Kräfte zur vollen Wachheit sich über die Wirbelsäule des Initiaten vollzog.

Man stößt also in der ägyptischen Kunst, was Gestaltung und Ornament betrifft, auf genaue Entsprechungen des Zahlencodes der Großen Pyramide. Sogar die symbolische Bedeutung des Gegensatzes von Kalkstein und Granit scheint sich im Farbwechsel widerzuspiegeln. Offenbar ist das Wissen um den Pyramiden-Code noch Jahrhunderte nach dem Bau der Pyramide unter den ägyptischen Priestern lebendig geblieben. Und wenn dieser Code im Gedächtnis von Menschen blieb, dann konnte er den Geheimlehren vieler alter Mysterienzentren als Grundlage dienen.

5 Offene Fragen – und Zeugnisse eines meisterlichen Entwurfs

In der umseitig abgebildeten Wegekarte ist die gesamte spirituelle Entwicklung des Menschen zusammengefaßt. Der Leser wird nun aufgefordert, dieses Ergebnis der Dechiffrierung des Pyramiden-Codes mit den auf Seite 45 und 46 aufgeführten Einzelheiten aus dem *Ägyptischen Totenbuch* zu vergleichen.

Aus dem Gesamtbild ist ein allgemeiner spiritueller Abstieg erkennbar, der sich unmittelbar bis in unsere Zeit des zunehmenden Materialismus fortsetzte, und dessen Konsequenzen in der Unterirdischen Kammer dargestellt sind. Doch zeichnen sich in diesem allgemeinen Niedergang zwei bedeutsame Ausnahmen ab. Einmal ist dies der vom 2. Jahrtausend v. Chr. an systematisch und allen Widerständen zum Trotz durch die wahrhaft Religiösen aufwärts gebahnte Weg vorwiegend physischen Bemühens. Er wurde von einer Vielzahl religiöser Gruppierungen bis zum heutigen Tag beibehalten und weiter verfolgt. Zum anderen ist das der fast senkrecht nach oben führende Pfad plötzlicher spiritueller Erleuchtung, wie sie Männern und Frauen aller Glaubensrichtungen (und auch Menschen ohne Glauben) unter dem Druck der Ereignisse zuteil werden kann – solcher Ereignisse zumal, wie sie in der Unterirdischen Kammer prophetisch vorausgesagt werden.

Darüber hinaus ist zu sehen, daß sich der Aufsteigende Pfad vorwiegend physischen Denkens genau zu einem Zeitpunkt gabelt, der in unmittelbarem Zusammenhang mit dem Leben und Tod des Jesu von Nazareth steht. Er teilt sich in einen höheren Pfad der Erleuchteten – der eine ausgedehnte Zeit der Nicht-Wiedergeburt einschließt – und einen niederen Pfad der teilweise Erleuchteten, der in einem langsamen, karmischen Ringen um das Licht besteht. Und die Kreuzung selbst scheint keineswegs zufällig zu den „offenen Straßen" und Nebenstraßen Bezug zu haben, die Jesus in seinem Gleichnis von dem Mann, der kein hochzeitliches Kleid angetan hatte, erwähnt (Matthäus 22, 2–14).

Dies Gleichnis handelt von einem König, der seinem Sohn ein Hochzeitsmahl ausrichtet. Er sendet seine Knechte aus, die Geladenen zum Mahl zu rufen, doch sie wollten nicht kommen. Und so befiehlt er seinen Leuten, alle zusammenzuholen, die sie nach der „Teilung der Straßen" auffinden können. Unter ihnen ist einer, der kein festliches Gewand trägt. Er läßt ihn an Händen und Füßen binden und in „die Finsternis draußen" werfen.

Dieses seltsame Gleichnis scheint anzudeuten (und bestätigt damit unsere frühere Deutung), daß nur wenige Eingeweihte in das himmlische Königreich gelangen. Doch werden die anderen, die dem unteren Pfad folgen, ebenfalls eine Chance erhalten, am Messianischen Festmahl des Endzeitalters teilzunehmen, vorausgesetzt, daß sie bis dahin „ein hochzeitliches Kleid" gefunden, das heißt sich vorbereitet haben.

Wie Maurice Nicoll in seinem Buch *The New Man* bemerkt, scheint sich die Bezeichnung „der Mann ohne hochzeitliches Kleid" auf jene zu beziehen, die zwar die Lehren des Messias aufgenommen haben, sich jedoch immer noch sträuben, sie in die Tat umzusetzen: Die Wahrheit wurde ihnen zum Dogma, die Lehre zur Zeremonie. Und in diesem Sinn kann der Gang zur Kammer der Königin – in erster Linie der Weg des Christentums – als Pfad der trotz aller Heilslehren Sterblichen betrachtet werden.

Was die Eingeweihten des oberen Pfads betrifft, wird ihre Wiedergeburt im Verlauf des gegenwärtigen Zeitalters als Voraussetzung für ihre Wiedergeburt auf den spirituellen Ebenen im Endzeitalter angesehen, die schließlich zur Vereinigung mit dem Göttlichen führt. *Christus* selbst wird in unserer Epoche reinkarnieren, um mit Hilfe wiedergekehrter Eingeweihter so viele Menschen wie möglich von den niederen Pfaden zu den Rängen der Auserwählten leiten zu können. Eine Periode bedrohlicher Umwälzungen wird 1914 einsetzen und im Jahr 2004 ihren Höhepunkt errei-

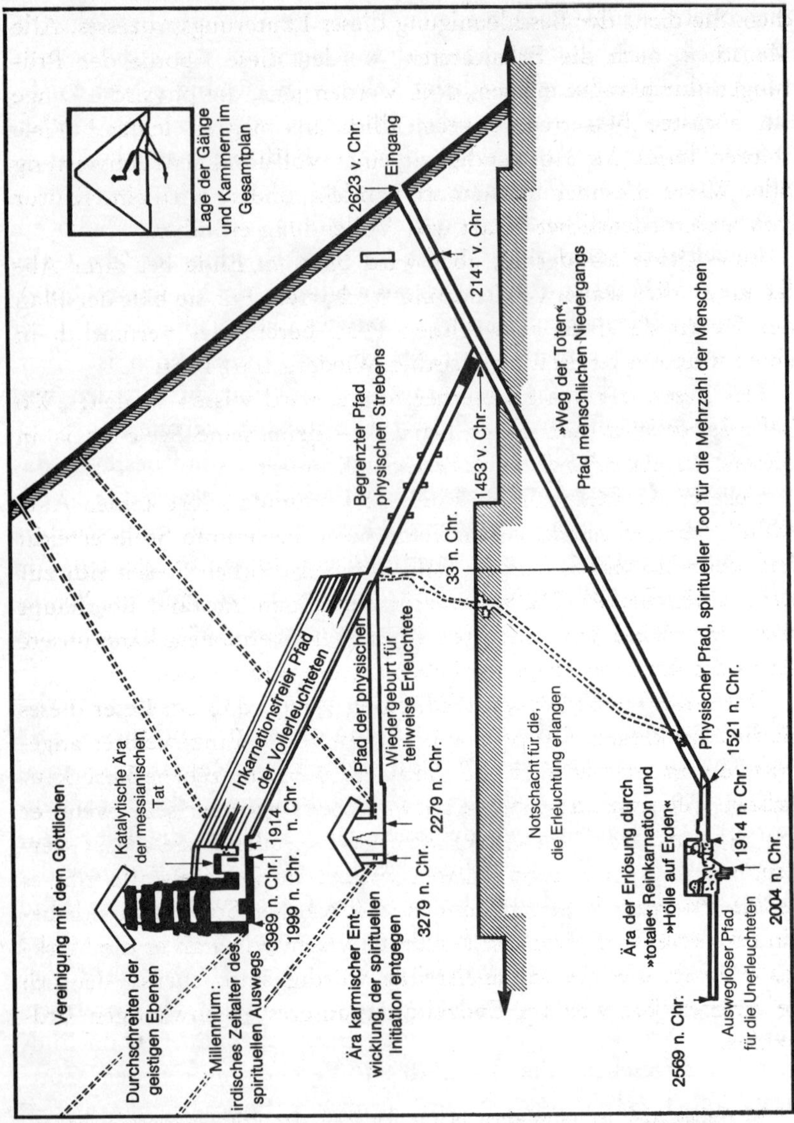

Abbildung 44
Wegekarte der Großen Pyramide:
Plan der spirituellen Entwicklung des Menschen.

chen. Sie dient der Beschleunigung dieses Läuterungsprozesses. Alle Menschen, auch die Erleuchteten, werden diese Epoche der Prüfungen durchlaufen müssen, doch werden jene, die physische Dinge am höchsten bewerten, unvermeidlich am meisten leiden.[1] Viele werden indes die Notwendigkeit einer vollständigen Umwertung aller Werte erkennen und danach handeln, und so wird eine Kultur von außerordentlicher Kraft und Vollendung erblühen.

Eine kleine Minderheit aber wird bis zum Ende bei ihrer Ablehnung aller wahren Erleuchtung verharren. Für sie hält der Plan der Pyramide einen ausweglosen Pfad bereit, der vermutlich in einen weiteren Kreislauf physischer Wiedergeburt führt.

Der Leser, der uns bis hierher folgte, wird wissen wollen: „Wo befinde *ich* mich auf dieser Karte?" – denn seine Seele ist ja in diesem Augenblick *per definitionem* inkarniert.

Unserer Auffassung nach kann die Pyramide selbst keinen Aufschluß darüber geben, welche Ebene eine bestimmte Seele erreicht hat, denn sie sagt ja voraus, daß *alle* menschlichen Seelen sich zur Zeit reinkarnieren. Da wir uns in bewußtem Zustand überhaupt nicht an frühere Inkarnationen zu erinnern vermögen, kann unsere Antwort auf diese Frage nur behutsam versucht werden.

Statistisch ist die Wahrscheinlichkeit gering, daß ein Leser dieses Buches der kleinen Gruppe reinkarnierter Voll-Eingeweihter angehört, die in unserer Zeit auf die irdische Existenzebene zurückzukehren sich anschicken. Sie wird wohl noch geringer sein, wenn er vor 1914 zur Welt kam, mag aber etwas größer eingeschätzt werden, wenn er nach 1933 geboren wurde. Im Zweifelsfalle gibt es jedoch Proben, die zeigen können, auf welcher Stufe man sich befindet. Denn von Jesus von Nazareth wissen wir, daß er die Merkmale derer, die des Himmelsreichs würdig sind, ebenso deutlich beschrieben hat wie das Endzeitalter unseres gegenwärtigen Erdzyklus.

[1] In Anbetracht der physischen Natur der Zeit der Prüfung wäre es besser, sie als einen Teil der physisch orientierten Unterirdischen Grube zu bezeichnen und sie nicht in das obere Gangsystem einzubeziehen. Ebenso entspricht es der Logik, daß die durch vierfache messianische Initiative hervorgerufenen überwiegend spirituellen Vorgänge in den oberen Gängen Darstellung finden und nicht in den unteren.

Auf jeden Fall ist die statistische Wahrscheinlichkeit, daß ein Leser sich zur Zeit mühselig auf seinem karmischen Weg durch den Gang zur Königinkammer vorwärts kämpft, gegenwärtig größer. Man darf dann damit rechnen, Anzeichen eines tief eingewurzelten Interesses an spirituellen Fragen oder auch einer festen religiösen Bindung an eine orthodoxe Glaubensrichtung zu entdecken – sei diese eine christliche oder eine andere.

Am wahrscheinlichsten ist jedoch, daß ein Leser der großen Mehrheit derer angehört, die noch auf dem untersten Pfad gefangen sind (und das Wort „Mehrheit" sollte niemanden darüber hinwegtäuschen, daß es sich aus „demokratischen" Gründen vielleicht doch nicht um den *geringsten* Pfad handeln könnte). Vielleicht aber mag die Tatsache, daß ein Leser Bücher wie dieses liest – und daß er hier überhaupt so weit durchgehalten hat – positiv zu bewerten sein. Allein aber wiegt das noch nicht.

Nichtsdestoweniger sollte man wissen, daß ein Ausbruch aus irdischer Verhaftetheit selbst auch dieser Ebene möglich ist – daß vom niedersten bis zum höchsten Pfad ein direkter Ausgang da ist, der es der Seele (zumindest potentiell) gestattet, die Mühsal des Karma auf dem Gang zur Kammer der Königin mit einem einzigen Sprung hinter sich zu lassen. Dieser „Notausgang" ist offen-

Abbildung 45
Eingang zum Absteigenden Gang mit Kalksteingiebel und Markierungslinien.

sichtlich ein Hinweis auf die Gnade, von der Jesus von Nazareth immer wieder gesprochen hat. Aber ihre Wirksamkeit hängt auch ab vom Grad der Hingabe an seine Lehre. Worin diese Lehre genau bestand, ist indes eine große Frage, die über den Rahmen dieses Buches hinausgeht. Hier genügt es festzustellen, daß Jesus selbst zweifellos überzeugt war, daß die in ihr bewahrte Erkenntnis zur Erlösung des Menschen ausreiche.

Was das Geschick der Menschheit im Ganzen betrifft, stimmen die Ansichten Jesu vollkommen mit der Botschaft der Pyramide überein. „Denn weit ist das Tor, und breit ist der Weg, der ins Verderben führt", hat er nach Matthäus 7, 13–14 gesagt, „und viele sind es, die hineingehen auf ihm. Doch wie eng ist das Tor und wie schmal der Weg, der zum Leben führt, und wenige sind es, die ihn finden." Und das ist das Problem, zu dessen Überwindung der große messianische Plan offensichtlich ersonnen wurde.[2]

Soviel also über die Botschaft der Pyramide im allgemeinen. Noch sind eine Reihe von Fragen offen geblieben. Es ist uns zum Beispiel noch nicht gelungen, einer Reihe von Besonderheiten des Gangsystems eine feste Bedeutung beizulegen – wiewohl sie offensichtlich eine solche besitzen. Wir haben zum Beispiel noch keine überzeugende Erklärung für die Anwendung des Prinzips der horizontalen „Einlassungen". Und ebensowenig vermögen wir zu erklären, warum kein Versuch unternommen wurde, die verschiedenen Gänge alle in einer senkrechten Ebene enden zu lassen. Auch fragen wir bisher nur nach dem Sinn des ungewöhnlichen Abstands von 1881,2426″ zwischen der Ebene des Lebens und der Ebene des Todes, und können auch nur fragen, warum die Luftschächte der Königs- und der Königinkammer in den verschiedensten Winkeln verlaufen. Keine Erklärung gibt es auch für die Anbringung des mächtigen, senkrecht eingefügten Kalksteingiebels über dem eigentlichen Pyramideneingang, der noch heute zu den verblüffendsten Auffälligkeiten der Nordfassade der Pyramide gehört (siehe Abbildung Seite 216).

[2] Der Abwärtssteigende Gang der Pyramide ist als einziger über eine mit starker Abwärtsneigung verlaufende Kalksteinplattform geführt, die als die Große Fundamentschicht bezeichnet wird. Die Breite dieser Schicht beträgt etwa 33 Fuß, wodurch ein besonderes Licht auf die Worte Jesu fällt.

Dennoch muß es einen Grund für all diese Eigentümlichkeiten und die ihnen offensichtlich zugrunde liegenden Vorlieben oder Vermeidungen geben. Wir dürfen vermuten, daß all diese Eigentümlichkeiten auf einem geometrisch-symbolischen Gesamtplan beruhen, dem alles Einzelne untergeordnet ist. Irgendwo müßte ein Hinweis auf den Gesamtplan oder die geometrische Grundstruktur des Gangsystems zu entdecken sein, aus dem sich die verschiedenen Details zwangsläufig ergeben müßten. Tatsächlich ist es der riesige senkrechte Kalksteingiebel oberhalb des eigentlichen Eingangs in das Gangsystem, der uns hier den ersten entscheidenden Hinweis zu geben vermag.

Der Pyramidologe Rutherford stellt in der Konstruktion der Pyramide zwei Ebenen fest, die „Ebene des Lebens" und die „Ebene des Todes", die jeweils mit dem Boden der Kammer der Königin beziehungsweise mit dem Dach der Unterirdischen Kammer korrespondieren. Seine Begründung dieser symbolischen Interpretation wirkt überzeugend und fügt sich zudem gut in unsere Auslegung der verschlüsselten Botschaft. Beide Ebenen sind in einem Abstand von 1881,2426″ in der Vertikale voneinander entfernt. Die Ebene des Lebens (die Ebene der potentiellen Erleuchtung) verläuft zudem genau durch die Mitte des von Ost nach West ausgerichteten Giebels über dem Eingang des Absteigenden Ganges, so daß sich der Eindruck aufdrängt, als müsse nun auch der Abstand von der „Ebene des Lebens" über die Giebelspitze hinaus in die Höhe vermessen werden, da diese sonst zwecklos in die Luft verweise. Dieser Eindruck wird noch dadurch verstärkt, daß der Giebel von Norden gesehen die Form einer aufwärts zeigenden Pfeilspitze hat, und man allein aus diesem Grund annehmen könnte, der Giebel solle auf eine Besonderheit in der Geometrie des über ihm liegenden Mauerwerks aufmerksam machen.[3]

Messen wir nun aber, diesem Hinweis folgend, *weitere* 1881,2426″ senkrecht nach oben, treffen wir auf das Niveau der nördlichen und südlichen Öffnungen der Luftschächte der Kammer der Königin, auf die 90ste Mauerschicht. Sie liegt höher als alle übrigen baulichen Details des Gangsystems, ausgenommen die obe-

[3] Vgl. Fn. 17, S. 101 und Abbildungen S. 216.

ren Abschnitte der Luftschächte der Königskammer (siehe Abb. 47, S. 224). Der deutliche Bezug, der damit zwischen dieser Ebene und den Schachtöffnungen sichtbar wird, legt den Schluß nahe, daß die „Ebene des Lebens" etwas mit unserem „Notausgang" zu tun hat – über den sich die Seele von der Erdgebundenheit endlich zu befreien vermag, die durch die Kalksteinpartien der Pyramide symbolisiert wird. Auffällig ist ja, daß die Luftschächte der Kammer der Königin nicht die Möglichkeit eines „plötzlichen" Ausbruchs eröffnen, vielmehr eine über viele Inkarnationen hinweg erarbeitete und erstrebte Befreiung symbolisieren. Auch symbolisiert die Kammer der Königin nicht die *endgültige* Befreiung des Menschen, sondern eine inkarnationsfreie Periode, auf die weitere Inkarnationen im Zusammenhang mit den durch die Königskammer dargestellten Inhalten folgen; und erst von hier aus soll der Anlauf zum endgültigen Durchbruch unternommen werden.

So ergibt sich zunächst die Identifikation des Niveaus der Außenöffnungen der Luftschächte aus der Kammer der Königin mit der „Ebene der Befreiung", denn der endgültige Durchbruch ist anscheinend nur jenen möglich, denen es gelingt, sich über diese spezielle Ebene zu erheben. Fraglos ist dieser Durchbruch zur reinen Spiritualität gegenüber dem Leben, das vom Bodenniveau der Kammer der Königin versinnbildlicht wird, ebensoviel erhabener als es das Leben dieses Niveaus selbst ist, vom Niveau des „Todes" – d. h. des Dachs der Unterirdischen Kammer – aus gesehen. Damit scheint sich zu bestätigen, daß der Abstand von 1881,2426″ die evolutionäre Kluft repräsentiert, die diese verschiedenen geistigen Ebenen voneinander trennt.

Nun beträgt der Abstand der Pyramidenbasis bis zu der von mir so benannten „Ebene der Befreiung" 2727,2966", – eine Höhe, die offensichtlich dem Achsenniveau der 90sten Steinschicht entspricht, deren theoretischer Mittelwert sich auf 2727,7″[4] beläuft. Doch *den gleichen Wert zeigt auch, mit drei Zoll Toleranz, die halbe Höhe der Gipfelplattform* der Pyramide, nämlich 5448,736″/2 gleich 2724,368″. Daraus ergibt sich,

[4] Alle Zahlen gelten weiterhin für Pyramidenzoll, es sei denn, es werde andernfalls ausdrücklich vermerkt.

a) daß die „Ebene der Befreiung", die Achse der 90sten Schicht und die halbe Höhe des Gipfelplattform-Niveaus absichtlich zueinander in eine architektonisch-numerische Beziehung gesetzt wurden;

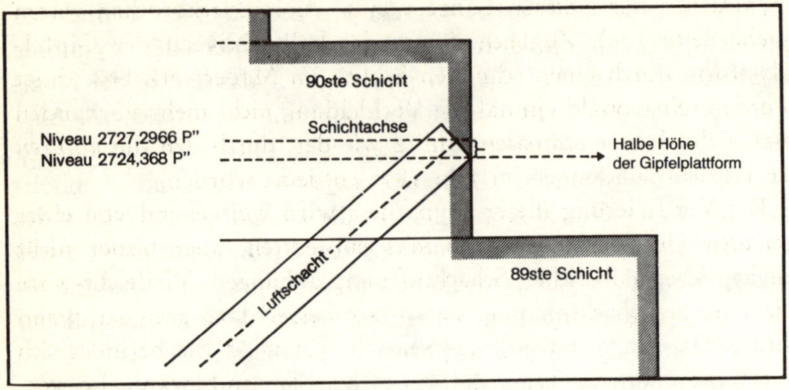

Abbildung 46
Endabschnitte der Luftschächte der Kammer der Königin im Mauerwerk des Pyramidenkerns (Rekonstruktion).

b) daß zumindest einer der Zwecke der Luftschächte der Kammer der Königin darin besteht, das Niveau der Gipfelplattform zu definieren. Mit anderen Worten: Das Niveau der nördlichen Schachtöffnung im Kernmauerwerk *plus* das Niveau der südlichen Schachtöffnung ist *gleich* dem Niveau der Gipfelplattform.

Dies würde also mit dem Faktum übereinstimmen (siehe Fn 63, S. 157), daß das Niveau der Schachtöffnungen der Königskammer die Schichtzahl der Gipfelplattform numerisch exakt definiert. Diese zweifache Definition der bedeutsamsten Ebene lag gewiß in der Absicht des Architekten und war eine vorsorgliche Maßnahme im Hinblick auf mögliche spätere Zerstörungen der oberen Schichten – keine unnötige, wie der heutige Erhaltungszustand der Pyramide zeigt.

Da die Niveaudifferenz der beiden Höhen offensichtlich mit 2,94″ ganz genau angegeben ist, und b) auf einer außerordentlich präzisen Angabe des Niveaus beruhen würde, glichen die oberen Enden der Luftschächte der Kammer der Königin wahrscheinlich der Darstellung auf der Abbildung. Geht man davon aus, daß der Neigungswinkel der Luftschächte etwa 40° betrug, würde dies einen lotrechten Durchmesser der Luftschächte von etwa 7,67″ bedingt haben. Die Luftschachtdecke wäre dann um etwa 5″ zu kurz ausgefallen, wie andererseits auch die unteren Schachtmündungen ebenfalls in der gleichen Länge von 5″ *nicht* durchbrochen waren (siehe Seite 105). Zugleich dürfte das halbe Niveau der Gipfelplattform durch einen schmalen Schlitz im Mauerwerk bezeichnet worden sein, sobald einmal die Verkleidung nicht mehr vorhanden war – durch eine schmalen Schlitz wie der, durch den die *unteren* Luftschachtmündungen im Jahr 1872 entdeckt wurden.

Die Verifizierung dieser Hypothese wird weitgehend von einer genauen Untersuchung der bereits entdeckten, aber bisher nicht zugänglichen nördlichen Schachtöffnung abhängen. Vielleicht wäre die südliche Schachtöffnung sogar noch besser dazu geeignet, wenn ihre genaue Lage erst einmal ermittelt sein wird. Sie befindet sich vermutlich noch in ihrem ursprünglichen Zustand, wäre also verschlossen.

Symbolisch könnte die oben geschilderte Anordnung bedeuten, daß die Luftschächte der Kammer der Königin der Seele den Aufstieg auf die Ebene der Befreiung eröffnen – also bis zur halben Höhe unter der Gipfelplattform, aber noch nicht den Durchbruch darüber hinaus. Weitere fünf Zoll Mauerwerk müßten noch durchbrochen werden, ehe die Seele schließlich die irdische Ebene, dargestellt durch den Kalkstein und wohl auch durch die untere Pyramidenhälfte, hinter sich zu lassen vermag. Und diese fünf Zoll scheinen, wie ihre Entsprechungen an den unteren Schachtmündungen, die Erfahrung von fünf Inkarnationen in zunehmender Spiritualität und Erleuchtung zu repräsentieren.

Wenn wir uns in diesen Folgerungen nicht irren, sind wir bereits der Deutung von wenigstens zwei der bislang unerklärlichen architektonischen Besonderheiten nähergekommen. Ungelöst aber bleibt noch die Frage, wie der Abstand von 1881,25″ zu deuten wäre, der die Ebene des Lebens von der Ebene des Todes und von der Ebene der Befreiung trennt.

Der Zahlenwert dieses Abstands (der auch Bestandteil unseres hypothetischen Codes ist) entspricht fast genau dem Produkt von 99 x 19″ und zeigt daher vermutlich den Grenzbereich der Sterblichkeit an, das Ende des Todes. Ein weiterer wichtiger Zug dieses Zahlenwerts, der sich in der Bodenlänge der Großen Galerie verdoppelt, scheint in seiner Annäherung an die Zahl 2000 zu liegen, so daß man annehmen darf, auch er habe eine symbolische Bedeutung auszudrücken.

Gibt es etwa eine architektonische Besonderheit in rund 2000″ Höhe? Die bisherigen Daten scheinen keinen Hinweis zu enthalten. Ohnehin wäre ein solcher Wert eher an einer der Decken als an einem der Böden zu finden, da es sich um eine Entsprechung zur Kopfregion, also der oberen Körpersphäre handeln müßte.

Nun liegt die Decke des Ganges zur Kammer der Königin nur 67,565″ über der Ebene des Lebens, dargestellt durch das Bodenniveau des Ganges, und dieser Abstand ist erheblich geringer als die 119″, die notwendig wären, um die Differenz zwischen 1881,25″ und 2000″ zu überbrücken. Wiederum sind die oberen Enden der Nord- und Südwände der Kammer der Königin 184,25″ vom Fußboden entfernt, und das wäre bereits zu viel. Dort aber, wo die verlängerte Deckenlinie des Ganges zur Königinkammer auf die verlängerte Bodenlinie der Großen Galerie trifft, in Punkt E der Abbildung auf Seite 78, die man als Trennung der Wege im architektonischen wie im symbolischen Sinn bezeichnen darf, gibt es jedoch einen solchen Punkt, der den gesuchten Abstand fixiert. Hier verläuft die Verlängerung der Deckenlinie des Aufsteigenden Ganges (A) genau 52,745″ höher als die des Ganges der Königinkammer (E). Punkt A liegt also 1881,2416″ + 67,595″ + 52,745″ – *zusammen 2001,5826″* – über der Ebene des Todes. Könnte hiermit der vermutete wichtige Hinweis gegeben sein?

Betrachtet man die Abbildung auf Seite 224, sieht man sogleich, daß *Punkt A wahrhaftig der geometrische Mittelpunkt des Gangsystems der Pyramide* ist: Er liegt genau auf der Hälfte des Weges, der von den Markierungslinien, der Stelle, wo die Prophezeiung der Pyramide beginnt, bis zu ihrem Ende an der Südwand der Königskammer führt. Dies läßt sich durch trigonometrische Berechnungen bestätigen.

Beschreibt man um A eine Kreislinie, welche diese beiden Punkte berührt, so hat sie die Ebene des Todes zur Tangente, läuft durch den „Sarkophag“ in der Königskammer und legt sich vor den blockierten Endabschnitt des nördlichen Luftschachts der Königinkammer. Es umfaßt also dieser Kreis alle wichtigen Bauteile des Gangsystems, mit Ausnahme des Südteils der Königskammer, der Entlastungskammern und der Luftschachtöffnung einerseits sowie der unteren Mündung des Brunnenschachts und der Unterirdischen Kammer andererseits. Symbolisch umschließt er sämtliche Möglichkeiten, die jenen offenstehen, die die Ebene der potentiellen Erleuchtung, die Ebene des Lebens, erreichen – auch den Zugang zur schließlichen Auferstehung (der „Sarkophag“), auch den Abstieg zur Hölle auf Erden.

Die beiden Vertikalen zu beiden Seiten des Kreises sind jeweils Anfang und Ende des gesamten Messianischen Plans. Sie verbinden den Plan des Todes mit dem Plan der Befreiung und sind Seiten des Rechtecks NOQL, das für den Gesamtplan des Gangsystems von so großer Bedeutung ist, daß es „Das Haus der Doppelten Erlösung“ genannt werden könnte, denn um seine Mittelachse MP, die Ebene des Lebens, sich drehend – in symbolischer Anspielung auf Leben und Lehre des Jesus von Nazareth – umfaßt dieses Rechteck alle signifikanten Merkmale des Gangsystems, ausgenommen die Unterirdische Kammer und die Außenöffnungen der Luftschächte der Kammer des Königs.

Beinahe wäre diesen Ausnahmen noch die blockierte Öffnung des Luftschachts der Königinkammer hinzuzurechnen. Da sie aber gerade noch *unterhalb* der Ebene der Befreiung liegt, wird sie aufgrund der Horizontale ON noch miteinbezogen. Ebenso kann der nordwärts verlaufende Luftschacht der Königskammer aufgrund der Vertikale LMN mit einbezogen werden; diese Vertikale ist als „Achse“ der Befreiung zu sehen. Vollkommene Erlösung vom Kreislauf der Wiedergeburten und der physischen Welt kann also nur *oberhalb* der Ebene ON und südlich der Vertikale LMN erreicht werden. Somit führt der einzige Ausweg aus dem Gangsystem – will sagen: aus der Sterblichkeit – über den südlichen Luftschacht der Königskammer. Diese Annahme wird dadurch bestätigt, daß die untere Mündung des südlichen Luftschachtes die Form eines gewölbten Leibes hat (siehe Seite 157). Sie verweist damit sprechend als einziges Bauteil auf die letzte Wiedergeburt

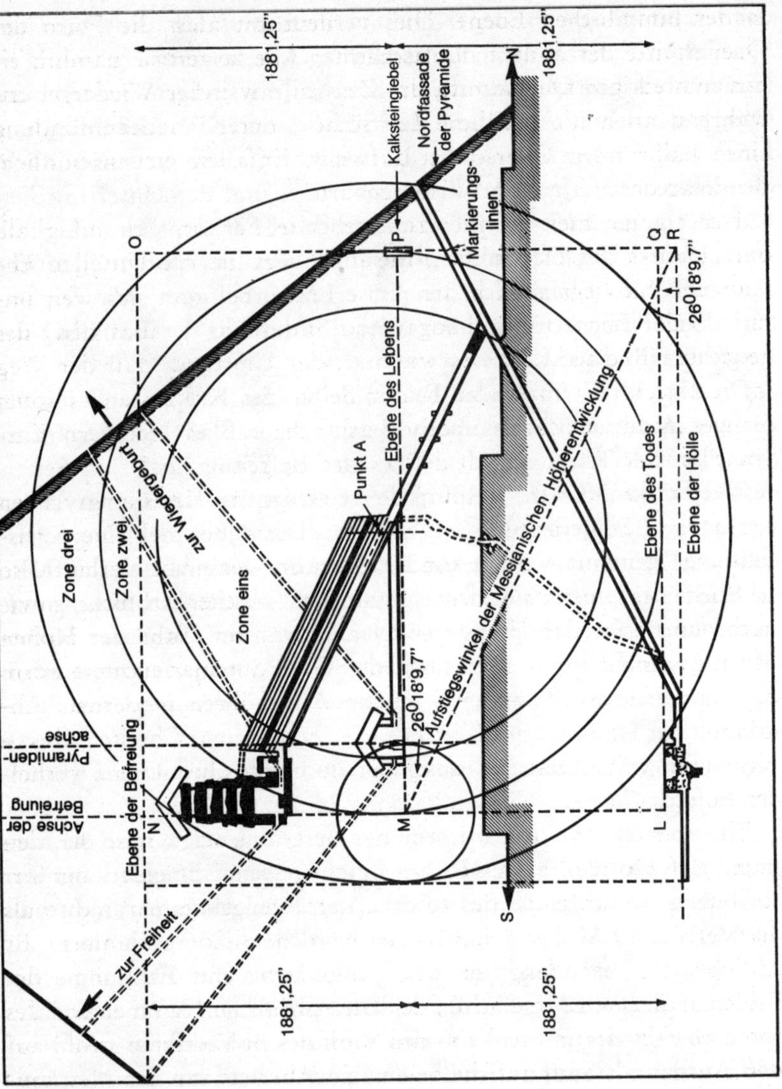

Abbildung 47
Gänge und Kammern der Großen Pyramide in ihrer symbolischen Bedeutung.

in der himmlischen Ebene. Dies verdeutlicht auch die Form der Querschnitte der anderen Luftschächte: Alle zeigen sie nämlich einen rechteckigen Querschnitt, das Zeichen physischer Wiedergeburt, während allein der südliche Luftschacht unten an der Mündung einen halbrunden Querschnitt aufweist. Er allein versinnbildlicht den Pfad der *spirituellen* Wiedergeburt.

Der einzige hier nicht einzubeziehende Faktor, der außerhalb des „Hauses der Doppelten Erlösung" liegt, ist die Unterirdische Kammer. Sie liegt südlich der Achse LMN, befindet sich weit unterhalb der Ebene ON, ja sogar noch unterhalb der Basis LQ des gedachten Rechtecks. Dieses wie auch der Umstand, daß der Weg im Kalksteinfels unter der Pyramide in der Sackgasse des toten Ganges endet, macht symbolisch deutlich, daß es hier kein Entrinnen aus der Sterblichkeit der physischen Ebene gibt.

Weitere um den Mittelpunkt A geschlagene Kreislinien lassen ergänzende Folgerungen zu. Zieht man zum Beispiel eine Kreislinie, die durch die Südwand der Königin-Kammer verläuft, so schneidet sie auch das untere Ende der Granitsperrblöcke sowie auch den Boden der Großen Galerie in nächster Nähe der Hohen Stufe. Symbolisch würde das bedeuten, daß die unerleuchtete Form der „alttestamentarischen" Weisungen und ihrer modernen Abkömmlinge – wohl einschließlich des etablierten Christentums – nicht unmittelbar zur Befreiung aus der physischen Ebene verhelfen können.

Ein anderer um den Mittelpunkt A gezogener Kreis, der den unteren Rand des Eingangs zum Gangsystem schneidet, berührt sowohl eine vom Ende des toten Ganges gezogene Senkrechte als auch die Spitze des Giebels oberhalb der Königskammer. Er schließt alle Besonderheiten des Gangsystems mit Ausnahme der beiden südlichen Luftschächte, der Unterirdischen Kammer und des toten Ganges ein und lenkt so den Blick des Betrachters sowohl auf den Anfang als auch auf die beiden Endalternativen des Messianischen Plans.

Diese drei konzentrischen Kreise (siehe S. 224) ergeben drei verschiedene Zonen, die jeweils ihre eigene Bedeutung haben. Die innere Zone ist, wiewohl sie sich um die Ebene des Lebens zentriert, ein auswegloser Bereich; ihre Ähnlichkeit mit der Vorstellung der alten Ägypter von einem „Saal der Gerechtigkeit in der Finsternis“ dürfte nicht zufällig sein.

Die zweite Zone umfaßt die gesamte Skala der spirituellen Aussichten, angefangen mit dem unmittelbaren Zugang zur letzten Auferstehung bis zur Auslieferung an die „Feuer der Hölle“. In dieser Zone sind alle Vorgänge dargestellt, die der Gang des Schleiers oder der nördliche Luftschacht der Königskammer versinnbildlichen. Sie darf also als Zone der Hoffnung oder als Zone der spirituellen Bemühung bezeichnet werden – trotz gewisser Anzeichen für ein auch hier immer noch mögliches katastrophales spirituelles Abgleiten.

Die dritte Zone aber ist die Zone der Befreiung. Innerhalb ihres Bereichs liegt der Eingang zum gesamten Gangsystem – und damit eigentlich schon die Aussicht auf Erlösung (siehe S. 111). In diese Zone fallen sowohl die Außenöffnung des nördlichen Luftschachts der Königskammer als auch die innere Mündung ihres südlichen Schachts, was offensichtlich anzeigt, daß die Wiedergeburt über den Weg durch den nördlichen Luftschacht in die durch sein südliches Gegenstück versinnbildlichte spirituelle Ebene erfolgt. Selbst auf jene Wesen, die bis auf die niedere Ebene der Grube absteigen, wartet noch die untere Brunnenschachtmündung, um ihnen den Aufstieg zu höheren Regionen zu ermöglichen. Kombinieren wir nun die Symbolik des Rechtecks NOQL mit der der konzentrischen Kreise um den Punkt A, so zeigt sich aber klar, daß lediglich die Unterirdische Kammer und der tote Gang funktional nicht in das Gangsystem einbezogen sind.

Schließlich wäre noch zu erkennen, daß die sich aus den Diagonalen der beiden Rechtecke NOPM und MPQL ergebenden Winkel dem Bethlehem-Winkel von 26°8′9,7″ nahezu entsprechen. Diese Relation sollten wir in die symbolische Geometrie unseres Systems miteinbeziehen, und zwar als Maßstab dafür, welche Trennräume zwischen unten und oben der Mensch kraft der in Jesus von Nazareth verkörperten messianischen Initiative zu überwinden vermag. Zieht man eine Diagonale, welche die Ebene des Lebens bei M erreicht und die Vertikale OQ bei R schneidet, zeigt sich, daß die durch R bezeichnete Ebene etwa 25″ unterhalb des Bodens des Unterirdischen Ganges verläuft – also genau am Rand der Grube. Wieder einmal sind wir verblüfft über die Übereinstimmung zwischen der symbolischen Aussage der Pyramide und christlicher Überlieferung: „Niedergefahren zur Hölle“ ist Christus entschlossen, selbst noch die Elendsten aus ihr zu erlösen.

Punkt A, ohnehin relevant, weil er 2001,58″ über der Ebene des Todes liegt, ist also in mehrfacher Hinsicht von besonderer Bedeutung. Aus dem gleichen Grund ist der Abstand 2001,58″, wie der Abstand 1881¼″, symbolisch signifikant.[5]

Es wurde bereits gesagt, daß die Länge von 1881¼″ des vertikalen Abstands noch ein zweites Mal auftritt, und zwar am geneigten Boden der Großen Galerie. Könnte wohl gleicherweise der senkrechte (symbolische) Abstand 2001,58″ zu der (chronographischen) Länge der Großen Galerie in Beziehung stehen? Könnte dies dann ein Ereignis von hervorragender Bedeutung signalisieren?

Folgende Darstellung läßt erkennen, daß dies ziemlich sicher der Fall ist.

Punkt A liegt, wie man sieht, genau auf der Verlängerung der Deckenlinie des Aufsteigenden Ganges, unmittelbar über der „Trennung der Wege“, und erweist sich auch damit als der geometrische Dreh- und Angelpunkt der Pyramide.

Natürlich kann man einwenden, daß A architektonisch nicht existent ist, da weder er noch der Schnittpunkt der Bodenlinie der Großen Galerie mit der Deckenlinie des Ganges zur Königinkam-

[5] Was den Pyramidencode betrifft, ist es hier von Interesse, daß die nächste ganze Zahl, auf die sich 2001,58 abrunden läßt, die 2002, sich genau in 7 x 286 zerlegen läßt. So möchte man diesen Abstand gerne als Symbol für „spirituelle Vollkommenheit in der Erleuchtung“ deuten, was symbolisch genau der Lage von Punkt A entspräche.

Andererseit muß darauf hingewiesen werden, daß die Aufrundung von 2001,58″ auf 2002″ in Widerspruch steht zu dem für unseren Code festgelegten Standardverfahren, das auf Abrundung beruht. Nur bei Einräumung einer konstruktionstechnischen Toleranz bis zu einem halben Zoll an dieser Stelle ließe sich die 2001,58″ nach oben auf 2002″ statt nach unten auf 2001″ abrunden.

Gerechtfertigt wäre eine Aufrundung aber auch dann, wenn solche konstruktionstechnischen Maßabweichungen der Pyramide nicht unter dem Aspekt genau festgelegter geometrischer Größen (z. B. 0,01 Zoll) sondern als von festgelegten arithmetischen Verhältnissen (z. B. 1 zu 100) ausgehend aufgefaßt würden. In diesem Fall ergäbe eine Abweichung von weniger als einem halben Zoll von zweitausend eine Toleranzgrenze von wenige als 1:1000, was auch hohen Ansprüchen an Genauigkeit gerecht würde.

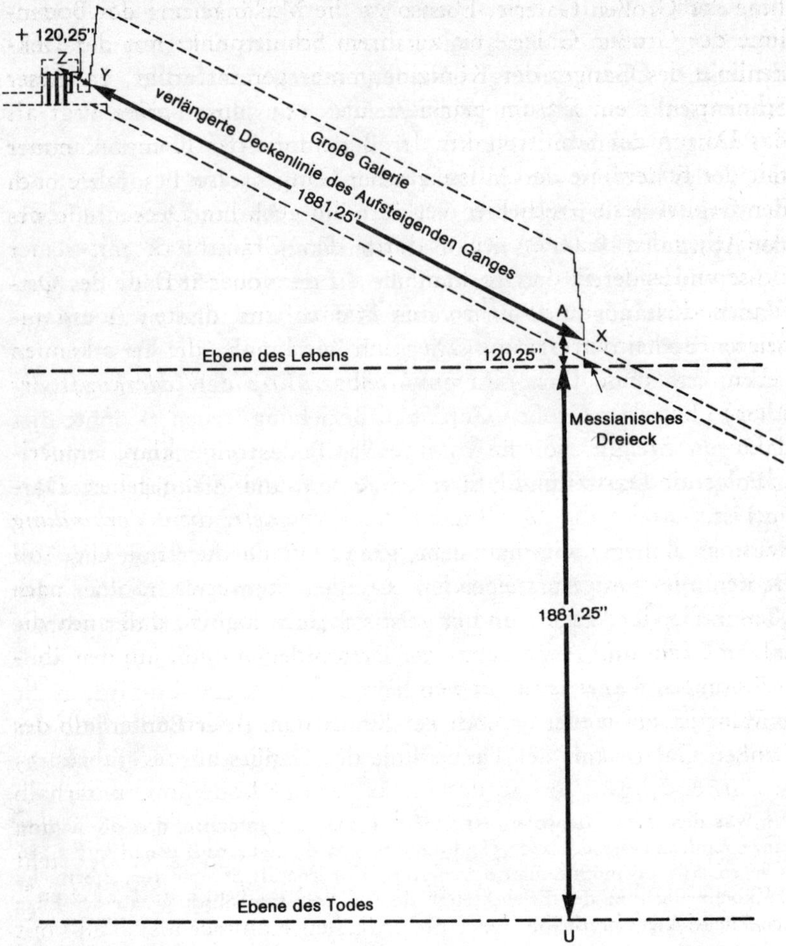

Abbildung 48
Wechselbeziehung zwischen symbolischen und chronographischen Merkmalen im Inneren der Großen Pyramide.

mer durch irgendein konkretes bauliches Merkmal zu erkennen sind. In der Tat scheint der Architekt sogar diese Stelle sorgfältig kaschiert zu haben. Andererseits hat die gedachte Verlängerung der Deckenlinie des Aufsteigenden Ganges in die Große Galerie hinein dadurch Sinn, weil ihre Höhe über die ganze Länge hinweg 286,1″ (das signifikante Codemaß) niedriger ist als die Deckenlinie der Großen Galerie. Ebenso ist die Verlängerung der Bodenlinie der Großen Galerie bis zu ihrem Schnittpunkt mit der Deckenlinie des Ganges der Königinkammer gerechtfertigt, da dieser Schnittpunkt ein Datum markiert, daß 153 Jahre später liegt als das Datum des Schnittpunkts der Bodenlinie der Königinkammer mit der Bodenlinie des Aufsteigenden Ganges, also 153 Jahre nach der Geburt Jesu. Auch hier verläuft die gedachte Deckenlinie des Aufsteigenden Ganges genau durch den Granitblock mit seiner Bosse und endet in der Vorkammer auf dem oberen Ende des Ost-Wandsockels genau zwischen der zweiten und dritten (messianischen) Fallsteinvorrichtung. Das sind Merkmale, die zu erkennen geben, daß diese Linie sich unmittelbar *auf die Wiederkunft des Messias* bezieht.

Durch ihre gleiche Länge von $1881^{1}/_{4}''$ ist eine klare numerische Verbindung zwischen den Linien UV und XY gegeben. Darüber hinaus ist die Möglichkeit einer *geometrischen Verbindung* zwischen ihnen in Erwägung zu ziehen. Wenn die Linie UV, soll sie den entscheidenden Punkt A erreichen, um etwa $120^{1}/_{4}''$ nach oben verlängert werden muß, dann wäre es logisch, daß auch die fallende Linie XY nach oben verlängert werden muß, um den ähnlich signifikanten Punkt Z zu erreichen.

Wir wissen bereits, daß der Punkt auf dem Boden unterhalb des Punktes X in der Großen Galerie dem Frühjahr des Jahres 33 n. Chr. entspricht, so daß der Punkt auf der Bodenlinie unterhalb von Y ein $1881^{1}/_{4}$ Jahre späteres Datum bezeichnen muß – den Sommer des Jahres 1914. Doch die Länge von $1881^{1}/_{4}''$ steht symbolisch auch für den Abstand zwischen „Tod“ und „Leben“. So wie die Deckenhöhe der Unterirdischen Kammer als „Tod“ mit dem Niveau des Bodens der Königinkammer gleichzusetzen ist, so wäre auch diese Ebene des Lebens als „Tod“ mit dem Niveau des oberen Endes der Großen Galerie gleichzusetzen. Aber diese beiden $1881^{1}/_{4}''$ langen Linien treffen ja nicht aufeinander: allein mit Hilfe des Messianischen Dreiecks vermag der Mensch den Abstand (FD auf Seite 78) zwischen der Bodenlinie der Königinkammer und der Bodenlinie der Großen Galerie zu überbrücken. So hängt die Erlangung des „höheren Lebens“ in großem Maße vom Wirken Jesu und des Messianischen Plans ab.

Wenn nun Anfang und Ende der Galerie symbolisch eng mit der Auferstehung der Erwählten vom Tode zum Leben verknüpft sind, wird sie wohl auch über den zeitlichen Ablauf dieses Prozesses Aufschluß geben können. Wie wir schon sahen, bezeichnet das Jahr 1914 (oberes Ende der Bodenlinie der Großen Galerie) einen besonders bedeutsamen Augenblick im Rahmen des Plans: Hier beginnt die dem Endzeitalter vorausgehende, sein Nahen ankündigende Epoche. Da am unteren Ende der Großen Galerie der leibliche Tod Jesu angezeigt ist, ist damit zu rechnen, am oberen Ende einen chronographischen Hinweis auf das Datum der Rückkehr des „Menschensohns“ ins physische Leben und auf den tatsächlichen Beginn des höheren Lebens auf Erden zu finden.

An diesem Punkt angelangt, greifen wir unsere Vermutung erneut auf: Muß man der Länge UV die symbolische Länge von 120¼″ hinzufügen, wenn sie XY bei A schneiden soll, so muß die gleiche Länge (YX) auch am oberen Ende von XY angefügt werden, damit sie Punkt Z erreicht. Denn wenn Z überhaupt eine Bedeutung hat, kann diese nur darin bestehen, daß hier der chronographische Punkt liegt, an dem das symbolisch angekündigte höhere Leben in Erscheinung tritt. Da die Erfüllung des Plans weitgehend vom Wirken des Jesus von Nazareth abhängt, muß dieser Punkt den Augenblick seiner Wiederkunft anzeigen – und eine neuerliche Überprüfung unserer früheren Berechnungen dieses Datums ließe sich so gewinnen.[6]

Wenn die Epoche vor dem Endzeitalter 1881¼ Jahre nach dem Jahr 33 n. Chr. einsetzt, so ist das in der Bibel erwähnte Erscheinen des Menschensohns 2001,5826 Jahre nach dem Jahr 33 zu er-

[6] Der Code der Pyramide scheint diese Auffassung zu bestärken. Die Länge von U(V)A mit ihren 2001,58″ fordert geradezu die Gleichsetzung mit der Code-Entsprechung 7 x 286 heraus, die für die spirituelle Vollkommenheit der Erleuchtung oder der Erleuchteten steht. Hierzu gibt es eine numerische Parallele: der Umfang der inneren (aus Blöcken gefügten) Gipfelplattform beträgt ebenfalls 7 x 286,1″. Auf dieser Plattform sollte der Schlußstein, die Pyramidenspitze, ruhen, deren Basisumfang genau 8 x 286,1″ mißt. Darüber hinaus versinnbildlicht der Schlußstein mit seinem Basisumfang von 8 x 286,1″ die Wiedergeburt des Erleuchteten, also das Wiedererscheinen des Messias. Die Pyramidenspitze wurde also mit diesem ersehnten Ereignis numerisch in Beziehung gesetzt durch die Zahl 2002 (7 x 286,1 = 2002,7), und dies mag sowohl chronologische als auch symbolische Bedeutung haben.

warten – *im Herbst des Jahres 2034.* Dieser Zeitpunkt ist mit dem an früherer Stelle gegebenen identisch.

Tatsächlich sind die Maßwerte derart präzis und eindeutig, daß man versucht ist, Spekulationen über *das genaue Tagesdatum dieses entscheidenden Ereignisses* anzustellen. Denn der vertikale Abstand von der Ebene des Todes zu Punkt A beträgt, wie wir sahen, exakt 2001,5826″ – chronographisch vermutlich soviel wie 2001 Jahre und 212,8 Tage. Stecken wir diesen Zeitraum nun an der Bodenlänge der Galerie ab, ausgehend vom Datum der Kreuzigung, – die Pyramide setzt sie auf den 1. April des Jahres 33 n. Chr. (Gregorianischer Zeitrechnung), – dann müßte das Zeichen des Messias oder der Messias selbst am *31. Oktober 2034* am Himmel erscheinen.[7]

Daß dieses Ereignis auf ein Herbstdatum fallen soll, ist keineswegs außergewöhnlich: Es fällt ja genau auf den Beginn des weltweit begangenen Totenfestes – auf den Britischen Inseln All Hallows oder Halloween (31. Oktober), All Saints' Day (1. November) und All Souls' Day (2. November) und in Deutschland Allerheiligen (1. November) und Allerseelen (2. November). Uralter Überlieferung zufolge gilt der 31. Oktober als der Tag, an dem die Seelen der Dahingeschiedenen auf die Erde zurückkehren. In vielen Ländern zündet man Kerzen oder Lampen auf den Gräbern an, die den Geistern als Wegweiser dienen und sie willkommen heißen sollen. Bei den alten Ägyptern wurde der Tag nach dem Totenfest (der 3. Oktober) zum Gedenken an die Auferstehung des Osiris, der Messias-Gestalt des Nillandes, festlich begangen.

In vielen Gegenden der Welt galt das spätherbstliche Totenfest als Gedenktag an ein kosmisches Ereignis: im alten Ägypten war es die Vernichtung der Menschheit; in Mexico und Peru die Zerstörung der Welt; in Babylonien, Assyrien und China die große Flut, also die Sintflut. Es war die kataklysmatische Katastrophe

[7] Von gleicher Basis ausgehend würde das alternative Kreuzigungsdatum in Fn. 10 des 3. Kapitels (S. 80) dieses messianische Ereignis auf 2039 oder 2040 vorverlegen und es möglicherweise mit der Ankunft des Messias oder seiner freiwilligen Rückkehr in die Sterblichkeit gleichsetzen, welche die Nordseite des Granitblocks auf den 21. Oktober 2039 festsetzt (siehe S. 141).

(vermutlich durch geologische Vorgänge ausgelöst), in der jene frühere Welt unterging, deren Vermächtnis allein in Gestalt der Großen Pyramide, in der Sage vom meerversunkenen Atlantis und anderen uralten religiösen und mythischen Überlieferungen überkommen ist. Noah war der Gerechte, der allein mit den Seinen dem Untergang entrann. Die alte Tradition sah in ihm stets eine symbolische Vorwegnahme der Errettung der Menschheit durch Christus. Mit der Wiederkunft des Messias am Jahrestag des Weltuntergangs soll sich diese Erinnerung erfüllen[8] (siehe Kapitel 9).

Ein Vorbehalt jedoch: Die Datierungen dürfen nicht als absolut feststehend aufgefaßt werden. Die Schlüsse, zu denen wir gelangten, fußen auf numerischen Prämissen, die innerhalb eines gewissen Spielraums zu sehen sind. Die Länge des Bodens der Großen Galerie zum Beispiel beträgt nicht 1881,2416″ (was dem Abstand zwischen der Ebene des Lebens zur Ebene des Todes entspricht), sondern genau 1881,2223″. Es bleibt eine Differenz von etwa ein Fünfzigstel Zoll. Wäre diese Differenz bedeutsam, würde damit die Rückkehr des Messias eine Woche früher zu erwarten sein. Auch liegt Punkt A nicht 120″, sondern nur etwa 119″ galerieaufwärts von jenem Punkt entfernt, der die Kreuzigung des Jesus von Nazareth anzeigt. Für unsere Berechnungen spielen solche Abweichungen allerdings nur eine untergeordnete Rolle. Wollten wir aber eine andere Vermessung anwenden, nämlich nicht ausgehend von den 2002,58″ von Punkt X, sondern von 1881,25″ des Punktes A, so müßte das Datum des messianischen Advents auf das Jahr 2033 fallen. Immerhin beruhten unsere Messungen in diesem Zusammenhang auf der Zahl 2001,58″, wenn es auch die Zahl 2000 gewesen ist, die uns auf diese Fährte setzte. Damit wäre das Jahr 2033 für den Advent des Messias noch immer denkbar, wenngleich die Chronographie der Pyramide es auf 2034 festlegt (siehe Seite 140).

Und dies bringt uns zu der letzten und vielleicht rätselhaftesten der offenen Fragen. Wir sind uns darüber klar, daß die Große Pyramide *der ganzen Menschheit* ein bestimmtes Wissen, eine Bot-

[8] Ich verweise auf Jesus' eigene Worte nach Matthäus 24, 37: „Wie die Tage des Noe, so wird die Ankunft des Menschensohns sein."

schaft, übermitteln sollte. So wird es überraschen, daß sie so viel zur Entwicklung der westlichen Gesellschaft im allgemeinen und über das Christentum im besonderen zu sagen hat. Dieses Ungleichgewicht mag größer erscheinen, als es in Wirklichkeit ist, denn die angesprochenen Entwicklungen haben sich weltweit viel stärker ausgewirkt, als wir uns klar machen. Doch scheint vor allem der letzte Teil der Chronographie ihr Schlaglicht vor allem auf die Vorgänge in Europa und in der westlichen Welt zu werfen, weniger aber auf Entwicklungen, die weiter östlich vor sich gehen.

Von der Renaissancezeit an haben aber das europäische Denken und die europäischen Lebensformen zunehmend Einfluß auf die Entwicklung der Welt im Ganzen gehabt. In Künsten und Wissenschaften, in Bildung und Moral, auf sozialem Gebiet und in der Politik, in fast allen Bereichen menschlicher Tätigkeit war es der Westen, der in steigendem Maß für die übrige Welt zum „Schrittmacher" wurde. Westliche Bewegungen weiten sich heute zu Weltbewegungen, westliche Krisen zu Weltkrisen, westliche Kriege zu Weltkriegen aus. In den letzten Jahrhunderten hat der Westen die übrige Welt davon zu überzeugen versucht, daß die westliche Gesellschaft, die westlichen Glaubensauffassungen, westliche Kleidung und westlicher Lebensstil zur Richtschnur zu nehmen seien – Fixierungen, deren Richtigkeit man erst in den jüngsten Jahren in Frage zu stellen begann. Nicht von ungefähr kommt diese ganze Denkrichtung historisch letztlich aus der Einstellung der frühchristlichen Missionare, die ihre Religion als die beste, ja die einzig wahre betrachteten. Ihr Glaube beruhte auf der Überzeugung, daß diese Religion von Gott in Menschengestalt gegründet worden sei. Das Christentum und der Westen fallen weithin zusammen; wo der „Weiße Jesus" geführt hat, folgte die Welt bald nach.

Dieses überkommene Christentum ist – im Gegensatz zum echten Nazarenertum – begrifflich wie historisch eine im Grunde europäische Religion. Ihr Entstehen als „separate" Bewegung hat der Planer der Pyramide vermutlich vorausgesehen. Warum aber hat die Pyramide offenbar so viel über die Entwicklung des Christentums zu sagen und so wenig über die anderen „rivalisierenden" Religionen?

Will man den Führungsanspruch des Christentums vor dem

Hintergrund der universalen Verkündung der Pyramide sehen, dann eingedenk der Wahrheit, daß das echte Christentum, wie Jesus es predigte, *keinen* Führungsanspruch und *keine* rivalisierenden Religionen kannte. Vielmehr hat sich die im weltweiten religiösen und messianischen Plan der Pyramide vorgesehene folgerichtige Entwicklung in allen großen Religionen manifestiert. Mit dem Blick auf die Pyramide wird Jesus nicht als Gegner von Osiris, Buddha, Krischna, Lao-Tse oder Quetzalcoatl oder gar Moses zu sehen sein, sondern als deren sinnfällig letzter *Nachfolger*. Was immer Jesus gelehrt hat: Es war die logische Weiterentwicklung der Kerngedanken jener älteren Religionen, war die neuerliche Bestätigung und Darstellung eines einstmals universalen Wissens der Menschheit aus uralter Zeit, jener wahren Religionen, aus denen alle etablierten Religionen seitdem hervorgingen, und deren Verfall sie oft genug darstellen. Jesus und seine Lehre sind so aus einer ganz neuen Sicht zu sehen und unter Außerachtlassung des Führungsanspruchs des Traditionschristentums.

Viele Christen werden freilich in den berühmten Jesusworten aus dem Johannesevangelium (14, 6) „Ich bin der Weg und die Wahrheit und das Leben; niemand kommt zum Vater denn durch mich" eine Bestätigung des christlichen Anspruchs sehen, als einzige aller Religionen im Besitz der „Wahrheit" zu sein. Man sollte sich indes vor Augen halten, daß diese Aussage Jesu durch das Evangelium des Johannes überliefert wurde, dessen Verfasser am Anfang vollkommen deutlich macht, daß *sein Christus ein ewiger Geist ist,* der vor dem Anfang der Zeit bereits existierte. Er ist das lebenspendende *„Wort"*, der *„menschliche Gedanke"* Gottes, er ist jener Heilige Geist, der sich in allen drei Evangelien wie die Taube bei der Taufe im Jordan herabläßt. Seit jenem Augenblick war und ist der Mensch Jesus die Verkörperung oder Inkarnation dieses Geistes, und was er sagt, sagt er in dessen Namen. Hierin liegt der besondere Anspruch des oben zitierten Textes begründet, der für einen sterblichen Menschen nicht gelten kann. Gott ist in Jesus nur Mensch geworden kraft der Macht des Heiligen Geistes.

Die Worte des Jesus bei Johannes 14, 6 bedeuten also, daß der Mensch das ewige Leben allein durch das Wirken des messianischen Geistwesens, des sogenannten Heiligen Geistes, erlangen kann. Auch Paulus deutete später an (so im 1. Korinther 12, 3–11), daß jegliche gute Tat des Menschen von ein und demselben Geist inspiriert wird.

In der buddhistischen und hinduistischen religiösen Literatur wird ganz deutlich ausgesprochen, daß zahlreiche ihrer Heiligen und Weisen in der Vergangenheit die spirituelle Unsterblichkeit erwirkten. Auch gewannen sie die Fähigkeit, Wunder zu vollbringen, die denen uns von Jesus überlieferten ebenbürtig an Glanz und Zahl sind. Es ist nicht einzusehen, warum diese orientalischen Schriften größere oder geringere Gültigkeit haben sollen als die jüdischen und die christlichen. Es war das Wirken desselben Heiligen Geistes, dem diese Erhabenen ihre Unsterblichkeit verdanken.

Die Grundlehren, die Jesus im Namen des Heiligen Geistes verkündete, können also zu denen des Buddhismus und Hinduismus nicht ernsthaft im Gegensatz stehen, so groß auch die Unterschiede in Formulierung und Symbolik immer sein mögen. Die Ähnlichkeiten aber seien nicht übersehen: „Ich bin das Opfer, Gottesdienst, – das heil'ge Kraut", sagt Krischna in der *Bhagavad Gita* der Hindus.

„Das Opferlied, . . . das Feuer und die Spende ich!
Ich bin der Vater dieser Welt, bin Mutter, Schöpfer, Ahnherr auch,
Bin Lehre, Läuterung, heilges OM, bin Rig, Saman und Yajus auch
(die drei kanon. Veden)
Weg, Erhalter, Herrscher, Zeuge, Wohnort, Zuflucht und guter Freund.
Ursprung, Vergehen, fester Stand, der Schatz, der Ew'ge Same auch.
Die Wärme schaff' ich, Regen, Flut halt' ich zurück, laß' strömen ich,
Ich bin Unsterblichkeit und Tod, bin Sein und Nichtsein, . . ."[9]

[9] Man vergleiche die Worte des Osiris im *Ägyptischen Totenbuch:* „Ich bin das Heute. Ich bin das Gestern. Ich bin das Morgen. Meine wiederholten Geburten durchschreitend bleibe ich kraftvoll und jung. Ich bin dem Geheimnis verwobene Seele, die einstmals die Göttergeschlechter erschuf . . . Ich bin der Herr derer, die von den Toten auferstanden. Ich bin der Große Eine, Sohn des Großen Einen. Ich bin das Feuer, der Sohn des Feuers . . . Ich bin Osiris, der Herr der Ewigkeit." (Nach Gr. Kolpaktchy)

„Was du tust und was du issest, was du opferst und was du gibst,
Wenn du büßest ... – dies alles bringst du mir dar!
So wirst frei du von den Fesseln, die gutes und böses Tun dir bringt,
Ob du nun handelst oder nicht, erlöset gehst du ein zu mir.
... wer mich verehrt, geht nicht zugrund!“[9]

„Was es Herrliches irgend gibt, was schön ist und was kraftvoll ist,
Das wisse, stammet alles her aus einem Teil meiner Kraft ...
Mit einem Teile meines selbst hab' ich dies Weltall festgestellt!“

„Gar viele Geburten hab ich schon durchlebt – du auch ...
Denn immer, wenn die Frömmigkeit hinschwinden will ...
Ruchlosigkeit ihr Haupt erhebt, dann schaffe ich mich selber neu.
Zum Schutz der guten Menschen hier und zu der Bösen Untergang.
Die Frömmigkeit zu fest'gen neu, entsteh' in jedem [Welt] Alter ich.
Und wer mein Werden und mein Tun, das göttliche, in Wahrheit kennt,
Erleidet keine Neugeburt, – er geht im Tode zu mir ein ...

Wie diese mir sich wenden zu, so liebe ich hinwiedrum sie;
Es wandeln vielen Bahnen nach durchaus die Menschen ...
Am Ende kommen sie alle zu mir.“
(Nach der Übertragung von Leopold von Schroeder)

Wahrheit, was immer wir unter diesem Wort verstehen – ist grenzenlos und letztlich stets ein und dasselbe; keinem Menschen und keiner Religion ist es beschieden, sie ganz zu erfassen. Dieses Faktum hat Buddha einmal anschaulich demonstriert: Er hob eine Handvoll Blätter vom Waldboden auf und sagte, was er an Wahrheit zu enthüllen vermocht habe, verhalte sich zu dem, was er nicht enthüllt habe, wie die Blätter in seiner Hand zu dem Meer von Blättern, die auf dem Waldboden liegen blieben. Auch Jesus soll nach Johannes 16, 12 gesagt haben: „Noch vieles habe ich euch zu sagen, doch ihr könntet es jetzt nicht tragen.“

Der Buddha soll in diesem Zusammenhang noch ein anderes Gleichnis erzählt haben: Ein indischer Herrscher befahl einmal vier

Blinde zu sich und stellte sie einem Elefanten gegenüber. Er befahl einem jeden zu sagen, was das sei. Der erste, der den Rumpf des Elefanten anfaßte, sagte, es sei ein Topf, der zweite, der mit der Hand auf ein Bein traf, behauptete, es sei ein Baum; der dritte, der den Schwanz zu fassen bekam, verkündete, es sei ein Besen; und der vierte, der ein Ohr abtastete, sagte entrüstet, eine Kornschwinge sei es. Und sie begannen sich untereinander zu zanken; jeder von ihnen war überzeugt, daß er recht habe, – was er in gewissem Sinn auch hatte, – und daß alle anderen im Unrecht seien. Ebenso sei es, habe Buddha seine Erzählung beschlossen, wenn wir, die wir wenig oder nichts von der Wirklichkeit wissen, uns über Wesen und Definition der Wahrheit streiten.

Wir sollten nicht vergessen, daß die Große Pyramide *unvollendet* ist. Wir sollten bedenken, daß sie vier Fassaden aufweist, die in vier verschiedene Weltrichtungen weisen. Wie der ebenfalls unvollendete und ihr in der Idee verwandte biblische Turm zu Babel, stellt auch sie die gespaltene Menschheit dar. Doch wenn sie zu guter Letzt einst den krönenden Schlußstein erhält, wird sich zeigen, daß die vier einzelnen Fassaden nichts anderes als Facetten ein und desselben Diamanten der Wahrheit sind, die in ihrer Kulmination zusammenmünden – beim Advent des künftigen Christus.

Anmerkungen zur Geschichte

Von seiten der offiziellen Wissenschaft wird für gewöhnlich behauptet, die Existenz der drei Kammern in der Großen Pyramide sowie deren Lage seien das Ergebnis von Änderungen des Entwurfs der Pyramide noch während der Bauzeit. Ursprünglich sei die Unterirdische Kammer als Grabkammer für den Pharao bestimmt gewesen, doch habe man später darüber die Pyramide errichtet, weil die Grabstätte über der Erde liegen sollte. Die unleugbaren geometrischen Beziehungen der verschiedenen Kammern und Gänge zueinander lassen diese Theorie indes höchst unwahrscheinlich erscheinen. Gegen sie spricht auch die kleinere Anlage östlich der Pyramide, die aus einem in den gewachsenen Fels gehauenen Komplex von Gängen besteht (siehe Plan der Abb. 49), deren Abschnitte genau

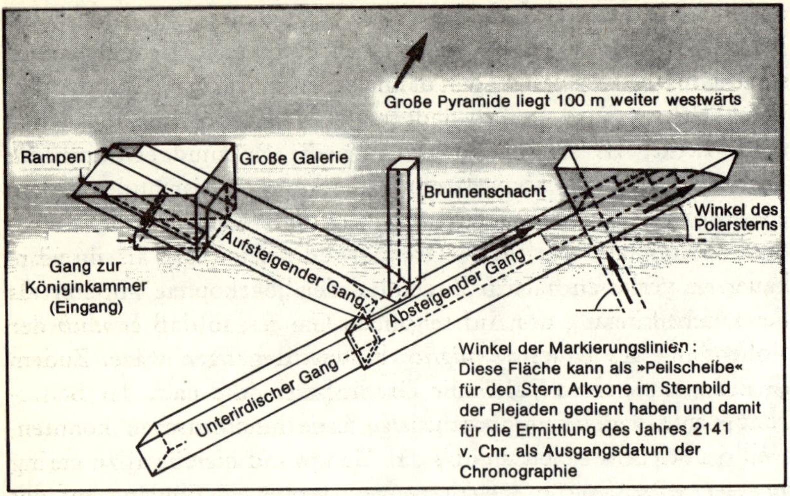

Abbildung 49
Modellanlage. Dieses uralte unterirdische Gangsystem liegt etwa 100 m nach Osten von der Großen Pyramide entfernt und ist aus dem gewachsenen Fels gehauen. Seitliche und vertikale Ausmaße und Neigungswinkel der Gänge gleichen weitgehend denen ihrer Entsprechungen in der Pyramide. Allerdings verläuft der Unterirdische Gang hier nicht horizontal, sondern abfallend, und der untere Abschnitt des Aufsteigenden Ganges verjüngt sich sowohl in der Höhe als auch in der Breite (um Sperrblöcke festzuhalten), während er sich in der Pyramide nur in der Breite verjüngt (s. Rutherford, S. 965).

Daß es sich hier um eine Modellanlage aus der Zeit *vor* dem Bau der Pyramide handelt, geht aus der Verlegung des Brunnenschachts und der Neigung des Unterirdischen Ganges hervor. Es ist unwahrscheinlich, daß man solche „Abweichungen" zugelassen hätte, wenn hier eine spätere Kopie des Gangsystems der Pyramide hätte erstellt werden sollen.

den bekannten Hauptgängen der Pyramide entsprechen. Tatsächlich mag diese Anlage zur Probe in den Stein gehauen worden sein, um die in der Pyramide niederzulegende Chronographie zuvor im Modell unter allen Aspekten zu prüfen.

Die offizielle Wissenschaft will wissen, daß König Chufu oben in der Pyramide in der Königskammer beigesetzt war (entgegen den Darstellungen von Herodot und Diodorus). Der Aufsteigende Gang soll damals durch drei Granitblöcke versperrt worden sein, die in der Großen Galerie auf einem in den Austiefungen der Wandsockel befestigten Bohlenboden bereitgelegen hätten, von wo aus man sie dann einfach den Gang herabgleiten ließ. Die damit befaßten Arbeiter seien hierauf angeblich über den Brunnenschacht ins Freie gelangt, der dann hinter ihnen versiegelt wurde. Diese Theorie wird freilich dadurch in Frage gestellt, daß al-Mamuns Leute, als sie im Jahr 820 in die Pyramide eindrangen, „Sarkophag" und Königskammer völlig leer vorfanden. Dem „Sarkophag" fehlten Inschrift und Deckel, während die Gänge noch ebenso fest verriegelt waren, wie an dem Tag, als ihre Erbauer sie verlassen hatten. Zudem ist der „Sarkophag" breiter als der untere Eingang des Aufsteigenden Ganges, so daß er *nach* der Vollendung des Baues *unmöglich* hindurchgegangen wäre. Zudem ist nicht anzunehmen, daß die Granitsperrblöcke nach der Beisetzung den Gang bis in ihre heutige Lage hinabrutschen konnten, weil der seitliche Spielraum bis zur Gangwand hierfür allzu gering gewesen wäre. Strabo zufolge bestand ferner ein Eingang auf der Nordseite der Großen Pyramide, bestehend aus einer schwenkbaren Steinplatte, die aufgeklappt werden konnte, sich aber so genau in das Mauerwerk einfügte, daß sie von außen nicht zu erkennen war. Die Wissenschaft aber glaubt, daß die Sperrblöcke Teil eines ausgeklügelten Sicherheitssystems zum Schutz der „königlichen Grabstätte" gewesen seien. Die Grabräuber hatten dann aber die Sperrblöcke umgehen und ohnedies auf dem gleichen Weg in die Grabkammer gelangen können, auf dem die eingeschlossenen Arbeiter angeblich die Pyramide verließen. Schließlich setzt das *Ägyptische Totenbuch* unmißverständlich die Königskammer mit der „Kammer des offenen Grabes" gleich, – so als wäre das ihre beabsichtigte symbolische Funktion und der „Sarkophag" stets leer gewesen.

Nach unserer Deutung aber stellt der Absteigende Gang den Weg der Toten dar, der unausweichlich in die Hölle führt; erst mit der Einführung eines *neuen Entwurfs* am Anfang des Aufsteigenden Ganges – wir nannten ihn den Messianischen Plan – erwuchs die Möglichkeit, den Pfad des Todes gegebenenfalls in einen Weg des Lebens zu verwandeln. Immer wieder berichtet das Gangsystem von einem, dem es im Tode gelang, den Weg durch den Aufsteigenden Gang zurückzulegen und in die Königskammer einzutreten. Nachdem dann der Weg hinter ihm versiegelt wurde, vermochte er aus dem Grab zu entweichen und in die vollkommene Einheit mit dem Göttlichen einzugehen.

Die enge Parallele zum biblischen Bericht von der Kreuzigung und Auferstehung des Jesus von Nazareth liegt auf der Hand. Sogar die Verriegelung des himmlischen Pfads hinter dem, der die Kammer betrat, spiegelt sich in der Verschließung des Christusgrabs mit dem Stein und auch in den Worten Jesu (nach Johannes 7, 34): „Wo ich bin, dahin könnt ihr nicht kommen". Das Verschwinden seines Leibes und das Geheimnis des Grabes sind weitere Hinweise. Allein die triumphale Rückkehr des Königs-Messias an die Fülle seiner Macht – sei er der Osiris der Ägypter oder der Jesus der Christen – kann der Menschheit die Tore öffnen, auf daß sie endlich ihres Erbes, des ewigen Lebens, teilhaftig wird.

6 Aufstellung exakt vorausgesagter Vorgänge

Datum	Vorgang	Mögliche historische Identifikation
v. Chr.		
2623 (Sonnenwende)	(Eintritt ins Gangsystem)	Beginn des Pyramidenbaus (?) in der Regierungszeit des Chufu
2141 (Frühjahrsnachtgleiche)	Markierungslinien werden nach den Plejaden ausgerichtet	(Ausgangsjahr der Pyramidenchronographie)
1453 (30. März)	Ein neuer Aufwärtsweg	Auszug der Kinder Israels aus Ägypten Gesetzgebung auf dem Berg Horeb Entstehungsepoche der Veden
797–765	Entstehungszeit mit günstiger Entwicklungstendenz	13. Jahrestag des Volkes Israel (?)
592–559	Entstehungszeit mit ungünstiger Entwicklungstendenz	Babylonische Gefangenschaft der Juden Zerstörung des salomonischen Tempels Verfall des ägyptischen Reiches Heraufkunft von Buddhismus, Konfuzianismus, Taoismus und Pythagoreertum am Ende einer Zeit der Dunkelheit
384–352	Entstehungszeit von günstiger Tendenz	Zeit Platos und Aristoteles' Geburt Alexanders d. Gr.

2 (27. September)	Geburt einer zentralen messianischen Gestalt	Geburt des Jesus von Nazareth
n. Chr.		
29 (14. Oktober)	Vorbereitung der messianischen Persönlichkeit findet Abschluß	Taufe des Jesus von Nazareth (?)
33 (1. April)	Messianische Persönlichkeit erlangt volle Erleuchtung: betritt nun den Pfad des Erleuchteten	Kreuzigung des Jesus von Nazareth (?)
46 (März)–58 (April)	Geringere, messianische Gestalt erhält missionarischen Auftrag	Missionsreisen des Paulus in die nicht-jüdische Welt; Entstehungszeit der buddhistischen Glaubensvorstellung von der Erlösung durch einen Bodhisattva (Heiland)
58–82	Epoche des physischen Todes und der Zerstörung	Die Zeit Neros, Vespasians, Titus'. Aufstand der Juden und Krieg
70	Zentrales Ereignis der Epoche	Zerstörung Jerusalems durch Titus
152	Trennung des inkarnationsfreien Weges des Erleuchteten vom statischen Weg der leiblichen Wiedergeburt	Endgültiger Bruch zwischen Nazarenern, orthodoxem Judentum und Christen
1223–28	Spirituelle Reifung des Menschen beginnt: Rückkehr zur Basis der messianischen Lehre: erste Schritte zur Errichtung einer „Hölle auf Erden"	Tod des Franz v. Assisi. Franziskanische und dominikanische Reform. Thomas von Aquin. Beginnende Wissenschaftlichkeit: Grosseteste, Bacon.
1440–1521	Entscheidende Ereignisse gehen der Epoche der „Hölle auf Erden" voraus	Erfindung des Buchdrucks in Europa; Eroberung Konstantinopels; Renaissance; Reformation; Entdeckung Amerikas; Weltumsegelung
1767–1848	Zeit physischer Umwälzung und idealistischer Programme	Amerikanischer Unabhängigkeitskrieg; Französische Revolution; Revolutionen in anderen europäischen Ländern. Entstehung des Marxismus

1845	Erste Schritte/Einleitung des Endzeitalters	Auswirkungen der industriellen Revolution; rapide wissenschaftliche Entwicklung; Kunstepoche der Romantik; Beginn der Orientalistik in Europa
1914 (Sommer)	Ende der Periode der Nicht-Inkarnierung des Erleuchteten; Beginn des Zeitalters der „Hölle auf Erden" und mögliche universelle Reinkarnierung	Ausbruch des Ersten Weltkriegs; Anzeichen rapider weltweiter Bevölkerungszunahme als Folge medizinisch-technologischen Fortschritts
1918 (± 3)	Geistiger (materialistischer) Tiefstand	Ende des Ersten Weltkriegs
1921–32 (± 3)	Periode materiellen Fortschritts	
1932–39 (± 3)	Rascher kultureller Abstieg	Zuspitzung zum Zweiten Weltkrieg
1933–85	Der *Christus* beginnt die irdische Ebene zu durchdringen	
1933–44	Aufstieg und Fall eines Anti-Messias (?)	Adolf Hitler (?)
1935–37 (± 3)	Spiritueller Abstieg der gesamten Menschheit	
1945 (± 3)	Neue spirituelle Tendenzen; Rückkehr zu messianischen Grundlehren	Entdeckung der Schriftrollen vom Toten Meer, Enthüllung der Lehren der Essener
1951–65 (± 3)	Schnelles Wiederaufleben der Kultur	Erholung nach dem Krieg
1967 (± 3)	Spiritueller/moralischer Abstieg	Die permissive Gesellschaft (?)
1971 (± 3)	Plötzliche Rückschläge für die zivilisierten Gesellschaften	Umweltvergiftung, Bevölkerungs- und Rohstoffkrisen (?)
1977[1]/78 (± 3) – 2004 (± 3)	Partieller Zusammenbruch und weiterer Niedergang der zivilisierten Gesellschaften	

[1] 1290 Jahre nach dem Jahre 688 n. Chr., dem Datum der Grundsteinlegung des Felsendoms auf dem Tempelplatz in Jerusalem (siehe Daniel 12, 11 und Kapitel 7): doch würden 1290 Jahre nach der *Vollendung* der Moschee (691 n. Chr.) ein um etwa *drei Jahre späteres Datum* ergeben – die bereits auf S. 187 vorgeschlagene Korrektur der Datierungen der Unterirdischen Kammer.

1985[2] (30. November)	Mächtige spirituelle Einflüsse beginnen die Erleuchteten zu durchstrahlen
1999[3] (21. Februar)	Errichtung eines Königreiches des Geistes: eine gesonderte und einzigartige Form menschlicher Gesellschaft, allein auf Neigung zum Spirituellen beruhend
2004–25 (± 3)	Totaler Zusammenbruch der materiellen Zivilisation
2014–32 (± 3)	Spiritueller Tiefstand der gesamten Menschheit
2025 (± 3)	Partielle Neuentstehung zivilisierter Gesellschaften
2034[4] (31. Oktober)	Erscheinen des Messias-Zeichens am Himmel
2039 (21. Oktober)	Der *Christus* inkarniert sich als leiblicher Mensch – die lang erwartete Wiederkunft des Messias
2055 (± 3)	Erneuter materieller Fortschritt
2075 (± 3)	Beginn einer Epoche gewaltiger materieller Prosperität und Errungenschaften
2076 (± 3)	Beginn einer Epoche enormer spiritueller Expansion; die Menschheit erhebt sich zu höheren Ebenen
2116 (28. März)	Tod oder Fortgang des ersten messianischen Führers
2132/3 ± 3)	Der Weg der spirituellen Befreiung wird den völlig Unerleuchteten verschlossen
2134–2238	Der *Christus* reinkarniert aufs neue
2264–2368	Dritte messianische Reinkarnation

[2] Nach Rutherfords Rechnung 1966.

[3] Beginn des dritten „Tages“ von 1000 Jahren nach 2 v. Chr. (nach Rutherford 1979).

[4] Beginn des dritten „Tages“ von 1000 Jahren nach 33 n. Chr. (2015 n. Chr., wenn man von Rutherfords früherer Berechnung ausgeht).

2279	Beginn des initiatorischen Zeitalters für die partiell Erleuchteten
2394–2499	Vierte (und letzte) messianische Visitation
2422–77	Partielle Reformbestrebungen unter den vollkommen Unerleuchteten
2499 (21. Februar)	Die Erlösten betreten endgültig den Weg der Befreiung
2569[5]	Ende der Weissagung für die vollkommen Unerleuchteten (Beginn eines neuen Zyklus?)
2989[6] (2. Juli)	Anfang des wahren Jahrtausends. Ära der endgültigen Befreiung für die Erleuchteten
3279	Ende des initiatorischen Zeitalters für die reinkarnierenden partiell Erleuchteten

[5] 3 „Zeiten" von je 840 Jahren nach dem Jahre 49 n. Chr. (siehe Daniel 12,7), als der messianische Fürst – Paulus – in Jerusalem erschien, um die Gründe für seine Missionsreisen darzulegen, die insbesondere der „Zerschlagung der Macht des heiligen Volkes" unter den Heiden (siehe Daniel 12, 7) dienen sollte. Der gleiche Vorgang ereignete sich etwa „sieben Wochen von Jahren" nach der Geburt des Jesus (siehe Daniel 9, 25), der „Jerusalem", das heißt das Himmelreich auf Erden, wieder errichten wollte.

[6] „Siebzig Jahrwochen" nach 2499 (wie oben angeführt: siehe Daniel 9, 24). Die Hälfte einer „Zeit" von 840 Jahren nach 2569 (wie oben: siehe Daniel 12,7). 2300 Jahre nach 688–91 n. Chr. (Errichtung des Felsendoms, auf den Daniel 8, 14 anspielt).

Diese seltsame und scheinbar zufällige Übereinstimmung mit den oft unverständlichen Prophezeiungen des Buches Daniel könnte sich vielleicht als aufschlußreich erweisen. Wenn Daniel 12, 7 „eine Zeit, zwei Zeiten und eine halbe Zeit" nennt, so ist dies womöglich ein Hinweis, daß zwei der in der Pyramide angeführten Daten sich auf ein bekanntes biblisches Ereignis beziehen, wenn man davon ausgeht, daß eine „Zeit" gleich 840 Jahre und nicht gleich 360 Jahre ist, wie allgemein angenommen. Jedoch sind diese Zahlen aufeinander beziehbar: 3 x 840 ist gleich 7 x 360.

Auf der Basis der höchst vagen Deutungen der Prophezeiungen des Buches Daniel irgendwelche „Beweise" erbringen zu wollen, hat natürlich keinen Sinn. Immerhin sind gewisse Ähnlichkeiten überraschend.

3989	Abschluß des wahren Millenniums – Ende des Zeitalters des Aufstiegs zur spirituellen Ebene
Undatiert	Zeitloses, körperloses Fortschreiten der erleuchteten Seelen der Menschheit durch fünf weitere, miteinander nicht verbundene Ebenen der spirituellen Erfahrung, das in der vollkommenen Vereinigung mit dem Göttlichen gipfelt

Bemerkungen zur Datierung

Die theoretischen Datierungen für die Kammer der Königin und des dazugehörigen Ganges gehen durchweg davon aus, daß die das Jahr 58 n. Chr. bezeichnende Abwärtsstufe am Anfang des Ganges ursprünglich senkrecht war, wie Rutherford und andere Autoritäten annehmen. Andererseits ist diese Stufe auf vielen der früheren Diagramme und Zeichnungen (so bei Edgar) in stark verfallenem Zustand wiedergegeben. So wäre es also denkbar, daß sie nicht von jeher schon senkrecht war.

Wenn wir dieser Annahme folgen und darüber hinaus (dem Postulat des Codes widersprechend) annehmen, daß die vertikale Stufe in der Mitte des Ganges die Priorität hat vor den anderen Stufen des Ganges, dann würde sich für die gesamte Horizontale eine neue Skala von 1 *n* pro Jahr ergeben.

Auf dieser Basis würden die neuen Daten für Königin-Kammer und Gang, wenn wir die Datierung mit dem 1. April 58 n. Chr. beginnen lassen, folgendermaßen lauten:

Stufe in der Gangmitte:	Mittsommer 6225 n. Chr.	(zuvor 1228)
Eingang in die Königin-Kammer	Frühjahr 7276 n. Chr.	(zuvor 2279)
Südwand der Königin-Kammer	Frühjahr 8276 n. Chr.	(zuvor 3279)

Das Millennium fiele also nicht mehr ins Wassermannzeitalter, sondern in das Zeitalter des Schützen (6330 bis 8490 n. Chr.; vergleiche „Astrologische Parallelen“ S. 367). Dann würde die erste

Hälfte jenes Zeitalters mit der spirituellen Reifung des Menschen und seiner Rückgewinnung einer festen Basis auf der Erde im letzten Abschnitt des Ganges der Königinkammer korrespondieren. Die zweite Hälfte des Schützezeitalters würde der schließlichen Befreiung des vergeistigten Menschen aus den irdischen Ebenen entsprechen, wie dies auch die Kammer mit ihrem Luftschacht anzeigt. Der teils viereckige, teils abgerundete Querschnitt des Schachts (30) verweist auf spirituellen Gewinn durch stoffliche Erfahrung

Angesichts einer solchen Deutungsalternative müßten wir natürlich den Aufwärtsweg der Großen Galerie und des Königskammer-Komplexes als rein spirituellen, den nazarenischen Eingeweihten vorbehaltenen und im Wassermannzeitalter kulminierenden Erlösungsweg betrachten. Königinkammer und Gang dagegen wären teilweise zu interpretieren: als horizontaler Weg, der die weniger erleuchteten Seelen allmählich zur Begegnung mit der im Physischen steckenden spirituellen Wahrheit führt, die dann schließlich im Zeitalter des Schützen selbst ihre Befreiung erarbeiten.

Mag diese Alternative auch gewisse Probleme in sich bergen, paßt sie doch andererseits recht gut zur traditionellen Symbolik der Astrologie.

Zweiter Teil

DAS ZEUGNIS DER EINGEWEIHTEN

Sicherlich steht eine Offenbarung bevor,
. . . Irgendwo im Wüstensand nähert sich
Die Gestalt des Löwenleibs mit dem Kopf eines Menschen,
Einem Blick, blank und mitleidlos wie die Sonne,
Bewegt ihre lässigen Schenkel . . .
Doch jetzt weiß ich: zwei Jahrtausende steinernen Schlafes
Sind aufgerührt zu Albtraum durch eine schaukelnde Wiege:
Welche wüste Bestie, deren Stunde nun gekommen ist,
Schlampt gegen Bethlehem in ihre Geburt?

aus W. B. Yeats, „The Second Coming“
(Übers. v. Erich von Kahler)

7 Pyramide und Heilige Schrift

Bei unserer Untersuchung der Großen Pyramide von Gizeh hat sich gezeigt, daß zwischen der symbolischen Aussage der Pyramide und einer Reihe von heiligen Schriften in den verschiedensten Regionen der Erde eine große Ähnlichkeit besteht. An erster Stelle steht hier für uns natürlich die jüdisch-christliche Bibel: das Alte und Neue Testament. Da ich annehme, daß diese Schriftsammlung den meisten meiner Leser am besten bekannt ist, widme ich dieses Kapitel vornehmlich den zwischen Pyramide und Bibel bestehenden Parallelen.

Von der Tatsache abgesehen, daß die Chronographie der Pyramide eine Reihe von entscheidenden Ereignissen festhält, über die auch die Bibel berichtet – vor allem den Exodus aus Ägypten und die Vorgänge um Geburt und Tod des Jesus von Nazareth –, besteht noch eine allgemeine thematische Ähnlichkeit. Für beide Quellen charakteristisch ist nämlich ihr Messianismus – die feste Überzeugung, daß die seelische Entwicklung des Menschen in einer Zeit künftiger apokalyptischer Umwälzungen nur mit Hilfe höherer Mächte zur vollen Entfaltung gelangen wird. Doch hat die traditionelle Bibelauslegung durch Paulus den Eindruck entstehen lassen, der Mensch selbst könne wenig ausrichten und müsse mehr oder weniger die Hände in den Schoß legen und auf seine Errettung durch einen *deus ex machina* warten. In Wahrheit aber lassen Altes Testament und Evangelien ebenso wenig wie die Pyramide Zweifel daran, daß sich letzten Endes nur der Mensch selbst von Leiblichkeit und Tod befreien kann.

Der Durchschnittschrist weiß gewöhnlich nicht, daß die Juden vormals unter dem „Reich Gottes" des Alten Testaments keineswegs einen Zustand der Verklärung nach dem Tode verstanden. Im Gegenteil verstanden sie darunter ein Goldenes Zeitalter auf *Erden,* ein künftiges Millennium, das zu genießen den Gerechten durch leibliche Wiedergeburt beschieden sein würde. (Christliche Bibelübersetzer mögen es mit „das kommende Reich" wiedergeben; besser wäre aber „Welterneuerung" zu übersetzen; Matthäus 19, 28). Ein allgemeines Mißverständnis hatte die Sitte der Einbalsamierung der Toten aufkommen lassen. Wie sollten die Toten zurückkehren, um sich des Goldenen Zeitalters zu erfreuen, argumentierte man, wenn ihr Leib nicht mehr da war und ihre Seelen nicht in ihn eingehen konnten? „Deine Toten leben, meine Verstorbenen werden auferstehen, die Staubbewohner werden erwachen und frohlocken; denn Tau der Lichter ist dein Tau, die Erde wird Verblichene wieder gebären", verkündete der Prophet Jesaias (26, 19).

Es bedurfte natürlich eines Eingeweihten, um sichtbar werden zu lassen, in welchem Ausmaß die meisten spirituellen Wahrheiten durch den Prozeß ihrer populären Verbreitung korrumpiert werden können. Und es war Jesus, der klarstellte, daß unter der sogenannten „Auferstehung des Fleisches" nicht, wie allgemein angenommen, die Wiederbelebung längst erstarrter Leichen zu verstehen sei, sondern uralter Überlieferung zufolge das Wiedereingehen der Seele in einen Leib.

So wenig eingängig es einem traditionelleren Pharisäer wie Nikodemus auch anmuten mochte,[1] mußte er doch der Grundwahrheit ins Gesicht sehen, daß einer „nicht in das Reich Gottes eingehen kann", es sei denn, er werde *wieder geboren.* Nikodemus mochte noch so hartnäckig darauf bestehen – wie viele Christen noch heute –, daß Jesus mit seinen Worten etwas anderes gemeint habe, als was er klipp und klar sagte. Doch die Wiedergeburt

[1] H. J. Schonfield weist in *Those Incredible Christians* darauf hin, daß zum „verborgenen Wissen" der Pharisäer auch die Lehre von der Seelenwanderung gehörte. Möglicherweise verdanken wir das Nachtgespräch Jesu mit Nikodemus (Joh. 3, 1 ff.) der Tatsache, daß sich Nikodemus über dieses Thema Gedanken machte.

der Seele in einer Reihe von menschlichen Körpern – inbegriffen jener des Millenniums – war die fundamentale Voraussetzung der menschlichen Existenz. „Wenn einer nicht geboren wird aus Wasser und *Geist,* kann er nicht eingehen in das Reich Gottes" fuhr Jesus fort (Johannes 3, 3 ff.) und verwies damit auf die Doppelnatur des Menschen als leibliches Wesen mit geistiger Identität. „Was geboren ist aus dem Fleisch, ist Fleisch, und was geboren ist aus dem Geist, ist Geist. Wundere dich nicht, daß ich dir sagte: Ihr müßt geboren werden von oben. Der Wind weht, wo er will (ein Wortspiel: Das Wort Wind bedeutet sowohl Wind als auch Geist); du hörst sein Brausen, weißt aber nicht, woher er kommt und wohin er geht. So ist es mit jedem, der geboren ist aus dem Geist."

Mit anderen Worten, die Geschichte unserer Seele ist uns unbekannt, und ebenso der Verlauf ihrer künftigen Wiedergeburten. Alles, was wir mit Sicherheit wissen, ist, daß sie jetzt in uns lebt. Und dennoch, scheint es, hat es einst eine Zeit gegeben, da sie eine rein geistige Wesenheit war, die von Sterblichkeit nichts wußte. Kraft ihres geistigen Ursprungs könnte sie einst diesen gesegneten Zustand wiedergewinnen. „Und doch ist niemand hinaufgestiegen in den Himmel als der aus dem Himmel Herabgestiegene, der Menschensohn, der im Himmel ist" fuhr Jesus fort, – indem er sich des üblichen orientalischen, heute noch im Hebräischen gebräuchlichen Ausdrucks „Menschensohn" *(ben adam)* für Mensch bediente. Doch dem gefallenen Menschen fehle es an Selbstvertrauen, um diesen riesenhaften Rücksprung zu vollziehen. Er bedürfe eines Führers, eines exemplarischen Vorbilds, und dies war die Rolle, in der sich Jesus selbst sah. „Und wie Moses die Schlange erhöhte in der Wüste, so muß auch der Menschensohn erhöht werden (diesmal meinte er sich selbst damit), auf daß jeder, der an ihn glaubt, ewiges Leben habe". Die Schlange (Numeri [4. Moses], 21, 6–9) auf die er sich hier bezieht, war eine Art Talisman gewesen, die denen, die den Blick auf sie richteten, den Willen und die Kraft verlieh, von einem Schlangenbiß zu genesen.[2] Durch das

[2] Vielleicht besteht hier eine Beziehung zum Hermes-Symbol (Caduceus), dem Zeichen der Heilkunst und Wissenschaft, bestehend aus einem Stab, um den sich zwei Schlangen winden, die vermutlich die äußere und die innere Weisheit dar-

Wissen um Jesu Beispiel vermochte sich also der gefallene Mensch von seiner tödlichen Schwäche zu erholen und weiter aufwärts zu steigen.

Nichts von Magie, keine welterobernde Erlöserfigur, kein abstruser theologischer Bußbefehl – nichts als ein Mensch, der es freiwillig auf sich nahm, dem Menschen den Weg aus seiner uralten Versklavung im Kreislauf der Wiedergeburten zu weisen und ihn die Erkenntnis der Wahrheit zu lehren, die ihn allein aus diesem Kreislauf befreien konnte.

Der traditionelle Christ wird dieser Auslegung vom Anfang des 3. Kapitels des Johannesevangeliums nicht folgen wollen. Doch nur wenige Christen machen sich klar, daß eine Bibeldeutung weitgehend davon abhängt, was man an Glaubensauffassungen selbst von vornherein in sie „einfüttert". Man weiß heute, daß manche der grundlegenden christlichen Voraussetzungen den Verfassern des Evangeliums ganz unbekannt waren, während andererseits sicher ist, daß der frömmste aller Juden, Jesus, nie an sie geglaubt hat. Wir erwähnten bereits, daß die traditionelle christliche Vorstellung von einem himmlischen Gottesreich dem zeitgenössischen jüdischen Denken zuwiderlief: die Idee, die Einheit Gottes in drei Personalitäten aufzuteilen, steht in krassem Widerspruch zu allem, was ein frommer Jude glaubte. Sie hat ihren Ursprung – darüber ist sich die Mehrzahl der christlichen Wissenschaftler einig – vor allem in den politischen Machenschaften innerhalb der frühen christlichen Kirche. Ebenso dürfte die Vorstellung, daß ein Mensch Gott in Menschengestalt sein könnte, vermutlich von Jesus oder seinen nächsten Anhängern schon deshalb niemals akzeptiert worden sein, weil ein solcher Gedanke aus judaischer Sicht die schlimmste Gotteslästerung gewesen wäre. Zwar betrachtete sich das jüdische Volk kollektiv als *Sohn* Gottes, wobei jeder einzelne ein Gottessohn war, doch nichts ließ persönliche Göttlichkeit zu; auch Jesus selbst scheint das Verhältnis zu Gott als eine Vater-Sohn-Beziehung oder eine Art Adoption aufgefaßt zu haben, nicht

stellen. Moses soll gesagt haben: „Ihr leidet, weil ihr von der leiblichen Schlange gebissen wurdet; richtet eure Gedanken auf die Schlange des Geistes, und alles wird gut sein."

aber als Blutsverwandtschaft (siehe zum Beispiel Johannes 8, 42–47). Selbst der künftige Messias („der Gesalbte“, ein Titel, der jedem israelitischen König zukam) wurde rein als physische Erscheinung gewertet, wie auch seine Bezeichnung als „Mensch“ oder „Menschensohn“ verrät. Jesus wurde schließlich wegen Gotteslästerung ans Kreuz geschlagen, doch war die Kreuzigung der übliche Strafvollzug der Römer bei Lästerung *ihres eigenen Gott-Kaisers.* Nach jüdischem Gesetz lautete das Urteil bei Lästerung Jehovas auf Steinigung.[3]

Daß zur Zeit des Jesus die verschiedensten Glaubensauffassungen und Postulate weite Verbreitung fanden, bezeugen zahlreiche Quellen. Der Glaube an den Advent eines künftigen leiblichen Messias, der die Welt über das Wirken des jüdischen Volkes in ein neues Zeitalter des Friedens und Wohlstandes führen werde, war vielleicht eine der charakteristischsten Glaubensauffassungen zur Zeit Jesu; sie sollte das Volk Israel bald darauf an den Rand der Ausrottung durch die römische Armee führen.[4] Auch der Glaube an die leibliche Wiedergeburt ist bezeugt; er bildete die Basis der religiösen Hoffnung der Mehrzahl der damaligen Juden; auch enthalten die Lehren von Gnostikern, Essenern und Pharisäern manche Anklänge an den östlichen Reinkarnationsglauben[5]. Zudem kann man angesichts der auf uns gekommenen Evangelien-Literatur sich der Folgerung kaum verschließen, daß auch Jesus diese Sicht vertreten hat – eine Tatsache, die man bei der Auslegung der biblischen Geschichten und der uns überkommenen Äußerungen Jesus berücksichtigen muß[6].

Da indes gleiche oder doch sehr ähnliche Glaubensvorstellungen auch der Botschaft oder dem „Evangelium“ der Großen Pyramide

[3] Für eingehenderes Beweismaterial in diesem Zusammenhang siehe H. J. Schonfields authentischen Forschungsbericht in *The Passover Plot* und *The Pentecost Revolution.*

[4] Auch diese Vorgänge finden sich bei Schonfield gut dokumentiert.

[5] Diesem Reinkarnationsglauben oder *gilgul* hängen bis auf den heutigen Tag noch die osteuropäischen Chassiden an – und führen damit noch die gleiche hebräische Tradition fort, aus der einst die Essener hervorgingen.

[6] Siehe zum Beispiel obige Analyse der Zitate aus Joh. 3. Man erwäge auch die möglichen Implikationen aus Matth. 5, 25–26; 8, 22; 11, 14; 18, 3; 18, 13–14; 24–34; Mark. 10, 23–30; Luk, 16, 31; 20, 34; Joh. 5, 24–26 und 29, 8, 56–58; 9, 1–2.

(wie auch den anderen Weltreligionen) zugrunde lagen, war die Vermutung direkter Verbindungen nicht abzuweisen. Es handelte sich da sicher um mehr als nur um eine gemeinsame geistige Quelle. Da die Cheops-Pyramide zudem weit älter ist als die Bibel – älter auch als das jüdische Volk – konnte die Pyramide zumindest *eine der Wissensquellen* der verschiedenen Bibelautoren gewesen sein.

Wenn das stimmt, müßten in der Bibel Hinweise auf das Wissensgut der ägyptischen Pyramide zu finden sein – ob diese als solche erwähnt werden oder nicht. Und die Hinweise müßten für die Verfasser von besonderer Bedeutung gewesen sein. Vielleicht wird sich auch nachweisen lassen, daß zwischen der Symbolik der Pyramide und der messianischen Sicht der Entwicklung des Menschen durch die Autoren der Bibel Zusammenhänge bestanden.

Es mag am nächsten liegen, im Buch des Propheten Jesaias solche Hinweise zu vermuten, da diese Schrift voll von messianischen Symbolen und Weissagungen über das Ende der Zeiten ist. Vom Erscheinen des Messias wird dort so bestimmt gesprochen, daß man sogar Anspielungen auf einen Besuch aus dem Weltenraum hat heraushören wollen: „Siehe, es fährt auf schneller Wolke der Herr und kommt nach Ägypten“ ... und weiter, im gleichen Kapitel: „Alsdann wird mitten im Ägypterland ein Altar für den Herrn stehen und an seiner Grenze ein Denkstein für den Herrn. Das dient als Zeichen und Zeuge für den Herrn im Lande Ägypten. Schreien sie ob ihrer Bedränger zum Herrn, so sendet er ihnen einen Retter, der führt ihren Streit und befreit sie.“ (Jesaias 19, 1, 19–20)

Man sieht es diesem Text nicht sogleich an, daß er Lage, Wesen und Bedeutung der Großen Pyramide von Gizeh beschreibt. Denn das hier in der Übersetzung mit „Altar“ wiedergegebene Wort hatte für die Hebräer zwei verschiedene Bedeutungen: Opferstein, aber auch Gedenkstein oder Mahnmal. Aus dem Zusammenhang geht aber unzweideutig hervor, daß hier die zweite Bedeutung gemeint ist, wobei man sich vor Augen halten sollte, wie damals solch ein Altar auszusehen pflegte: Für gewöhnlich bestand er aus einem mehr oder weniger hohen und großen Steinhaufen, der zugleich auch als Monument zur Erinnerung an besonders wichtige Ereignisse diente; derartige Altäre sind die ältesten Monumente der Hebräer. So sahen auch die Steinaltäre aus, wie sie von Moses, Jakob, Josua und Gideon errichtet wurden. Die Beschreibung träfe aber auch für die Pyramide zu, die ein Steinmonument solcher Art ist.

Vermutlich wurde also das hebräische Wort, um das es hier geht, irreführend wiedergegeben. *Matstsebah* bezeichnete jede Art von Gedenkmonument und ist aller Wahrscheinlichkeit nach mit dem altägyptischen Wort *mstpt* (Totenbahre) wie auch mit dem arabischen *mastaba* verwandt. Bezeichnet wurden so Grabbauten mit quadratischem Grundriß, wie sie der Gestalt der ägyptischen Pyramide zugrunde liegen.

Die Verbindung zwischen Jesaias und den ägyptischen Pyramiden ist also möglich. Die Beschreibung in Jesaias 19, 19, derzufolge das Monument paradoxerweise sowohl „mitten im Ägypterland" als auch „an seiner Grenze" stand, spricht ebenfalls dafür. Allerdings bedeutet dieses scheinbare Paradox noch weitaus mehr. Ein Blick auf die Landkarte auf S. 16 läßt erkennen, daß das Alte Königreich Unterägypten sich genau mit dem Nil-Delta deckte, das den nahezu perfekten Quadranten eines Kreises bildet, dessen Winkel in der Kreismitte 90° betrug und insofern als Mitte des Königreichs bezeichnet werden könnte, gleichzeitig aber auch dessen Südgrenze bildete. An diesem Winkelpunkt liegt (wie die United States Coast Survey im Jahr 1868 bei geodätischen Vermessungen durch Zufall feststellte) die Große Pyramide von Gizeh.

Doch Jesaias hat uns deskriptiv noch mehr zu bieten. Mit der Beschreibung von Beschaffenheit und Lage des Denksteins nicht genug, erwähnt er noch dessen messianische Rolle: Wenn der Mensch um Hilfe ruft, werde der Herr einen Retter schicken. Und weiters gibt der Prophet auch Hinweise auf die tatsächlichen Ausmaße des Bauwerks. Bekanntlich tragen die Buchstaben des hebräischen Alphabets eine doppelte Bedeutung: zum einen als Buchstabe, zum anderen als Zahl, und so hat man entdeckt, daß die Quersumme der Buchstaben des erwähnten Textabschnitts genau 5449 beträgt. Diese Zahl entspricht aber der Höhe der Großen Pyramide (5448,736″), gemessen in Pyramidenzoll von der Basis bis zur Gipfelplattform bis auf 0,27″ Rest. Symbolisch sollte dies bedeuten, daß der Mensch in seiner Unvollkommenheit eines messianischen Erlösers bedürfe.

Die aus Jesaia 19 zitierten Stellen enthalten also mehrere Anzeichen dafür, daß ihr Verfasser von der Weisheit der Großen Pyramide wußte und sich ihrer als Quelle bediente. Er scheint nicht der einzige gewesen zu sein, der dies tat.

Der Verfasser von Psalm 118 (15–22) will ebenfalls messianisches Gedankengut übermitteln, und wie der Verfasser von Jesaia 19 tut er es auf eine Weise, die an die Offenbarung der Pyramide erinnert:

> „Frohlocken und Siegesjubel erschallen in den Zelten der Gerechten.
> Die Rechte des Herrn wirkt Gewaltiges!
> Die Rechte des Herrn erhöht, die Rechte des Herrn wirkt Gewaltiges!
> Ich werde nicht sterben, sondern leben und die Werke des Herrn verkünden.
> Streng hat der Herr mich gezüchtigt, doch dem Tode nicht preisgegeben.
>
> Öffnet mir die Tore der Gerechtigkeit! Ich will einziehen
> und dem Herrn danken!
> Dies ist das Tor zum Herrn; nur Gerechte dürfen hier einziehen!
> Ich danke dir, daß du mich erhört hast und meine Rettung geworden bist!
> Der Stein, den die Erbauer verwarfen, ist zum Eckstein geworden."

Auffallend an diesem Text ist seine Ähnlichkeit mit den Worten des Osiris-Rituals, die sich auf den Eintritt in die Kammer der Auferstehung beziehen, – die identisch ist mit der Königskammer der Großen Pyramide:

„Heil dir, Vater des Lichts, ich komme zu dir, mein Fleisch befreit von Verfall; ich bin eins, wie mein Vater, der selbst-gezeugte Gott, dessen Abbild der unverwesliche Leib ist. Richte du mich auf. Mach mich zum vollkommenen Meister des Grabes . . .

Ich habe die Türen geöffnet ... gütig ist der Große Eine im Sarg. Denn allen Toten sollen Gänge gebahnt werden zu Ihm durch die Einbalsamierung ihres Leibes. Die Schildkröte stirbt; Ra aber lebt! O Amun, Amun, Amun, du der du im Himmel bist, verleih dem Leib deines Sohnes dein Antlitz. Laß es ihm wohlergehen im Hades. Es ist zu Ende."[7]

Auch an die Lehre, ja teilweise sogar an die Worte des Jesus von Nazareth sind da Anklänge zu finden. Von sich selbst hatte Christus gesagt (Matthäus 21, 42): „Der Stein, den die Bauleute verwarfen, ist zum Eckstein geworden!" Es scheint, als bezöge sich dieser Ausspruch bewußt auf die Große Pyramide. Natürlich hat jedes Gebäude einen Eckstein, die meisten haben vier oder mehr; doch gibt es nur eine Art Bauwerk, das einen Haupt-Eckstein hat – einen „Kopfstein", wie es in einer der Übersetzungen heißt – und das ist die Pyramide. Indessen geht es hier ja speziell um ein Bauwerk, dem der Eckstein *fehlt*, und darüber hinaus wird deutlich gemacht, daß die endgültige Setzung des Ecksteins eine doppelte, messianische Bedeutung hat. So dürften sich sowohl der Psalmist als auch Jesus von Nazareth bewußt auf den fehlenden Schlußstein der Großen Pyramide bezogen haben.

Dies sind nicht die einzigen biblischen Stellen, die vermuten lassen, daß ihre Verfasser mit der Botschaft der Pyramide vertraut waren. Auch das Buch des Zacharias enthält eine Äußerung (4, 7–10), die sich offenbar auf die künftige Vollendung der Pyramide durch Krönung mit einem Schlußstein bezieht:

„Wer bist du, großer Berg? Vor Serubbabel sollst du zur Ebene werden! Er wird den Giebelstein ans Licht bringen unter dem Jubel: Wie schön ist er! ...

Die Hände Serubbabels haben den Grund dieses Hauses gelegt, seine Hände werden es auch vollenden. Dann werdet ihr auch erkennen, daß der Herr der Heerscharen mich zu euch gesandt hat. Denn wer etwa den Tag der bescheidenen Anfänge verachtete, der wird noch mit Freude den Schlußstein sehen in der Hand Serubbabels."

[7] Aus *The Book of the Master of the Hidden Places* von Marsham Adams.

Diese Worte lassen vermuten, daß das Gebäude von der gleichen Person vollendet werden wird, die auch seinen Grundstein legte, – was im Fall der Pyramide eine Reinkarnation des Vollenders bedeuten müßte.

Auch aus Kapitel 26 von Jesaia klingt wieder ein seltsamer Nachhall der Pyramidenbotschaft. Es beginnt mit den Worten: „Wir haben eine feste Stadt; Heil pflanzte Er auf als Mauern und Wehr. Öffnet die Tore, daß einziehe ein rechtschaffenes Volk, das die Treue bewahrt!" Diesen fast osirischen Lobgesang fortsetzend heißt es in Vers 4 und 7: „Vertraut auf den Herrn zu aller Zeit; denn der Herr ist ein ewiger Fels! ... Der Pfad des Gerechten ist ebene Bahn, gerade ist der Weg des Gerechten, den du ebnest." Hier scheint der „Herr" (Jehova) mit dem „ewigen Fels" der Pyramide gleichgesetzt zu sein – ein Aspekt, der in Kapitel 9 noch näher untersucht werden soll.

In Psalm 84, 2, 5–8 kommt eine Stelle vor, die Ähnlichkeit mit dem Pilgerpfad durch die Gänge der Großen Pyramide aufweist:

> „Wie lieblich sind deine Wohnungen, Herr der Heerscharen! ...
> Selig, wer in deinem Hause wohnen darf, immerdar dich preisen kann!
> Selig, die in dir ihre Stärke sehen, Pilgerfahrten im Sinne haben!
> Sie, die durch das Baka-Tal wandern, das man zu einem Quellort machte;
> Ja, mit Segen bedeckt es der Frühregen.
> Sie gehen von Ringmauer zu Ringmauer; sie schauen den Gott der Götter in Zion."

Diese Stelle scheint sich zugleich auf die Quelle des Lebens, auf den Brunnenschacht zu beziehen und kundzutun, daß sie auch denen zugänglich ist, die vom Weg abirrten. Sie spielt ferner auf den schließlichen Eintritt in die Königskammer an. Diese wird hier durch das Wort ZION wiedergegeben, das traditionell auf Jerusalem bezogen wird. Aber das schließt nicht unbedingt eine zweite

Bedeutung aus: es würde sich möglicherweise lohnen, der Frage nachzugehen, wie weit die Bezeichnung „Zion“ (und vielleicht sogar auch „Jerusalem“) von den hebräischen Schriftgelehrten als Codewort für die Große Pyramide benutzt wurde.

Ein weiteres Beispiel für einen möglichen Zusammenhang von Pyramiden- und Bibelweisheit liefert der Verfasser des Buches Jeremias. In Kapitel 6, 16–19 heißt es: „So spricht der Herr: Stellt euch an die Wege und haltet Ausschau, befragt die Pfade der Vorzeit, wo der Weg des Heiles liegt; gehet darauf, so werdet ihr Ruhe finden für euch! – Sie aber sprachen: Wir gehen nicht! Und ich bestellte euch Wächter. Gebt acht auf das Hörnerblasen! Sie aber sprachen: Wir geben nicht acht! Darum höret, ihr Völker, und wisset genau, was ich ihnen antun werde! Höre es, Erde! Fürwahr, ich bringe Unheil über dieses Volk als Frucht ihrer Ränke! Denn meine Worte beachteten sie nicht, und meine Weisungen verschmähten sie ...“ Dies ließe vielleicht auch auf die Pforte des Aufstiegs oder die Überquerung der Reinen Wasser des Lebens beziehen. Das Kapitel endet mit der Beschreibung einer Art Apokalypse. Mit dem Wachmann mögen die Propheten gemeint sein, während die Folgen der Weigerung, den göttlichen Weisungen zu folgen, in der Unterirdischen Kammer versinnbildlicht werden.

Wenn also zwischen der Großen Pyramide und der Bibel eine enge Verbindung besteht, dürfte auch Jesus von Nazareth dies gewußt haben. Und wir haben Jesus' berühmten Ausspruch „Der Stein, den die Bauleute verwarfen, ist zum Eckstein geworden“ (Matthäus 21, 42) schon in diesem Sinn erwähnt.

Eine weitere Stelle im Neuen Testament, die uns in solchen Vermutungen bestärkt, findet sich bei Lukas 19, 37, 39–40: „Und als er sich schon dem Abstieg vom Ölberg näherte, begann die ganze Menge der Jünger voll Freude mit lauter Stimme Gott zu loben, wegen all der Wunder, die sie gesehen hatten! ... Einige der Pharisäer riefen aus der Menge ihm zu: ‚Meister, verbiete es deinen Jüngern!‘ Er antwortete ihnen: ‚Ich sage euch, wenn diese schweigen, werden die Steine rufen‘“.

Deutet man den letzten Satz im herkömmlichen Sinne, müßte die Antwort Jesu übersteigert erscheinen. Doch handelt es sich wohl um eine bewußte Anspielung auf die Steine der Großen Pyramide. Die Worte wären so als geheimer Hinweis anzusehen, daß die Steine der Pyramide eine messianische Botschaft für die Menschheit enthalten.

Ebenso dürfte das Gleichnis von dem Besitzer des Weingartens, der viermal nach seinem Feigenbaum sah (Lukas 13, 6–9), unmittelbar der Aussage des Vorraums der Königskammer vom viermaligen Erscheinen des Messias entsprechen: „Es hatte jemand einen Feigenbaum, der in seinen Weinberg gepflanzt war, und er kam und suchte an ihm nach Frucht, fand aber keine. Da sagte er zum Weingärtner: Siehe, schon drei Jahre komme ich und suche Frucht an diesem Feigenbaum und finde keine; hau ihn heraus. Wozu denn soll er den Boden aussaugen? Der aber antwortete ihm: ‚Herr, laß ihn noch dieses Jahr, bis ich rings um ihn aufgehackt und Dünger dazugetan habe: vielleicht bringt er Frucht; wenn aber nicht, dann magst du für künftig ihn umhauen lassen'". Die vierte Herabkunft des Messias wird seine letzte sein: Bibel und Pyramide sagen das gleiche.

Auch Jesus betont übereinstimmend mit der Pyramide nach Johannes 8, 31–32, daß allein Erleuchtung den Menschen aus seiner leiblichen Gebundenheit befreien könne: „Da sprach Jesus zu den Juden, die sich gläubig zu ihm bekannten: ‚Wenn ihr in meinem Worte bleibt, seid ihr in Wahrheit meine Jünger. Ihr werdet die Wahrheit erkennen, und die Wahrheit wird euch frei machen'". Jene Freisetzung – versinnbildlicht in den Entlastungskammern der Großen Pyramide – erfolgt auf der ersten einer Reihe von geistigen Ebenen, und dies scheint Jesus gemeint zu haben, als er die berühmten Worte sprach: „Im Hause meines Vaters sind viele Wohnungen" (Johannes 14, 2).

Jesus scheint also wie andere jüdische Propheten von dem Messianischen Plan gewußt zu haben, von dem auch die Große Pyramide von Gizeh spricht. Da er, wie man weiß, als Kind in Ägypten lebte, ist es nicht ausgeschlossen, daß er in die Mysterien eingeweiht wurde. Dies könnte ein Licht auf die Weisheit und die Erkenntnis Jesu werfen. Er muß auch wohl gewußt haben, daß er und seine Mission selbst in der Chronographie der Pyramide verzeichnet waren. So scheinen denn auch zwei seiner berühmtesten

Äußerungen unmittelbar auf diese in der Großen Pyramide vorgezeichnete messianischen Aufgabe Bezug genommen zu haben: Mit den Worten „Ich bin der Weg und die Wahrheit und das Leben“ (Johannes 14, 6) identifizierte er sich, wenn auch in verschlüsselter Form, mit dem Messianischen Dreieck der Pyramide (siehe Kap. 3). Und ein Gleiches meinte er, als er von sich sagte: „Ich bin das lebendige Brot, das vom Himmel herabgekommen ist“ (Johannes 6, 51). Und dies meinte er auch, als er sagte, er sei der „Menschensohn“, den „Gott der Vater beglaubigt (hat) mit seinem Siegel“ (Johannes 6, 27) – nämlich mit der Granitplatte der Vorkammer (siehe S. 151). Hält man sich vor Augen, daß die Große Pyramide zur Zeit des halb-legendären Abraham bereits fünfhundert Jahre alt war, gewinnen Jesu Worte „Wahrlich, wahrlich, ich sage euch: Ehe Abraham ward, bin ich“ (Johannes 8, 58)[8] ein eigentümlich bezügliches Licht.

Es gibt also offensichtliche Gemeinsamkeiten zwischen den verschiedenen Bibel- und Pyramidenweissagungen, zumal bei jenen, die sich bis heute in unserer Zeit noch nicht erfüllt haben. Wie weit aber stimmen die Voraussagen der Großen Pyramide mit denen der biblischen Propheten überein?

Die Voraussagen der Pyramide sind, was den Zeitpunkt betrifft, bemerkenswert präzise, wenn sie auch inhaltlich bisweilen ziemlich allgemeiner Natur sind. Die Voraussagen der biblischen Propheten hingegen sind meist in eine ziemlich dunkle Ausdrucksweise gekleidet. Anscheinend sahen sie ihre Prophetenworte als halb-geheime Mitteilungen an jene an, „die Ohren haben zu hören“, – als verschlüsselte, von Eingeweihten an Eingeweihte weitergegebene Botschaften. So bleibt der Ausgangspunkt für ihre zeitlichen Voraussagen meist recht unklar: ein „Tag“ kann zum Beispiel entweder tatsächlich ein Tag, oder ein Jahr, 360 Jahre oder sogar 840 Jahre bedeuten (siehe Fn 5 und Fn 6, S. 245). Die angesprochenen Vorgänge selbst werden ebenfalls in einer

[8] Auch Paulus hat vermutlich von seinen pharisäischen Lehrern eine dem Symbol des Riesen oder dem Archetypus der Pyramide sehr ähnliche Messiasvorstellung überliefert bekommen. Dies geht besonders aus seinem Brief an die Epheser, 4, 11–16, hervor. Vgl. Abbildung auf Seite 195.

stark symbolträchtigen oder poetischen Sprache dargestellt, die offensichtlich nicht wörtlich genommen werden soll.

Es läßt sich also viel in die biblischen Prophezeiungen hineindeuten – der Leser wird vermutlich andere Auslegungsbemühungen bereits kennen. Ähnlich wie beim Wahrsagen aus dem Kaffeesatz hängt das Resultat weitgehend davon ab, was im Unterbewußtsein des Wahrsagers vor sich geht. So wollen wir uns hier beschränken und nur solche Bibelstellen anführen, die sich auf die Zukunft beziehen – zumal auf das Ende unseres jetzigen Zeitalters, den Advent des Messias und das ihm folgende Jahrtausend.

Was das Ende unseres gegenwärtigen Zeitalters betrifft, spricht Jesaia in Kapitel 24 eine furchterregende Warnung aus, in der Anklänge an die Symbolik der Unterirdischen Kammer, der Grube und des Toten Ganges zu erahnen sind:

> „Fürwahr, der Herr verheert die Erde, verwüstet sie,
> Entstellt ihre Oberfläche und zerstreut ihre Bewohner...
> Es trauert und verwelkt die Erde,
> Der Erdkreis verschmachtet, verwelkt,
> Es verschmachten Himmel und Erde.
> Entweiht ist ja die Erde unter ihren Bewohnern;
> Denn sie übertraten die Gebote,
> Verletzten das Gesetz, brachen den ewigen Bund...
> Grauen, Grube und Garn über euch, Bewohner der Erde!
> Es wird geschehen: Wer dem Grauen entrinnt,
> Fällt in die Grube,
> Wer aus der Grube hinaufsteigt,
> Verfängt sich im Garn.
> Denn die Schleusen der Höhe tun sich auf,
> Die Grundfesten der Erde erzittern...
> Die Erde torkelt und taumelt wie ein Betrunkener;
> Wie eine Nachthütte bebt sie hin und her;
> Schwer lastete ihr Frevel auf ihr,
> Sie fällt und steht nicht mehr auf."
>
> Jesaia 24, 1, 4, 5, 17–20.

Offensichtlich auf diese Zeit der Erschütterung gemünzt sind die folgenden Worte von Jesaia 26, 19 „Die Erde wird Verblichene wieder gebären". Auch Jesus soll nach Matthäus 24, 34 auf eine universale Wiedergeburt zu dieser Zeit hingewiesen haben: „Wahrlich, ich sage euch: Nicht wird vergehen dieses Geschlecht, bis dieses alles geschieht".[9]

Eine Fundgrube für „Weltuntergangs-Mathematiker" bietet bekanntlich auch das Buch Daniel mit seinen Voraussagen. Kapitel 7 und 8 schildern zum Beispiel Aufstieg und Fall einer Reihe von Königtümern und weltlichen Herrschern bis zum „Ende der Zeit". Was die Zeitangabe für den Eintritt der Prophezeiung betrifft, hat der Text lediglich folgendes zu bieten:

„Ihn, der da sprach, fragte nun ein anderer Heiliger: ‚Auf wie lange Zeit erstreckt sich das Gesicht über das tägliche Opfer, über den zugefügten Frevel des Verwüsters und über die Zertretung des prachtvollen Heiligtums?' Er entgegnete ihm: ‚Bis auf 2300 Abende und Morgen; dann kommt das Heiligtum wieder zu seinem Recht'" (Daniel 8, 13–14). Es bleibt jedem selbst überlassen, zu erraten, was unter „Abende und Morgen" zu verstehen ist. Im allgemeinen nimmt man an, daß sie „Jahre" bedeuten (siehe Fn 6, S. 245).

Dann sagte der Engel Gabriel zu Daniel: „Begreife, o Mensch, daß dieses Gesicht auf die Endzeit geht" (8, 17) und fuhr dann fort:

> „Am Ende ihrer Herrschaft, wenn die Frevler aufs Ganze gehen,
> Wird sich ein König erheben
> Mit frechem Gesicht und voll Hinterlist.
> Gewaltig ist seine Kraft, und ungeheures Verderben stiftet er an.
> Mit Erfolg vollführt er es;
> Mächtige richtet er zugrunde, sogar das Volk der Heiligen.

[9] Betrachtet man diese Stelle im Zusammenhang mit dem Textganzen, wäre wohl so zu verstehen: „Nicht vergehen wird diese Zeit, bis dieses alles geschieht."

Wegen seiner Schlauheit hat er Erfolg
Mit seinen Täuschungsversuchen. Hochmütig wird er in seinem Sinn
Und richtet unversehens viele zugrunde.
Gegen den Fürsten der Fürsten erhebt er sich,
Aber ohne menschliches Zutun wird er zerschmettert.
Auch das Gesicht von den Abenden und Morgen, wie mitgeteilt,
Ist Wahrheit. Du aber verbirg die Schauung;
Denn sie gilt fernen Tagen".

Daniel 8, 23–26.

Doch sogar Daniel selbst war, wie er sagt „völlig verwirrt und konnte sie nicht verstehen" (27).

Kapitel 9 des Buches Daniel gibt den Errechnern des jüngsten Tags weitere harte Nüsse zu knacken:

„Siebzig Wochen sind bestimmt über dein Volk und deine heilige Stadt, bis der Frevel beendet, die Sünde versiegelt und die Schuld gesühnt ist, bis ewige Gerechtigkeit herbeigeführt, unter Gesicht und Prophet das Siegel gesetzt und dein Allerheiligstes gesalbt wird. Wissen sollst du und einsehen: Von der Zeit an, da das Wort erging von der Wiederherstellung und dem Aufbau Jerusalems, bis zu einem Gesalbten, einem Fürsten, sind es sieben Wochen; und 62 Wochen bleibt es wiederhergestellt und aufgebaut mit Platz und Graben, doch unter dem Druck der Zeiten. Nach 62 Wochen wird ein Gesalbter ausgerottet ohne Richtspruch. Stadt und Heiligtum wird das Volk eines heranrückenden Fürsten verheeren. Sein Ende erfolgt wie durch eine Wasserflut, aber bis zum Ende dauert der Krieg, die beschlossenen Verwüstungen. Für viele macht er den Bund eine Woche lang schwer. Eine halbe Woche unterdrückt er Schlacht- und Speiseopfer, und über den Altarrand steht der Greuel des Verwüsters, und zwar bis zum beschlossenen Ende, das über den Verwüster sich ergießt" (9, 24–27).

Diese „Wochen" könnten „Wochen von Jahren" sein, und was die „beschlossenen Verwüstungen" betrifft, finden wir sie in Kapitel 11 eingehender dargestellt, und in Kapitel 12 heißt es dann:

„In jener Zeit tritt Michael auf,
Der große Fürst,
Der über den Söhnen seines Volkes schützend steht.
Es wird eine Zeit der Drangsal sein,
Wie noch keine gewesen ist,
Seitdem es Völker gibt, bis zu jener Zeit.
Dein Volk wird gerettet in jener Zeit,
Ein jeder, der im Buche verzeichnet ist.
Viele von denen, die im Land des Staubes schlafen,
Werden erwachen, die einen
Zu ewigem Leben,
Zur Schmach und zu ewigem Abscheu die anderen.

Daniel, 12, 1–2.

Wir dürfen natürlich annehmen, daß „Michael" ein messianischer Eingeweihter und Führer ist, und ebenso wird deutlich, daß der Verfasser des Buches für die betreffende Zeit eine Reinkarnation der Vielen voraussieht, die zwangsläufig ein dramatisches Anwachsen der Weltbevölkerung zur Folge haben müßte. Ebenso ist dem Text zu entnehmen, daß Vollkommenheit allein durch eigene Anstrengung zu erlangen ist – was auch die Pyramide verkündet – und nicht das Verdienst eines Retters sein kann. So heißt es:

„Er sprach zu dem Mann im Leinenkleid, der sich über dem Wasser des Flusses befand: ‚Wie lange dauert es noch bis zum Ende dieser ungeheuerlichen Dinge?' Darauf vernahm ich den Mann im Leinenkleid, – er erhob seine rechte und linke Hand zum Himmel und tat beim Ewiglebenden einen Schwur: ‚Eine Zeit, zwei Zeiten und eine halbe Zeit.[10] Ist man damit fertig, die Macht des heiligen Volkes zu zerschlagen, dann wird sich dies alles vollenden' . . . Viele werden gereinigt, geläutert und geprüft; aber die Frevler begehen Frevel. Kein Frevler versteht es, die Einsichtigen aber verstehen es. Von der Zeit an, da das tägliche Opfer beseitigt und der Greuel des Verwüsters aufgestellt wird, sind es

[10] Für gewöhnlich als 1 + 2 + 1/2 oder „drei und einhalb Mal" gedeutet. Siehe Fußnoten 5 und 6, Seite 245.

1290 Tage. Glückselig, wer ausharrt und 1335 Tage erreicht! Du nun, gehe dem Ende entgegen und ruhe aus! Zu deinem Lose wirst du am Ende der Tage auferstehen!'" (12, 6–13).

Was die zeitlichen Prognosen betrifft, werden die 1290 und 1335 Tage gewöhnlich für Jahre gehalten (in Übereinstimmung mit Ezechiel 4, Vers 6). Das Anfangsdatum für diese Zeit könnte sich auf die vorausgesagte Zerstörung des Tempels von Jerusalem und auf die spätere Errichtung einer muslimischen Moschee an seiner Stelle beziehen. Mit der Errichtung des unter der Bezeichnung „Felsendom" bekannten mohammedanischen Bauwerks wurde 688 n. Chr. begonnen. Vollendet wurde es 691, woraus sich Datierungen auf das Jahr 1978–81 beziehungsweise 2023–26 unserer Zeit ergeben würden.

Datierungen wofür? Der Text scheint sich einer klaren Beantwortung dieser Frage zu entziehen und beschränkt sich auf die Bemerkung, daß es den Menschen schwerfallen werde, weiterzuleben und abzuwarten, bis die betreffende Zeit zu Ende ist. Die angedeuteten Daten mögen sich also auf eine echte Weltkrise beziehen, die das Überleben der Menschheit tatsächlich in Frage stellt – und da besteht im Ganzen doch Übereinstimmung mit den Voraussagen der Großen Pyramide.

Wenden wir uns nun der ersehnten Wiederkunft des Messias und dem Anbruch des Neuen Zeitalters zu. Insbesondere das Buch Jesaia enthält eine Fülle von Anspielungen auf diese Ereignisse, die hier alle im einzelnen aufzuführen keinen Sinn hätte. Am besten läßt man Jesus von Nazareths Zusammenfassungen für sich selbst sprechen, so wie sie in Matthäus 24, 4–8, 10–14, 21–23, 26–27, 29–30, 33, 35–36 dargestellt sind.

„Sehet zu, daß euch niemand verführe! Denn viele werden unter meinem Namen kommen und sagen: Ich bin der Messias, und sie werden viele verführen. Ihr werdet von Kriegen und Kriegsgerüchten hören, sehet zu, laßt euch nicht schrecken; denn es ‚muß so kommen' (Daniel 228), aber noch ist es nicht das Ende. Denn aufstehen wird ‚Volk wider Volk' und ‚Reich wider Reich', und Hungersnöte werden sein von Ort zu Ort und Seuchen und Erdbeben. All das ist der Anfang der Wehen ... Da werden viele zu Fall kommen (Daniel 11, 41), einander verraten und einander hassen.. Viele falsche Propheten werden aufstehen und werden viele verführen. Weil die Gesetzlosigkeit überhand nimmt, wird die Liebe der vielen erkalten. Wer aber ausharrt bis ans Ende, der wird gerettet werden. Und es wird dieses Evangelium vom Reiche verkündet werden in der ganzen Welt, zum Zeugnis für alle Völker, und dann wird kommen das Ende ...

Es wird nämlich dann eine große Drangsal sein, wie dergleichen nicht gewesen ist seit Anfang der Welt bis jetzt und nicht mehr sein wird. Und würden jene Tage nicht abgekürzt werden, würden keine Menschen gerettet werden; doch um der Auserwählten willen werden abgekürzt werden jene Tage ...

Wenn sie euch also sagen: Seht, er ist in der Wüste, so geht nicht heraus; seht, er ist in den Kammern, so glaubt es nicht! Denn wie der Blitz vom Osten ausgeht und bis zum Westen leuchtet, so wird es sein mit der Ankunft des Menschensohns ...

Sogleich nach der Drangsal jener Tage wird die Sonne sich verfinstern und der Mond seinen Schein nicht mehr geben, die Sterne werden vom Himmel fallen, und die Kräfte des Himmels werden erschüttert werden. Dann wird das Zeichen des Menschensohnes am Himmel erscheinen, und wehklagen werden alle Stämme der Erde, und sie werden den Menschensohn kommen sehen auf den Wolken des Himmels mit großer Macht und Herrlichkeit ...

Ebenso sollt ihr, wenn ihr dies alles seht, erkennen, daß er nahe ist an den Türen ...

Jenen Tag aber und jene Stunde weiß niemand, auch nicht die Engel des Himmels, auch nicht der Sohn, nur der Vater allein."

Auch diese Worte sprechen dafür, daß die geweissagten Erscheinungen auf einer von heftigen Vulkanausbrüchen und erdbebenartigen Erschütterungen begleiteten Verlagerung der Erdachse beruhen könnten, wobei dicke Wolken vulkanischer Asche in die höhere Atmosphäre aufsteigen, während die vertrauten Sternbilder vom Himmel verschwinden. Vielleicht könnte auch die Erwähnung fallender Sterne wörtlicher aufgefaßt werden in dem Sinn, daß ein Meteor oder ein Komet mit der Erde kollidiert.

Die in diesen und anderen Bibelstellen enthaltenen Informationen sind die Ansätze, von denen her die sogenannten „Bibelfuturologen“ die „Zeichen der Zeit“ definieren – Vorzeichen des bevorstehenden Endes der alten Weltordnung und des Anbruchs eines neuen Zeitalters:

(a) Kriege in aller Welt (Matthäus 24, 7, Daniel 9, 27).
(b) Hungersnöte zuvor unbekannten Ausmaßes (Matthäus 24, 7, Jesaias 24).
(c) Weltweite Verbreitung der „Nachricht vom kommenden Reich“ (Matthäus 24, 14).
(d) Allgemeine Gesetzlosigkeit und Lieblosigkeit (Matthäus 24, 12, II Timotheus 3).
(e) Übermäßige Vergnügungs- und Genußsucht (Matthäus 24, 38–39).
(f) Rückkehr der verstreuten Juden nach Palästina (Jesaias 49 ff., Daniel 12, 7, Ezechiel 38, 8–9, 28).
(g) Zunehmend Erdbeben überall in der Welt (Matthäus 24, 7, Jesaias 24, 18–20).
(h) Viele „Messiase“ von eigenen Gnaden, darunter pseudoreligiöse Führer, die weltweite Macht erlangen (Matthäus 24, 11, 23–26, Daniel 8, 23–25).
(i) Vordringen der „Könige vom Aufgang der Sonne“ nach Westen (Offenbarung Johannes 16, 12).
(j) Einfall habgieriger Horden in Israel vom Norden her und deren Niederlage (Ezechiel 38, Daniel 11, 40–45).
(k) Messianische Himmelszeichen, gefolgt vom Erscheinen des Messias selbst (Matthäus 24, 27–31) und Anbruch des großen „Himmelreichs“ oder „himmlischen Königreichs“.

Von diesen Punkten wird (f) allgemein für am bedeutsamsten gehalten –, der auch gegenwärtig sich zu erfüllen im Begriff ist –, während andere Vorzeichen (a) bis (e) sich bereits seit Jahren bewahrheitet haben. Was die Datierung von (k) betrifft, so hat Jesus angeblich selbst gesagt, daß niemand außer Gott, auch er selbst nicht, Zeit und Stunde wisse (siehe S. 269). Nichtsdestoweniger hat er dieses Ereignis wiederholt mit dem „dritten Tag“ in Zusammenhang gebracht, wie in Matthäus 16, 21, Kapitel 17, 23 und

Kapitel 20, 19 geschrieben steht und in Vers 2 von Hosea 6 vorhergesagt wird.[11]

Doch darf man unter diesem dritten Tag nicht einen normalen Tag verstehen. Denn Jesu angebliches Erscheinen nach seinem Tod war nicht die erwartete körperliche Wiedergeburt in die Herrschaft über eine neue Weltordnung, was immer es sonst auch gewesen sein mag. Ob der „Tag" des Ezechiel gleich einem Jahr ist, läßt sich ebensowenig verifizieren. Die Jahre 35 oder 36 n. Chr. scheinen für die messianische Aufgabe nicht von besonderer Bedeutung gewesen zu sein, so wenig wie Datierungen auf „Tage" in 360 oder 840 Jahren. Der Herr sprach zu Moses laut Exodus 19, 10–15: „Geh hin zum Volk, und sie sollen ... ihre Kleider waschen! Sie sollten für den dritten Tag bereit sein (nach hebräischem Verständnis „den Tag nach dem morgigen"), denn am dritten Tag wird der Herr vor den Augen des ganzen Volkes auf den Berg Sinai herabkommen". Dem entspricht allerdings die Wiederkehr der Großen Eingeweihten – der Schlußstein läßt sich auf dem Goldenen Berg der Großen Pyramide nieder – und das wäre fraglos eines der denkwürdigsten Ereignisse der Weltgeschichte.

[11] Auch Jesus selbst hat in dunklen Andeutungen verschiedentlich auf symbolische Datierungen hingewiesen. Das Abendmahl steht unter anderem für das „lebendige Brot" oder für das Festmahl der Wiederkunft des Messias am Jüngsten Tag. Und das Obergemach, in dem dieses Festmahl stattfindet – man denkt an die Königskammer der Pyramide – steht für die Höhe der Endzeit. Der Mann, der die Jünger zum Haus des endzeitlichen Mahles führt, wird ausdrücklich beschrieben als einer „der einen Wasserkrug trägt" (Markus 14, 13). Dies dürfte sich auf das Symbol des Wassermanns aus dem Tierkreis beziehen, denn im 1. Jahrhundert war das Wassertragen in den Ländern des Nahen Ostens ausschließlich Frauensache.

Jesus hat noch ein anderes Mal versteckt auf den *Aquarius* oder Wassermann hingewiesen, als er den Pharisäern ärgerlich zu verstehen gab, daß sie kein anderes Zeichen als „das Zeichen des Propheten Jonas" (Matth. 12, 39) erhalten würden. Dieser hieß, wie Helena Blavatsky hervorhebt, bei den Babyloniern der „Fischmann" und wurde dem Fischwesen Oannes, der legendären Quelle aller Weisheit und Gelehrsamkeit, gleichgesetzt. Solche Hinweise könnten einen Anhaltspunkt für die Datierung der Wiederkunft des Messias und der beginnenden Endzeit geben: Sie fiele ins Wassermann-Zeitalter, in das einzutreten unsere Erde sich gegenwärtig anschickt. Nach den astronomisch genauen Angaben des Institut Géographique National in Frankreich geht der tatsächliche Übergang um das Jahr 2010 vor sich.

Demnach wäre aber die „Auferstehung Christi (des Messias)“ als solche noch gar nicht erfolgt. Was also ist mit dem dritten Tag gemeint?

Psalm 90, Vers 4 führt uns auf die Spur: „Denn tausend Jahre sind vor dir wie der gestrige Tag“, eine Vorstellung, die im 2. Petrusbrief Kapitel 3 Vers 8, 9 wieder aufgegriffen wird, – Teil eines Briefes zu diesem Thema, der von den jüdischen Christen in Jerusalem zu stammen scheint, die es schließlich wissen mußten. „Dies eine aber entgehe euch nicht, Geliebte: Ein Tag bei dem Herrn ist wie tausend Jahre, und tausend Jahre sind wie ein Tag ... da es sein Wille ist, daß niemand verlorengehe, sondern daß alle zur Umkehr gelangen.“ Und weiter bezieht sich Vers 10 ausdrücklich auf den „Tag des Herrn“, der kommen wird, – und dieser Herrentag dauert wiederum in der Offenbarung des Johannes (20, 2, 4, 5 und 6) tausend Jahre. Damit wird auf das erwartete Goldene Zeitalter hingewiesen, das in einem „neuen Himmel und einer neuen Erde“ kulminiert – einer völlig neuen Ebene der menschlichen Existenz.

Man könnte hier vielleicht folgern, „der dritte Tag“ bedeute den Anbruch des dritten Millenniums. Das dritte Millennium beginnt, von Christi Geburt an gerechnet (wenn die Pyramide richtig datiert), im Jahr 1999. Hier beginnt auch die Datierung des neuen Zeitalters, worin sich fast alle Seher von Nostradamus bis Edgar Cayce einig sind. Andererseits liegt der Anfang des dritten Millenniums, rechnet man von Christi Kreuzigung an, erst in dem Jahr 2033. Wenn wir von diesem Zeitpunkt ausgehen, können wir vielleicht wirklich erwarten, einen „Mann aus den Wolken des Himmels“ herabkommen zu sehen – aus dem Weltraum. Und diese Datierung wird von der Großen Pyramide bestätigt.

Jesaia zufolge wird dann das Fundament einer neuen und außerordentlich hochstehenden Kultur gelegt werden – eines Zeitalters des Friedens, der Fülle und der Gerechtigkeit, wie es in den letzten Kapiteln seiner Prophetie, wenn auch in symbolischer Form, beschrieben wird. Dabei weisen die Lehren des Jesus den Evangelien zufolge wieder und wieder darauf hin, daß der Mensch auf dem Gipfel dieser Kultur endlich den ewigen Kreislauf der Wiedergeburt durchbrechen und in das ewige Leben auf der spirituellen Ebene eingehen wird. Auch dies hat die Pyramide bereits vor zweitausendachthundert Jahren prophezeit.

Es ist anzunehmen, daß viele der hebräischen Eingeweihten des Altertums darum wußten, daß der große messianische Plan für die Entwicklung des Menschen und die Aussage der Großen Pyramide in Zusammenhang stehen. Nicht nur das Wissen um ihre äußere Symbolik, sondern auch das um ihre innere scheint von den Hütern der heiligen Mysterien für spätere Zeitalter bewahrt worden zu sein. Insbesondere der Verfasser des Johannesevangeliums muß die Botschaft der Pyramide und die Form ihrer symbolischen Übermittlung gut gekannt haben.

Ein Beispiel hierfür liefert die seltsame, in Johannes 4 wiedergegebene Geschichte von Jesus und der Samariterin. Jesus, müde von seiner Wanderung (von Judäa nach Galiläa), hatte sich auf dem Weg durch Samaria bei der Stadt Sychar an einem Brunnen niedergelassen. Da kam eine Frau aus Samaria, um Wasser zu schöpfen. Jesus kommt mit ihr ins Gespräch und erzählt ihr von seinem eigenen „lebendigen Wasser“, das anders als das Wasser aus dem Brunnen „zu einem Quell von Wasser wird, das aufsprudelt zu ewigem Leben“. Als sie ihn bittet, ihr davon zu trinken zu geben, äußert Jesus Bedenken: sie habe fünf Männer gehabt und lebe nun mit einem sechsten, der nicht ihr Mann sei. Die Frau, erschüttert, daß der Unbekannte davon weiß, verbreitet eilends die Nachricht in der Stadt, daß der Messias gekommen sei. Jesus und seine Jünger unterbrechen nun die Reise und bleiben auf Bitten der Samariter zwei Tage bei ihnen, ehe sie nach Galiläa weiterwandern.

In symbolisch verschleierter Form wird hier ein Inhalt wiedergegeben, der an die Botschaft der Großen Pyramide erinnert. Denn auch die geographischen Angaben sind symbolischer Natur. So bedeutet „Galiläa“ (das „Land“, in dem Jesus sich nach seiner erwarteten Wiederkehr von den Toten wieder seinen Jüngern zugesellen wird, wie er ihnen verhieß) im Neuen Testament oft das Goldene Zeitalter auf Erden. Was Jesus wirklich verspricht, ist also die leibliche Wiedervereinigung im Millennium, das der Erlangung der vollkommenen Spiritualität des Menschen vorangeht.

Mit gleichem Ortsnamen bezeichneten die frühen Christen auch die Vorhalle der Kirche, die symbolisch vielleicht der gleichen Jahrtausend-Pforte zu den ewigen Mysterien entspricht, die ihrerseits durch die Vorkammer in der Pyramide symbolisiert wird. „Judäa“ hingegen steht für die auf der Tora fußende gesetzliche Ordnung der Juden des Altertums, während das von den strenggläubigen Juden als barbarisch verachtete „Samaria“ die nichtjüdische oder heidnische Welt bedeutet.

Wenn man zwischen den Zeilen zu lesen versteht, stellt sich diese Episode folgendermaßen dar: Der Große Eingeweihte befindet sich auf dem Wege der Reinkarnation aus der orthodoxen jüdischen Welt in die andere Ordnung des neuen Jahrtausends. Am Brunnen von Sychar, einer nicht identifizierten Stadt, deren Name eine korrumpierte Form des hebräischen Wortes *schichah* sein könnte, das sowohl „Grube“ als auch „Verderbnis“ bedeutet, unterbricht er seine Wanderung. Nicht nur diese Umstände, auch Jesu eigene Worte scheinen erkennen zu lassen, daß dieser Ort den physischen Tod wie auch das spirituelle Leben bedeutet. Dieses spirituelle Leben wird aber der Frau (dem Heidentum) versagt, weil sie „fünf Ehemänner“ (die echte messianische Initiation?) verließ und es vorzog mit einem Leichtfertigen (vermutlich dem „Sauerteig der Pharisäer“ oder die paulinische Lehre) zu leben.

Jesus und seine Jünger beschließen, die „Reise für zwei Tage“ an diesem Ort des „Lebens-im-Tode“ zu unterbrechen, während das Zeugnis der Frau der Verbreitung der Lehre des Messias unter ihren Landsleuten dient. Jesus und seine „Zelle“ der Initiierten erfahren eine Verzögerung ihrer Reinkarnation von „zwei Tagen“, während derer die messianische Lehre unter den Heiden Verbreitung findet. Am „dritten Tag“ trifft Jesus in Galiläa ein, wo ihn die „Galiläer“ freudig willkommen heißen, die ja „beim Fest in Jerusalem“ mit ihm gewesen waren. Auf seinem Weg besucht er noch einmal „Kanaan in Galiläa“, den Schauplatz der „Verwandlung des Wassers in Wein“. Es spricht manches dafür, daß diese Einzelheiten sich alle unmittelbar auf die erwartete Wiederkunft des Messias im Goldenen Zeitalter beziehen, in dem die reinkarnierten Zeitgenossen Jesu mit ihm das messianische Festmahl teilen sollen.

Wie in der Großen Pyramide sieht man auch hier Jesus und andere Eingeweihte am Brunnen des Lebens und Todes „ruhen“, während die Lehren sich unterdessen in der heidnischen Welt verbreiten. Nach „zwei Tagen“ – vermutlich die bekannten zweitausend Jahre – wird die Reise fortgesetzt bis in das letzte irdische Reich, unter dem Jubel der ebenfalls wieder geborenen Zeitgenossen des Jesu, die nun zu Erben des lange ersehnten Goldenen Zeitalters werden.

Diese Episode aus dem Johannesevangelium könnte wahrhaftig eine allegorische Darstellung der speziell durch Brunnenschacht, Großer Galerie und Vorkammer der Pyramide versinnbildlichten Vorgänge sein. Hält man sich auch die anderen Bezüge zwischen Pyramide und Johannesevangelium vor Augen, möchte man gerne annehmen, daß zumindest einer der Verfasser des Evangeliums in die Mysterien der Pyramide eingeweiht war.

Hier hätte sich also eine Tradition fortgesetzt, an der viele der hebräischen Propheten des Altertums teilhatten, deren Schriften erkennen lassen, daß sie mit der Botschaft der Großen Pyramide vertraut waren. Ihr mögen sie zumindest zum Teil die Grundlagen für ihre eigene Botschaft an ihre Um- und Nachwelt, für ihre großartige Schau entscheidender künftiger Vorgänge verdanken. Sofern dies zutrifft, wäre die Große Pyramide das Vaterhaus ihres Geheimwissens *par excellence.*

8 Ein dritter Blick auf die Zukunft

In den vorangegangenen Kapiteln sahen wir, welch hohen Grad an Genauigkeit die Voraussagen der Pyramide für die Zukunft der Menschheit im allgemeinen aufweisen. Die Chronologie der biblischen Prophezeiungen dagegen ist weniger leicht zu entziffern, obwohl manche der betreffenden Vorgänge viel detaillierter beschrieben werden, als es bei den Weissagungen der Pyramide der Fall ist. Außerdem scheinen sie vorsätzlich vage gehalten zu sein, wobei noch hinzukommt, daß viele der zur Beschreibung von Geschehnissen im einundzwanzigsten Jahrhundert notwendigen Ausdrücke und Begriffe in der damaligen Sprache und im damaligen Denken noch gar nicht existierten. (Wäre Ezechiels berühmtes Gesicht tatsächlich ein Raumschiff gewesen, hätte er, was er sah, gar nicht beschreiben können,[1] selbst wenn er es begriffen hätte, weil ihm ganz einfach die Worte fehlten).

Wollen wir also genauere Einsicht in die Entwicklung der Zukunft gewinnen, auf die sich Pyramide wie Bibel beziehen, müssen wir uns Quellen einer zeitnaheren prophetischen Gnosis zuwenden. Zu den bekanntesten dieser Quellen gehören verschiedene „Hellseher“, über deren Prognosen ich hier einen Überblick geben möchte. Der Leser wird aufgefordert, sie mit den Weissagungen aus Pyramide und Bibel und den bislang bekannten historischen Abläufen zu vergleichen, und ebenso mit den Extrapolationen von Fachleuten der verschiedensten Gebiete hinsichtlich der Zukunft auf der Grundlage heute zu beobachtender Tendenzen.

[1] S. Ezechiel 1 und 10. Vgl. J. F. Blumrich, *The Spaceships of Ezekiel.*

Der Heilige Malachias (Irland, 12. Jahrhundert)

Der Heilige Malachias sagte alle Päpste von seiner Zeit bis zu Papst Paul VI. richtig voraus, wobei er sie allerdings durch kurze verschlüsselte Charakterisierungen in lateinischer Sprache kennzeichnete. Seinen Weissagungen zufolge wird es insgesamt nur noch vier weitere Päpste geben, die er folgendermaßen bezeichnet und beschreibt:

De Medietate Lunae (Der vom Halbmond): Während seiner Amtszeit wird die katholische Kirche Verfolgungen ausgesetzt sein, denen er selbst zuletzt zum Opfer fällt. Seine Kennzeichnung durch den Halbmond mag sich auf seine körperliche Erscheinung, auf sein Wappen oder die Dauer seines Pontifikats beziehen... (Tatsächlich herrschte Johannes Paul I. nur einen Monat.)

De Labore Solis (Der von der Arbeit der Sonne): Vielleicht bezieht sich diese Kennzeichnung auf einen Nachkommen von Negersklaven. (Diese Voraussage erfüllte sich nicht, doch hat der jetzige Papst, Johannes Paul II., während des Zweiten Weltkriegs im Steinbruch gearbeitet: „Arbeit in der Sonne.")

Gloria Olivae (Glorie des Ölzweigs): Seine Amtszeit wird eine ruhmreiche sein, da sie die Menschheit im christlichen Glauben eint. Der „Mönch von Padua" nennt ihn Leo XIV. Seine lateinische Bezeichnung läßt auf eine Periode des Friedens schließen.

Petrus Romanus (Peter von Rom): Der letzte der Päpste, dessen Amtszeit mit dem Brand Roms zu Ausgang des 20ten Jahrhunderts ihr Ende findet.

Nostradamus (Frankreich, 16. Jahrhundert)

Die meisten Voraussagen dieses berühmten Arztes sind noch schwerer zugänglich als die des Alten Testaments; offensichtlich fürchtete er, der Hexerei beschuldigt zu werden, wenn er sich klarer mitteilte. Er gab selbst zu, die Anordnung der kryptischen Vierzeiler, aus denen sein Werk *Prophetische Weltgeschichte* besteht, absichtlich unkenntlich gemacht zu haben, indem er sowohl die Daten als auch die Vorgänge in einem eigenen Code verschlüsselte, den man bis heute noch kaum entschlüsselt hat. Sogar Personen- und Ortsnamen sind zum größten Teil in Anagrammen versteckt. Infolgedessen kann man seine Vorhersagen nur an vergangenen Ereignissen überprüfen: Die Übereinstimmungen, hat man sie erst einmal entdeckt, sind oft verblüffend, zumal was Einzelheiten der französischen Geschichte betrifft. Darüber hinaus zeigt sich bei näherer Betrachtung, daß nur wenige für die spätere Weltgeschichte folgenreiche Ereignisse von Nostradamus in seinen Vierzeilern nicht vorausgesagt worden sind.

Die vielleicht bekannteste seiner noch unerfüllten Prophezeiungen sagt das Erscheinen eines „Königs des Terrors" für das Jahr 1999 voraus. Während seiner siebenundzwanzigjährigen Herrschaft werden Andersdenkende getötet, inhaftiert oder ausgewiesen werden; es wird eine Zeit des „Blutes, menschlicher Leichen, geröteten Wassers, der Hölle auf Erden" sein – eine Zeit, in der eine „gelbe Rasse" quer durch Europa jagen und Paris durch einen Luftangriff zerstört werden wird, ehe sich das Kriegsglück von den Invasoren abwendet.[2]

Wie Jean-Charles Pichon in seinem Werk *Nostradamus en Clair* entziffert, ist dieser König des Terrors nur einer unter einer ganzen Anzahl von um das Jahr 2000 auftretenden Welttyrannen. Einer von ihnen werde ein Amerikaner deutscher Herkunft sein, der aufgrund seines früheren Rufes als Friedensstifter an die Macht gelangt. Nostradamus nennt ihn „Chiren". Da Chiren kein uns bekannter Name ist, geschweige denn ein germanischer, muß man versuchen, das Anagramm aufzulösen, indem man davon ausgeht, daß dem üblichen kabbalistischen Vorgehen entsprechend jeder der jeweils verwendeten Buchstaben nur einmal im Anagramm vorkommen darf. Dann würde sich für diese Gestalt von Weltbedeutung der deutsche Name „Heinrich" ergeben.

Weitere Prophezeiungen des Nostradamus (nach Pichon):

(1) Entthronung des Papstes durch seine Kardinäle; (2) weitverbreitet Erdbeben bis 2044; (3) zwischen 2096 und 2156 ein großer Komet; (4) weitverbreitet Hungersnot bis zur Invasion Europas durch einen angeblichen Verbündeten; (5) zwischen 2122 bis 2170 grauenhafter Krieg und Pestilenz; (6) von 2238 bis 3238 ein Millennium; (7) zwischen 3102 und 3286 weitere Tyrannen und In-

[2] Vgl. Abschnitt aus Jesaia auf Seite 264.

vasionen sowie Abfall von der Religion; (8) zwischen 3286 und 3476 Erscheinen des „ersten großen Propheten eines künftigen Gottes".[3]

Was das messianische Geschehen betrifft, werden zwei verschiedene Epiphanien angekündigt. Pichon zufolge sieht Nostradamus den künftigen Messias als Sohn armer Eltern im Westen geboren, doch werden seine Lehren zuerst im Osten akzeptiert. Ihm folgt *sein Vater* nach, da der Messias im Jahr 2182 ermordet wird.

In anderem Zusammenhang kündigt Nostradamus folgendes an: „La grande étoile par sept jours brûlera, Nuée fera deux soleils apparoir. Le gros Mâtin toute nuit hurlera, Quand grand pontife changera de terroir." Offensichtlich ist hier ein Komet gemeint, der der Erde so nahe kommt, daß er einige Tage lang wie eine zweite Sonne herabbrennt. Und diese Erscheinung scheint mit der Reise eines großen spirituellen Oberhirten zusammenzuhängen. Im Rahmen weiterer Anspielungen, offensichtlich auf das gleiche Ereignis, spricht Nostradamus von „Castor, Pollux en nef, astre crinite". In diesem Fall werden „Schiff" und „Komet" (astre crinite) unmittelbar miteinander in Zusammenhang gebracht, als könnte es sich um eine Art Raumschiff handeln. Und Castor und Pollux verweisen auf die antike Sage von dem Unsterblichen, der seine Unsterblichkeit verwirkt, um seinen sterblichen „Zwillingsbruder" zu retten – eine Anspielung auf den Messias. Pichon setzt dieses Geschehen auf „kurz vor 2164" an,[4] doch muß man hinzufügen, daß diese Datierung zwar klug gewählt, doch nicht ganz überzeugend ist.

Coinneah Odhar Fiossaiche (Schottland, 17. Jahrhundert), der „Seher von Brahan"

Nahezu die einzige Prophezeiung dieses Sehers, die sich noch nicht erfüllt hat, lautet: Eine „dunkle hornlose Kuh" wird in „Minch"

[3] Ein anderer Autor zu diesem Thema, Roger Frontenac, gelangt in seinem Werk *La Clef Secrète de Nostradamus* (1950) zu anderen Datierungen und schreibt Nostradamus die Prophezeiung einer großen Ära des Friedens ab 2060 n. Chr. zu.

[4] Vgl. Seite 143 (63) und (64) sowie Seite 367.

auftauchen und ein Gebrüll ausstoßen, daß die sechs Schornsteine von Gairloch House umstürzen (das zur Zeit des Sehers *keinen* Schornstein, heute aber tatsächlich sechs Schornsteine hat!) Das ganze Land werde so verlassen und entvölkert sein, daß man „keinen einzigen Hahn krähen hört" und die ganze Natur wird von einem „schrecklichen schwarzen Regen" vernichtet. (Hier könnte die Explosion eines Atom-U-Boots gemeint sein; der „schwarze Regen" mag aber auch eine Ölkatastrophe vorhersagen.)

Edgar Cayce (Amerika, 20. Jahrhundert)

Dieser außergewöhnliche, fromme Mann, 1945 verstorben, war ein Hellseher, der im Zustand hypnotischer Trance Zugang zu nahezu unbegrenztem Wissen erhielt. Diese Gabe wandte er in erster Linie zur Diagnose von Krankheiten an: Man brauchte ihm nur die Namen der Kranken zu nennen (die nicht anwesend sein mußten), und er verordnete die geeigneten Mittel – Empfehlungen, die von Ratschlägen des gesunden Menschenverstands bis zu völlig unorthodoxen Maßnahmen reichten. Dabei legte er besonderen Nachdruck auf die richtige *seelische* Haltung (der Geist baut den Leib). Bei normalem Bewußtseinszustand war Cayce meist nicht in der Lage, die medizinische Terminologie zu verstehen, derer er sich in der Trance bedient hatte.

Medizinische Prüfungen der Cayce'schen „Methoden" ergaben, daß diese durchaus richtig waren. 1932 gründete man in Virginia Beach ein Forschungszentrum (heute als A.R.E. bekannt) zur Erhaltung und stenographischen Niederschrift von mehr als vierzehntausend seiner Séancen.

Im Lauf der Zeit äußerte sich Cayce (dessen Arbeit heute vor allem in Amerika zunehmend Beachtung findet) in der Trance noch auf anderen Wissensgebieten. Er bestätigte und erläuterte die Tatsache der Reinkarnation (zu seinem eigenen Erstaunen als Sonntagsschullehrer), trug viel zur Erhellung altägyptischer Überlieferung und der Mission des Jesus von Nazareth bei, befaßte sich im Trancezustand auch mit Träumen und der antiken Atlantissage und machte eine Reihe von bedeutsamen Voraussagen für die Jahre bis 1998, von denen sich viele bereits erfüllt haben.

Für die Zeit zwischen 1958 bis 1998 sah er gewaltige geologische Veränderungen sowie eine Verlagerung der Erdachse voraus (siehe S. 264). Das Mittelmeerbecken werde sich heben und senken, Japan überflutet werden, ebenso würden die „oberen Teile“ Europas „binnen eines Augenblicks“ unter Wasser verschwinden. Los Angeles und San Francisco und später auch New York würden zerstört, Teile des alten Atlantis wieder aus den Fluten aufsteigen.[5] Diese Epoche werde von einem großen Vulkanausbruch des Vesuvs oder Ätnas eingeleitet, während die Hebungen und Senkungen vor allem gegen Ende dieser Zeit eintreten sollen, gleichzeitig mit der Verlagerung der Erdachse. Diese Jahre seien gekennzeichnet durch die Reinkarnation vieler Seelen, die zuletzt früher in Atlantis reinkarniert waren. Gleichzeitig werde ein rapider Fortschritt in Wissenschaft und Technologie statthaben, wiewohl dieser eigentlich nur in einem Wiedererlernen alter, vergessener Fähigkeiten bestehe. Etwa um das Jahr 1998 werde dann der „Große Eingeweihte“ zur Erde zurückkehren.[6]

Unterdessen werde die Botschaft der Großen Pyramide endlich vollends entziffert sein (siehe Zitat am Anfang von Teil I), und irgendwo zwischen Sphinx und Nil eine „Halle der Aufzeichnungen“ „zur rechten Zeit“ entdeckt werden. Mit dem Bau der Großen Pyramide, betonte Cayce, sei im Jahre 10490 v. Chr. begonnen worden, und er habe hundert Jahre gedauert. In ihr wurde – durch den räumlichen Verlauf der Gänge, durch Wechsel der Gesteinsarten etc. – der künftige Aufstieg und Fall der Nationen sowie der Entwicklungsgang des religiösen Denkens der Welt aufgezeichnet.[7]

[5] Siehe Seite 264 und 268 wie auch vor allem die Forschungsergebnisse von Dr. J. Manson Valentine über die beiden Bimini-Inseln.

[6] Vgl. Seite 139 bis 141, Punkte 37 bis 58.

[7] Diese Datierung stimmt auffallend genau mit dem Datum der letzten uns bekannten Umkehrung des Magnetfeldes der Erde überein, wie es von schwedischen Wissenschaftlern 1971 aufgrund von Bohrkernuntersuchungen ermittelt wurde (*New Scientist*, 6. Januar 1972, S. 7). Das Ende dieser Periode trat nach ihren Berechnungen vor etwa 12 400 Jahren ein – also um 10 430 v. Chr. Wenn wir akzeptieren, daß die Errichtung der Pyramide (nach der Datierung von Cayce) mit irgendeinem kataklysmischen Ereignis zusammenhing, ergibt sich, daß möglicherweise eine unmittelbare Verbindung zwischen diesem Ereignis und der magnetischen Umkehrung besteht.

Die Lage der „Halle der Aufzeichnungen“ (die er zuweilen auch Pyramide nennt) beschreibt Cayce wie folgt: „Wenn die Sonne sich aus den Wassern erhebt, fällt die Schattenlinie zwischen die Pranken des Sphinx, der erst zu späterer Zeit als Hüter gesetzt wurde, den man nicht durch die Verbindungskammern (von der rechten Pranke aus) betreten darf, ehe die Zeit nicht erfüllt ist und die Wandlungen sich auf diese Sphäre der menschlichen Erfahrung auswirken. Sie liegt zwischen dem Sphinx und dem Fluß“.[8]

Der Angabe, daß die Sonne „sich aus den Wassern erhebt“, deutet auf die Zeit der Nilflut im Altertum. Der Nil trat alljährlich von Ende Juni an über die Ufer. So muß sich aus dem Aufgangspunkt der Sonne während der Sommerzeit unschwer die Lage der von Cayce so benannten „Halle der Aufzeichnungen“ ermitteln lassen. Vermutlich zeichnete sie sich nur bei Sonnenaufgang durch ihren Schatten als flache Erhebung vor den Pranken des Sphinx ab.

Nimmt man für den Sonnenaufgang den Augenblick an, da der untere Rand der Sonne gerade noch den Horizont berührt (wie es die Baumeister der Megalith-Kultur taten), würde der Sonnenaufgangspunkt damals am 20. Mai bei $23^1/_2{}^\circ$ nördlich von Osten gelegen haben (dem Grad des Neigungswinkels der Erdachse und damit der maximalen Deklination der Sonne). Am 22. Juni hätte sie dann die Deklination von $27^3/_4{}^\circ$ erreicht, um am 24. Juli wieder auf den zuerst genannten Stand zurückzukehren. Diese beiden Punkte hätten also vermutlich die Nord- und Südgrenze der Stelle markiert, an der die Halle lag.[9]

Ein Blick auf die Karte von S. 344 zeigt deutlich, daß die Peillinien tatsächlich eine flache Erhebung zwischen Sphinx und Nil markieren; heute wird sie von den Bewohnern des nahegelegenen Araberdorfes Nazlet-es-Samman als Abfallhalde benutzt. Sie ist tatsächlich die einzige Bodenerhebung zwischen Sphinx und Nil auf der betreffenden Strecke.[10]

[8] M. E. Carter, *Edgar Cayce on Prophecy*, o. j. o. O., S. 106.

[9] Bei Ansetzung auf das 3. Jahrtausend v. Chr., mit einem Spielraum von wenigen Tagen.

[10] Besucher werden die Erhebung gleich hinter der niedrigen Mauer quer über die Straße zur Sphinx genau gegenüber den Son-et-Lumière-Sitzen entdecken.

Wenn man Cayce folgen mag, wird sich die Halle der Aufzeichnungen nach ihrer Form als eine versiegelte „Zeitkapsel" erweisen; sie wäre von den fliehenden Atlantern, den Gründern der ägyptischen Kultur und Erbauern der Großen Pyramide, einst zurückgelassen worden und enthält Aufzeichnungen und Artefakten.[11] Wahrscheinlich besteht sie aus einer unterirdischen, mit einem Steinpyramidion versiegelten Grube. Und sollte sich herausstellen, daß dieses Pyramidion etwa 30 Fuß 8 Zoll hoch ist, daß sein Basisumfang 46 Fuß 11 Zoll und sein Neigungswinkel 51°51′14,3″ beträgt, dann wäre die Krone der Pyramide, der fehlende Schlußstein gefunden.

Mario de Sabato (Frankreich, 20. Jahrhundert)

Der berufsmäßige Hellseher de Sabato, der sich zugute halten kann, daß eine große Anzahl seiner Prophezeiungen bereits in Erfüllung ging, hat eine lange Reihe von Voraussagen von weltweiter Bedeutung veröffentlicht[12], von denen ich hier nur folgende anführen möchte:

(I) Eine langanhaltende, teils kriegerische, teils friedliche Auswanderungsbewegung, in die einerseits die Chinesen und andererseits der gemeinsam vorgehende Osten und Westen verwickelt sind, wird durch Zwischenfälle zwischen China und Indien ausgelöst. Die Chinesen werden sich, oft unbewaffnet, über den ganzen Eurasischen Kontinent ausbreiten, und werden endlich in Ostfrankreich zum Stehen gebracht. Dies wird ernste Wirtschaftsprobleme, eine völlige Neugestaltung der Staatenwelt Eurasiens sowie die Mischung aller Rassen zur Folge haben. Nachdem die Exil-Chinesen ein Arrangement für die „Kapitulation" Pekings zustande gebracht haben, wird Peking zerstört. Eine kurze Periode der Weltharmonie wird dann unmittelbar in ein Goldenes Zeitalter übergehen.

[11] Vgl. Seite 26. Toth/Hermes wurde die besondere Gabe zugeschrieben, Gefäße vollkommen unzugänglich zu machen – daher der moderne Ausdruck „hermetisch verschlossen".

[12] *Confidences d'un Voyant*, Paris 1971.

(II) Dem Konflikt mit China wird eine Fülle von Ereignissen vorausgehen, von denen folgende wohl am bemerkenswertesten sind:

Italien: Schwere politische und wirtschaftliche Krisen, ganze Perioden ohne Regierung, halb-revolutionäre Zustände, nicht-kommunistische Links-Regierung.

Frankreich: Politische und ökonomische Reformen, Verfassungsänderung, Abschaffung des Senats, Zuwachs an nationaler Macht. Der Franc wird sich erholen und zur Wechsel-Währung des vereinigten Europa. Paris wird die Hauptstadt Europas. Pensionierung mit 60, obligatorische Geburtenkontrolle.

Belgien: Konflikte im Zusammenhang mit der Monarchie und die Thronfolge, Verfassungsreform.

Deutschland: Berlin erhält durch Vertrag internationalen Status. Ost-West-Teilung bleibt weiter bestehen. Ost-Berlin wird zum westlichen „Schaufenster" des Kommunismus.

Holland: Neue Techniken, dem Meer Land abzugewinnen, werden Holland vergrößern. Wichtige kommerzielle Verbindungen außerhalb des Gemeinsamen Marktes.

Spanien: Wiederherstellung der Monarchie. Wirtschaftswachstum und Wohlstand. Neutralität während des asiatischen Konflikts.

Portugal: Ein Oppositionsführer errichtet eine progressive Republik.

Britannien: Wegen Stützungsaktionen zugunsten von Commonwealth-Mitgliedern ein „schwieriges" Mitglied der europäischen Gemeinschaft. Neue politische und ökonomische Entwicklungen, schwere Probleme im Bereich der internationalen Politik. Unabhängigkeit für Nordirland nach einem Konflikt mit Irland in dieser Frage. Ein Forschungsunfall, vermutlich atomarer Natur, mit katastrophalen Folgen (vgl. den „Seher von Brahan").

Jugoslawien: Spielt zur Zeit des asiatischen Konflikts durch Verhinderung eines Verrats eine bedeutende Rolle.

Schweden: Kampagne gegen Gewalt; wichtige wissenschaftliche Entdeckungen.

UdSSR: Mittelpunkt einer neuen Friedensbewegung, die sich für Gleichheit einsetzt. Wirtschaftliche Expansion, ein „kapitalistisches" Land mit kommunistischen Doktrinen. Revolutionierende wissenschaftliche Theorien. Nach dem asiatischen Konflikt Kooperation mit dem Christentum im Zusammenhang mit der Reorganisation Eurasiens.

Israel: Verfolgung der Juden in den arabischen Ländern, periodische Kriege mit arabischen Ländern. Einmischung der Großmächte.

Iran: Sturz der Monarchie und der kaiserlichen Familie. Annahme ausländischer Militärhilfe, die rechtzeitig helfen wird, die chinesische Ausbreitung einzudämmen.

Türkei: Eine Art „Kuba-Affäre", die beinahe einen Weltkrieg auslöst.

Vietnam: Ein Ende der Kämpfe, dann ein neuer, von China entfesselter Krieg; wird schließlich ganz kommunistisch.

Japan: Hervorragende wissenschaftliche Leistungen und kommerzielle Expansion; eine neue und überraschende militärische Technik.

Pakistan, Formosa, Korea: Allesamt Krisenzentren.

Amerikanischer Kontinent: Die *USA* werden ganz Mittel- und Südamerika bis zum Äquator übernehmen (Kuba ausgenommen, das kommunistisch bleibt). Südlich dieser Linie werden die Vereinigten Staaten von Lateinamerika mit einer Hauptstadt in Brasilien entstehen und in Frieden leben.

Kanada: Unter einer allkanadischen Zentralregierung erhält Quebec die Unabhängigkeit.

USA: Schwere Wirtschaftskrise. Andere Staaten schließen sich dem Staatsverband an. Während des asiatischen Konflikts Zusammenarbeit mit der UdSSR. Eines einzigen Mannes Torheit gefährdet den Frieden.

Afrika: Ein Sahara-Krieg, bei dem Ölquellen in Brand gesteckt werden. Weitere Schwierigkeiten in Kongo, Kamerun, Angola und Mocambique.

Ägypten: Zwei Revolutionen, die sich über das Rote Meer hinaus ausdehnen.

Äthiopien: Revolution wegen der Thronfolge, auf den Stolz eines einzigen Mannes zurückzuführen (der einem Attentat zum

Opfer fällt). Dank einer Regierung aus Wissenschaftlern und Gelehrten eine generelle Umwandlung des Landes.

Eurasien: Im Gefolge des asiatischen Konflikts Rassenmischung, kommerzielle Prosperität, föderalistisches Regierungssystem ohne Zollschranken, einheitliche militärische Organisation (wobei es nach dem asiatischen Konflikt keine Kriege mehr geben wird). Der Osten wird von Rußland und Japan reorganisiert.

(III) Weltweite Entwicklungen:

Schließliche Annahme einer vorwiegend aus Wissenschaftlern, weniger aus Politikern gebildeten Regierung.

Überwindung des Ernährungsproblems durch Erschließung der Rohstoff- und Energiequellen des Meeres.

Neue Evolution des Menschen in jeder Hinsicht infolge submariner Vorgänge. Geburtenkontrolle voraussichtlich obligatorisch.

Lokale Kriege zeitweilig möglich, doch nach dem Krieg gegen die Chinesen keine Weltkriege mehr.

Von Nordamerika und Britannien ausgehende schwere atomare Verseuchung, die ganz Europa, Südostasien und Nordamerika in Mitleidenschaft zieht.

Eine neue Art von Leukämie, die sich auf das Rückenmark ausdehnt.

Genetische Mutationen.

Volksaufstände, die sich gegen die für die atomare Verseuchung Verantwortlichen richten, was die weitere Diskreditierung der Politik und der Politiker zur Folge hat.

Interplanetarische Reisen: eine Start-Station auf dem Mond.

Vollkommene Erneuerung der religiösen Interpretation, auch im sittlichen Bereich. Kooperation von Kommunismus und progressivem Christentum.

Ende des Papsttums nach Erlaß einer neuen Bestimmung, die Abdankung und Verabschiedung von Päpsten gestattet. Der Vatikan wird im Jahr 2000 Zentrum einer neuen Friedenskommission.

(IV) Das Goldene Zeitalter wird zwischen 1993 und 2021 einsetzen und 730 Jahre dauern. Das bedeutet eine 170jährige „progressive“ Periode, eine 370jährige „prophetische“ Periode (innerhalb von 14 Jahren vor oder nach 2177 beginnend) und eine 190jährige „apokalyptische“ Periode (innerhalb von 14 Jahren vor oder nach 2547 beginnend und um 2737 auslaufend) (vgl. oben mit der Weissagung der Pyramide).

Im Lauf dieser Zeit wird der Winter weitgehend überwunden werden, körperliche Arbeit wird es nicht mehr geben. Man wird die Meere als zusätzliche Nahrungs- und Energiequelle für den Menschen nutzen.

Zwischen 2003 und 2031 fällt die Ankunft eines Lebewesens von einem anderen Planeten, der – älter als der unsere – bereits seine apokalyptische Phase hinter sich hat. „Die Ankunft dieses Wesens wird die Probleme von Gut und Böse sowie die Frage des Lebens nach dem Tode, von Reinkarnation und Nicht-Inkarnierung lösen; dieses Wesen wird überraschenderweise im Raum des alten Palästina auftauchen und in seiner physischen Erscheinung der dortigen Bevölkerung ähneln ... Es wird Reichtümer und ungeahnte Techniken mitbringen ... Seine Sprache wird der hebräischen ähneln, und die Juden werden es als ihren Messias beanspruchen ... Diese Erscheinung wirkt sich auf die ganze Welt aus ...

Später werden die Erdbewohner die Ankunft weiterer, ähnlicher Menschwesen freudig begrüßen, da sie die Früchte ihrer großartigen Kultur mitbringen. Dank dieser werden wir in wenigen Jahren die Entwicklung von mehreren hundert Jahren durchlaufen ...[13]

Mit Hilfe einer revolutionierenden neuen Erfindung wird der Mensch das Universum ebenso leicht durchqueren, wie heute die See ... Es wird kein Elend mehr geben ...

Um diese Zeit wird die Zukunft des Universums, auch das Geschick unserer Erde in ihrer Beziehung zu anderen Planeten, aufgezeichnet werden. Diese Aufzeichnung könnte dann als eine Art Drittes Testament gelten ... Sie wird unter anderem das ‚Weltende‘ ankündigen, das in Wahrheit in einer bestimmten Form von Läuterung besteht. Das Universum aber wird weiterbestehen.“

Im Goldenen Zeitalter wird nach de Sabato der Mensch „vollkommene Freiheit der Lebensführung“ genießen. Jeglicher Weltan-

[13] Vgl. Dschelal ed-Din Rumi, Sufi-Mystiker des 13. Jahrhunderts: „Von diesen Sternen, hängenden Kerzen gleich, aus dem blauen Gezelt, kam ein wundersam Volk, die Geheimnisse uns zu enthüllen.“

schauung werde auf dem Globus ein bestimmtes Gebiet zugeteilt, so daß es jedem freistehen wird, sich seine Lebensform zu wählen. Doch sollen zu späterer Zeit die Gebiete „der Bösen“ laut de Sabato durch eine Art natürlicher Atomkatastrophe zerstört werden. Dies könnte eine Spätfolge unserer heutigen Nuklearversuche und ihrer Wechselwirkung zu den „polaren Kräften“ der Erde sein.

Wenn der letzte Abschnitt des Goldenen Zeitalters beginnt, wird sich der Himmel leuchtend orange färben. Und um das Jahr 2800 wird das gesamte Universum in eine neue Ära eintreten.

Jeane Dixon (Amerika, Gegenwart)

Wie de Sabato steht auch Jeane Dixon – von Beruf Immobilienverwalterin und gläubige Katholikin – in den USA zu Recht in dem Ruf, sehr genaue und zuverlässige Voraussagen zu machen. Unter anderem sagte sie die Ermordung beider Kennedys sowie Martin Luther Kings voraus, ferner eine Reihe von wichtigen Vorfällen im Bereich der amerikanischen Landesverteidigung und der Raumfahrtplanung. Dabei unterscheidet sie zwischen unwiderruflichen Geschehnissen, die sie in einer Art Halb-Trance voraussieht, und Vorwarnungen auf telepathischem Weg, die es ermöglichen, Gefahren und bestimmte Geschehnisse abzuwenden. Ihre zeitweiligen Selbstzweifel scheinen allein ihrer Fähigkeit zur richtigen Interpretation ihrer „Visionen“ zu gelten.

Jeane Dixons Voraussagen in bezug auf die Weltentwicklung stimmen mit denen de Sabatos weitgehend überein: Grundlegende Revision der religiösen Doktrinen, Anbruch eines neuen Zeitalters um die kommende Jahrhundertwende. Weitreichende politische Veränderungen in Großbritannien, Beilegung der politisch-religiösen Streitigkeiten in Irland, wirtschaftliche Expansion Japans. Erneut Ausbruch von Feindseligkeiten in Korea und Vietnam, Fortbestehen des arabisch-israelischen Konflikts bis „Jerusalem von einem Erdbeben“ betroffen wird. Invasion chinesischer Streitkräfte im Mittleren Osten und Europa (bis an die deutsche Grenze). Entwicklung neuer Antriebssysteme, die die Raumfahrt vereinfachen. Gigantische Fortschritte der Medizin, die Nutzung des Ozeans für die Ernährung – all dies sagt auch Jeane Dixon voraus.

Zudem schreibt sie in ihrem 1969 entstandenen Buch *My Life and Prophecies*, es werde einen weiblichen Präsidenten der USA geben. Ein englisches U-Boot werde auf mysteriöse Weise verschwinden, es werde zu einem Bakterienkrieg kommen, aber schließlich werde der Mensch seine Fähigkeit zur Anwendung psychischer Kräfte zunehmend entwickeln (was auch Edgar Cayce voraussagte). Wie Malachias kündigt sie an, daß es nur noch drei bis vier weitere Päpste geben wird. Von ihnen wird einer im Amt körperliche Verletzungen erleiden. Ein zweiter, von den Kardinälen gewählt, wird später durch einen anderen ersetzt. Die gleiche Person wird nochmals den Papstthron besteigen und damit der letzte der Päpste werden, der schließlich einem Attentat zum Opfer fällt.

Diese Einzelheiten lassen die Prophezeiungen des Heiligen Malachias in einem neuen Licht erscheinen. Auch Jeane Dixon rechnet damit, daß die UdSSR christlich wird, und meint, sogar das Judentum würde eines Tages den christlichen Messias anerkennen. Außerdem spricht sie von einer Untergrabung des Christentums durch Übernahme einer „falschen östlichen Religionsphilosophie".

Jeane Dixons dramatischste Weissagungen indes betreffen ebenfalls einen Krieg mit China, darüber hinaus das Auftreten mehrerer großer politisch-religiöser Führer; einer davon sei der biblische Antichrist, ein anderer dessen Prophet. Ich führe hier einige ihrer wichtigsten Voraussagen auf:

1962 Im Nahen Osten wird ein Kind geboren, in dem J. Dixon den Antichrist sehen möchte. Später lebt es mit seinen Eltern in einer ägyptischen Stadt (möglicherweise Kairo).

1973–74 Im Leben des Antichrist tritt eine wichtige Entwicklung ein, die schließlich zur Bildung einer „Zelle" von engen Anhängern führt.

1979 Eine Welternährungskrise wird spürbar.

1985 Ein Komet geht in einem der großen Ozeane auf die Erde nieder, wodurch riesige Flutwellen und Erdbeben hervorgerufen werden.

1991–92 Der Antichrist macht sich an seine globale Mission, die Jugend der Welt zu erobern – nach dem Muster des Rattenfängers von Hameln.

1999 Plötzliche Vernichtung und Krieg. Am östlichen Himmel

erscheint ein großes flammendes Kreuz; diese Erscheinung leitet die Einheit der Christen ein.[14]

2000 Chinesische Truppen werden in Nahost besiegt.

2020–30 Eindringen einer „östlichen Religionsphilosophie“ in Europa.

2025 Die Chinesen marschieren in Rußland ein und erreichen schließlich die deutsche Grenze.

2030 Um der chinesischen Gefahr zu begegnen wird in Amerika (?) ein Mann, der sich als Friedensstifter einen Namen gemacht hatte, zum obersten Kriegsherrn ernannt, der aber dann selbst zum Tyrann wird. Vermutlich ist er der Prophet des Antichrist, der sich ungehemmt der Massenmedien bedienen wird.

2037 Ende des Krieges gegen die Chinesen.

Der interessanteste Aspekt dieser Aufstellung ist vielleicht die Gleichsetzung des 1962 Geborenen mit dem Antichrist. Bei ihrer ersten Vision in diesem Zusammenhang „sah“ Jeane Dixon jedoch eine altägyptische Königin, die sie für Nofretete hielt, begleitet von einem Pharao, in dem sie den Gatten Echnaton vermutete. Sie trug einen Säugling, in Lumpen gehüllt, den sie „dem Volk präsentierte“. Über dem Haupt des Kindes schimmerte ein kleines Kreuz, das zu wachsen begann, bis es sich über die ganze Welt erstreckte und das Kind ins Licht der aufsteigenden Sonne rückte. Dann verschwand der Pharao, und die Königin wurde überraschend von hinten erdolcht. Mittlerweile nahm das Kind, das sich in einen jungen Mann verwandelt hatte, die Anbetung aller Völker entgegen, während er Liebe und „lichte Weisheit“ ausstrahlte – dennoch war seine „Wellenlänge“ eine andere als die der Heiligen Dreifaltigkeit.

Diese Gestalt, sagte Dixon, werde vom Propaganda-Apparat der Vereinigten Staaten Unterstützung erhalten; die Jugend wird die

[14] Über die Bedeutung eines solchen Phänomens lassen sich verschiedenste Spekulationen anstellen. Es scheint eine antithetische Entsprechung zum „flammenden Schwert“ aus der Genesis zu bestehen, das Adam und Eva daran hindern sollte, in den Garten Eden zurückzukehren. Das „flammende Kreuz“ dagegen dürfte anzeigen, daß der Mensch nun ins Goldene Zeitlater eintritt – in jenes „Himmelreich auf Erden“, das er vor Zeiten einmal verspielte.

gesamte Welt seinen Händen überantworten (man vergleiche die Weissagung de Sabatos von der Diskreditierung und Vertreibung der traditionellen Politiker). Christentum und östliche Religionen werden miteinander verschmelzen, aber schließlich wird sich dieser Mensch doch zurückziehen. Die Seherin glaubt zu erkennen, daß er die Völker der Welt dem Ziel entgegen führt, *sich dann aber nach links wendet:* Die Mehrheit wird ihm folgen, während eine kleine „getreue Gefolgschaft" unbeirrbar ihren immer steiler werdenden Weg zum letzten Ziel fortsetzt.

Daß Jeane Dixon in jenem Kind den Antichrist sieht, entspringt dem, wie sie meint, dunklen Gefühl, daß zwischen seinem Leben und dem des Jesus von Nazareth Ähnlichkeiten bestehen und daß eine „außerirdische Planung" dies bewirke; aus dem weiteren Gefühl, daß seine „Wellenlänge" nicht der „der Heiligen Dreifaltigkeit" entspreche; und aus der Tatsache, daß sie die „ägyptische Königin" als Nofretete identifizierte. Doch wäre es kaum verständlich, jemanden aufgrund einer Ähnlichkeit mit Jesus zu verurteilen. Vielleicht aber läßt sich von einer gläubigen Katholikin keine andere Sicht erwarten. Darum scheint viel von der Mutterschaft der Nofretete abzuhängen. Nofretete, deren Büste aus Wiedergaben oder von Abgüssen allgemein bekannt ist, kann als Inbegriff einer „ägyptischen Königin" gelten, während das Kind eigentlich an den von einer anderen ägyptischen Königstochter (Hatschepsut) geretteten Moses erinnern müßte.

Man darf hier wohl annehmen, daß Jeane Dixons „Antichrist" (eine negative Fehlinterpretation) der „Prophet des Messias" ist, und daß auch ihre anderen Voraussagen im gleichen Sinne zu deuten sind.

Wladimir Solowiew (19. Jahrhundert)

Auch der Russe Solowiew, Autor des 1899 erschienenen Buches *War, Progress and the End of History,* hat Voraussagen für die Zukunft gemacht, über die George Every in *Christian Mythology* berichtet.

Every weist nach, daß Solowiew sich durch eine Predigt des Heiligen Ephräm aus dem 4. Jahrhundert anregen ließ. Ephräm stellte da den Antichrist als einen zunächst schlichten, sanften Volkshelden dar, der sich für eine gerechte Sache einsetzt, dabei auch über besondere Kräfte verfügt. Als er jedoch zum König der Welt aufgestiegen ist und seine Gegner vernichtet hat, verwandelt er sich in einen Unhold, der vor der Ankunft des wahren Messias „dreieinhalb Jahre“ lang die Erde verwüstet.

Solowiew sieht die Folgen des russisch-japanischen Krieges und den Zusammenbruch der zaristischen Herrschaft voraus, ferner auch die Eroberung Chinas durch Japan. Er scheint Japan mit dem späteren kommunistischen China verwechselt zu haben und sieht die Japaner – und nicht die Chinesen – in Rußland einfallen und über ganz Europa hinwegfegen, bis sie schließlich besiegt werden. Dabei werde es zu einem begrenzten Wiederaufleben der christlichen Einheit kommen, das mit dem politischen Zusammenschluß Europas einhergehe. Präsident der Vereinigten Staaten von Europa werde ein früherer Geschäftsmann und Ballistik-Experte sein. Ihm sei es vorbestimmt, Kaiser der Welt zu werden. Diese Gestalt zeigt eine deutliche Ähnlichkeit mit Ephräms Antichrist. Solowiew zeichnet ihn als einen Mann, der sich für eine Art „autonomen“ Messias hält und sich auf eine Kombination von Scheinwissenschaft und östlichem Mystizismus stützt, dabei auch Förderung durch anglo-amerikanische Propagandamedien genießt. Er werde einem Kongreß der Weltreligionen in Jerusalem vorsitzen, woraufhin die Mehrzahl der etablierten Kirchen und Religionen seine politische Schirmherrschaft akzeptiert. Allein der neugewählte Papst Peter II. und ein ehemaliger russischer Bischof, der als „Kirchenältester Johannes“ bezeichnet wird, sowie ein deutscher Theologe, Professor Ernst Pauli, widersetzen sich diesem schicksalhaften Schritt. Sie übernehmen die Führung des „getreuen Restes“, der es vorzieht, „abseits der Herde“ zu verbleiben. Papst Peter und Johannes werden dann sterben; an die Stelle des Papstes tritt ein Erfüllungsgehilfe des kaiserlichen Antichrist. Aber die Verstorbenen stehen zuletzt aus dem Grabe auf . . .

Interessant ist, daß diese drei „Führer der Auserwählten“ wohl als Reinkarnationen der Apostel Petrus, Paulus und Johannes anzusehen sind. Auch fordert die Darstellung den Vergleich mit ähnlichen Voraussagen bei Malachias, Nostradamus, de Sabato und der Dixon heraus – die aber alle doch soweit voneinander abweichen, daß man sie nicht gegenseitiger Beeinflussung verdächtigen kann.

Hinduismus und Buddhismus

Typisch für die geschichtlichen Vorstellungen der Hindus ist, daß sie von einer überwältigenden Gesamtschau des Universums ausgehen. Das kurze Ringen des Menschen um Entfaltung spielt sich vor dem Hintergrund eines oszillierenden Weltalls ab, das mit seinem Schöpfer einen sich über 8 640 000 000 Jahre erstreckenden Zyklus von Explosionen und Implosion durchläuft (der „Tag" und die „Nacht" des Brahma). Innerhalb dieses kosmischen Rahmens vollziehen sich weitere planetarische Zyklen von bis zu 84 000 Jahren Dauer, darunter die Präzessionszyklen der Äquinoktien. Überlieferungen zufolge bedarf es sieben mal zwölf solcher Zyklen – oder ungefähr 2 100 000 Jahre –, bis der Mensch eine bestimmte Entwicklungsphase erreicht. Innerhalb jedes dieser Zyklen rückt sein Fortschritt im Rhythmus der „Zeitalter" von 2160 Jahren Dauer voran, von denen ein jedes einen bestimmten Charakter hat und dem Lauf der Sonne gemäß einem Tierkreiszeichen entspricht (vgl. Kapitel 9).

Insbesondere die großen Epen geben ein buntes Bild der frühen „Götter", die offenbar über Flugmaschinen wie über eine Art Atomwaffe verfügten, die eine ungeheure Lichtfülle, „heller als tausend Sonnen", erzeugte und deren grausige Nachwirkungen in allen ihren uns heute nur allzu bekannten Einzelheiten beschrieben werden.

Am anderen Ende der Skala dient der allumfassende astrologische Hintergrund des Hinduismus zur Voraussage der Geschicke künftiger Zeitalter. Gegenwärtig hat der Zyklus der Göttin Kali das elfte „Zeitalter" der Fische (2160 Jahre) erreicht. Das zwölfte, gegen Ende unseres heutigen Jahrhunderts anbrechende Zeitalter des Wassermanns wird diesen Zyklus vollenden. Symbol eines solchen Zyklus ist das auf S. 33 abgebildete Rad des Sonnenwagens.

Der letzte Teil des Zyklus der Kali (so das *Vishnu purana)* bringt den Verfall menschlicher Werte, Unehrlichkeit, Materialismus und Gewalt. Doch kurz vor dem Ablauf dieses Zyklus bewirken neue spirituelle oder göttliche Einflüsse eine vollkommene Umwandlung der menschlichen Psyche, noch rechtzeitig vor dem Anbruch des folgenden „Zeitalters der Reinheit" um etwa 4000.

Diese „spirituellen Einflüsse" sind der Überlieferung zufolge verbunden mit dem Wiedererscheinen eines der großen Avataras, der göttlichen Inkarnationen. Wie Krischna im *Bhagavadgita* (4, 5–11) sagt:

> Gar viele Geburten hab' ich schon durchlebt, – du auch, o Arjuna! –
> Ich weiß von ihnen allen noch, doch du weißt nichts davon, o Held!
> Zwar ungeboren, ewig auch und aller Wesen Herr bin ich,
> Und doch entsteh' ich oftmals neu durch meines Wesens Wunderkraft.
> Denn immer, wenn die Frömmigkeit hinschwinden will, o Bharata,
> Ruchlosigkeit ihr Haupt erhebt, dann schaffe ich mich selber neu.
> Zum Schutz der guten Menschen hier und zu der Bösen Untergang,
> Die Frömmigkeit zu fest'gen neu, entsteh' in jedem (Zeit)Alter ich.

(Übertragen v. Leopold v. Schroeder)

Viele Überlieferungen des Hinduismus fanden ihren Weg in die Lehren des Mahayana-Buddhismus, in dem die reinkarnierenden Bodhisattvas die Stelle der wiedererscheinenden Avataras einehmen – erleuchtete Wesenheiten, die freiwillig ihren Aufstieg zu höheren Daseinsstufen hinausschieben, um der ringenden Menschheit beizustehen. In einigen buddhistischen Schulen ist der Bodhisattva der große Helfer und Erlöser (Amida), ähnlich dem christlichen Jesus. Der ganze Prozeß führt schließlich zum Erscheinen des nächsten menschlichen Buddha, der erst in Hunderttausenden von Jahren erwartet wird.

T. Lobsang Rampa

Dieser umstrittene Autor, Verfasser des Bestsellers *Das Dritte Auge* und anderer populärer Darstellungen des tibetanischen Buddhismus, macht vor allem in seinem Werk *Chapters of Life* eine Anzahl von Voraussagen.

Nach Rampa kommt in jedem der zwölf Tierkreiszeitalter ein messianischer Führer zur Welt. Das bevorstehende Zeitalter des Wassermanns ist das zwölfte des gegenwärtigen Kali-Zyklus, und so wird das Goldene Zeitalter dann mit Anbruch des zwölften Zeitalters etwa um das Jahr 4000 beginnen.

Was den kommenden messianischen Führer unseres elften Zeitalters betrifft, so sind einige seiner „Jünger" bereits geboren (der erste im Jahr 1941), während der Messias selbst 1985 auf die Welt zurückkehrt. Nach besonderen Exerzitien (behauptet Rampa) wird er im Jahr 2005 weltweite Erschütterungen hervorrufen. Wie Jesus bei seiner Taufe wird auch er von einer höheren Macht ergriffen, was für die spätere Weltgeschichte dramatische Folgen haben wird.

Es scheint Entsprechungen zwischen den Datierungen Rampas und denen der Großen Pyramide zu geben, zumal im Hinblick auf Ereignisse der Jahre 1985 und 2005. Auch das Datum des Jahres 4000 scheint der Datierung der Pyramide zu entsprechen: Im Jahr 3989 soll der messianische Plan erfüllt sein.

Rampa wurde bisweilen heftig kritisiert, weil man an der Richtigkeit seiner autobiographischen Behauptungen zweifelte. Doch scheint mir dies für die Gültigkeit seiner Prophezeiungen irrelevant, da diese wie alle anderen Quellen einschließlich der Großen Pyramide lediglich daran zu messen sind, wie weit sie auf die Ereignisse zutreffen. Allein die Zeit kann hier Richter sein.

9 Erinnerungen an die Zukunft?

Im siebten Kapitel hatten wir eine Reihe von überraschenden Übereinstimmungen aufgezeigt zwischen der Botschaft der Großen Pyramide, den Schriften der biblischen Prophezeiungen und der Lehre des Jesus von Nazareth, wie sie uns überkommen ist. Dabei stellte sich heraus, daß viele dieser alten Prognosen von den neueren Quellen prophetischer Gnosis weitgehend bestätigt werden. Letztere haben, was den Verlauf künftiger Vorgänge betrifft, vielfach den Vorteil, klarer und verständlicher zu sein.

So stellt sich nun die weitere Frage, ob nicht das in den heiligen Schriften verschiedener Völker als vergangenes Geschehen aufgezeichnete zugleich in verhüllter Form Prophezeiungen über die Zukunft enthält – zumal ja die Geschichte zyklisch verläuft.

Vor allem zeigen einige der ältesten Überlieferungen des Alten Testaments erstaunliche Parallelen mit den Voraussagen der Großen Pyramide von Gizeh.

Die Schöpfungsgeschichte

Von außen betrachtet hält sich die biblische Schöpfungsgeschichte durchaus im Rahmen anderer Schöpfungsmythen, wie sie für archaische Gesellschaften typisch sind. Andererseits läßt die stark gebundene, regelhafte Beschreibung des Geschehens an den sieben Schöpfungstagen vermuten, daß dem wörtlichen Sinn eine tiefere allegorische Bedeutung zugrundeliegt. Vergleicht man sie mit den Offenbarungen der Pyramide, zeigt sich mit Deutlichkeit ein Bezug zum Messianischen Plan. Es gibt keine besonderen *religiösen*

Gründe, weshalb die Heilige Schrift mit einem recht spekulativen Bericht über den Ursprung der Welt beginnen sollte – es sei denn, er wäre dazu gedacht, vorwiegend allegorisch und nicht historisch aufgefaßt zu werden; es sei denn, er gäbe eine Art Blaupause für den Messianischen Plan. Denn dies könnte sehr wohl seine Voranstellung rechtfertigen. Der Zweck der anderen biblischen Geschichten könnte dann sein, ins einzelne gehende Darstellungen der Auswirkungen des in Aktion getretenen Plans zu geben. Die Schöpfungsgeschichte wäre also eine „Hülle", die den „Schlüssel" zur geheimen Bedeutung der übrigen Schriften enthält.

Der erste „Tag" der Schöpfung wird, im Widerstand gegen die undurchdringliche Finsternis, der Erschaffung des „Lichts" gewidmet. Im Anfang gab es nur den Geist Gottes über den Wassern. Also existierten die Wasser bereits. Man muß sich hier klar werden, daß der Wortlaut des Bibeltextes sich *nicht* auf konkrete Gegebenheiten bezieht. Gemeint ist das Messianische „Licht", das in die „Finsternis" der Welt kommt, wie es der Verfasser des Johannes-Evangeliums in seiner Darstellung der Schöpfungsgeschichte ausdrücklich ausspricht. „Es war das Wahre Licht", heißt es bei Johannes 1, 9, „das jeden Menschen erleuchtet, der in die Welt kommt." Er fährt fort und läßt keinen Zweifel daran, daß dieses Licht in Person und Lehre des Jesus von Nazareth seine physische Manifestation gefunden habe.

Daher dürfen wir in Vers 1 der Genesis den Geist Gottes sinnbildlich als „Wind" oder Lebensodem über den unermeßlichen „Fruchtwassern" der (Wieder)Geburt und der Sterblichkeit sehen. Er zeugt das in Jesu personifizierte Licht. Der erste „Tag" nimmt Bezug auf das Ursprungszeitalter des Nazareners und des Evangeliums – wie in der Großen Galerie dargestellt. Erinnern wir uns, daß die alten Ägypter die große Pyramide selbst „Das Licht" nannten.

Der „Tag des Herrn", wie ihn die Christen seit der Zeit der Apostel feiern, war nie mit dem jüdischen Sabbat identisch, wie man hätte erwarten können. Er war vielmehr der *erste* Tag der Woche – nach dem Mithraskult der „Tag der siegenden Sonne". Daß Jesus an diesem Tag den Beweis seines Sieges über den Tod und die Mächte der Finsternis angetreten haben soll, läßt die Identifizierung Jesu des Nazareners mit dem Lichtbringer und der Sonne zwingend erscheinen, selbst wenn man die Tatsache außer acht ließe, daß der 25. Dezember uralter Überlieferung zufolge nicht nur als der Geburtstag des Jesus, sondern auch der Mythengestalten Adonis, Horus, Dionysos und Mithras gefeiert wurde. Es ist der Tag der Wintersonnenwende nach dem Julianischen Kalender, der noch auf andere Weise den Sieg des Lichtes der Sonne über die Mächte der Finsternis symbolisiert.

Der Advent des Messias wird aber nicht nur im Neuen Testament mit der Sonne, mit der Ankunft des Lichts in der Welt gleichgesetzt. Auch der Schlußstein der Pyramide ist Symbol der Wiederkunft des Messias und Zeichen der Sonne zugleich. Und der Neigungswinkel ihrer absteigenden Gänge (der Bethlehem-Winkel) erinnert ebenfalls an diesen Zusammenhang. So spricht der Prophet Malachias (3, V 20) vom kommenden Messias als von der „Sonne des Heiles", die „Heilung birgt in ihren Flügeln".

Am zweiten Tag wurde das Wasser unterhalb und oberhalb des Himmelsgewölbes geschieden. Dahinter steckt die Vorstellung, daß der Regen durch durchlässige Stellen im Himmel falle – gar nicht so abwegig, wenn man sich vor Augen hält, welche Schwierigkeiten die Menschen der Frühzeit vermutlich gehabt haben, die Dächer ihrer primitiven Wohnstätten gegen Regen abzudichten.

Doch dürfte auch noch eine tiefere Bedeutung mitschwingen. Schon einmal haben wir „Wasser" als „Fruchtwasser" gedeutet. So könnte diese Scheidung auch die endgültige Scheidung der erlösten Seelen meinen; jene, die für ein himmlisches Leben in Ewigkeit bestimmt sind, trennen sich von denen, die durch ihr eigenes Tun zu unaufhörlichem Tod und Wiedergeburt verurteilt sind – die Scheidung der Schafe von den Böcken (Matthäus 25). In der Pyramide ist der zweite Tag im Königskammerkomplex dargestellt, der ein Zeitalter des „Gerichts" und der Befreiung verheißt.

Der dritte Schöpfungstag ist vor allem dazu bestimmt, das Leben Früchte tragen zu lassen „nach seiner Art". Wir sollten uns hier nun verdeutlichen, welche große Bedeutung dem „dritten Tag" in der Bibel als dem auf die Tage der Vorbereitung folgenden Tag des Handelns und der Erfüllung beigemessen wird (so in Exodus 9, 11–15; Numerus 19, 11; Hosea 6, 2 wie auch im Neuen Testament in Verbindung mit der Wiederkunft des Messias). Dem messianischen Plan gemäß müßte sich der dritte Tag auf das Zeitalter beziehen, da die Erlösten endlich in die unteren spirituellen Ebenen eingehen, während den „Verlorenen" der befreiende Pfad der Wiedergeburt nunmehr endgültig verschlossen ist. Denn nachdem alles Leben Früchte gebracht hat „nach seiner Art" (das heißt gute oder böse), kann die Ernte eingebracht werden. In der Pyramide ist dieses Zeitalter durch die unterste der fünf Entlastungskammern dargestellt, deren architektonische Bezeichnung ihrer symbolischen Bedeutung entspricht.

Am dritten Tag geschieht die Erschaffung von Sonne und Mond, „um zu scheiden zwischen der Nacht und dem Tag", was seltsam erscheint – denn es geschieht hier zum *zweiten* Mal. Am ersten Tag wurde das Licht in die Welt gerufen, um das Licht von der Finsternis oder die Spreu vom Weizen zu trennen. Sein Zweck war, wie Jesus selbst hervorhob, im wesentlichen die Unterscheidung, zugleich aber auch – in einem anderen Sinn – die Versöhnung. Am vierten Tag jedoch vollendet sich der Prozeß: Zwischen Verlorenen und Erlösten, deren Weg fortan unwiderruflich aufwärts führt, geht für immer die Schranke nieder.

Der fünfte Tag ist der Tag der „Lebewesen", zu denen Gott sprach: „Seid fruchtbar und mehret euch". Hier haben wir das fortgesetzte siegreiche Wachstum der vom Messias Erlösten vor Augen: Sie gehören schon zu den „Lebewesen", ihr früherer Status als vollentwickelte geistige Wesen ist ihnen wieder zuerkannt. So wird uns von ihrer wiedergewonnenen Freiheit über die Symbole der „Fische" und „Vögel" berichtet, – dreidimensional durch Luft- und Wasserräume sich fortbewegende Lebewesen im Gegensatz zum flächengebauten menschlichen Tier. „Fische" und „Vögel" stehen hier für die befreiten und erlösten Seelen.

Der sechste Tag ist der Tag der Vollendung: an ihm wurde schließlich der Mensch „nach dem Bilde Gottes" geschaffen – er wird eins mit dem göttlichen „Eikon" oder Geist. Nachdem er diesen Gipfel seiner geistigen Entwicklung erreicht hat, entdeckt der Mensch, daß ihm alle Dinge „untertan" sind. Er erkennt, daß die physische Welt und alle Dinge in ihr, vom niedersten Gras bis zur höchst entwickelten Tierspezies, lediglich eine Kette irdischer

Phänomene sind, dazu bestimmt, in seiner eigenen spirituellen Apotheose zu kulminieren. Denn er ist die Krönung, die geistige Ernte des Erdplaneten, die höchste Entfaltung der gesamten irdischen Evolution.

Nun findet das anhaltende Ringen um Vollkommenheit seinen ruhmreichen Abschluß; der Mensch kann sich im „gestirnten Himmel über ihm" verlieren. Endlich nimmt dieser Kampf ein Ende, denn er ist wieder mit dem Göttlichen eins, aus dem er einst hervorging und zu dem zurückkehren er so lange bestrebt war. Gott ist im Menschen und der Mensch ist in Gott und endlich – um sich eines buddhistischen Analogons zu bedienen – „fällt der Tautropfen in den schimmernden Ozean". Dann ist der siebente Tag gekommen, der Ruhetag, da Gott „ruhte . . . von all seinem Werke, das er vollbracht hatte" (Genesis 2, 2). Denn nachdem die oberste der fünf Entlastungskammern erreicht ist und damit das letzte der sieben Messianischen Zeitalter, hat sich der Messianische Plan erfüllt.

Sieben Zeitalter – sieben Tage: die Woche, um die sich das Leben unserer Gesellschaft noch immer dreht, sie scheint dazu ersonnen, uns den Messianischen Plan symbolisch immer aufs neue vor Augen zu halten. Ein Plan, der wie die Zahl Sieben der Wochentage verrät, die spirituelle Vervollkommnung des Menschen zum obersten Ziel hat.

Der Garten Eden

Die allbekannte Geschichte von Adam und Eva (Worte, die im Hebräischen „Mensch" und „Leben" bedeuten) bedarf keiner besonderen Einführung in ihren essentiellen Gehalt. Daß sie in vieler Hinsicht den Einzelheiten der vorangegangenen Schöpfungsgeschichte fundamental widerspricht, liegt klar auf der Hand. Dieser Umstand verlangt natürlich ihre gesonderte Betrachtung. Er läßt nur scheinbar eine historische oder kosmologische Bedeutung vermuten. Aber eigentlich will diese Geschichte etwas ganz anderes, nämlich die Ursachen für den „Fall" des Menschen aufzeigen.

Der Mensch ist in diesem Bericht noch ein geschlechtsloses Wesen, das in Zufriedenheit lebt und sich vom „Baum des Lebens" ernährt, der ihm Unsterblichkeit verleiht. Die „Erkenntnis von Gut und Böse" indes ist ihm versagt. Er scheint noch ganz in der undifferenzierten Materie zu stecken: es gibt keine Gegensätze, weder gut noch böse, nicht heiß noch kalt, keinen Gegensatz von Materie und Geistigkeit. Adam und seine Welt sind noch grundsätzlich spiritueller Natur. Dies wird auch aus der Nähe des Menschen zu Gott ersichtlich, und aus dem völligen Fehlen irgendeiner Form von Religion (der „Rückbindung") im Paradiesesgarten – genau so wie im Himmlischen Jerusalem der Offenbarung Johannis. Die Offenbarung, der Endtext der Bibel, schließt damit, daß der Mensch wieder Geist wird, wie er es zu Anfang war. „Einen Tempel sah ich nicht in ihr", heißt es da (Offenbarung 21, 22), „denn ihr Tempel ist der Herr, Gott, der Allherrscher, und das Lamm". Selbst das Licht des ersten Schöpfungstages wird hier nicht mehr benötigt: „Die Stadt bedarf weder der Sonne noch des Mondes, daß sie scheinen in ihr; denn die Herrlichkeit Gottes erleuchtete sie, und ihre Leuchte ist das Lamm". Oder, wie in der *Bhagavadgita* steht: „Den Ort erhellt die Sonne nicht, der Mond nicht und das Feuer nicht; von wo nimmer wiederkehrt, ja, meine höchste Wohnstatt ist's" (15. Gesang).

So also war der Mensch am Anfang beschaffen; doch aus diesem idyllischen Zustand sank er später ab. Die „Schlange" verleitet zunächst das „Weib", die Früchte des „Baumes der Erkenntnis" von Gut und Böse zu kosten. Da werden Mann und Frau sich ihrer Geschlechtlichkeit bewußt und müssen das Paradies verlassen. In der Bibel vollzieht sich der Eintritt des Menschen ins Leben im gleichen Augenblick wie die Erfahrung seiner Sexualität und die Erfahrung der physischen Welt der differenzierten Formen. Damit muß der Mensch das Paradies verlassen – in östlicher Richtung zwar zur Wiedergeburt, aber doch auch zur Sterblichkeit.

Der Sündenfall war also ein Verlust an Spiritualität, den der Mensch – ein geistiges und unsterbliches Wesen – selbst heraufbeschwor, indem er sich im Netz der physischen Existenz verstrickte. (In dieser Hinsicht stimmen wir mit den Grundlehrsätzen der „Gnostischen Häresie" überein). Der Mensch ist also ein Gefangener seiner Körperlichkeit, und so wird es zum Ziel des Messianischen Plans, „den Gefangenen zu befreien" – Reaktion auf Anrufungen, wie sie in Psalm 42, 8 beschwörend Ausdruck finden: „Führe mich heraus aus dem Kerker, auf daß ich deinen Namen preisen kann!" Von all den Aufgaben, die das Alte Testament dem Messias zuschreibt, kehrt keine häufiger wieder als die des Befreiers. So heißt es bei Malachias (4, 2): „Euch aber . . . strahlt die Sonne des Heils auf; Heilung birgt sie in ihren Flügeln. Ihr werdet herauskommen und hüpfen wie Kälblein aus dem Stall."

Der Verlust an Spiritualität stimmt mit dem überein, was die Verlagerung des Gangsystems der Pyramide um 286,1″ nach Osten (links) aussagt. Wie dieser Verlust zustande kam, ist allein Gegenstand der Vermutung. Wenn man sich jedoch vor Augen hält, daß zumindest zur Zeit des biblischen Adam[1] noch andere Frauen und Männer existiert haben müssen und Kapitel 6 der Genesis geheimnisvolle Anspielungen auf die „Gottessöhne" enthält, die sich „Töchter der Menschen" zu Frauen nahmen, zeichnet sich vage durch den Nebel der Zeiten eine mögliche Antwort auf diese Frage ab. Vor allem scheint sich die Geschichte von Adam und Eva auf eine andere Schöpfung zu beziehen, die durch einen Einfall des Geistes in die stoffliche Welt bewirkt wurde, lange nach der Vollendung dessen, was wir Schöpfung nennen.

Wir dürfen also annehmen, daß die Erscheinungen des Lebens auf Erden schon eine sehr alte Geschichte haben: Pflanzen, Tiere, Insekten und alle bekannten Formen des Lebens hatten bereits einen langen Evolutionsprozeß hinter sich, und auch der Mensch war schon längst auf der Bühne des Lebens erschienen. Doch war der Evolutionsprozeß damit nicht abgeschlossen. Alles tierische Leben, ja wohl alle Formen des Lebens, besitzen eine Art „Geist" (ein zum Teil neurologisches Phänomen), der in zwei verschiedenen Daseinsformen existent ist. Jeder Lebensgeist bewirkt während seiner irdischen Existenz eine Art Bewegung im „Äther", eine Bewegung, die sich auch nach seinem Tod fortsetzt. Dies gilt selbst für die vormenschlichen Hominidenformen, die noch stärkere „äffische" Züge aufweisen. In dem Maße, wie sich bei ihnen das Hirn vergrößerte und differenzierte und die Denkfähigkeit zunahm, haben auch die von ihnen hervorgerufenen Ätherbewegun-

[1] In der Bibel steht, daß auch die „Söhne Adams" Frauen zur Heirat fanden.

gen sich zu nahezu selbständigen Geistern oder Seelen entwickelt. Solche Wesen waren potentiell imstande, ihrer materiellen Umwelt zu entweichen und sich unmittelbar mit den göttlichen Kräften zu vereinen, welche die physische Welt ins Leben gerufen hatten. Der Kreis der physischen Schöpfung begann sich so wieder zu schließen und nach äonenlanger schmerzensreicher Entwicklung ihrem Schöpfer spirituelle Früchte einzubringen.

Dennoch scheint den meisten unserer fernen Vorfahren der letzte evolutionäre Schritt nicht gelungen zu sein. So fühlte sich eine Gruppe von Seelen oder Geistern bewogen, bei der erhofften Neugeburt als Hebammen zu fungieren, indem sie selbst in den Geist und den Leib derer eingingen, aus denen die heutige „Menschheit" besteht. Diese Vorstellung trifft man in den mittelamerikanischen Mythen noch heute. Sie wissen von „Himmelswesen", die als Könige herabgesandt wurden, um dem Menschen in seiner Entwicklung zu helfen. So haben sich also einzelne spirituelle Menschenwesen in die Wasser von Tod und Wiedergeburt gestürzt, um ihren ertrinkenden Brüdern zu helfen, und dies in der schlimmen Gewißheit, daß sie so ihr eigenes spirituelles Leben verwirken konnten. Und so geschah es denn auch. Denn die spirituellen Menschenwesen, die in der Gestalt des Adam personifizierten „Gottessöhne", wurden geschwächt und erstickt durch den unreinen Einfluß der stofflichen Welt, und dies in einem Maß, daß weder Gottessohn Adam selbst noch das Geschöpf, das er zu retten beabsichtigt hatte, – die in der Gestalt der Eva personifizierten „Töchter des Menschen" – die nötige Kraft aufbrachten, um ohne Beistand die Seligkeit zu erreichen. Wie der Ertrinkende, der keine Luft mehr bekommt, so erstickten auch die „Gottessöhne" an Mangel an spirituellem Atem. Es war wie Psalm 69, 1–3 sagt: „Hilf mir, Gott, denn das Wasser geht mir schon bis zur Kehle! Ich versinke in tiefem Schlamm und finde keinen Halt. In Wassertiefen bin ich geraten, und die Flut reißt mich hinweg. Erschöpft bin ich vom Rufen, heiser ist meine Kehle; meine Augen versagen vor lauter Warten auf meinen Gott".

So mag der „Fall" des Menschen ein *freiwilliger* gewesen sein, eine „aus eigenem Antrieb ausgelöste Mutation der Seele" in der nobelsten aller Absichten, doch mit verheerendem Ergebnis. Dieser

Vorgang mag es gewesen sein, auf den die Geschichte von Adam und Eva anspielt[2].

Zum Glück für den Menschen gibt es (wie der Psalmist erkannte) im Universum noch andere, mächtigere spirituelle Kräfte, und von ihnen kam Hilfe durch den Messianischen Rettungsplan. Ihm folgend gab der Mensch Jesus ein Beispiel, wie Rettung ohne physischen Tod und *ohne* Verlust spiritueller Unsterblichkeit zu bewerkstelligen sei: Vom Augenblick seiner Taufe an ließ er sich von einer weiteren Emanation aus der Welt des reinen Geistes „ergreifen", vom *Christus*. Seine erneute Wiederkunft als Messias wird den letzten Beweis, den Höhepunkt dieser Demonstration erbringen.

Durch das Eingreifen des Geistes in die Angelegenheiten des Menschen, die nur bei Bereitschaft des Menschen erfolgen kann, wird einmal der Tag kommen, an dem der Mensch aus den Wassern der Sterblichkeit errettet wird – gemeinsam mit all den Seelen, die er selbst zu retten bemüht war. Die Ernte mag reich, der Arbeiter mögen wenige sein. Doch wie es in Psalm 126 heißt: „es schreitet dahin und weint, wer den Saatbeutel trägt; jedoch mit Jubel kehrt heim, wer seine Garben trägt".

Die Geschichte von der Sintflut

Die Sintflutgeschichte aus der Genesis, Kapitel 6–8, begab sich in einer Zeit der Verderbnis, als „die Gottessöhne", so der biblische Bericht, „mit den Töchtern der Menschen verkehrten" und die Erde mit *nephilim* oder Riesen bevölkerten. Da Noah ein gerechter Mann war, warnte Gott ihn vor der bevorstehenden Flut. Den

[2] Diese Auffassung wird bestätigt durch eine jüdische Exegese zu Genesis, Kap. 6, V. 4, daß „die Gottessöhne" in der Zeit unmittelbar vor der Flut „mit den Töchtern der Menschen verkehrten". Dieser Auslegung zufolge sind die Gottessöhne getreue Engel, die im letzten Augenblick vor der Flut noch einen Versuch unternehmen, den Menschen zu erlösen. Die Anziehungskraft des Fleisches in Gestalt der Töchter der Menschen erweist sich jedoch als zu mächtig für sie und bewirkt ihren eigenen Sündenfall, aus dem die sagenhaften Nephilim oder Riesen hervorgehen.

göttlichen Anweisungen folgend baute sich Noah eine Arche aus Schilfrohr, ging dann mit Frau, Söhnen und Schwiegertöchtern hinein und nahm von allem Getier je ein männliches und ein weibliches mit. Dabei scheint Noah den Weisungen Gottes nicht gehorcht zu haben, die lauteten, er solle *sieben Paare* der häufigsten Gattungen an Bord nehmen (Genesis 7, 2).

Nachdem bald sieben Tage vergangen waren, begann es 40 Tage zu regnen, und 150 Tage lang stiegen die Wasser, bis sie 15 Ellen über den Bergen standen. Weitere 150 Tage sank das Wasser, bis die Arche auf dem Ararat auf Grund lief und die ersten Bergspitzen sichtbar wurden.

Nun ließ Noah einen Raben ausfliegen – im Altertum wurde dieser Vogel von Seeleuten als Pfad- und Landfinder benutzt. Doch der Rabe flog lediglich hin und zurück, was vormals von den Seefahrern als Zeichen dafür gedeutet wurde, daß sie die Hälfte ihrer Reise hinter sich hatten. (Eine zunächst unverständliche Maßnahme Noahs, da doch schon die Bergspitzen sichtbar über das Wasser hinausragten.) Nach sieben Tagen ließ er eine Taube auf, die aber sofort zur Arche zurückkehrte, da sie keinen trockenen Fleck „für ihren Fuß" fand (wiederum unwahrscheinlich). Nach weiteren sieben Tagen sandte er die Taube noch einmal aus, und diesmal kehrte sie mit einem Ölzweig in ihrem Schnabel zurück. Als er sie wiederum sieben Tage später ein drittes Mal freiließ, kehrte sie nicht mehr wieder, worauf Noah und alle, die mit ihm waren, die Arche mit all ihrer lebenden Fracht verließen. Nochmals erging das göttliche Gebot an alle Lebewesen, fruchtbar zu sein und sich zu vermehren auf Erden – Worte, die an die Vorgänge am fünften Schöpfungs-„tag" erinnern (siehe Seite 299). Darüber hinaus erhielt Noah von Gott das Versprechen, er wolle „niemals wieder alles Leben von den Wassern der Flut" ausrotten lassen. Zum Zeichen dieses Versprechens, das er allem Leben auf Erden gab, setzte Gott einen Regenbogen in die Wolken.

Diese Geschichte ist voll von Widersprüchen, sowohl hinsichtlich der Fakten als auch der Zahlen. Andererseits ist sie voll von Symbolik, in den Zahlen wie auch in der Handlung. Wieder einmal, so möchte man annehmen, dient eine erläuternde Mythe als Gefäß für eine verborgene Botschaft. Die biblische Erzählung von der Sintflut hat viel Ähnlichkeit mit dem babylonischen *Gilgamesch-Epos;* doch anders als dieses ist ihre Symbolik ausgesprochen messianisch. Tatsächlich hat Jesus von Nazareth selbst (Matthäus 24, V. 37) ausdrücklich auf die messianische Bedeutung der Geschichte hingewiesen: „Wie die Tage des Noah, so wird die Ankunft des Menschensohnes sein."

Das Wort „Arche" bedeutet eigentlich „Truhe" oder „Kasten", worin man wichtige oder geheime Dinge bewahrt; oft wird es in viel späterer Zeit in Verbindung mit der Bundeslade benutzt. Mit anderer Bedeutung erscheint das Wort einzig bei der Arche des Noah. (Im Hebräischen dient dafür noch ein anderes Wort, nicht aber im Griechischen). Doch warum sollten wir Noahs Arche für eine Ausnahme halten? Ließe sich nicht die Geschichte von Noah in einem anderen Sinne deuten: daß sich der einzige Gerechte mit seinen Anhängern an einen geheimen Ort in Sicherheit begab?

Doch in Sicherheit wovor? Was sollen in diesem Fall die alles überflutenden Wasser bedeuten? Wieder einmal scheint das „Wasser" hier gleichbedeutend zu sein mit der Gebärmutter[3], und also mit der (Wieder)Geburt und Sterblichkeit des Menschen. In erweiterndem Sinn könnten wir sie als menschliche Fehlbarkeit deuten – mit der die Flut in der Bibel auch ausdrücklich in Zusammenhang steht.

Schon beginnt sich die messianische Bedeutung der Geschichte zu enthüllen: In Noah dürfen wir einen messianischen Führer sehen, der zu einer Zeit, da eine Aufwallung menschlicher Fehlbarkeit die ganze Erde in eine Einöde verwandeln wird, seine nächsten Anhänger in einem geheimen Versteck in Sicherheit bringt. Dieses Bild wirkt wie eine Vorausschau auf die messianische Aufgabe des Jesus von Nazareth, den auch die Pyramide symbolisch so darstellt: wie er die Seelen der Eingeweihten auf den Rücken nimmt, wie Christophoros ihn auf den Rücken nahm, um sie über weitere Reinkarnation hinwegzutragen, bis sie in der Endzeit mit ihm auferstehen. Wenn Noah angewiesen wird, von den Vögeln des Himmels und von allen „reinen" Tieren sieben Paare mitzunehmen, so

[3] „Und wer verschloß das Meer mit Türen, als schäumend es aus seinem Mutterschoß hervorquoll", heißt es bei Hiob 38, 8.

geht diese Anweisung an eine Gruppe von Seelen, deren Funktion spirituelle Vollendung bewirkt (2 x 7)[4].

Was die Chronologie des Berichts betrifft, so betrug die Zeit der Sintflut, von Noahs Einzug in die Arche bis zu dem Tag, da er wieder trockenen Boden betrat, insgesamt 361 Tage. Da waren die 150 Tage Flut plus weitere 150 Tage, plus 40 Tage Regen, plus (3 x 7) Tage des Wartens. Das entspricht etwa der Anzahl der Tage eines Jahres (im Text selbst ist von insgesamt einem Jahr und zehn Tagen die Rede). Die Sintflut bedeutet also „irdische Zeit", wohl auch ein Zeitalter des Todes und der Vernichtung.

Schließlich „ruhte die Arche" mit ihrer kostbaren Fracht „auf dem Gebirge Ararat" (Ararat bedeutet „hohe Gipfel"). Doch Noah wagte sich nicht aus der Arche, um einen Fuß auf den Boden zu setzen, ehe nicht alle Spuren der Flut verschwunden waren. So schickte er vier gefiederte Sendboten in die Welt hinaus. Denkt man an die „Vögel" der Schöpfungsgeschichte (siehe S. 286/III), kann man annehmen, daß die zur Erkundung ausgeschickten Vögel auch hier jene Wesenheiten darstellen, denen es gelang, Spiritualität zu erlangen; hier kehren sie zum Schauplatz ihres früheren Strebens zurück. Vierzig Tage wartet Noah ab, ehe er sie in Abständen von sieben Tagen hinausschickt. In der Sprache der Zahlensymbolik heißt dies: Sie sind die wiedergeborenen Eingeweihten (8 x 5), deren Aufgabe es ist, auf Erden die spirituelle Vollkommenheit (7) wiederherzustellen. Symbolisch sind sie identisch mit jenen Eingeweihten, deren inkarnationsfreie Periode vor der schließlichen Wiedergeburt in der Pyramide durch die vierzig Deckenplatten der Großen Galerie angezeigt wird.

Diese „Vögel" sind näher zu betrachten. Der erste, ein Rabe und somit von schwarzer Farbe, flog „immer wieder hin und zurück", bis das Wasser aufgetrocknet war. Der zweite Vogel, eine Taube, Symbol des Friedens und vermutlich von weißer Farbe, kehrt zurück, weil sie „keine Stätte für ihren Fuß" fand. Der dritte Vogel, wiederum die Friedenstaube, kehrt ebenfalls zur Arche zurück,

[4] Es wäre hier noch auf die Arche des Vaivasvata Manu zu verweisen, auf das Äquivalent der Arche Noah in den Traditionen der Hindu, die gleicherweise sieben Rishis enthält, aus denen die Vielfalt der irdischen Lebensformen hervorgeht.

doch trägt sie diesmal einen Ölzweig im Schnabel, was eine Friedensbekundung der halb trockengefallenen Erde darstellen könnte. Der vierte Sendbote, nochmals die Taube, fühlt sich auf der neuen Erde zu Hause und kehrt nicht mehr zurück, worauf Noah endlich mit seiner Gefolgschaft an Land geht, dem göttlichen Beschützer Opfer darbringt und dafür ein Versprechen erhält, das wohl das Ende des universalen Todes verheißt.

Symbolisch dürfte der letzte Teil der Sintflutgeschichte die Rückkehr der Eingeweihten von ihrem sicheren Ort der Nichtinkarnation bedeuten, nachdem das Zeitalter des Todes und der Vernichtung vorüber ist. Das Herabsinken der Arche auf den Gipfel des Berges Ararat entspricht dem „Herabsteigen“, das der Schlußstein der unvollendeten Pyramide zum Ausdruck bringt und bedeutet die Rückkehr des Großen Eingeweihten in die körperliche Existenz vor Anbruch der Endzeit. Der erste messianische Sendbote ist nicht restlos zufrieden mit dem Stand der Dinge – der Rabe fliegt „hin und zurück“, das heißt er inkarniert sich wiederholt, – bis das Messianische Zeitalter mit der Überwindung von Tod, Vernichtung und Bosheit auf Erden die ihm zugedachte Aufgabe erfüllt. Der „schwarze“ Rabe ist zugleich eine Entsprechung der dunklen Granitplatte in der Pyramide, die ihrerseits auch die erste Auferstehung des Messias symbolisiert. Darüber hinaus ist der Rabe ein Unratfresser, ein Sammler, der aus dem Abfall holt, was noch brauchbar ist.

Der zweite Besuch des Messias findet in der weißen Friedenstaube symbolisch Ausdruck, doch ist die Welt für die Friedensbotschaft noch nicht reif. Ihre lichte Farbe entspricht dem weißen Kalkstein der Pyramide und mag ein Zeichen dafür sein, daß die Messiasgestalt wie ihre beiden Vorgänger als normaler Sterblicher auf der Erde erscheinen und sich vollkommen „ergreifen“ lassen wird von jener spirituellen Entität, die sich schon in der Person des ersten Messias manifestierte – wahrhaft ein geistiges „Ergriffensein“.

Dieses spirituelle Ergriffensein bildet eine genaue Parallele zur Herabkunft des Heiligen Geistes bei der Taufe Jesu, jener geistigen „Zündung“, die in ihm die messianische Initiative auslöste. Und hier fällt nun auf, daß dieser Vorgang in den drei synoptischen

Evangelien gleich dargestellt wird: durch das Herabschweben einer Taube – ein Umstand, der unsere Deutung dieses Aspektes der Sintflutgeschichte unterstützt.

Es folgt sodann eine dritte messianische Initiative. Diesmal kommt es zu Bekundungen guten Willens und friedlicher Absichten. Und als der vierte messianische Sendbote erscheint, wird er mit offenen Armen aufgenommen. Auch er bleibt gern auf der Erde, nachdem sich die Umwelt dem messianischen Wunschziel angepaßt hat.

Als nun die letzte messianische Gestalt – die letzte Taube – am Ende der ihr zugemessenen Lebensspanne nicht zurückkehrt, steht fest, daß die Bedingungen für „Noahs Landung" nunmehr gegeben sind: Das große Millennium bricht an. Damit sind Himmel und Erde versöhnt, der Tod ist ausgelöscht. Der messianische Plan wurde erfüllt, der Mensch ist wieder reine Geistnatur, die Menschheit errettet und der Tod überwunden. Und das Zeichen dieses neuen Bundes (vgl. de Sabato, „Drittes Testament") hat die Form des Regenbogens. Es ist auch die Form der Bosse auf der Granitplatte in der Pyramide, die ihrerseits die Wiederkunft des Messias und die Kulmination des Messianischen Heilplans symbolisiert.

Es wäre noch ein weiterer Punkt zu betrachten, ehe wir die Sintflutgeschichte der Bibel hinter uns lassen. Jesus seinerseits sah die Quintessenz der messianischen Rolle in dem symbolisiert, was er „das Zeichen des Jonas" nannte (siehe Matthäus 12, 39; Markus 8, 12; Lukas 11, 29–30). Diese deutliche Anspielung auf Jonas' symbolischen dreitägigen Aufenthalt im Bauch des Fisches und seine Rückkehr ins Land der Lebenden mag auch eine esoterische Anspielung auf das „Wassermann"-Zeitalter (Aquarius) enthalten, wie Helena Blavatsky meint. Andererseits bedeutet aber der hebräische Name Jonah (Jonas) wortwörtlich „Taube", so daß der Hinweis des Jesus auf diese „wiedererschienene Taube" als Anhalt dafür gelten könnte, daß er sich des symbolischen Zusammenhangs zwischen der Taube der Sintflut und der Taube des Jonas und ihres Bezugs zu seiner vorgezeichneten messianischen Aufgabe bewußt war. Er scheint dies in Matthäus 24, 37 sogar deutlich ausgesprochen zu haben: „Wie die Tage des Noe, so wird die Ankunft des Menschensohnes sein". Und die Datenangabe der Pyramide für das nächste Wiedererscheinen des Messias trifft offenbar genau auf den Jahrestag der Flut Noahs (siehe S. 232). Auch ist Noah angeblich 950 Jahre alt geworden (Genesis 9 V. 29), was wieder genau mit der Angabe der Pyramide für die Zeit zwischen der Rückkehr des Messias in die Sterblichkeit (im Jahr 2039) und dem Anbruch des letzten Millenniums (im Jahr 2989) korrespondiert. So spricht also viel dafür, daß die Geschichte von der Arche Noah wie auch die von Jonas und dem Walfisch als prophetische Allegorien des kommenden messianischen Zeitalters zu verstehen sind.

Die Idee von einem *wiederholten* Erscheinen des Messias ist uns modernen Christen nahezu fremd. Doch die mögliche Trinität von „Prophet, Priester und König" lag durchaus im Gedankenbereich bestimmter jüdischer Sektierer zur Zeit Jesu. So gibt es zumindest einige Evangelienberichte, die solche Ideen keimhaft enthalten. Ich verweise hier auf die Schilderung von Jesu Macht über den Sturm in Markus 4, 35–41 und Lukas 8, 22–25, sowie auf Jesu Wandeln auf dem See Genezareth nach Matthäus 14, 22–34.

Welcher Herkunft diese Geschichte faktisch auch sein mag, es ließe sich schwerlich eine bessere Allegorie für die Funktion des messianischen Rettungsplanes denken. Sie liefert uns ein einprägsames Bild jenes Jesus, der allein aus eigener Kraft fähig war, sich über die Wasser zu erheben – die hier als die Wasser des Todes zu verstehen sind.

Wenn aber das Wandeln auf dem See symbolisch gemeint ist, dann wohl auch die Geschichte von der Stillung des Sturms. Beide Wunder gehen offenbar auf Gleichnisse zurück, die *Jesus ursprünglich selbst erzählte* und sind ein Ganzes. Die entscheidenden Elemente wären somit: das Wandeln über den See, der Schlaf des Messias, das Aufkommen des Sturms, das Erwachen des Messias und die Wiederherstellung des Friedens auf sein Geheiß. Die Vorstellung einer mehrfachen Wiederkunft des Messias scheint hier zugrunde zu liegen. Ergänzend treten folgende Elemente hinzu: der Messias zieht sich auf einen Berg zurück, um zu beten; seine Gefährten gehen ohne ihn weiter; der zurückgekehrte Messias wandelt auf dem Wasser; der Messias rettet den Ältesten seiner Jünger (Petrus) vor dem Ertrinken im Wasser.

Meiner Meinung nach haben wir es hier zwar mit zwei verschiedenen Gleichnissen zu tun, die Jesus zu verschiedenen Zeiten erzählte; sie haben aber den gleichen Inhalt. Beide Male ist vom bevorstehenden Rückzug des Messias und seiner späteren Wiederkehr die Rede. Die Bibel berichtet ja, daß Jesus seine Jünger viele Male auf sein bevorstehendes Fortgehen und seine schließliche Wiederkehr als König/Messias hinwies. Es scheint sogar, daß der *künftige* Messias sich während seiner Erdenherrschaft ab und an aus der Irdischkeit zurückzieht, als müsse er wieder für sich neue Kräfte sammeln oder „neue Weisungen empfangen". Matthäus erwähnt, daß sich Jesus auf den Berg zurückzog, um zu beten, was wiederum an Moses auf dem Berge Sinai und seine Rückkehr zu seinem Volk erinnert. Hier wie dort geht es um Rückzug und Rückkehr eines Messias.

Markus dagegen läßt seinen Bericht – vielleicht den ältesten und zuverlässigsten, den wir besitzen – von der Macht über den Sturm unmittelbar auf das Gleichnis vom Senfkorn folgen; in ihm vergleicht Jesus das kommende Gottesreich mit einem Baum, der so große Zweige treibt, „daß die Vögel des Himmels unter seinem Schatten wohnen können".

Wenn die Verbindung des Gleichnisses vom Senfkorn mit der Geschichte von der Stillung des Sturms absichtsvoll geschah, wäre denkbar, daß die Vögel messianische Vögel sind, von gleicher Art wie die Taube aus Noahs Arche. Die Taube läßt sich nicht endgültig auf Erden nieder, ehe sie nicht einen ausgewachsenen Baum zu ihrem Schutz findet – der Messias wird erst dann für immer auf der Erde bleiben, wenn das Gottesreich zu seiner vollen Glorie erblüht ist. Bis dahin gilt, was Matthäus (8, 20) Jesus sagen läßt: „Die Füchse haben Höhlen und die Vögel des Himmels Nester; aber der Menschensohn hat nichts, wohin er sein Haupt legt." So wird er die Erde von Zeit zu Zeit verlassen und in Schlaf verfallen, während er die Wasser der Sterblichkeit überquert, und die ihm nachfolgen, bleiben allein zurück. Während er fern ist, wird sich der Zustand der Welt verschlechtern (siehe S. 187 und vgl. mit der Geschichte vom Goldenen Kalb, S. 318). Wenn aber seine Anhänger ernsthaft in Gefahr sind, wird er auf ihren Ruf hin zurückkehren, über die Wasser der Sterblichkeit triumphierend, wird ihnen beistehen und das Recht in der Welt wiederherstellen.

Auch die Fische aus dem Bericht vom Wunder des Fischzugs im letzten Kapitel des Evangeliums Johannis haben Symbolcharakter. Das Erscheinen des Jesus nach seinem Tod wird bei den meisten Evangelisten durchaus realistisch geschildert. Bei Johannes aber, Kapitel 21, ist die Atmosphäre ganz anders: Sie hat etwas Traumhaftes, fast Surrealistisches und wirkt wie eine rituelle Vergegenwärtigung des Zeitenendes.

Die Jünger fahren auf dem See Genezareth, um zu fischen. Doch in dieser Nacht fingen sie nichts. Am Morgen sehen sie Jesus am Ufer stehen: Sie erkennen ihn nicht. Jesus spricht zu ihnen: „Werft das Netz auf der rechten Seite des Schiffes aus, und ihr werdet finden“ (Johannes 21, 6–11). Sie werfen es aus und fangen 153 große Fische, so daß fast das Netz reißt. Petrus legt sich sein Überhemd um und wirft sich ins flache Wasser. Die anderen Jünger waren nicht weiter als dreihundert Ellen vom Ufer entfernt. Sie schleppen das Netz mit den Fischen an Land; dort hält Jesus (dessen Identität sie sich noch nicht sicher sind) Brot und einen Fisch für sie bereit. Der Evangelist betont in Vers 14 ausdrücklich: „Dies war schon das dritte Mal, daß sich Jesus seinen Jüngern zeigte“. Jesus fragt Petrus dreimal, ob er ihn liebe, und dreimal befiehlt er ihm, seine Lämmer zu weiden (auch der Prozeß des Älterwerdens wird berücksichtigt: beim zweiten und dritten Mal spricht er statt von Lämmern von Schafen). Bei Johannes schließt das Kapitel mit einer hoch esoterischen Passage, in der es um die Beziehungen zwischen „dem Jünger, den Jesus liebte“, also zwischen dem Verfasser des Johannesevangeliums, und Jesus selbst geht.

All diese Elemente legen folgende Deutung nahe: Die sieben Jünger stellen (im Sinn des Codes der Pyramide) die spirituell Vollkommenen dar – wenn nicht gar die Engel des Menschensohnes, die sich an ihr Erlösungswerk machen in der langen Nacht, die dem Anbruch des Reiches vorausgeht.

Daß Jesus bei Tagesanbruch am Ufer erscheint, bedeutet seine Wiederkunft in der Endzeit. Daß die Jünger ihn nicht erkennen, liegt daran, daß er *in einem anderen Leib* reinkarniert ist. Hier wäre wohl ein Zusammenhang zu sehen mit der ägyptischen Bezeichnung der Vorkammer der Pyramide: die Kammer des dreifachen *Schleiers*. Doch in der Bibel ist es sein Handeln, das seine Identität aus anfänglicher Verschleierung heraus offenbart.

Der große Fang ist getan, und die Jünger werfen das Netz nach rechts aus – nach der „rechten" Seite des Bootes. Die 153 Fische scheinen zahlensymbolisch (im Sinne der Pyramide) die erlösten Erleuchteten zu bedeuten.

Man wird das Fischerboot zusammen mit Noahs Arche sehen dürfen. Die sieben Männer im Boot erinnern an die sieben Paare von jeder Art, die Noah in der Arche mitnehmen sollte (Sinnbild der „Bewirker der spirituellen Vollkommenheit").

Das seltsame Verhalten des Petrus, der sich seinen Mantel überlegt, ehe er sich ins Wasser wirft, dürfte in direkter Beziehung zur Symbolik der Pyramide stehen. Denn Petrus *(Kephas)* – „der Fels" – scheint hier die Pyramide selbst zu symbolisieren. Er ist zunächst, wie die Pyramide heute, ohne Mantel, ist der normalen „Bedeckung" beraubt. Wenn aber die Zeit gekommen sein wird, die Getreuen dorthin zu führen, wo Jesus am Ufer der Ewigkeit auf sie wartet, legt er „seinen Mantel wieder an".

Ob eine Sintflut sich tatsächlich ereignet hat, ist bis heute nicht erwiesen. Doch tauchen in den Mythen fast aller Völker Berichte von einer gewaltigen Flutkatastrophe auf. Das ließe vermuten, daß wirklich eine urzeitliche Flut eine frühere Kultur untergehen ließ. Plato spricht davon in seinem Dialog mit Timaios (siehe Fn 5, Seite 314), wobei er sich anscheinend auf Mitteilungen ägyptischer Priester stützt. Er ist von der zyklischen Wiederkehr solcher Kataklysmen überzeugt: sie seien eine natürliche Folge gewisser Unregelmäßigkeiten im Lauf der Himmelskörper. Selbst vom wissenschaftlichen Standpunkt aus scheinen solche Behauptungen keineswegs absurd.

Die Erdgeschichte kennt eine elftausendjährige, um 15 000 v. Chr. beginnende Epoche, die durch weltweite Fluten gekennzeichnet war. Infolge des 26 000jährigen Präzessionskreises der Erde hatte sich die Sonneneinstrahlung im Lauf jener Periode beträchtlich verstärkt, so daß große Eismassen an den Polen abschmolzen und der Meeresspiegel sich über 115 Meter anhob. Dabei wurden von Menschen bewohnte Gebiete überspült. Dieser erdgeschichtliche Zeitabschnitt endet gegen 4000 v. Chr., eine Datierung, die genau den zeitlichen Ansetzungen der babylonischen, ägyptischen, indianischen und hebräischen Flutberichten entspricht[5]. In der letzten Phase dieser Flutzeit stieg der Meeresspiegel im Laufe von 250 Jahren um 9,50 Meter an. Auf hebräische Maße übertragen wären das ungefähr fünfzehn Ellen – von fünfzehn Ellen spricht auch die Sintflut-Darstellung der Genesis.

Seit mehr als zwei Millionen Jahren erlebt die Erde periodisch klimatische Veränderungen von großer Intensität, und zumindest eine von ihnen hatte den Untergang zahlreicher prähistorischer Tiere zur Folge. Die natürliche Ursache für diese Veränderungen ist in plötzlichen periodischen Schwankungen der Erdachse oder im orbitalen Raum gesucht worden. Globale kataklysmische Auswirkungen hatten wohl auch die gewaltigen Meteoriteneinschläge, die sich durchschnittlich alle 10 000 Jahre ereignen und vermutlich *kilometerhohe* „Flutwellen" verursachen[6].

Die wohl eindrucksvollste Schilderung des Unterganges einer Kultur durch eine solche Flutkatastrophe gibt Plato in seiner Beschreibung des Untergangs der Insel Atlantis um 10 000 v. Chr. (ein Zeitpunkt, der weltweit durch ein besonders rasches Ansteigen des Meeresspiegels gekennzeichnet war)[7].

Es ist verschiedentlich behauptet worden, diese frühen Atlanter hätten bereits über eine Art Raumfahrttechnologie verfügt, die es ihnen erlaubt habe, unseren Planeten zu verlassen und in einem anderen Teil des Universums Kolonien zu gründen. Von dort, so

[5] R. W. Fairbridge, „The Changing Level of the Sea", *Scientific American*, Mai 1960.

[6] R. S. Dietz, „Astrobleme", *Scientific American*, August 1971.

[7] Vgl. Fairbridge, a. a. O. Wenn Platos Datierung stimmt und wir die Möglichkeit großer geologischer Verschiebungen außer acht lassen, legen die veröffentlichen Zahlen für die Meereshöhe im Altertum den Schluß nahe, daß alles, was von Atlantis übrigblieb, heute auch an den flachsten Stellen mindestens 50 Meter tief unter Wasser liegt. Lotungen mögen jedoch infolge von Sedimentablagerungen geringere Zahlen ergeben.

meint man, werden sie eines Tages zurückkehren. Diese Vorstellung, mag sie auch fantastisch sein, stimmt aber in ihrem symbolischen Gehalt mit der biblischen Geschichte von der Arche Noah überein, und ebenso mit der der messianischen Erwartung. Sie entspricht auch den Voraussagen des Mario de Sabato (siehe Kapitel 8) und den Theorien Dänikens, Blumrichs und anderer. Wieweit hier von Realitäten die Rede ist, soll nicht entschieden werden. Jedenfalls ist es auffallend, daß auch hier der Anbruch der Kulminationsphase des Messianischen Plans – in der Bibel „Himmelreich" genannt – mit der Ankunft des Messias aus einem anderen kosmischen Raum zusammenfällt. Symbol dafür war die Krönung der Pyramide mit ihrem Schlußstein, der das „Herabsteigen" versinnbildlicht.

Die Geschichte von Abraham

Angesichts der Rolle Abrahams als halbmythische Gestalt und Gründer der jüdischen Nation wird man messianische Parallelen erwarten wollen. Abraham sollte ja das neue Volk der „Gottessöhne" in einem fernen „Land der Verheißung" gründen. Die Ereignisse in seinem Leben lassen allerdings vermuten, daß seiner Legende eine wahre Geschichte und ein wirklicher Mensch zugrundeliegen und daß die messianischen Züge erst später eingewoben wurden.

Die wichtigsten seien hier aufgeführt:

Das Geburtsjahr des Abram (Abraham) ist nahezu identisch mit dem Datum der Markierungslinien am Anfang des Absteigenden Ganges der Großen Pyramide – dem angenommenen Ausgangspunkt des genannten Messianischen Plans.

Abraham errang anscheinend eine gewisse Machtstellung in Ägypten, er mag durch Verbindungen zur Priesterkaste in irgendeiner Form ägyptische Glaubenslehren gekannt haben, was bei einem Mann mit starker religiöser Empfindung wahrscheinlich ist. Er wäre so mit messianischen Ideen bekannt gemacht worden.

Als Abram neunundneunzig Jahre alt geworden war, nimmt er den Namen Abraham an. Damit hat sich die Namensbedeutung

„Hoher Vater" in „Vater einer Völkermenge" geändert. Die Hinzufügung eines h-Lautes zum Namen galt weithin als Akt spezieller esoterischer Bedeutung. Denn dieser Laut bedeutete im esoterischen Sinn Atem und später auch Geist (viele Sprachen verwenden ein einziges Wort für beide Begriffe). Ferner entspricht der hebräische Buchstabe der Zahl 5, die für den Eingeweihten steht. Demnach können wir „zwischen den Zeilen lesend" annehmen, daß Abram – den häufig orakelhafte „Gesichte" überkamen – im genannten Alter in geheime Mysterien eingeweiht worden ist.

Eine der auffallenderen messianischen Anspielungen in der Geschichte des Abraham ist das erschreckende Geschehen von Sodom und Gomorrah. Von den drei Boten oder Engeln über die bevorstehende Zerstörung dieser beiden verderbten Städte in Kenntnis gesetzt, bittet Abraham Gott um Gnade für die wenigen Frommen, die noch in der Stadt wohnen. So wird sein Neffe Lot und dessen Familie von den ersten beiden „Männern" rechtzeitig vor der Massenvernichtung in Sicherheit gebracht, die vermutlich von dem dritten „Fremden" ausgelöst wird – jenem, den Abraham der Bibel zufolge mit „Herr" anspricht. Als einzige kann Lots Frau nicht widerstehen; sie blickt zurück und erstarrt als Strafe zur Salzsäule.

Es fällt auf, daß der Ablauf dieser Geschichte ziemlich genau der Sicht der Pyramide vom bevorstehenden messianischen Wirken entspricht. Da sind vier potentielle Retter des Volkes von Sodom und Gomorrah – Abraham und die drei außerirdischen Besucher: Einmal ein Mann an der Seite von Engeln, ein andermal drei Engel an der Seite eines Mannes. Die Entsprechung zur Granitplatte der Pyramide liegt in Abrahams Funktion als Erlöser. Wie die Granitplatte soll auch er retten und nicht richten. Er läßt die Fliehenden „auf trockenem Boden hindurchgehen", so wie Moses später das Volk Israel beim Durchzug durchs Rote Meer.

Die beiden ersten Besucher sind weniger nachsichtig, ihre Forderungen sind strenger. Und obgleich sie bereit sind, jene zu retten, die es verdienen, bestehen sie darauf, das Zerstörungswerk durchzuführen. Dem dritten Besucher fällt offenbar die Aufgabe zu, zum Wohle der Entkommenen, die bereit waren, „nicht hinter sich zu blicken", die Gottlosen zu vernichten. Die drei Besucher sind analog zur Funktion der drei weiteren Fallblöcke in der Vorkammer der Pyramide, die, anders als die Granitplatte, so entworfen waren, daß sie sich bis zum Boden herabsenken und sogar noch unterhalb des Bodenniveaus einrasten sollten: damit sollten sie alle Zielstrebigen, denen es gelingt, zur Königskammer vorzudringen, von jenen trennen, denen es nicht gelingt.

So gesehen ist die Geschichte um den Untergang von Sodom und Gomorrah eine Allegorie: sie bezieht sich auf die Zeit der Erprobung, wie sie in der Kammer der Prüfungen versinnbildlicht ist, sowie auf die mehrfache Herabkunft des Messias, die nach der Voraussagung während dieser Zeit statthat.

Der Geschichte von Abraham und Isaak – Abraham ist bereit, seinen Sohn Isaak zu opfern, darf ihn aber im letzten Augenblick durch einen Widder ersetzen – wird schon seit jeher symbolische Bedeutung beigemessen. Zunächst einmal ist sie eine Art Vorwegbild des neuen Bundes, den Jesus schloß, und der die Selbstopferung eines Menschen anstelle des Blutopfers des traditionellen Passahlamms notwendig machte. Doch Abraham darf die Opferung seines Sohnes *in letzter Minute aussetzen.* Allerdings gibt es noch eine andere jüdische Version der Geschichte mit Isaak: er wird geopfert, *kehrt aber nach drei Jahren wieder von den Toten zurück.* Auch diese Legende bewegt sich nah an der messianischen Tradition. Lange Zeit haben viele Juden in Isaak das Symbol des jüdischen Volkes gesehen, dessen Anspruch auf die Funktion eines „Kollektiv-Messias der Welt“ die Geschichte von Abraham noch auf andere Weise mit der messianischen Tradition verbindet.

Die Geschichte von Abraham hat also zwar nicht so offensichtlich messianischen Charakter wie die Geschichte von Noah oder von Moses – vermutlich deshalb, weil die Erinnerung an den wirklichen Mann Abraham so lange lebendig geblieben war. Immerhin reichen die messianischen Züge aus, um wahrscheinlich zu machen, daß seine Lebensgeschichte von unbekannter Hand der prophetischen Wirkung zuliebe retuschiert wurde. Es heißt von Abraham, er sei 175 Jahre alt geworden, eine Zahl, die in der Sprache des Pyramidencodes die Erlangung spiritueller Vollkommenheit des Großen Eingeweihten (7×5^2) bedeutet.

Die Geschichte von Moses und dem Exodus

Von allen Geschichten des Alten Testaments enthält keine häufiger messianische Parallelen und Vorbedeutungen als die Geschichte von Moses. Moses wurde zu einer Zeit geboren, als die Israeliten in Ägypten so zahlreich zu werden begannen, daß dies den Argwohn des regierenden Pharao erregte: sie wurden einer zunehmend härteren Behandlung unterworfen und man beschloß sogar, alle männlichen israelischen Neugeborenen zu töten. Der kleine Moses entging diesem Geschick bekanntlich nur dadurch, daß seine Mutter ihn in einen wasserdicht gemachten Korb aus Binsen im Schilf versteckte, wo er gefunden und gerettet wurde, um schließlich im Haushalt des Pharao aufzuwachsen. Die Szene mit dem Binsenkörbchen erinnert allerdings an die traditionelle ägyptische Zeremonie der Niltaufe: das Neugeborene wird dem heiligen Wasser dargebracht. Andererseits hat Moses ähnlich wie Noah den Untergang durch Wasser in einem Boot überlebt. Mit Jesus von Nazareth hat er gemeinsam, daß er schon in der Wiege einen Kindermassenmord überlebte (das Massaker des Herodes ist nicht geschichtlich und vielleicht eine symbolische „Anleihe").

Nachdem er auf eine unerträgliche Provokation hin einen ägyptischen Aufseher erschlagen hat, geht Moses außer Landes. Doch hörte er über die Stimme Gottes auf dem Berg Horeb die Kinder Israels seufzen und schreien nach Erlösung von der ägyptischen Fron. Nach Empfang eingehender göttlicher Weisungen, die Kinder Israels aus Ägypten heraus und zum Berg Horeb zu führen und von dort zurück in das Land der Verheißung, Kanaan, macht Moses sich auf den Weg. Zuerst wendet er sich an seinen Bruder Aaron, der ihm als Sprachrohr dienen soll. Gemeinsam wollen sie den Plan in die Tat umsetzen. Nachdem Moses mit Hilfe eines magischen „Stabes" eine Reihe von Plagen über Ägypten heraufbeschwor (angeblich soll es sich hier um das ägyptische *Anch*-Zeichen, den Lebensstab, gehandelt haben)[8], sterben alle ägyptischen Erstgeborenen dahin. Die Kinder der Israeliten bleiben nur deshalb verschont, weil diese geloben, das neu von Gott vorgeschrie-

[8] Vgl. Apostelgesch. 7.22, wo Stephanus sagt: „Moses wurde in aller Weisheit der Ägypter unterrichtet."

bene Passah-Fest einzuhalten, indem sie ein fehlerloses Lamm schlachten und nur ungesäuertes Brot und bittere Kräuter essen. Dann endlich gelingt es Moses, sein Volk nach 430jähriger Gefangenschaft aus Ägypten herauszuführen: es beginnt der Auszug ins Land der Verheißung; Flammen und Rauch des feuerspeienden Berges Horeb weisen den Weg.

In einem letzten Versuch, seine davonziehenden Arbeitskräfte zurückzuhalten, macht sich der Pharao mit seinem Heer an ihre Verfolgung – aber der Ostwind legt eine Rauchwand zwischen ihn und die Verfolgten. Im Dunkel der Nacht gelingt es den Israeliten, trockenen Fußes einen Arm des Roten Meeres zu durchqueren, auch dies dank des Ostwinds, der die Wasser zurücktreten läßt (siehe Exodus 14, 21). Um die Zeit der Morgenwache erkennen die Ägypter, daß ihnen die Israeliten entkommen sind, und rücken nach. Dabei bleiben ihre Streitwagen stecken, die Wasser fluten zurück und schlagen über der gesamten Heeresmacht des Pharao zusammen.

Es folgt eine jahrelange Wüstenwanderung, während der dem Flüchtlingsheer weitere Nöte und Wunder widerfahren: Bitteres Wasser wird durch Hineinwerfen eines Holzes trinkbar; Wachteln und Manna regnen vom Himmel und versorgen die Lagernden mit Fleisch; Moses schlägt mit seinem Stab an den Fels und Wasser quillt aus ihm hervor.[9] Schließlich gelangen sie auch an den Berg Horeb, den heiligen Feuerberg.

Hier erhält Moses während fünf Aufstiegen auf den Vulkan das göttliche Versprechen: „Ihr sollt mir ein Königreich von Priestern und ein heiliges Volk sein" (Exodus 19, 6). Auch wird ihm genaue Weisung, wie dies zu bewirken sei. Die Gebote Gottes für das Volk Israel sind dazu ersonnen, es für seine Erlöser- und Priesterfunktion zu qualifizieren; sie müssen noch ein zweites Mal in Steintafeln gehauen werden. Denn unter dem während Moses' langer Abwesenheit ungeduldig gewordenen Volk kommt es, von Aaron gefördert, zum Aufstand: das Volk betet ein „goldenes

[9] Wie Keller in seinem Buch *Die Bibel hat doch recht* gezeigt hat, handelt es sich hier um sicher belegte Naturerscheinungen, die noch heute zu beobachten sind. Das *Manna* (ein Exsudat der Tamariske) ist heute ein Exportartikel jener Region.

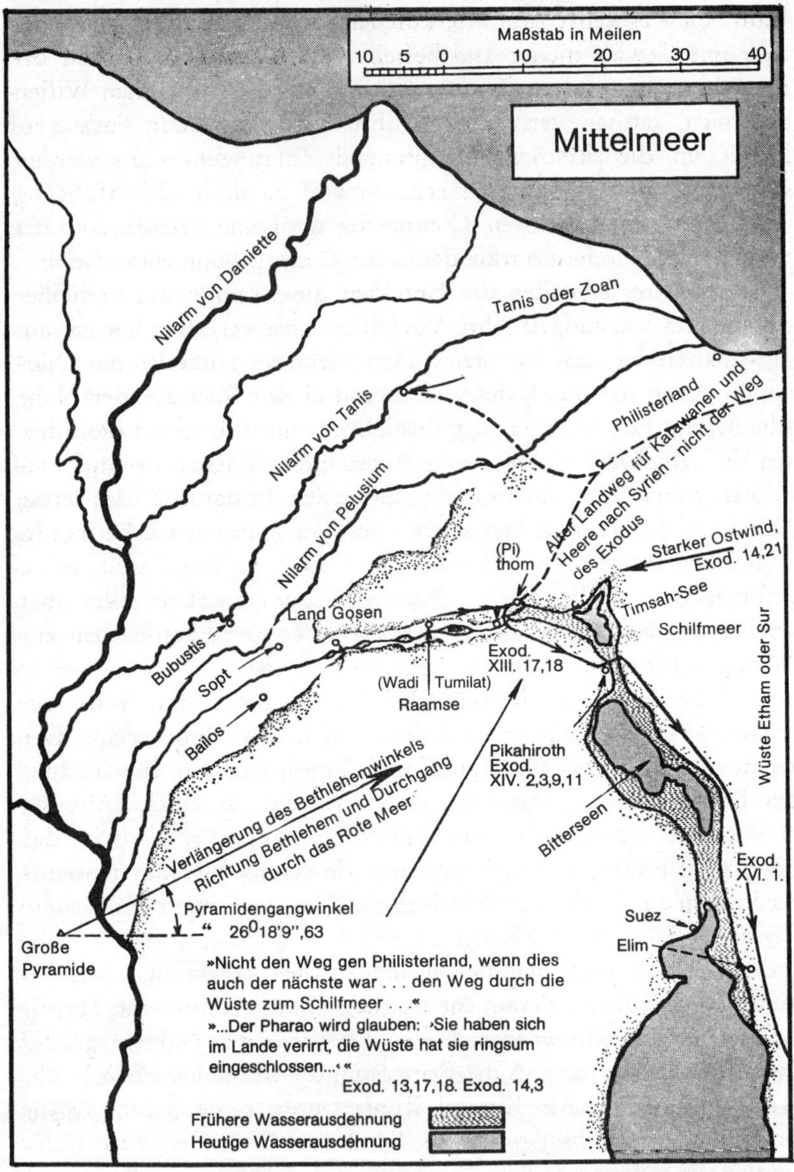

Abbildung 50
Weg der Kinder Israels: östliches Delta und Golf von Suez zur Zeit des Exodus. Durchgangsstelle durch das Rote Meer, wie von der Pyramide durch Gangwinkel angezeigt. Vermutlich entstand durch den Ostwind zunächst eine Rauchsäule vor den Israeliten, später eine Rauchwand hinter ihnen. Auch wurden die Nilwasser im Wadi Tumilat gestaut.

Kalb“ an – es kehrt zum Stierkult zurück. Moses schlägt den Aufruhr mit Gewalt nieder und befiehlt, daß alle, die sich nicht öffentlich zu ihm und zur Unterwerfung unter den göttlichen Willen bekennen, getötet werden. Schließlich wird eine Bundeslade verfertigt, um die „Zeichen“ des Himmels aufzunehmen. Es werden strenge rituelle Vorschriften erlassen und zu ihrer Durchführung eine Priesterschaft berufen. Gleichzeitig wird eine strenge, doch oft überraschend modern wirkende soziale Gesetzgebung entwickelt.

Jahre später erreichen die Israeliten die Grenzen des verheißenen Landes Kanaan, das ihre Vorfahren einst verlassen hatten, um „hinabzuziehen nach Ägypten“. Hier stirbt der große Prophet Moses im Alter von 120 Jahren, während er sein Ziel aus der Nähe schaut, und hier wird er begraben. Dann durchschreiten die Scharen des erwählten Volkes unter Führung eines Jesus, der auf Hebräisch Josua heißt, durch ein Wunder den Jordanfluß, das letzte Gewässer, das sie noch von ihrem von Gott gegebenen Erbe trennt.

Die ganze Geschichte ist voll von Symbolik. Wie Paulus es zu späterer Zeit ausdrückte: (1. Korinther 10, 11): „Dies alles aber widerfuhr ihnen als Sinnbild, und es wurde niedergeschrieben zur Warnung für uns ...“

Was die Bedeutung der biblischen Namen Moses und Aaron betrifft, so verfügen wir lediglich über linguistische Fingerzeige. Der Darstellung in Exodus Kapitel 2, 10 zufolge nannte die Tochter des Pharao das Kind, das sie an Sohnes statt annahm, „Moses“, weil sie ihn aus dem Wasser „gezogen“ habe – *mashah* ist das hebräische Wort für ziehen. Symbolisch könnte dies im messianischen Sinn aufgefaßt werden als einer, dem es gelang, den Wassern der Sterblichkeit zu entfliehen.

Andererseits sind viele der etymologischen Erklärungen der Eigennamen im Alten Testament fraglich. Warum sollte eine ägyptische Prinzessin ihrem Kind einen *hebräischen* Namen geben? Wahrscheinlicher ist, daß die Prinzessin, die chronologischen Nachweisen zufolge (wie in Kapitel 8 angedeutet) keine andere als die berühmte Hatschepsut war, das Kind *nach ihrem eigenen Vater Tuthmosis* benannte.

Doch die hebräische Adaptation des Namens, Moscheh, und das davon abgeleitete Wort *mashah* (salben) stellen eine direkte Beziehung zur weiteren Ableitung *maschiach* her, die der „Gesalbte" oder der „Messias" bedeutet. Vielleicht war der Name des Moses also ursprünglich ein halb-offener Hinweis auf seine messianische Rolle. Das ägyptische Lehnswort wurde dabei wohl der vorgegebenen hebräischen Symbolik angepaßt.

Interessant ist auch Aaron, dessen Name „Erleuchteter" bedeutet. Aaron, auf diese Weise gekennzeichnet, hat die Aufgabe, für die fast gottähnliche Messiasgestalt des Moses zu sprechen. Als solche ist seine Rolle die aller Initiierten zu allen Zeiten. Sein Name steht aber auch direkt zu dem Wort *aron* in Beziehung, mit dem der Bibeltext den geheiligten Kasten, die Bundeslade, bezeichnet, welche die Israeliten auf all ihren Wanderzügen mit sich führen sollten. Die Lade war für sie eine Quelle der Erleuchtung, die sie mit tiefster Ehrfurcht erfüllte. Auch der Kasten („Sarkophag") in der Königskammer der Großen Pyramide, dessen inneres Volumen (nach Rutherford) gleich dem der Bundeslade der Israeliten sein soll, ist seinem Wesen nach ein „Kasten der Erleuchtung" (aus dem der Erstorbene erleuchtet wieder aufstand).

So sprechen nicht nur die beiden Namen Moses und Aaron, sondern auch die Bezeichnung der Bundeslade eine beredte Sprache: mächtige messianische Initiierte allein waren imstande, das Volk Israel ins verheißene Land seiner Vorväter zurückzubringen, welches das längst verlorene spirituelle Erbe versinnbildlicht.

Der Auszug beginnt, als die versklavten Israeliten in Ägypten so zahlreich geworden sind, daß sie eine ernste Belastung für das Land darstellen. Die grausame Behandlung durch ihre Aufseher läßt sie laut nach Erlösung von ihren Leiden schreien. Die Parallele zu den messianischen Prophezeiungen ist deutlich: das Zeitalter der letzten Wiederkunft des Großen Eingeweihten wird durch eine Bevölkerungsexplosion bisher unbekannten Ausmaßes angezeigt, da sie von der universalen und allgemeinen Wiederverkörperung unzähliger Seelen begleitet sein wird, wie die Pyramide und andere Quellen der Gnosis voraussagten. Im Ertränken der Erstgeborenen läßt sich sogar eine weitere Parallele zu den heutigen Bemühungen um die Geburtenkontrolle, zumal um die Regelung der Abtreibung, sehen, mit denen man den Bevölkerungszuwachs in den Griff zu bekommen versucht. Die ertränkten Erstgeborenen versinnbildlichen jene Seelen, die den Wassern des Mutterschoßes nicht lebend entschlüpfen sollen. Auch darin stimmen sowohl Bibel als auch Pyramide überein, daß dem zweiten Advent eine Zeit noch nie dagewesener Zerstörung und Lebensvernichtung vorausgeht, wobei die höheren Mächte nur dann eingreifen werden, wenn der allgemeine Wunsch danach unter den Menschen besteht.

Solche Parallelen gibt es noch mehr. Die Zurückrufung des Moses nach Ägypten und die Ernennung seines Bruders Aaron zu seinem Sprecher ruft sogleich die Assoziation an eine spirituelle Intervention in die Weltangelegenheiten bei Anbruch der Endzeit wach. Der magische Stab, das *anch*, mit dem Moses ausgerüstet ist, entspricht dem Szepter des sehnlichst erwarteten Messias, wie in Psalm 110, V2 beschrieben. Und die Wundertaten entsprechen wieder den ans Wunderbare grenzenden neuen Techniken, die de Sabato und andere den erwarteten Besuchern aus dem kosmischen Raum zuschreiben. Der Tod der Erstgeborenen in Ägypten zeichnet die Sterblichkeit und die Todesniederlage derer voraus, die sich in der Unterirdischen Kammer der Pyramide für den Weg des Stofflichen entscheiden (wobei „Ägypten" der Überlieferung gemäß für die physische Welt steht). Die Israeliten, die diesem Todesweg entgehen, vermögen es nur, indem sie das helle Fleisch eines fehlerlosen Lammes und das ungesäuerte Brot der Buße essen. Diese Symbolik war es, die später Jesus von Nazareth als typisch messianisches Konzept in seine Lehre übernahm. Für ihn symbolisierte das Essen des ungesäuerten Brotes an Passah die bedingungslose Annahme der Selbstverleugnung – die allein dem Menschen den Zugang zum „Land der Verheißung" des Ewigen Lebens gewährt.

Der Exodus aus Ägypten ist symbolisch ein Auszug aus der physischen Welt, wobei das Feuer des Gottesbergs den Weg anzeigt – eine Widerspiegelung des spirituellen Lichts, das sich im Messianischen Schlußstein der Großen Pyramide bricht. Doch die materielle Welt, verkörpert im ägyptischen Pharao und seinem Heer, erhebt immer noch Anspruch auf die Auserwählten, auf die Seelen der Erleuchteten. Die Gemeinde der Getreuen wird noch immer von den irdischen Mächten verfolgt. Doch geführt von dem Großen Eingeweihten entkommen sie unversehrt den Wassern des Todes – dem Roten Meer. Auf diese Weise werden sie reif für eine Wiedergeburt in der Messianischen Ära, die sie schließlich ins Land der Verheißung des Goldenen Zeitalters der Erde führt, wo sie als Priesterreich und als Heiliges Volk in Funktion treten, als kollektiver Messias oder als Hebamme der Neuen Zeit. Unterdessen scheitern ihre Verfolger, das gleiche versuchend, an der Durchquerung und bleiben in die äußerste Sterblichkeit verstrickt.

Die vierzigjährige Wüstenwanderung der Israeliten versinnbildlicht den Weg der Erleuchteten in einer noch immer feindlichen Umwelt, und die Wahl der Zahl 40 (8 x 5) zur Bezeichnung der Jahre (eine extrem lange Zeit für eine historische Wanderschaft) dürfte auch wieder Bezug zur Symbolik der Pyramide haben.

In der Geschichte vom Exodus gibt es bereits Hinweise auf Umweltverseuchung und Mittel dagegen, und auch die Entdeckung neuer Nahrungsquellen rückt in den Blick! Das Manna oder Brot des Himmels wird in Jesu messianischen Worten eindeutig beschrieben: „Ich bin das Brot des Lebens. Eure Väter aßen in der Wüste das Manna und sind gestorben. Das ist das Brot, das vom Himmel herabkommt, daß einer davon ißt und nicht mehr stirbt. Ich bin das lebendige Brot, das vom Himmel herabgekommen ist. Wenn einer von diesem Brote ißt, wird er leben in Ewigkeit" (Johannes 6, 48–51). Auch das Wasser, das aus dem Fels hervorquillt, weist auf Jesus: „Wer aber von dem Wasser trinkt, das ich ihm geben werde, den wird nicht mehr dürsten in Ewigkeit; sondern das Wasser, das ich ihm gebe, wird in ihm zu einem Quell von Wasser, das aufsprudelt zu ewigem Leben" (Johannes 4, 14). Die symbolische Funktion des Brunnenschachts der Pyramide tritt uns hier in den Sinn.

Der Gottesberg Sinai, der heilige Feuerberg, besteht aus rotem Granitgestein. Es ist der gleiche Granit, aus dem die Granitsperrblöcke und die Granitplatten der Pyramide sowie der gesamte Königskammerkomplex bestehen. Die doppelte symbolische Determinierung von Heiligem Berg und Pyramide und den Prophezeiungen vom Berge Zion im Alten Testament ist auffallend. Und hier geschieht es, daß die getreue Herde im Verlauf von fünf Aufstiegen auf den Vulkan ihre Rolle und Funktion als eine Art kollektiver Retter oder Messias der Menschheit zugewiesen erhält. Dazu gehört die Erteilung des göttlichen Gesetzes – jener messianische Maßstab, dem sich der Mensch eines Tages angleichen muß, wenn er nicht sterben will, wie sowohl die Geschichte vom Exodus als auch die Pyramide unwiderruflich verkünden.

Das Gesetz wird wie bei der Großen Pyramide in Stein gemeißelt, wo Naturgesetze und Gottesgesetze unauslöschlich wiedergegeben sind. Die Parallelen treten noch auffallender hervor: Moses zerbricht die Gesetzestafeln, als er die Israeliten bei der Anbetung des Goldenen Kalbs antrifft, so daß er mühevoll neue herstellen muß. Das ist eine symbolische Darstellung nicht nur der Zerstörung des alten Gesetzes zugunsten der Einführung der neuen messianischen Weisungen, sondern auch des physischen Prozesses der teilweisen Entmantelung und Zerstörung der „Pyramide des göttlichen Gesetzes" im Laufe der Zeit sowie ihre schließliche Wiederherstellung zu voller Dimension. Sogar der historische Grund für die Notwendigkeit dieser Neuformulierung des Gottesgesetzes ist in der biblischen Exodusdarstellung wiedergegeben: die lange Abwesenheit des messianischen Führers ist es, die das Volk veranlaßt, zum Kult um das Goldene Kalb zurückzukehren – ein Handeln, das auch als Besessensein von der Jagd nach Reichtum und Überfluß zu deuten ist, wie es unsere eigene westliche Gesellschaft charakterisiert.

Darüber hinaus ist dem Exodusbericht zu entnehmen, daß gerade das Unvorbereitetsein des Volkes zur Ablehnung des neuen Gesetzes, aber auch zum Zerschlagen des Goldenen Kalbes und zum Gemetzel der Leviten, Moses' Anhängern unter den Israeliten, geführt hat. Diese Vorgänge stehen symbolisch für die Zurückweisung der Botschaft des kommenden Messias seitens eines Großteils der Menschen, für die Zerstörung der monetären Basis der kapitalistischen Gesellschaft und die ihr folgende Periode beispielloser Vernichtung und noch nie dagewesenen Massensterbens. Vielleicht kann auch Aarons aktive Förderung der Anbetung des Goldenen Kalbes als eine symbolische Voraussage der Haltung des offiziellen Christentums verstanden werden, das sich für das Sprachrohr Gottes hält, sich aber zum Handlanger weltlicher Macht und wirtschaftlicher Interessen macht.

Noch einmal zieht Moses sich auf den Gipfel des Heiligen Berges zurück, vierzig Tage und Nächte, ohne Speise und Trank, bittet für sein Volk und schreibt zum zweitenmal das Gesetz in die Steintafeln. Als er endlich wieder herabgestiegen ist, verlangt er, die Kinder Israels sollten ihr Gold und Silber für eine bessere Sache geben: für die Anfertigung der Bundeslade, die ihnen während der langen Reise ins Land der Verheißung Schutz und Hilfe gewährend werde.

All dies enthält Hinweise darauf, daß der erwartete Messias schon bald die spirituelle Ebene verlassen und dann noch einmal reinkarnieren wird. Die „*vierzig* Tage und Nächte ohne Speise und Trank" bedeuten nicht nur einen spirituellen Zeitraum, der in der Wiedergeburt des Messias kulminiert, sie rufen uns auch die Abschiedsworte Jesu vor Augen: „Von nun an werde ich nicht mehr trinken von jener Frucht des Weinstocks bis zu jenem Tag, an dem ich davon neu mit euch trinke im Reiche meines Vaters". Noch einmal wird die Forderung an den Menschen herangetragen, all seine Energien und all seinen Reichtum allein auf seine Befreiung von der Sterblichkeit zu verwenden. Auf die Dauer aber wird das Gottesreich auf Erden den Vorrang haben, wobei sogar die Technik in den Dienst der Suche nach voller Spiritualität gestellt werden wird.

Nachdem das Gesetz aufs Neue erlassen ist, tritt das Volk Israel, von der vorangetragenen Bundeslade geführt, endgültig den Weg ins Land der Verheißung an. Die Lade ist symbolisch identisch mit der zweiteiligen Granitplatte in der Vorkammer der Pyramide. Mit ihren Steintafeln und ihrem schützenden Tabernakel ist sie eine schwere Last. Doch gleichzeitig ist sie auch ein Einlaßzeichen ins Endzeitalter, mit der ihre Träger ihre Bereitschaft kundtun, die strengen Bedingungen für den endgültigen Zugang in die spirituelle Ebene auf sich zu nehmen. So berichtet die Schrift, daß der geweihte Tabernakel mit der Bundeslade zweiundvierzig Mal (6 x 7) während der Reise durch die Wüste abgesetzt wurde, womit sie die Wüstenwanderung mit der Vorbereitung auf die spirituelle Vollendung des Menschen gleichsetzt.

Schließlich ist das verheißene Land in Sicht. Doch in diesem Augenblick – Aaron ist bereits tot und dem Menschen damit eine Quelle äußerlicher Erhellung entzogen – stirbt Moses, der mes-

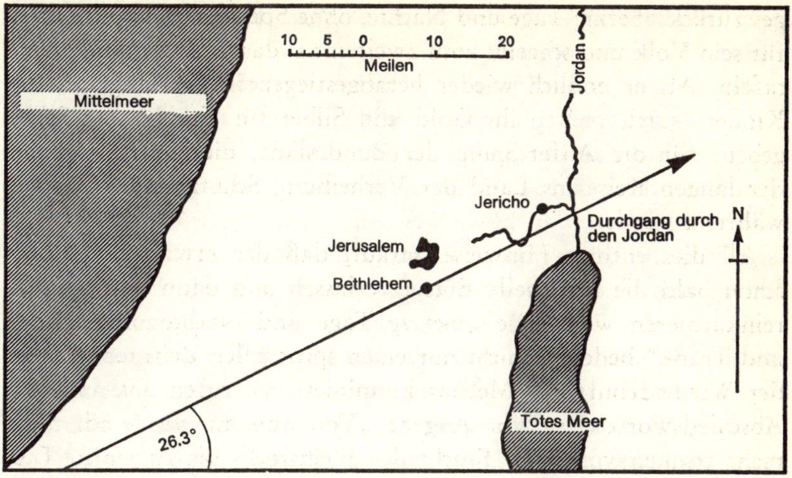

Abbildung 51
Die gedachte Verlängerung der „Bethlehemlinie" schneidet nicht nur das Rote Meer, sondern auch den Jordan genau an den Stellen, wo das Volk Israel diese Wasser durchquerte und läuft überdies durch Bethlehem.

sianische Führer, im Alter von 120 Jahren. Diese Alterszahl kündet die Heraufkunft des menschlichen Millenniums (10 x 12) an.

Nun aber muß jeder einzelne den letzten Durchbruch allein und ohne Beistand bewältigen.[10] Er muß „den Jordan (allein) überqueren"[11], was ihm nur durch Einhaltung der strengen Vorbedingungen – in der Lade verkörpert – gelingt, die dem Exodus-Bericht zufolge allein die alles verschlingenden Wasser zurückzuhalten vermag. Mit anderen Worten, jeder Mensch muß selbst seine Lade tragen. Sie ist es, die ihn durch den Jordanfluß führt, nicht die Ersatzlehre (Aaron) einer fernen Erlöserfigur. Nunmehr gibt es keinen Moses mehr, keinen Wunder wirkenden Übermenschen, der für das Volk tätig wird – und doch gibt es einen, der die ringenden Massen mit seinem Beispiel und seiner Bereitschaft zur Befol-

[10] Vgl. die entsprechende Äußerung im Evangelium Secundum Thomas, 75 (Thomasakten oder Thomasevangelium).

[11] Vgl. Hiob, 33.18 und 36.12, wo das Sterben als „Hingang durch das Todesgeschoß" beschrieben wird.

gung der Befehle Gottes ermutigt, und der heißt Josua – die hebräische Form des Namen Jesus.

Die Verlängerungslinie des Bethlehemwinkels (des Absteigenden Ganges) kreuzt nicht nur den heutigen Suezkanal genau südlich des Timsahsees an der Stelle, an der das Rote Meer durchschritten wurde, sondern läuft auch genau auf Bethlehem zu; sie schneidet auch noch den Jordan gegenüber von Jericho, genau dort, wo die Israeliten ihn unter Josuas Führung durchquerten. Schon die bloßen Fakten sind merkwürdig. Doch auch symbolisch führt diese Linie von der Pyramide selbst über das Schlüsselereignis des mosaischen Exodus zum „neuen Bethlehem" und von dort weiter zum Eintritt ins Land der Verheißung, wo „Jesus" regiert. Dies alles ist Sinnbild (Paulus I., Korinther 10, 11), und spannt sich über den gesamten messianischen Heilsplan. Es geht nicht nur um die Pyramide, das Symbol der Erde und ihrer verborgenen Möglichkeiten für die Zukunft; es geht auch um den gesamten spirituellen Entwicklungsplan des Planeten. Der Weg weist vom alten Bund zum neuen, und über ihn schließlich durch messianisches Wirken zur endgültigen Rückkehr auf die spirituelle Ebene.[12] Und wenn der Weg durchs Rote Meer, nachts zurückgelegt, den vorbereitenden Tod und die Wiedergeburt der Erwählten bei Anbruch der Endzeit symbolisiert, dann läßt die Überquerung des Jordans bei Tag erahnen, daß jene spirituelle Umwandlung nicht im Tode vor sich geht, sondern in der Mitte des Lebens.

Ausdrücklich erwähnt die Bibel, daß die Israeliten *zur Erntezeit* über den Jordan gingen (Josua 3, 15). Und Josua befahl, zwölf Steine als Merkzeichen aus dem Jordanbett an den Platz zu schaffen, wo sie das erste Nachtlager im Land der Verheißung aufgeschlagen hatten. Zwölf weitere Steine legte Josua selbst mitten in den Jordan, wo sie später wieder vom zurückflutenden Wasser überspült wurden. Deutlicher könnte der Text gar nicht erkennen lassen, daß hier die letzte Ernte gemeint ist, die es dem Menschen

[12] Wenn John Mitchell mit seiner These (in *The View over Atlantis*) recht hat, daß die ganze Welt von einem Netz kreuz und quer verlaufender unsichtbarer Kraftlinien (ley-lines) überzogen ist, dann dürfte die Bethlehem-Linie die Kraftlinie *par excellence* sein.

ermöglichen wird, im Land der Verheißung heimisch zu werden. Das Setzen der zwölf Steine am Lagerplatz läßt sich zahlensymbolisch als Auferstehung des Menschen deuten. Das Setzen der zwölf anderen Steine *im Flußbett* hingegen besagt, daß andere Menschen den Übergang nicht schaffen werden und daher noch bis ins folgende Messianische Zeitalter (siehe Seite 182) der Sterblichkeit, der Wassertiefe, unterliegen.

Allein der Name der ersten Lagerstätte am Westufer des Jordans bekräftigt unsere symbolische Deutung. Denn in Josua, Kapitel 4, 19 wird berichtet, daß die Israeliten an einem Ort namens Gilgal ihr erstes Lager aufschlugen, was soviel heißt wie „rollende Steine". Mit demselben Ausdruck bezeichnen bis auf den heutigen Tag die chassidischen Juden den schier endlosen Kreislauf der Wiedergeburt (siehe Jiri Langer, *Nine Gates*, o.D., o.J.).

Die zwölf rollenden Steine, die aus dem letzten Wasser des Todes gerettet und von Josua in das Land der Verheißung versetzt werden (wo ihr Rollen zur Ruhe gelangt), sind auch hier Symbol für die Auserwählten, denen es schließlich gelingt, den ewigen Kreislauf der Wiedergeburten zu durchbrechen. Gleiches dürfen wir auch von dem Taufritus des späteren Johannes annehmen, der genau im Umkreis von zehn Meilen um diese Stätte taufte und die Taufe mit dem Heiligen Geist und mit dem Feuer durch Jesus voraussagte (Matthäus 3, 11).

Auch die Stadt Jericho ist ein Symbol der alten Weltordnung bei Anbruch der Endzeit. Sie wird vom auserwählten Volk erstürmt und zerstört, nachdem zwei Kundschafter (Symbole für prophetische Gestalten) in sie Einlaß gefunden hatten. Daß sie überlebten, verdanken sie einer Prostituierten namens Rahab, der sie ihrerseits die Verschonung ihres Lebens zum Lohn für ihre Mitwirkung am israelitischen Plan zusicherten. Die messianische, angeblich nur neutestamentliche Idee der Vergebung – hier begegnen wir ihr bereits in der Geschichte vom Exodus.

Die Mauern von Jericho stürzen schließlich ein, nachdem die Israeliten – angeführt von sieben Priestern, die mit sieben Widderhornposaunen vor der Lade des Herrn herziehen – an sieben Tagen hintereinander die Stadt umkreisten, am siebenten Tag sogar siebenmal. Deutlicher könnte der Text nicht zu erkennen geben, daß die Stadt den Eroberern aufgrund ihrer höchsten spirituellen Vollkommenheit zufällt.

Nach der Zerstörung der Stadt spricht Josua den Bannfluch über sie aus. Niemals, scheint es, wird die Alte Ordnung wieder errichtet werden. Und auch damit ist die Erzählung noch nicht zu Ende, denn das israelitische Volk muß noch eine Anzahl von weiteren Königen besiegen. Noch also sind eine Reihe von Hindernissen zu überwinden, ehe das verheißene Land vollständig in Besitz genommen werden kann. Der Mensch, so können wir vielleicht deuten, hat noch eine Reihe von weiteren Initiationsstadien zu durchlaufen, auch wenn er die erste Ebene der Einweihung schon erreicht hat.

Wer war „Jehova"?

Die Schilderung des Auszugs der Israeliten aus Ägypten spiegelt also den Messianischen Plan und entspricht auch dem Symbolgehalt der Großen Pyramide von Gizeh. Bestimmte Geschehnisse der Erzählung vom Exodus sind in der gleichen Absicht konzipiert worden, die später Paulus als die seine bekannte (1. Korinther 10, 11). Moses war „in aller Weisheit der Ägypter unterrichtet", wie Stephanus in der Apostelgeschichte, Kapitel 7, 22, bezeugt. Moses dürfte demnach den Exodus aufgrund seines Wissens um die Prophetie der Pyramide in die Wege geleitet haben. Der Auszug der Israeliten wäre dann von der Pyramide des Chufu her motiviert worden.

Andererseits heißt es im biblischen Bericht ausdrücklich, daß es Gott war, der Moses die Durchführung des Planes gebot. Moses stellte ihm daraufhin die seltsame Frage: „Wenn ich nun zu den Kindern Israels komme und zu ihnen spreche: ‚Der Gott eurer Väter hat mich zu euch gesandt', und sie mich fragen werden: ‚Wie heißt er?', was soll ich ihnen dann antworten?" Gott beschied den Moses mit dem berühmten Wort: „Ich bin, der ich bin!" ... „So sollst du zu den Kindern Israels sprechen: Der ‚Ich bin' hat mich zu euch gesandt." ... „Der Herr (Jahwe), der Gott eurer Väter, der Gott Abrahams, der Gott Isaaks und der Gott Jakobs hat mich zu euch gesandt." Der heilige Gottesname, den bis heute kein gläubiger Jude auszusprechen wagt, wird in hebräischen Buchstaben JHWH geschrieben. Fälschlicherweise wird das „Ich bin" meist mit „Jehova" wiedergegeben.

Diese Selbstbenennung Gottes wird in Exodus 6, 2–8, weitergeführt: Gott sagt zu Moses: „Ich bin der Herr! ... Ich bin als ‚der Allmächtige Gott' dem Abraham, dem Isaak und dem Jakob erschienen. Aber meinen Namen Jahwe habe ich ihnen nicht kundgetan." Es folgt der Plan zur Errettung der Israeliten aus Ägypten / der Menschheit aus ihrer physischen Knechtschaft. Die Geknechteten sollen ins verheißene Land gebracht werden.

Wenn wir uns an das „Tabu" der „Deckbuchstaben" für den heiligen Namen[13] nicht halten wollen, ist der Abschnitt Exodus 6, 2–8, so aufzufassen, daß „Jahwe" eine bestimmte, neu offenbarte Form der Manifestation des Göttlichen Willens darstellt, die Moses zugänglich ist, nicht aber Abraham, Isaak und Jakob gegenübertrat. Auch dies scheint den Offenbarungen der Pyramide zu entsprechen. Eine treffendere Allegorie für die Erlösung der Menschheit als *die geografische Verlängerung des Bethlehemwinkels* (siehe Landkarten Seite 30, 320 und 327), eine fast bildliche Darstellung des Versprechens, das Volk Israel „mit ausgestrecktem Arm" ins Land der Verheißung zurückzuführen, ließe sich kaum vorstellen.

Die deutliche Verbindung zwischen Jahwe und dem, was die Große Pyramide anzeigt, läßt uns den Gebrauch des Namens Jahwe im Alten Testament näher betrachten. Dabei müssen wir berücksichtigen, daß in der deutschen Bibel der hebräische Gottesname Jahwe (Jehova) fast ausschließlich mit „Herr" wiedergegeben ist. Zunächst wird er in Exodus 6, 3, Psalm 83, 1, Jesaia 12, 2 und 26, 4, in zweifelsfrei messianischem Sinn angewandt. Im Psalm 83 ist Jahwe sowohl Heilbringer als auch Rächer, in Jesaias 12 der Retter. Eigentlich beginnt diese Stelle bei Jesaias schon in 11, 12, wo es heißt: „Er richtet den Völkern ein Banner auf ... die Zerstreuten von Juda holt er heim aus den vier Enden der

[13] Wie Simons Roof in *The Journey on The Razor-Edged Path* (o. O., o. J.) unanfechtbar bemerkt: „Ein Name ist allein dazu dienlich, eine Ganzheit von der anderen zu unterscheiden. Wozu ein Name für den Einen, der alles, was ist, in sich birgt und außerhalb dessen nichts anderes besteht?"

Erde.“ Das sind Vorstellungen, die doch stark an die Messianische Botschaft der Pyramide gemahnen. Dem auserwählten Volk wird im Text weiter zugesichert: „Mit Frohlocken schöpfet ihr Wasser aus den Quellen des Heils.“ Diese Formulierung ist dem „Brunnen des Lebens“ verwandt. Auch wird zum Schluß des Kapitels zum Jubeln aufgerufen, denn groß und majestätisch sei mitten in ihm „der Heilige Israels“.

Erstaunlich deckt sich auch der Text von Jesaia 26 mit der Symbolik der Großen Pyramide. „Wir haben eine feste Stadt“, heißt es da in Vers 1, und der nächste Vers fährt fort: „Heil pflanzte er auf als Mauern und Wehr. Öffnet die Tore“ – eine kaum noch verhüllte Anspielung auf das osirische Ritual der Kammer des Offenen Grabes – „daß einziehe ein rechtschaffenes Volk, das die Treue bewahrt!“ Die Verbindung zwischen Jahwe/Jehova und der Großen Pyramide wird dann noch deutlicher: „Der Herr ist ein ewiger Fels!“ (4) ... und (7) „Der Pfad des Gerechten ist eine ebene Bahn, gerade ist der Weg des Gerechten, den du ebnest“. Und als sollte diese deutliche Anspielung auf die Symbolik des Gangsystems der Großen Pyramide noch nicht genügen, schließt die Dichtung (19) zuletzt mit der Verkündung der Wiedergeburt der Gläubigen in der Endzeit: „Deine Toten leben ... die Staubbewohner werden erwachen und frohlocken; denn Tau der Lichter ist dein Tau, die Erde wird Verblichene wiedergebären“.

In diesem Zusammenhang sollten wir auch den Gebrauch zusammengesetzter Formen des Gottesnamens im Alten Testament berücksichtigen, wie sie in den Büchern Genesis, Exodus und Richter vorkommen. Nach Genesis 22, 14 nennt Abraham den Ort, an dem ihm die Opferung Isaaks erlassen wurde, „der Herr versorgt“ *(Jahwejireh)*, und der Text fügt den Kommentar hinzu: „Auf dem Berge des Herrn wurde es versorgt“. Der Name wird noch öfter mit dem Symbol Berg verbunden, so in Exodus 17, 15, wo Moses nach der Schlacht gegen die Amalekiter einen Altar aus Steinen errichtete und ihn *Jehova-nissi* („der Herr ist mein Banner“) nannte. Ähnlich reagiert Gideon nach Richter 6, 24 auf die Aufforderung Gottes, sein Volk von der Bedrückung durch die Midianiter zu befreien: „... Gideon baute daselbst einen Altar für den Herrn und nannte ihn *Jehova-shalom*, ‚Der Herr ist Heil‘“. Die Forschung weiß heute, daß solche zum Gedenken errichteten Altäre üblicherweise aus einem großen Steinhaufen bestanden – die Urgestalt eines heiligen Mals, aus der auch die Pyramide hervorging.

Schon auf dieser Basis scheint also ein Zusammenhang zwischen dem Namen Jahwe/Jehova und dem in der Großen Pyramide versinnbildlichten Messianischen Plan zu bestehen. „Jahwe" dürfte insbesondere den messianischen Aspekt oder *persona* der Gottheit repräsentieren. Sicher ist jedenfalls, daß Moses die Pyramide, Jahwes konkreteste Manifestation auf Erden, aus eigener Anschauung kannte. Er mag in der Pyramide des Chufu zugleich den Berg Jahwes gesehen haben.

Hier liegt eine andere linguistische Bezüglichkeit nahe. Wie schon erwähnt, sind die Vokale des heiligen Namens unbekannt. Wir kennen lediglich seine Konsonanten JHWH, im Hebräischen und Deutschen zumeist zu „Jahwe" vokalisch ergänzt. Ähnliches trifft für den Namen Chufu zu: Auch hier kennen wir nur seine ägyptische Konsonanten, die in der Transskription HUFU ergeben.

Nun läßt der hebräische Text der Bibel keinen Zweifel, daß der Name JHWH von dem hebräischen Verb *haveh* (ich bin) abgeleitet wurde. Von HUFU bis *haveh* ist aber nur ein kleiner Schritt. Es könnte also durchaus möglich sein, daß der Name des Göttlichen, „Ich bin", zunächst einmal aus dem historisch älteren ägyptischen HUFU hervorgegangen ist.

Wenn dem so wäre, wie könnte es zu diesen erstaunlichen Verknüpfungen gekommen sein? Vielleicht läßt sich dies mit der bekannten hebräischen Neigung erklären, Namen, die man sich nicht erklären konnte, bestimmte Bedeutungen zuzulegen. Die frühe hebräische Tradition ist voll solcher Beispiele. Da ist die Verknüpfung von „Adam" = *adam* mit „Ackerstaub" = *adamah* (Genesis 2, 7); da ist die Scheinetymologie des Namens Seth (in Genesis 4, 25) „Denn Gott hat mir einen anderen Nachkommen *(seth* = Stellvertreter) gegeben ..."; da ist Noahs Segnung des Japhet (Genesis 9, 27): „Weiten Raum = *japht* schaffe Gott dem Japhet ..."; da ist die bereits erwähnte Benennung des Moses (*Moscheh* von *mashah* = ziehen) in Exodus 2, 10: „Sie sprach dabei: Ich habe ihn ja aus dem Wasser gezogen"; da gibt es die spätere

Wortassoziation von *netzer* = Stamm und *notsrim* = Nazarenern mit der Stadt Nazareth.

Dabei sollten wir noch ergänzen, daß im Fall der Benennung des Seth noch etwas anderes als seine Rolle als Stellvertreter ins Gewicht fallen könnte: Den Namen Seth gab es auch im Ägyptischen. Seth war der Name für den dunklen Aspekt („Stellvertreter") des Horus. Mit anderen Worten, in Seth, Sohn der Ishschah (Eva), haben wir möglicherweise eine hebräische Version des ägyptischen Seth, Sohn der Isis, vor uns.

Unter dem Aspekt solcher Volksetymologien wäre es denkbar, daß die Israeliten in Ägypten, die ja wußten, daß der ruhmreiche König im goldenen Berg der Pyramide auf ägyptisch mit HUFU bezeichnet wurde, hier eine Ähnlichkeit zu ihrem eigenen JHWH, ihrem gebräuchlichen Ausdruck für „Ich bin", zu erkennen meinten[14]. So bedurfte es nur noch des Erscheinens von Moses, seiner Einweihung in die Mysterien der Pyramide und der daraus resultierenden Überzeugung, daß ihre Botschaft auch seinem Volk, ja der ganzen Menschheit galt, um die Idee eines *göttlichen* „Ich bin" reifen zu lassen. Nur dehnte Moses diese Idee des verborgenen „Gottes" im Inneren der die Erde symbolisierenden Pyramide auf einen ebenfalls unsichtbaren Herrn der physischen Erde aus: auf ein größeres „Ich bin", dessen Wille es war, das ihm dienende Volk Israel in das versprochene Land zu führen.

Die Gründe für das Verbot, den Namen Gottes auszusprechen, ihn also unzugänglicher zu machen, sind alles andere als klar. Immerhin ist folgendes zu vermuten.

Einmal mögen die Israeliten dazu übergegangen sein, das Wort „Ich bin" auf sich selbst zu beziehen (auf den Einzelnen als Glied des Kollektivs) und das israelitische Volk als Verkörperung Gottes oder, um den üblichen orientalischen Ausdruck anzuwenden, als „Kinder Gottes" zu betrachten – eine Vorstellung, die später unter den Juden weit verbreitet blieb, sogar bis in die heutige Zeit. Für Moses wäre ein solches Verständnis des Jehova-Begriffes aller-

[14] Über den Stand des Hebräischen oder Aramäischen in jener Zeit wissen wir wenig. Was wir aber sicher wissen ist, daß, selbst zur Zeit der babylonischen Gefangenschaft, achthundert Jahre später, als die heutige Version des hebräischen Textes kompiliert wurde, noch immer enge sprachliche Entsprechungen bestanden.

dings Gotteslästerung gewesen; er hätte Gott wieder vom Menschen abzurücken versucht.

Zweitens könnten die Israeliten auf eine Weise vom Jahwe der Pyramide zu sprechen begonnen haben, als handele es sich um eine von dem Einen Gott gesonderte Gottheit. Da es Moses um diesen einen Gott aber vor allem ging, wäre sein Tabu auf die Nennung eines Namens mit Tendenz zur Abspaltung erklärlich.

Beide Entwicklungen könnten auch eine Erklärung dafür bieten, weshalb auf das erste der zehn Gebote, das die Einheit Gottes verkündet (auf der Moses so hartnäckig bestand), sogleich das Verbot der Anbetung von Götterbildern sowie des Mißbrauchs des Gottesnamens folgt – als sei dieser selbst schon eine Art Idol.

Fassen wir zusammen: Wenn Moses seine Weisungen der Großen Pyramide entnahm, wenn die Gottesbezeichnung JHWH indirekt auf HUFU zurückgeht, wenn ferner der Name Gottes noch ohne Nennungsverbot ausgesprochen wurde, solange das Volk Israel sich in der Nähe der Pyramide befand, dann kann die Ähnlichkeit zwischen der Funktion Jehovas und der Funktion der Pyramide des Chufu nicht bloß äußerlich sein.

Indes gibt es noch einen Aspekt unserer Erörterung, der besonderer Betrachtung bedarf. In Exodus 6, 2–8, verspricht Jahwe Israel mit „erhobener Hand" und mit „ausgestrecktem Arm" in das Gelobte Land zu führen. Ausgestreckter Arm und erhobene Hand scheinen bedeutungsvoll – sie gehören doch einem angeblich unsichtbaren Gott! Ein weiterer Blick auf die Pyramide soll herausfinden, ob nicht Besonderheiten des Bauwerks selbst den Gebrauch solcher Bilder nahelegten.

Tatsächlich hatte die ursprüngliche Pyramide ihre *„Arme":* Es waren die beiden Mittagsreflexionen, deren Umrisse und Eigentümlichkeiten der antiken Priesterschaft genau bekannt waren, da sie vermutlich nach ihnen (so Davidson und Aldersmith) die Jahreszeiten bestimmten. Zudem lag der rechte „Arm" der Pyramide in der Nähe der bereits erwähnten Bethlehemlinie. Im Winter verlief die Spitze dieses rechten Armes – also die Spitze der Reflexion der Pyramidenkante – ein ganzes Stück nördlich der Bethlehemlinie, während sie im Mittsommer südlich von ihr lag. Von einem bestimmten Zeitpunkt im Frühjahr an muß sich aber die

Mittagsreflexion (der „rechte Arm") auf die Bethlehemlinie hinbewegt haben, bis sich die Endspitze mit der Bethlehemlinie genau deckte (siehe Abbildung unten). Im weiteren Lauf des Jahres rückte sie dann darüber hinaus, bis sie wieder die gleiche Bewegung in umgekehrter Richtung in ihre Winterstellung zurück vollzog. Der sich zwischen diesen beiden äußersten Punkten ergebende Abstand bezeichnet die Breite des sogenannten Bethlehem-„korridors".

Es ist durchaus möglich, daß sich Moses in der Wahl des Zeitpunkts für den Beginn des Auszugs von diesen Erscheinungen leiten ließ und der Exodus daher an einem Tag begann, da sich das spitze Ende der Reflexion mit der Bethlehemlinie deckte. Ließe sich dies schlüssig nachweisen, wäre daraus zu folgern, daß der „ausgestreckte Arm" (Exodus 6, 2–8) die Reflexionen der Pyramide meint und „Jahwe" und die Botschaft der Pyramide des Chufu tatsächlich identisch sind.

Wenn Moses tatsächlich die Zeichen auf diese Weise deutete, hätte er fraglos die 14 Tage zwischen dem 22./23. März und dem 5./6. April als die günstigste Zeit für den Auszug angesehen, vor allem den 29./30. März in der Mitte dieser Zeitspanne. Dieses

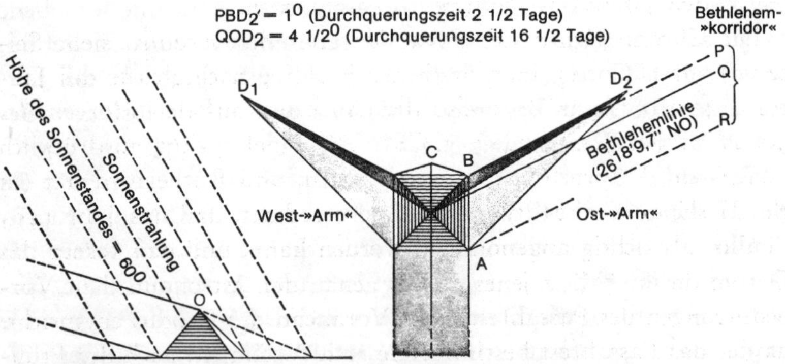

Abbildung 52
Die Mittagsreflexion der Großen Pyramide zur Zeit des Frühlingsäquinoktiums, eingezeichnet Bethlehemlinie und Bethlehem„korridor" (zwecks darstellerischer Vereinfachung wurde die fehlende Pyramidenspitze einbezogen).

Datum hätte die günstigsten Bedingungen für den Aufbruch und die ihm folgende Woche versprochen. Der Zug hätte dann die ägyptische Grenze im Gebiet um das Rote Meer erreicht gehabt, die kritischste Phase der Flucht aus Ägypten wäre zum günstigsten Zeitpunkt gemeistert worden. Wie der umsichtige Seemann über eine gefährliche Sandbank am besten bei steigender Flut fährt, wird auch Moses es für geraten gehalten haben, mit der steigenden Sonne zu ziehen.

Die Landkarte auf Seite 320 zeigt, daß die Entfernung zur Stelle des Durchzugs durchs Rote Meer (eigentlich durchs Schilfmeer), auf der Bethlehemlinie gemessen, nicht mehr als rund 125 Kilometer beträgt, so daß in diesem Fall über relativ ebenes Land pro Tag etwa 17 Kilometer zurückgelegt werden mußten. Das entspricht dem Tempo, mit dem Vieh über lange Strecken getrieben werden kann, entspricht auch menschlicher Leistungsfähigkeit bei starker Motivation, wie sie hier unter den Flüchtigen sicher bestand.

Stimmt also unsere Deutung des biblischen Berichts anhand der Reflexionen der Pyramide, und ist es richtig, daß Moses in jenem Zeitraum den Auszug befahl, so müßte sich anderweitig nachweisen lassen, daß die Israeliten ihre Reise tatsächlich irgendwann zwischen dem 29./30. März antraten und am 5./6. April des betreffenden Jahres das Schilfmeer durchquerten.

Die Chronographie der Pyramide setzt den Exodus (siehe Seite 72) auf 688,0245 Jahre nach der Frühlingsnachtgleiche des Jahres 2141 v. Chr. an, legt also den Aufbruch auf den *Morgen des 30. März* des Jahres 1453 v. Chr. Die Bibel spricht ausdrücklich von einem Aufbruch am frühen Morgen, und Rutherford hat (in Bd. II seines Werkes *Pyramidology*) errechnet, daß das Jahr 1453 v. Chr. als richtig angenommen werden kann, und daß ferner das Datum des 30. März jenes Jahres genau den astronomischen Vorbedingungen des Passahfestes am Vorabend des Exodus entspricht, da der das Passahfest bestimmende erste Vollmond nach der Frühlingsnachtgleiche des Jahres 1453 auf den 29. März fiel. Vom praktischen Standpunkt aus wäre eine Vollmondnacht für den Aufbruch günstig gewesen, wenn bereits in der Nacht marschiert werden sollte. Was den genauen Zeitpunkt des Durchzugs durch das

Rote Meer betrifft, so fehlt es an speziellen dokumentarischen Anhaltspunkten; nimmt man jedoch den 30. März als Aufbruchstag an, scheint der 5./6. April ein denkbares Datum für diesen ersten Höhepunkt des Auszugs aus Ägypten zu sein.

Die Route wurde, wie wir sahen, der Verlängerung des Gangwinkels der Pyramide folgend festgelegt. Ein Blick auf die Landkarte (siehe Seite 320) macht sofort deutlich, daß ein Beobachter, von der Pyramide das Land überblickend, sogleich den Wadi Tumilat ausmachen wird, da dieser Mündungsarm des Nils die erste der von der Bethlehemlinie durchschnittene geographische Markierung ist. Als nächstes folgte die Überquerung der anscheinend undurchdringlichen Schranke des *Yam Suph* (hebräisch „Schilfmeer“ – in den meisten Übersetzungen mit „Rotes Meer“ wiedergegeben). Sie scheint durch den „verborgenen Türsturz“ der Pyramide versinnbildlicht zu sein. Das Schilfmeer war also mit anderen Worten das „verborgene Tor“ – der unvermutete Ausgang – der Israel das endgültige Entkommen ermöglichte. Das nächste Hindernis, dem sich die Israeliten konfrontiert sahen, war ernster: ihr Mangel an Bereitschaft, das auf dem Berg Horeb verkündete Gesetz Gottes ohne Einschränkung anzunehmen. Dieser Starrsinn wird von den unbeweglichen Granitsperrblöcken symbolisiert, die den Aufsteigenden Gang blockieren.

Die Weisheit dieser Strategie dieser offensichtlich vom Entwerfer der Pyramide vorausgesehenen Auszugs offenbart sich nun immer deutlicher. Es mußten die normalen Handelsrouten mit ihren Befestigungen vermieden werden – ein Erfordernis, das mit der Wahl des Durchzugs durch das Schilfmeer erfüllt war. Ferner galt es, die Lichtverhältnisse, Gezeiten und meteorologische Bedingungen sorgfältigst in die Berechnungen einzubeziehen, damit die Verfolger nicht in der Lage waren, die gleiche Route zu benutzen, und einen Umweg von etwa 75 Kilometern um den Timsah-See (siehe Seite 320) machen mußten, wodurch ihnen die Flüchtenden entgehen konnten.

Die Wahl der Zeitspanne zwischen dem 29./30. März und dem 5./6. April erfüllte diese Bedingungen optimal. Statistische Untersuchungen haben ergeben, daß „die größten Springfluten stets nach Voll- oder Neumond zur Zeit der Tag- und Nachtgleichen während des Perigäums eintreten" (Reed's *Nautical Almanac*), wobei die Springflut etwa zwei bis drei Tage nach Neu- beziehungsweise Vollmond erreicht wird. Nun pflegen bei Springfluten die Hochwasser besonders anzusteigen und die Niedrigwasser auf ihren niedersten Stand zurückzuweichen. Der Durchgang durchs Schilfmeer mußte also optimal drei oder vier Tage nach dem höchsten Hochwasser erfolgen – Tage, an denen das Niedrigwasser flach genug sein würde, um den Durchgang zu erlauben. Später sollten dann die einsetzenden Nippfluten mindestens eine Woche lang eine weitere Verfolgung durch die Ägypter verhindern.

Nun kann man hier einwenden, daß das Rote Meer keine nennenswerten Gezeiten habe. Doch sollte man sich erinnern, daß die Verlängerung des Gangwinkels der Pyramide und auch der Bibeltext darauf schließen lassen, daß die Israeliten nicht das eigentliche Rote Meer passierten, sondern vielmehr am *Yam Suph*, dem Schilfmeer, den Übergang wagten. Dieses war aber seinerzeit der nördlichste Zipfel des Golfs von Suez, der sich bis zum biblischen Ort Succhot erstreckte (siehe Landkarte Seite 320). Tatsächlich aber gibt es im Golf von Suez wie auch im Golf von Aqaba einen deutlichen Gezeitenwechsel. In der Enge und Flachgründigkeit des damaligen Schilfmeeres (siehe Landkarte Seite 320) mußte er sich noch ausgeprägter auswirken und mag sogar in der Meerenge bei Pihahiroth eine Art Flutwelle hervorgerufen haben, da bei Springfluten die Hochwasser ja ihren Höchststand erreichten.

Bei starken Winden pflegen in seichten Gewässern solche Staufluten aufzutreten. Bereits die Wasserspiegelhöhe des keineswegs flachen Roten Meeres kann je nach Windrichtung mindestens um 60 cm steigen oder fallen. Eine solche Situation war wohl gegeben, als die Ägypter nachzusetzen versuchten und in den Wassern umkamen.

Der Übergang der Israeliten aber hatte sich vorher bei abflauenden Gezeiten und vermutlich unter starken nordöstlichen Winden vollzogen, so daß das Wasser aus dem untiefen Teile des Schilfmeeres bei Ebbe und unter Winddruck nach Süden zurückwich, zugleich aber auch verhinderte, daß die Wasser des Nilarms von Wadi Tumilat nach Osten ins Schilfmeer fließen und die flachen Stellen überfluten konnten. Somit waren die Bedingungen für einen Durchgang durch das Schilfmeerbett ideal.

Die Überquerung sollte nach dem Willen des Moses überraschend *bei Nacht* geschehen – ein beträchtliches Risiko in sich bergendes Unternehmen, sofern nicht gewisse Bedingungen erfüllt waren. Zunächst einmal mußte das Meeresbett völlig *trocken* sein: Hätte das Wasser auch nur einen Fuß hoch gestanden, so daß der Boden nicht mehr zu sehen gewesen wäre, hätten die Flüchtlinge auf ihrem drei Kilometer langen Weg durch das Meeresbett leicht aus Versehen ins Tiefe geraten können. Es wäre zur Massenpanik und damit unvermeidlich zur Katastrophe gekommen. Neben dieser Bedingung brauchte man genug Licht zur Orientierung, denn auf dem einförmigen Meeresbett konnte man des Nachts leicht die Richtung verlieren.

Offensichtlich war dies bei der Planung bedacht worden. Denn eine Woche später wäre der Mond schon in der ersten Hälfte der Nacht aufgegangen, während, um noch einmal Reed zu zitieren, „die Ebbe bei Mondaufgang einsetzte". So konnte der Zug, wenn er das Meer im ersten Teil der Nacht durchquerte, sich auch noch am aufsteigenden Mond orientieren. Der ganze Durchzug war vermutlich um drei Uhr früh bereits abgeschlossen, und um diese Zeit hatten die Ägypter der Bibel zufolge bereits den Fehler begangen, sich mit ihren nicht sehr stabilen Streitwagen in das Meeresbett zu begeben, wo sie im Schlick steckenblieben. Ehe sie sich wieder befreien konnten, kehrte die Flut zurück – anscheinend sehr plötzlich, wie immer auf weiten Flächen. Die Verfolger, die nicht schnell genug der hereinbrechenden Springflut entkamen (die Bibel spricht von einer „Wassermauer") wurden nach Norden in den heutigen Timsahsee geschwemmt und ertranken. Bei Tagesanbruch, als der Mond schon seinen Zenit überschritten hatte, war wieder Hochwasser eingetreten und der Weg hinter den Israeliten versperrt.

So hatten also die Wahl der Vollmondnacht vor Passah und der Weg des Fluchtplans mit rituellen Rücksichten nichts zu tun. Die Flucht ist vielmehr Zeugnis einer glänzenden Planung, verbunden mit genauer Erkundung der Örtlichkeiten, die Moses vermutlich selbst vorgenommen hatte, da er als „Hirte" auf der Halbinsel Sinai viele Jahre verbrachte. Aber hinter dem Plan des Moses stand der Planer der Pyramide. Zeitliche Planung und geometrische Kontrolle anhand der Mittagsreflexion der Pyramide waren aufs engste mit den *vorhersehbaren* Bewegungen der Sonne und des Mondes verbunden.

Der Jahwe des Exodus 6, 2–8, der planende Geist dieser ganzen Operation, wäre somit zu Recht mit der „Stimme der Pyramide" gleichzusetzen. Die Buchstaben HUFU und JHWH sind aller Wahrscheinlichkeit nach eng verwandte Chiffren für eine einzige Realität: „Jahwe" und „Chufu" bedeuten ein und dasselbe.

Die Legende von den Drei Königen

Die uralte Legende von den Drei Königen, die dem Stern folgten und dem neugeborenen Messias ihre symbolträchtigen Gaben von Weihrauch, Myrrhen und Gold darbrachten, beruht vermutlich auf dem Wissen, daß die ägyptische Große Pyramide die Geburt des Jesus in Bethlehem anzeigt. Um die Mittagszeit der Sommersonnenwende wirft sie einen sternförmigen Widerschein auf die Wüste. Sie und ihre berühmten Nachbarn, die Zweite und die Dritte Pyramide von Gizeh, bergen nach verbreiteter Auffassung die sterblichen Überreste *dreier Könige* des Altertums. Wir wissen, daß die gedachte Verlängerung des Gangwinkels der Großen Pyramide genau auf die Stadt Bethlehem zuläuft, zudem auch die berühmten symbolischen Punkte der Wanderung der Israeliten nach ihrem Auszug aus Ägypten kreuzt. Vielleicht also sind es die drei Pyramiden von Gizeh selbst, die zur Legendenbildung von den Heiligen Drei Königen Anlaß gaben. Der „Stern", der ihnen den Weg nach Bethlehem wies, dürfte die Sonnenreflexion der Großen Pyramide gewesen sein.

Im Matthäusevangelium (Kapitel 2) werden die drei Könige als „Magier" bezeichnet. Als solche ist ihnen nicht nur die bevorstehende Geburt des Messias bekannt, sondern auch ein „Leitstern", der sie zum Schauplatz seiner Geburt hinführt (der „Stern im Aufgang", wie er bei Matthäus heißt, dürfte auf dem Wissen um die Ausrichtung des Gangwinkels *nach dem Sonnenaufgangspunkt* beruhen). Sie wissen nicht nur, wann und wo die Geburt stattfinden wird, sie wissen auch, was die Zukunft für das Kind bereit hält – ihre seltsamen symbolischen Gaben geben die messianische Bestimmung des Kindes bekannt. Denn Gold und Weihrauch deuten auf sein Königs- und Priesteramt hin, die Myrrhen aber auf seinen Tod – sie wurden vor allem *zum Einbalsamieren der Toten* benutzt (siehe Johannes 19, 39–40). Die Einbalsamierung hatte bei Juden wie bei Ägyptern den Zweck, den Leib so lange zu erhalten, bis er *„aufgerichtet"*, also *neu belebt* werden konnte. Die Auferstehung des Messias nach seinem irdischen Tod wird also durch die „königlichen Geschenke" vorausgesagt[15].

Wie die Große Pyramide kennen auch die Heiligen Drei Könige Zeit und Ort der Geburt des Messias und wissen, was ihm bevorsteht. Wenn die Könige mit den drei Großen Pyramiden von Gizeh gleichzusetzen sind, dann könnten auch die Zweite und die Dritte Pyramide eine Art didaktische oder prophetische Botschaft für die Nachwelt enthalten. Bei Matthäus werden die Könige als „Magier" bezeichnet, und angesichts ihrer göttlichen Motivation und ihrer Fähigkeit, künftige Ereignisse vorauszusagen, ist diese Bezeichnung angemessen.

So spricht vieles dafür, daß die Gaben der Drei Könige die in den Pyramiden verborgene detaillierte Voraussage der Rolle des Messias symbolisieren. Wenn aber die Überlieferung auf diese Weise zustande kam, dann müßte es auch Zeugnisse dafür geben, daß Jesus in Ägypten gewesen ist, um sich aus erster Hand über die ihm zugedachte Aufgabe zu unterrichten. *Sein Besuch wird auch tatsächlich in der gleichen biblischen Geschichte erwähnt.* Denn bei Matthäus wird das Kind nach der Huldigung der Drei Könige eilig nach Ägypten gebracht. Dies wird bei Matthäus mit dem von Herodes befohlenen Kindermord begründet, doch scheint es so gut wie sicher, daß ein solcher Massenmord vom König nicht begangen

[15] Es sei daran erinnert, daß das altägyptische Schriftzeichen für das Verb *(r)di* (geben)  ist. Dieses Zeichen enthält ein kleines Dreieck, das an das eingesetzte Dreieck jeder Seitenfläche der Großen Pyramide mit ihrem messianischen „Kern" erinnert. Ägyptologen werden jedoch einwenden, das Zeichen für Pyramide oder Grab sähe so aus: . Das erste Zeichen hingegen habe ursprünglich einen rituellen „Kuchen" (aus Weizenspelt) bedeutet. Dagegen wäre wiederum die Ableitung des Wortes „Pyramide" von dem griechischen Wort *Pyramis* zu halten, das „Weizenkuchen" bedeutet.

wurde und daß sich Matthäus hier an die im Alten Testament geschilderte Rettung des Moseskindes vor der beabsichtigten Ermordung der männlichen Neugeborenen anlehnt (siehe Seite 318). Auf jeden Fall stimmt die Verbringung des Kindes nach Ägypten zumindest mit einer biblischen Prophezeiung überein, die aussagt (Matthäus 2, 15): „Er blieb dort bis zum Tode des Herodes, damit erfüllt würde, was gesagt ist vom Herrn durch den Propheten: ‚Aus Ägypten rief ich meinen Sohn' (Hosea 11, 1)".

Der Verfasser des Lukasevangelium hingegen weiß nichts von den drei legendären Königen. Bei ihm erscheint bei dem Kind eine Gruppe von Hirten, die auf dem Feld ihre Herde gehütet hatten und denen ein Engel erschienen war, der ihnen die Geburt des Messias verkündete (Lukas 2). Es ist fraglich, ob echte Hirten ihre Herden unbeaufsichtigt gelassen hätten, auch müßte die Geburt in die warme Jahreszeit gefallen sein[16], da in der Umgebung von Bethlehem die Schafe im Winter niemals im Freien blieben. Doch besteht möglicherweise ein entfernter historischer Zusammenhang zwischen den mythischen Königen und den Schafhirten des Lukas. Ägypten hatte in alter Zeit 150 Jahre lang unter der Herrschaft der Hyksos, der sogenannten „Hirtenkönige", gestanden. Diese Hirtenkönige gehörten einem aus Asien (also *aus dem Osten)* eingedrungenen Volk vermutlich semitischen Ursprungs an und scheinen Ägypten ohne Anwendung militärischer Gewalt unterworfen zu haben. Von den Ägyptern wurden sie um 1555 v. Chr. schließlich wieder vertrieben. Nun hatten zu jener Zeit auch die Israeliten in Ägypten gelebt, während der Auszug der Kinder Israel unter Moses, (der selbst lange Zeit ein Hirte gewesen war), erst etwa ein Jahrhundert nach der endgültigen Vertreibung der Hyksos stattgefunden zu haben scheint.

Zwischen den Israeliten und den Hirtenkönigen hat es fraglos Berührungspunkte gegeben: Beide Stämme dieser fremdländischen „Eindringlinge" waren semitisch; beide kamen friedlich und von Osten her in das Land; beide erlangten in Ägypten große Macht; beide wurden allmählich von den Ägyptern gehaßt, und beide ver-

[16] Die Chronographie der Pyramide setzt die Geburt Jesu auf September.

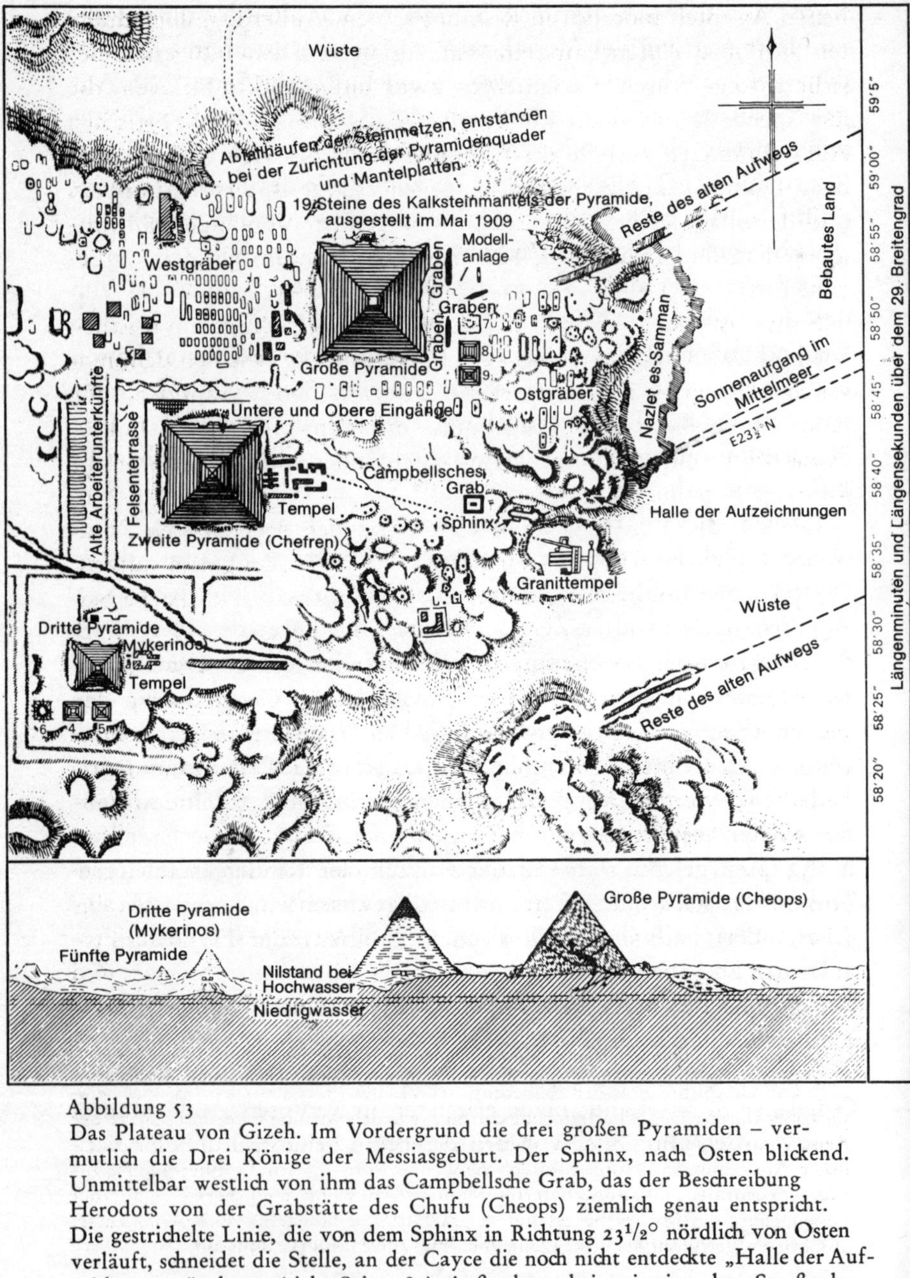

Abbildung 53
Das Plateau von Gizeh. Im Vordergrund die drei großen Pyramiden – vermutlich die Drei Könige der Messiasgeburt. Der Sphinx, nach Osten blickend. Unmittelbar westlich von ihm das Campbellsche Grab, das der Beschreibung Herodots von der Grabstätte des Chufu (Cheops) ziemlich genau entspricht. Die gestrichelte Linie, die von dem Sphinx in Richtung $23^1/_2°$ nördlich von Osten verläuft, schneidet die Stelle, an der Cayce die noch nicht entdeckte „Halle der Aufzeichnungen" schaute (siehe Seite 280). Außerdem scheint sie eine alte „Straße des sommerlichen Sonnenaufgangs" zu bezeichnen. (Nach Davidson und Aldersmith.)

ließen Ägypten plötzlich in Richtung Osten. Außerdem überschnitten sich ihre Aufenthaltszeiten in Ägypten. Dem biblischen Bericht zufolge waren die Israeliten zwar unterdrückte Sklaven, die aus eigener Initiative die Flucht ergriffen, während den ägyptischen Aufzeichnungen zufolge die tyrannischen Hyksos vertrieben wurden. Doch ist die diametral entgegengesetzte Interpretation ein und derselben Reihe von zusammenhängenden Vorgängen ein propagandistisches Phänomen, das nicht nur in mosischer Zeit aufgetreten ist.

Sicher ist das Geflecht der historischen israelisch-ägyptischen Wechselbeziehungen ziemlich verwickelt, und ob zwischen dem mosaischen Exodus, den mysteriösen Hyksos, den Pyramiden, den Königen des Matthäusevangeliums und den Hirten des Lukasevangeliums ein Zusammenhang besteht oder nicht, kann nur die künftige Forschung enthüllen[17].

Die Gleichsetzung der Drei Könige mit den drei Großen Pyramiden von Gizeh läßt sich durch aufschlußreiche Zeugnisse stützen:

(1) Die Gangwinkel aller drei Pyramiden sind gleich (siehe Seite 12), und alle drei dürften dieselbe Richtung haben.

(2) Der Überlieferung zufolge war einer der Könige schwarzhäutig. Desgleichen hatte die Dritte Pyramide, im Gegensatz zu den beiden anderen, eine dunkle Farbe, da sie ursprünglich bis zu mindestens ein Viertel ihrer Höhe mit einem roten Granitsteinmantel bedeckt war, der durch Verwitterung *schwarz* oder zumindest *dunkel purpurfarben* wird.

(3) Die Namen der Drei Könige, die ihnen die Armenische (gregorianische) Bibel zuschrieb, lauten Balthasar (aus dem Arabischen), Gaspar (aus dem Indischen) und Melkon (aus dem Persischen). Die Namen Gaspar und Melkon (deutsch Kaspar und Melchior) haben auffallende Ähnlichkeit mit den Namen Khafra

[17] Die Geschichte von der Anbetung der Hirten läßt sich natürlich auch einfacher erklären: Der Überlieferung zufolge wurden Miriam und Joseph auf der Reise von der Geburt des Kindes überrascht, die auf freiem Felde fernab menschlicher Ansiedlungen erfolgte. Joseph ließ seine Frau im Schutz einer Höhle zurück – ebenfalls ein altüberliefertes Moment, wiewohl möglicherweise aus der Felsengeburt des Mithra hergeleitet –, um Hilfe zu holen. Er wird wohl zuerst auf Hirten getroffen sein, die dann mit ihm zur Höhle zurückgingen.

(Chephren) und Menkura (Mykerinos), den Erbauern der Zweiten und Dritten Pyramide. Dagegen hat der Name Balthasar keine sichtbare Beziehung zur Großen Pyramide. Er könnte allerdings vom hebräischen *belte-shazzar* abgeleitet sein, das „des Herrn Führer“ bedeutet. Zudem taucht dieser Name auch in anderer Form als Name des babylonischen Königs Belsazar auf. Es wäre denkbar, daß die Juden ihn mit ihren Vorstellungen von der berühmten Stufenpyramide von Babylon in Verbindung brachten und diese dann später in der Erinnerung mit der Großen Pyramide verwechselt wurde.

(4) Die den Königen von der armenischen Bibel zugeschriebene geografische Herkunft bietet ebenfalls interessante Anhaltspunkte: Das in der Pyramide niedergelegte uralte Wissen mag auf einer Zusammenfassung alter Weisheit beruhen, die von ägyptischen Initiierten aus Indien, Persien und Arabien mitgebracht wurde. Denn der Messianische Plan, wie ihn die Große Pyramide bekundet, ist wahrhaft ein *Weltplan*, der nicht nur die Essenz des Christentums, des Judaismus und der Ägyptischen Weisheit, sondern auch des Hinduismus und der babylonischen und zoroastrischen Überlieferung in sich begreift.

(5) Dem armenisch-gregorianischen Evangelium zufolge führten die Heiligen Drei Könige „das Vermächtnis des Adam an Seth“ mit sich. Man kann sich schwer vorstellen, warum sie dies getan haben sollten, es sei denn, dieses Testament habe, ähnlich wie die Gaben der Legende, eine Prophezeiung enthalten – die Mitteilung der dem neugeborenen Messias zugedachten Bestimmung. Da diese Auffassung der Botschaft der Großen Pyramide selbst entspricht, könnte man annehmen, daß hier wieder die Pyramiden von Gizeh gemeint sind. Jenes Testament enthielt also wohl die Erkenntnis der vorzeitlichen „Gottessöhne“ (Adams), die diese den alten Ägyptern (personifiziert in Seth, dem „dunklen Aspekt“ des Horus) überlieferten. Diese hätten dann ihrerseits dieses Wissen in der Großen Pyramide niedergelegt – ein aufschlußreiches Streiflicht zu unseren Spekulationen hinsichtlich einer frühzeitlichen, fortgeschrittenen Kultur, die bei einer mit der biblischen Sintflut identischen Flutkatastrophe unterging.

Biblische und messianische Parallelen
in den alten Kulturen Mittelamerikas.

Die Religionen der alten Mayas und Azteken waren voll unmittelbarer Parallelen zur Bibel, weshalb die ersten christlichen Missionare glauben konnten, sie hätten es mit einer bizarren Karikatur zu tun, die der Teufel selbst erdacht habe, um ihre Bemühungen von vornherein zu untergraben.

Es war im Jahr Eins des Mayakalenders (3113 v. Chr., am 12. August genau), als ein „kalkgesichtiger", bärtiger Mann, „herabgestiegen von der Sonne", im Golf von Mexiko an Land ging, umgeben von einer Schar von Gelehrten, Astronomen, Baumeistern, Priestern und Musikern – so schildert es Thor Heyerdahl. Dieses Datum liegt nahe am Jahr Eins des altägyptischen Zeitalters des Horus (vermutlich 3141 v. Chr.), das unmittelbar nach einem Zeitalter der Zerstörung einsetzte, in dem wir die Sintflut vermuten.

Zwischen den Überlieferungen und Kulturen der mesoamerikanischen Völker und denen der alten Ägypter bestehen auffallende Parallelen. Wie die Ägypter hatten auch die Maya schon in ihrer Frühzeit eine theokratische Gesellschaftsform entwickelt, in der erstaunlich differenzierte religiöse Vorstellungen und Traditionen herrschten. Wie die alten Ägypter legten sie ihre Glaubensauffassungen in einer komplizierten Hieroglyphenschrift nieder, und wie diese verwandten sie einen enormen Teil ihres Reichtums auf die Errichtung und Ausgestaltung kolossaler Tempelbauten, die wie im Nilland Pyramidenform hatten, die Sonne symbolisierten und durchweg auf der Basis einer symbolischen Mathematik angelegt wurden. Wie die Ägypter waren auch die Maya von Zahl und Zahlensymbolik fasziniert, die stets zu besonderen Daten und astronomischen Ereignissen in Bezug gesetzt wurden[18]; und wie die Ägypter bauten die Indianer Mittelamerikas Boote aus Schilf,

[18] Sie kannten ein mit außerordentlicher Genauigkeit berechnetes tropisches Jahr, dazu *noch ein Venusjahr* (vgl. Fn. 12, Seite 31). Ihr Kalendersystem basierte auf einer dreizehntägigen „Woche", von denen eine jede ihre eigene symbolische Bedeutung hatte (vgl. den arithmetischen Code der Großen Pyramide und siehe Seite 350).

stellten Kleider aus Baumwolle her, balsamierten ihre Toten ein, kannten Schöpfungsmythen, legendäre Fluten und göttliche Gründer ihrer Kulturen, lehrten, daß die Geschichte vom Kreislauf der Gestirne gelenkt werde und stellten Betrachtungen über Ziel und Zukunft der menschlichen Seele an. In der Tat ist die Verwandtschaft in vieler Hinsicht so groß, daß manche Autoren den Ursprung der mesoamerikanischen Kulturen auf ägyptische Kolonisten zurückführen wollten – eine faszinierende, jedoch simplifizierende Idee, die zu beweisen Heyerdahl seine berühmten Expeditionen auf dem zu diesem Zweck eigens konstruierten Floß „Ra“ unternahm.

Die religiösen Überlieferungen der mesoamerikanischen Überlieferungen muten wie die ägyptischen, babylonischen, griechischen, syrischen, persischen und indischen Traditionen fast wie „Kopien“ des Christentums an (wie auch J. G. Frazer schon früh erkannte, siehe sein berühmtes Buch *Der Goldene Zweig).*

Zu diesen seltsamen Ähnlichkeiten gehören unter anderen:

(1) Das Kreuz oder die Quincunx, ein uraltes Symbol für die menschliche Existenz auf der Kreuzung von (horizontaler) irdischer Ebene und (vertikaler) Ebene der Ewigkeit.

(2) Die Vorstellung von der Wiedergeburt, die wie in Ägypten der Himmelsrichtung Osten zugeordnet ist.

(3) Die Kosmologie der Nahua-Völker, die drei Himmel oder Paradiese kannte. Das unterste (Tlalocan) war das Land des Wassers und des Nebels, aus der die Seele wiederkehrte und sich nach vier weiteren Jahren reinkarnierte. Das nächste (Tlillan-Tlapallan) war ein *Nirvana*-ähnlicher Himmel des Nicht-dem-Körper-Verhaftet-seins, den nur die Eingeweihten erreichten. Der oberste Himmel (Tonatiuhican) war die Heimat der Sonne, die Wohnstatt ewigen Glücks, der Himmel, in den nur die Volleingeweihten gelangten. Am unteren Ende der Skala gab es eine Art Unterwelt mit dem Namen Mictlan, „Ort der Toten“, wo die Seelen der Verdammten ein eintöniges, wenn auch schmerzfreies Dasein in Ewigkeit führten.

(4) Die Schöpfungsgeschichte der Maya, die große Ähnlichkeit mit der biblischen Version aufweist: „Wo weder Himmel noch Erde war, ertönte das erste Wort Gottes. Und er löste sich aus Seinem

Stein und verkündete Seine Göttlichkeit. Und die ganze Weite der Ewigkeit erschauerte. Und Sein Wort war ein Akt der Gnade, und Er zerbrach das Rückgrat der Berge. Wer wurde dort geboren? Wer? Vater, Du weißt es: Er, der dem Himmel lieb war, trat ins Sein" (aus dem Buch *Chilam Balam de Chumayel*, zit. in Burland, Nicholson und Osborne, *Mythology of the Americas*, o.O.o.J., deutsch nach d. engl. Fassung, ff.).

(5) Die Vorstellung vom Kreislauf der Zeit: Für die Maya nahm die Zeit, wie für die Buddhisten, einen zyklischen Verlauf, bis sie eines Tages ihre Bestimmung erfüllt haben würde: „Alle Monde, alle Jahre, alle Tage, alle Winde vollenden sich und gehen dahin. So gelangt alles lebendige Blut zu seinem Ort der Ruhe, wie es seine Macht erreicht und seinen Thron besteigt. Bemessen ist die Zeit, da sie den Glanz der Dreifaltigkeit preisen, bemessen die Zeit, da sie das Wohlwollen der Sonne erkennen dürfen. Bemes-

Abbildung 54
Yacatecuhtli, präkolumbischer Aztekengott, der „Herr der Vorhut". Sein Name bedeutet etwa „Der auf dem Weg voranschreitet". Er war Gott der Kaufleute, der fliegenden Händler und Wassermissionare (der sogenannten pochtecas).

sen ist die Zeit, die das Sternennetz auf sie herniederblickt; und durch es hindurch sehend, über sie wachend, in ihm verstrickt, sinnen die Götter über sie nach“ (op. cit.).

(6) Taufe wie auch Altarsakrament beziehungsweise Abendmahl, der symbolische Verzehr von Leib und Blut Gottes, waren schon lange vor Ankunft der Spanier in Mittel- und Südamerika üblich.

(7) Die geistige Pilgerfahrt des Menschen wird in den *zwanzig* Tagen des Mayakalenders dargestellt, den „Fußspuren Gottes“, die an die „sieben Schöpfungstage“ der Genesis erinnern:

„Die Leiter hat zwanzig Stufen aufwärts und abwärts, beginnend bei Imix, von Im, dem Schoß. Am ersten Tag tritt das Kind seine Reise durchs Leben an. Am zweiten Tag, Ik, wird ihm noch im Mutterschoß Geist/Odem eingehaucht. Am dritten Tag, Akbal, wird der Mensch aus dem Wasser geboren. Am vierten Tag, Kan, beginnt er das Böse zu erkennen. Am fünften sammelt er alle Erfahrungen seines Lebens ein. Am sechsten, Chimi, stirbt er. Am siebenten, Man-Ik (von Manzal-Ik, Gehe hin durch den Geist) besiegt er den Tod.

Nun muß er in tiefere Regionen hinab; er muß ringen, um seinen materiellen Zustand zu überwinden. Dies ist der achte Tag, Lamat, das Zeichen der Venus. Am neunten Tag, Muluc, erntet er den Lohn seiner Mühe; und am zehnten, Oc, tritt er in die tiefsten Tiefen der Materie ein, um am elften Tag, Chuen, ohne Flamme zu brennen, und erleidet die größtmögliche Pein und Not. Am zwölften Tag, Eb, beginnt er die Leiter hinaufzusteigen, ein langer Prozeß, der noch am dreizehnten Tag, Ben (der den wachsenden Mais versinnbildlicht), andauert, bis er am vierzehnten Tag, Ix (der den Jaguar-Gott bedeutet), reingewaschen wird. Dies erlaubt ihm, am fünfzehnten Tag, Men, vollkommen zu werden. Doch noch besitzt er nicht das Licht vollen Bewußtseins; er erhält es am sechzehnten Tag, Cib. Am siebzehnten Tag, C'haban, schüttelt er die letzten Spuren von Asche ab, die ihm aus der Welt der Materie noch anhaften. Hier wird ausdrücklich das Wort „Asche“ benutzt, was darauf schließen läßt, daß er im Feuer geläutert wurde. Am achtzehnten Tag, Edznab, wird er vollkommen. Am neunzehnten Tag, Cauac, wird seine göttliche Natur offenbar. Am zwanzigsten und letzten Tag, Ahau (Gott), wird er eins mit der Göttlichkeit" (op. cit.).

Nur die ersten sieben Tage beziehen sich also auf den Kreislauf des irdischen Menschenlebens. Die übrigen dreizehn Tage scheinen eine Art „Leiter für die Seele" darzustellen, eine Symbolik, die der des *Zahlencodes der Großen Pyramide, der Zahlen 1 bis 13* sehr nahekommt. Denn die Reihe 1 bis 13 kann als eine Art „Seelen-Leiter" gedeutet werden, die den Prozeß der Wiedergeburt bis zur endlichen Vereinigung mit dem Göttlichen versinnbildlicht.

(8) Eine Mythe der Maya, die von einem Gott namens Votan berichtet, der sich „als Schlange offenbarte" (vermutlich als Besitzer von Erkenntnis). Er war von unbekannter Herkunft, und es wurde ihm von den Göttern befohlen, sich nach Amerika zu begeben und dort eine Kultur zu begründen. So verließ er seine Heimat, Walum Chivim genannt, und gelangte über die „Wohnstätte der dreizehn Schlangen" schließlich nach Walum Votan. Von dort wanderte er den Usumacinta hinauf und gründete die Tempelstadt Palenque. Später kehrte er mehrmals in seine Heimat zurück; bei einem dieser Besuche kam er an einen Turm, der ursprünglich bis in den Himmel reichen sollte, der aber aufgrund einer „Verwirrung der Zungen" seiner Baumeister einstürzte. Votan durfte jedoch einen unterirdischen Gang benutzen, um zum „Fels des Himmels" zu gelangen (op. cit.).[19]

[19] Die biblische Geschichte vom Turmbau zu Babel, die hier eine Parallele findet, mag selbst aus einer auf den babylonischen Schauplatz übertragenen Erinnerung an die Große Pyramide hervorgegangen sein. Die große babylonische Zikkurat (Stufenturm) bot sich den Israeliten in der Gefangenschaft vielleicht als Ersatzsymbol an. Der unvollendete Zustand der Pyramide wie die daraus resultierende „Unverbundenheit" ihrer vier Fassaden könnte also die „Teilung" der Menschheit darstellen (siehe Seite 237), während ihre schließliche Vollendung das Eingehen in den „Himmel" symbolisiert. Wenn der Maya-Gott Votan einen unterirdischen Gang benutzt, um zum Himmel zu gelangen, wäre das passend zum ursprünglichen Entwurf der Pyramide, denn der Zugang zum granitenen Königskammer-Komplex war ursprünglich nur über die unterirdische Mündung des Brunnenschachts möglich.

Zahl des Tages	Name des Tages	Symbolische Bedeutung	Zahl des „Seelen-zyklus“	mögliche Pyramiden-deutung
8	Lamt	Morgenstern ...	1	Das Göttliche
9	Muluc	.. erntet Belohnung	2	... bewirkt ...
10	Oc	... und betritt die Tiefen	3	... äußerste
11	Chuen	der Materie um zu leiden[20]	4	... Stofflichkeit
12	Eb	Die Seele ...	5	Der Eingeweihte
13	Ben	... beginnt die Leiter hinanzusteigen	6	... ist vorbereitet
14	Ix	... und wird geläutert	7	... auf seine spirituelle Vollendung
15	Men	Vollendet geworden	8	Wiedergeburt/Auferstehung
16	Cib	... erlangt sie das Licht der vollen Erleuchtung	9	... führen zur höchsten Vollkommenheit
17	C'haban	Sie überlebt die Prüfungen und kann sich von der materiellen Welt lösen	10	... des Millenniums
18	Edznab	... Nun endlich vollkommen	11	Mit dem Erreichen
19	Cauac	... wird sie Gott gleich	12	... des (echten) Menschentums
20	Ahau	... und vereint sich aufs neue mit dem Göttlichen	13	... wird der Mensch noch einmal zur Reinen Seele

All dies wirkt wie ein seltsames Gemisch aus nordischer Sagenwelt, jüdischer Mythologie und der Symbolik der Pyramide. Hier sollte noch erwähnt werden, daß der nordische Wotan oder Odin (an den der Votan der Maya erinnert) vor allem von den *Familien der Edlen* verehrt wurde, die für sich in Anspruch nahmen, direkt von ihm abzustammen, und daß er als Schirmherr der Kultur, Erfinder

[20] Vgl. die Legende von Luzifer, der, wie die Seele des Menschen, „vom Himmel gestürzt“ und mit dem „Glanzgestirn“ (Morgenstern) verglichen wird (Jessaja 14, 12).

der Runen, Gott der Weisheit, der Dichtkunst, der Magie und Weissagung galt. Er durchschweifte unkenntlich und einäugig die Welt, mit dem Stab in der Hand, seine ewige Heimstatt hieß Walhall (vgl. mit Walum Chiwim). Wotan/Odin – der mit dem „Flügelhut" – wurde von den Römern dem geflügelten Götterboten Merkur gleichgestellt, der wiederum dem griechischen Hermes entsprach. Im englischen Wort für Mittwoch, *Wednesday*, dem vierten Tag der Woche, und in der französischen Bezeichnung *mercredi* lebt diese alte Symbolik noch heute fort. Hermes wurde ferner mit dem ägyptischen Thot oder Tehuti gleichgesetzt, der wie Odin und wie der Votan der Maya bei den Anhängern seines Kults als Gründer der Zivilisation galt. Vielleicht klingt auch der Name des ägyptischen Gottes *Tehuti* in dem aztekischen Wort *tecuhtli* (soviel wie Großvater oder Herr) sowie im aztekischen Götternamen Yacatecuhtli an (siehe S. 349). Anscheinend entstammen all diese verschiedenen Mythen von den Gründervätern der verschiedenen Kulturen einer gemeinsamen Quelle.

(9) Zentralfigur der mesoamerikanischen Mythenwelt war Quetzalcoatl oder Kukulcan, genannt die „Gefiederte Schlange". Er wurde (nach vorheriger himmlischer „Ankündigung") von einer jungfräulichen „Königin des Himmels" geboren, war ein großer Gesetzgeber, Kulturheros, Erfinder des Kalenders, Neuerer in Kunst und Handwerk und predigte Liebe und Barmherzigkeit. Auch den Mais soll er auf dem Speisezettel eingeführt haben.[21]

Wie der Hindu-Gott Krischna ist auch Quetzalcoatl eine paradoxe Gestalt. „So weit er ein Mensch war, gehörte er dem Geschlecht der Helden an, um die sich Mythen bilden. So weit er eine Symbolgestalt war, beherrschte er wie der Wind den gesamten Raum. Er war die Seele, die sich geflügelt zum Himmel aufschwingt, und zugleich Materie, die sich in Gestalt der kriechenden Schlange auf der

[21] Die gleiche Funktion scheint den alten „Göttern" nahezu universell zugeschrieben worden zu sein. So galten die sumerischen Götter als Erfinder der Schrift, der Metallherstellung und des Anbaus der Gerste. Die ägyptischen Götter Osiris und Thot teilten sich in eine ähnliche Funktion, da sie die Herstellung eines *gegorenen Saftes* aus Gerste lehrten und der Menschheit die berühmten Hermetischen Schriften hinterließen. Offenbar steht also das Erscheinen der „Götter" mit der Einführung des Ackerbaus am Ende der „Steinzeitkultur" in Verbindung.

Erde bewegt, erhebende Tugend und blinde Gewalt, die den Menschen herabzieht. Er war wach und dennoch im Traumzustand, war Engel und Dämon zugleich ... Am Tage ist er das Licht, und wenn er in die Unterwelt reist, die Nacht. Er ist die verwandelnde Macht der Liebe und zugleich das Begehren des Fleisches, das in Fesseln geht ... In der Hand trägt er einen Stab, aus dem Leben sprießt, sowie den Speer des Morgensterns" (op. cit.). Der Stab, aus dem das Leben sprießt, erinnert an das ägyptische *Ankh*.

In anderer Hinsicht erinnert er wieder an den ägyptischen Gott Horus, da es zu seinen wichtigsten Aufgaben gehört, den toten Leib seines Vaters (die Sonne) stets wieder dort aus dem Sand hervorzuholen, wo ihn seine Feinde begruben. Sein „Zwilling" ist Xolotl, der Hund, wie der von Horus der Hund Anubis ist.

Wie Adam unterliegt auch Quetzalcoatl der menschlichen Versuchung (so heißt es in der einen Darstellung). Er entläßt sein ganzes Gefolge und befiehlt, „daß man ihm einen steinernen Kasten baue, in dem er vier Tage und Nächte zur Buße liege". Nachdem dies geschehen war, schritten die Pilger zum Ufer des Meeres; dort bekleidete sich Quetzalcoatl mit einem gefiederten Gewand und einer Maske aus Türkis. Nachdem er einen Scheiterhaufen errichtet hatte, warf er sich in die Flammen. Seine Asche stieg in Gestalt einer Vogelschar in den Himmel, die sein Herz mittrug, das sich in den Morgenstern (Venus) verwandelte (op. cit.).

In der gleichen Version wurde Quetzalcoatl auch mit der Sonne in Beziehung gesetzt, die jeden Tag „stirbt" und „wiederaufersteht". Ähnlich reinkarnierte sich der ägyptische Gott Osiris täglich als Re oder Ra (die Sonne), „zur fünften Stunde, wenn die Barke des Gottes über *eine Art Pyramide* glitt, die das göttliche Ei schützte, aus dem die Sonne hervorging" (nach C. Desroches-Noblecourt, *Tutankhamen*).[22] Und mit Hilfe von Osiris hoffte der tote

[22] Die „heilige Gans" im Grab des Tutenchamun läßt an das Motiv der „Gans mit den goldenen Eiern" denken. Das Ei gilt in den Mythen der Welt sehr häufig als Symbol des Ursprungs. (Däniken glaubt sogar, darin eine „Erinnerung" an das „Raumschiff" sehen zu können, dem die „göttlichen" Kulturträger entstiegen.)

Pharao zu neuem Leben zu erwachen, so wie Christen an ihre Auferstehung durch die Auferstehung ihres Heilands glauben.

Quetzalcoatl hat auch Apostel, *pochtecas* genannt, die seine Lehren über ganz Südamerika verbreiten (ihr Auftrag wird in Worten wiedergegeben, die an die Worte Jesu zu seinen Jüngern bei Matthäus 10 erinnern): „Ihr sollt wandern, fremde Dörfer betreten und wieder weiterziehen ... Vielleicht werdet ihr nirgends etwas erreichen. Mag sein, daß eure Ware an keinem Ort Anklang findet ... Wendet euch nicht ab, haltet stand ... Manches werdet ihr erhalten ... manches wird der Herr des Weltalls euch zuteilen ..." (*Chilam Balam*, op. cit.). Die Pochtecas kamen zu Einfluß. Sie waren „wandernde Händler, die, zu einer Brüderschaft zusammengeschlossen, vom Handel lebten, aber ethische Ziele verfolgten, die ihnen wichtiger waren als Geld". „Hatten sie zuviel Geld gesammelt, veranstalteten sie ein religiöses Festmahl und gaben alles wieder aus" (op. cit.).

In einer anderen Version der Lebensgeschichte des Quetzalcoatl widersteht der Gott-Priesterkönig allen Versuchungen der Sinne; von den meisten Jüngern verlassen, macht er mit seinen letzten Gefährten schließlich eine Pilgerfahrt nach Tlapallan, „um zu lernen". Unterwegs bauen sie sich eine Brücke, um einen Fluß zu überqueren, als ihnen Dämonen auflauern; sie lassen den Gott erst passieren, nachdem er ihnen all seine Fähigkeiten und Kenntnisse und alle seine Edelsteine ausgeliefert hat. Die Geschichte, Schilderung seines Abgangs aus der irdischen Welt in die spirituelle Ebene, geht weiter, indem er zwei Vulkane ersteigt (vgl. Moses auf dem Sinai, auch vulkanischen Ursprungs) und sich ein Haus in Mictlan, dem Ort der Toten, baut (er fährt in die Hölle nieder). Schließlich verläßt er sein Haus mit unbekanntem Ziel auf einem „Schlangenfloß" (ein Unterweltsymbol, dem man auch auf ägyptischen Grabmalereien begegnet), wird eines Tages aber zurückerwartet. Berechnungen zufolge sollte seine Rückkehr genau in das Jahr fallen, in dem der bärtige Cortes in Amerika eintraf, den viele Indianer daher für den wiedergekehrten Gott hielten – wir wissen, mit welchen verheerenden Folgen für das Schicksal der Kulturen Mittelamerikas.

(10) Ähnlich wie die biblischen Isrealiten erlebten auch die Azte-

ken in ihrer 1160 n. Chr. beginnenden Geschichte eine Zeit der Wanderung auf der Suche nach dem ihnen verheißenen Land: Anahuac, dem „Ort in der Mitte des Kreises", Quelle und Inspiration ihres Seins. Angeführt wurden sie von zwei Brüdern (Moses und Aaron entsprechend); beide waren Krieger und hießen Gagavitz und Zactecauh.

Einmal wurden sie, am Meeresufer eingeschlafen, von Feinden überwältigt. Doch dann zogen sie einen roten Stab hervor, tauchten ihn ins Meer, worauf sich die Wasser teilten und der Aztekenstamm trockenen Fußes zum anderen Ufer wandern konnte – eine verblüffende Parallele zum Durchzug der Israeliten durch das Rote Meer.

An anderer Stelle wird dem einen der Brüder die Fähigkeit zugesprochen, Vögel im Flug aus großer Entfernung ohne Pfeil nur mit einem Blasrohr herunterzuholen (so würden primitive Völker wohl ein Gewehr beschreiben). Später, nachdem Zactecauh nach einem Unfall verschwunden ist, gelangt der Stamm zum zweiten Mal an einen weißen Vulkan, den Gagavitz dann in Begleitung eines gewissen Zakitzunun besteigt. Gagavitz bleibt lange allein auf dem Berg, zur wachsenden Besorgnis seiner Gefolgschaft, um schließlich aus dem Inneren des Berges hervorzutreten. Die Krieger brechen in verwunderte Rufe aus: „Wahrhaftig, seine Kraft, sein Wissen, sein Glanz, seine Majestät sind furchterregend. Er starb, dennoch ist er wiedergekehrt ... Wenn das Herz des Berges geöffnet wird, trennt sich das Feuer vom Stein ..." Dies wirkt wie ein unmittelbares Echo der sogenannten Tabula Smaragdina des Hermes Trismegistos, wo es heißt: „Wirf es auf Erde, und Erde wird sich von Feuer scheiden. Das Ungreifbare wird sich vom Greifbaren trennen. Durch Weisheit steigt es allmählich aus der Welt in den Himmel hinauf ...".

Zahlreich sind die Analogien zum alttestamentarischen Exodus unter Führung der Brüder Moses und Aaron. Zudem läßt der weiße Berg der Azteken an die Große Pyramide von Gizeh denken. Das Wort Pyramide mag wohl aus dem Griechischen stammen, läßt sich vielleicht von der Wurzel *pyr* ableiten, was Feuer bedeutet. So mag hier ein Zusammenhang bestehen zwischen der Pyramide mit schimmerndem Mantel und funkelndem Schlußstein und dem feuerspeienden Berg der Azteken, aus dem der aztekische Messias eines Tages in Glorie hervorgeht.

(11) In seinem Buch *Die Suche nach dem Weißen Gott* behauptet Pierre Honoré, ähnlich auffallende Parallelen zwischen den mittel- und südamerikanischen Kulturen und denen des Nahen Ostens entdeckt zu haben. Eingehend verfolgt er die Entwicklung der aztekischen Kultur, über Tolteken, Mayas und Olmeken bis in die LaVenta-Kultur, etwa zu Beginn unserer eigenen Epoche, zurück. Auch den Stammbaum der Inka unterzieht er einer genaueren Prüfung, zurückgehend auf Tiahuanaco und die Chimú bis zur Chavín-Kultur, etwa um 700 v. Chr. Durchweg sieht hier Honoré künstlerische und kulturelle Verknüpfungen mit der chinesischen und indonesischen Kultur wie auch mit den alten Kulturen des Mittleren Ostens. Am verblüffendsten jedoch ist seine Entdeckung, daß fünfzehn der alten Maya-Glyphen (wie er durch Abbildungen demonstriert) nahezu identisch sind mit Zeichen der Kretischen (Silben-)Linearschrift A.

Über mögliche Verbindungen der Maya-Sprache zu anderen Sprachen liefert der guatemaltekische Mönch Antonio Batres Jaurequi einen interessanten Beitrag. In seiner Geschichte Mesoamerikas weist er darauf hin, daß die letzten Worte Jesu am Kreuz – auf Hebräisch lauten sie „Eli, Eli, lama sabachthani" – nahezu identisch seien mit einem Satz ähnlichen Inhalts in Maya-Sprache: „Hele, Hele, lamah sabac ta ni", „Mir schwinden die Sinne, mir schwinden die Sinne, mein Antlitz ist in Dunkel gehüllt". Ähnliche Beziehungen stellt Churchward zur „Sprache der Mu" fest, seiner Meinung nach einer Art heiliger *lingua franca* für die Initiierten alter Mysterienkulte.

Die Überlieferung von Atlantis

Spätestens im Blick auf die sprachlichen Aspekte der mesoamerikanischen mythischen Tradition und die Ähnlichkeit ihrer religiösen Vorstellungen mit denen der Ägypter und Hebräer stellt sich die Frage, ob diese Phänomene auf einen gemeinsamen Nenner zurückzuführen seien. Könnte nicht zum Beispiel die Atlantismythe, die Sage von einem untergegangenen Kontinent (mit der sich schon

Plato in *Timaios* und *Kritias* auseinandersetzt) Erklärungen für diese Übereinstimmungen bieten? Plato gibt wieder, was ihm ein alter Priester in Saïs erzählt hat – jener Ort, wo der saïtische Kommentar zum *Ägyptischen Totenbuch* entstand. Auch dieser Priester berichtete vom zyklischen Ablauf des Weltgeschehens mit seinen regelmäßig auftretenden Kataklysmen – eine Weltsicht, die der Planer der Großen Pyramide offensichtlich teilte. Könnte also zwischen den „Söhnen der Götter" und ihrem „geheimen Wissen" und der versunkenen Atlantis ein Zusammenhang bestehen?

Ausgiebig ist das Thema Atlantis von der Wissenschaft und in der Öffentlichkeit diskutiert worden. Was aber weniger berücksichtigt wurde, sind die linguistischen Aspekte des Problems, auf denen ich hier einige Spekulationen aufbauen möchte:

(1) Die letzte Silbe des Namens Quetzalcoatl – *atl* – ist das Nahua-Wort für Wasser. Ein verwandtes Nahua-Wort, *atlatl*, bedeutet Pfeil.

(2) Der Gott Atlaua ist somit der Herr der Gewässer – ein Name, der an die Funktion der ersten Pharaonen als Verteiler der Nilflut erinnert. Atlaua soll folgenden Gesang angestimmt haben: „Ich lasse meine Sandalen hinter mir. Ich lasse Sandalen und Helm zurück. Ich werfe alle Pfeile von mir, sogar meine Roten Pfeile. Ich rühme mich ihrer, daß sie nicht brechen. Im Gewand des Priesters nehme ich den Pfeil in die Hand. Auch jetzt noch werde ich mich erheben und heraustreten wie der Quetzalvogel." (op. cit.).

(3) Hätte Plato den Namen Atlaua im Zusammenhang mit den Atlantisberichten gehört, würde er ihn griechisch wohl mit „Atlas" wiedergegeben haben. (Er weist ausdrücklich darauf hin, daß er in seinem Bericht alle Namen hellenisiert hat). Atlas war Plato zufolge der erste König von Atlantis, wo ein ausgedehntes Bewässerungssystem existiert haben soll.

(4) Die Konsonantenkombination *tl* als kleinstes Sprachelement (zumal in einer betonten Anfangssilbe) kommt in der Mehrzahl der europäischen Sprachen, auch im Griechischen, äußerst selten vor. Eine der wenigen Ausnahmen ist das Wort Atlas, von dem Atlantik und Atlantis Ableitungen sind. In der Sprache der Nahua

und verwandter mesoamerikanischer Sprachen ist die Kombination *tl* hingegen sehr häufig. Dies läßt vermuten, daß der Name Atlantis aus einem Gebiet stammt, das enge Kontakte mit Mittel- und Südamerika hatte.

(5) Der einzige Ort, der Platos Beschreibung von Atlantis restlos entspräche, wäre eine heute überflutete Insel von 450 km Länge und 300 km Breite, die vor allem im Norden von Bergen umsäumt war und in einem geotektonisch unruhigen Gebiet des Nordatlantik lag, das heute durch weite Flächen schlammigen Wassers gekennzeichnet ist. Andere, nahegelegene Inseln mögen damals „Sprungsteine" zu dem weiter westlich gelegenen „festen Kontinent" gewesen sein.

Die westindischen und karibischen Inseln sind vielleicht als diese „Sprungsteine" anzusehen. Bei Forschungen, die man in diesem Gebiet aufgrund der Voraussagen von Edgar Cayce unternahm, stieß man vor der Doppelinsel Bimini an der Küste Floridas auf kolossale, von Wasser überflutete Steinarchitekturen, von denen eine die Form eines gigantischen *Pfeils* hatte (siehe *atlatl*).

(6) Die bereits erwähnte Parallele Votan/Wotan läßt es möglich erscheinen, daß auch die germanische Mythenwelt mit der mesoamerikanischen gleichen Ursprungs ist: Ein göttlicher „Wanderer", der in Person oder als Sagengestalt auf beiden Seiten des Atlantiks heimisch war. Hier stellt sich die Frage nach der Lokalisierung des alten Walhalls beziehungsweise des Walum Chivim.

(7) Platos Schilderung der ausgedehnten Bewässerungsanlagen der Insel Atlantis verweist auf Atlaua, den „Herrn der Gewässer", sowie auf die Tatsache, daß sich sowohl die Kultur Ägyptens als auch die mesoamerikanische in Sumpfregionen entwickelt haben, wo die Anlage von Kanälen von vorrangiger Wichtigkeit war. Hinzu kommt, daß die Azteken ihre Stadt Tenochtitlan (das heutige Mexico-City) bekanntlich auf einer Lagune errichteten, die von konzentrischen Ringkanälen umgeben war, weil diese Eigentümlichkeit sie an die Topographie von Aztlan, ihrer mythischen Urheimat erinnerte. *Ebenfalls an konzentrischen Kanälen angelegt war nach Platos Beschreibung die Hauptstadt der Atlanter.*

Wenn die Azteken das Rad nicht benutzten, obwohl es ihnen bekannt war (bei Ausgrabungen fand sich mit Rädern versehenes

Spielzeug), dann vielleicht deshalb, weil sie sich mit dem Transport auf dem Wasser begnügen konnten. Andererseits könnte die Nicht-Verwendung des Rades dafür sprechen, daß ihre Vorfahren über noch bessere Transportmittel als Kanus und beräderte Bodenfahrzeuge verfügten (irgendetwas muß ja wohl einst auf den prächtigen Straßen gefahren sein, die sie erbauten). Hier wäre noch manches zu klären.

(8) Eine ganze Reihe von mexikanischen Ortsnamen enthalten das Wort *atlán:* zum Beispiel Mazatlán, Miahuatlán usw. Die Azteken selbst haben stets behauptet, sie seien von einer Insel Aztlan gekommen. Beide Wortformen könnten unmittelbar mit dem Namen Atlantis zusammenhängen. Zudem mag auch die Bedeutung des Namens *Maya* darauf hinweisen, daß die Maya die Nachfahren einer kleinen Gruppe von Überlebenden waren, die jener atlantischen Flutkatastrophe entgingen, wie Edgar Cayce (siehe Seite 280) andeutete. Denn das Wort *maya* bedeutet „nicht viele" – anders ausgedrückt „die Wenigen".

(9) Aztlan, das „Land der Sonne", vermutlich die Urheimat der Nahua-Völker wie der Maya, wird oft auch Tollan oder Tonalan, später Tula, genannt. (Eine Reihe von mexikanischen Städten und Dörfern tragen bis heute diese Namen). Dies erinnert wiederum an das nordatlantische Thule, ebenfalls eine im Meer versunkene Insel, die erstmals im 4. Jahrhundert von dem Griechen Pytheas erwähnt wird.

Angesichts des häufigen Vorkommens von *atl* (Wasser) in Zusammenhang mit *atlatl* (Pfeil) darf auf das Althochdeutsche verwiesen werden, wo es nur *ein* klangähnliches Wort, nämlich *tulli,* gibt, das „Pfeilspitze" bedeutet.

(10) Bleiben wir einen Augenblick aus reiner Neugier bei den Bezügen zum Deutschen. Das deutsche Wort *Adel,* althochdeutsch adal, bedeutet „edel" und kommt dem aztekischen Wort *atl* sehr nahe, während das deutsche Wort *Adler* (für „edler Raubvogel") den nach dem Quetzal heiligsten und edelsten Vogel im Pantheon der Nahua/Maya bezeichnet. Ferner hieß die Elster auf althochdeutsch *Atzel,* ein Wort, dessen Klangverwandtschaft mit *quetzal* evident ist.

(11) Fassen wir zusammen: Sollte es tatsächlich eine versunkene

Insel mit Namen Atalan oder Aztlan oder Atalanti gegeben haben, auf der sich eine Hochkultur entwickelte, deren Ideen später von Missionaren und Flüchtlingen nach Europa und nach Mesoamerika getragen wurden, dann könnten die Worte Atlantis, Tollan (wenn man eine Kurzform Talan voraussetzt), Tula und Thule alle gemeinsamen Ursprungs sein und von der Existenz dieses Inselreichs zeugen.

Denkbar wäre dann, daß verwandte Formen wie *atl, atlatl* und *Atlaua,* die „Wasser", „Pfeil" und ein Volk von göttlichen Einwanderern benennen, unmittelbar zu den europäischen Worten *tulli, Atlas, Adel* (edel) und dem davon hergeleiteten *Adler* in etymologischer Beziehung stehen.

Wollte man diese Spekulationen auf die Spitze treiben, ließe sich ferner denken, daß die Germanen einmal mit Angehörigen einer Kultur in Berührung kamen, die über eine entwickeltere Technik verfügten und von ihrem westlichen Herkunftsland Atlánti erzählten. Dieses Wort wäre dann zur Bezeichnung der Fremden allgemein wie auch des für die damals noch nomadisierenden Germanen neuen Begriffes eines „festen Wohnsitzes" oder für ein „Land im Westen" übernommen worden. Da im Germanischen die Tendenz bestand, die betonte Silbe eines Wortes mit der Erstsilbe zu verschmelzen (zum Beispiel wie bei dem griechischen *episkopus,* aus dem das Wort „Bischof" wurde), wäre aus Atlánti mit Verkürzung nach dem Falbsatzenschen Gesetz „lant" geworden. Und dies war in der Tat denn auch die althochdeutsche Form für „Land", das in der französischen Bezeichnung *Landes* seinen „westlichen" Charakter bewahrt hätte. Die Landes sind eine Region im Westen Frankreichs, die, an den Atlantik grenzend, sich bis an den Fuß der Pyrenäen erstreckt. Es ist jenes Gebiet, von dem Cayce sagte, daß es einst von atlantischen Überlebenden besiedelt worden sei. Die keltische Abwandlung des Wortes wäre möglicherweise im wallisischen *llan* wiederzufinden, das heute „Kirche", ursprünglich jedoch „Abgrenzung" oder „Einfriedung" bedeutete.

(12) Manche dieser Anklänge, denen man noch Noah und Nahua, Sidon (der Bibel zufolge Noahs Enkel) und Poseidon (nach Plato der Begründer des Reiches Atlantis) oder Ashanti (ein west-

afrikanisches Negerreich) und Atlantis anfügen könnte, sind vielleicht wirklich rein zufälliger Natur – wenn auch wohl nicht alle. Angesichts der unbestreitbaren Ähnlichkeit der mesoamerikanischen Indianerkulturen mit der altägyptischen Kultur wird man zu der Annahme neigen, daß beide gemeinsamen Ursprungs sind, während gegenseitige Beeinflussung weniger wahrscheinlich ist. Die altägyptischen Gründerväter und ihre Traditionen kamen von Westen, und die okkulte Überlieferung, wonach Osiris wie Thot historische Gestalten waren – frühe atlantische Priester, Reformatoren, die später König und durch Überlieferung Gott wurden –, darf hier wohl mit einiger Vorsicht gelten. Die Hypothese eines gemeinsamen Ursprungs aus einer „versunkenen" atlantischen Hochkultur mit entwickelter Technologie ist nicht ganz von der Hand zu weisen – selbst wenn man den Behauptungen von Cayce gar keinen Glauben schenken wollte.

Die hier aufgrund von Sprachähnlichkeiten gezogenen Folgerungen stimmen keineswegs mit der populären Atlantis-Theorie überein, die allzu oft für erwiesen gehalten wird, und die in Platos Atlantis die Insel Kreta oder die minoische Insel Thera (Santorin) im östlichen Mittelmeer sehen will, die ja beide um 1600 v. Chr. eine gewaltige Flutkatastrophe vulkanischen Ursprungs erlebten. Zugegeben, die Idee ist anziehend; sie stammt von einem Wissenschaftler am Athener Institut für Seismologie, der ein hervorragend illustriertes Werk zu diesem Thema veröffentlichte: A. G. Galanopoulos, Edward Bacon, *Die Wahrheit über Atlantis*, München 1977. Sollte die dort vertretene Theorie stimmen, hätte sich Plato in bezug auf Lage, Größe und sonstige Daten von Atlantis gründlich geirrt. Aber offensichtlich hat der Philosoph ein ganz anderes Land gemeint.

Bei genauer Untersuchung von Galanopulos' Werk zeigt sich sehr bald, daß er sich mit seinen Thesen selbst widerspricht. Wenn er etwa behauptet, daß die Größe des von Plato geschilderten Atlantis mit zehn multipliziert werden muß und deshalb zu groß gewesen sei, um mit irgendeiner im Atlantik versunkenen Landmasse identifiziert werden zu können, so überzeugt seine Lokalisierung im östlichen Mittelmeer noch weniger (Seite 55 ff). Wären Platos

Maße dagegen um ein Zehnfaches *zu hoch*, wie Galanopoulos im Weiteren meint, so ist sein erstes Argument damit bereits entkräftet. Galanopoulos geht davon aus, unter „Bronzezeit" sei ein fixierter historischer Zeitraum zu verstehen, nicht aber ein technischer Entwicklungsstand (heute noch existieren „Steinzeit"-Kulturen auf unserem Planeten). Er will damit Platos Datierungen in Frage stellen. Solche von Galanopoulos geäußerten Bedenken können aber am Realitätsgehalt der Mitteilungen Platos nichts ändern.

Inzwischen haben die Ergebnisse von Feldforschungen bei den Bimini-Inseln in den Bahamas Platos Berichte bestätigt. Wie die Zeitung „The Observer" vom 17. Dezember 1971 meldete und wie Charles Berlitz in *Mysteries from Forgotten Worlds* beschreibt, ist ein Forschungsunternehmen im Gang, das Dr. J. Manson Valentine vom Miami Museum of Science in Zusammenarbeit mit der Marine Archeology Research Society betreibt. Valentines Arbeit stammt aus dem Jahr 1966. Er hat zwei Jahre darauf unmittelbar nordwestlich der beiden Bimini einen aus gewaltigen und bis zu 40 Tonnen schweren Blöcken eines am Ort nicht vorkommenden Kalksteins bestehenden Doppeldamm in mehr als 5 m Tiefe unter dem Wasserspiegel entdeckt. Diese Überreste könnten Teil einer riesigen Hafenanlage phönizischen Typs gewesen sein.

Nun hat Edgar Cayce in einer Séance im Jahr 1933 eine teilweise Wiederentdeckung von Atlantis für das Jahr 1968 und für diese Gegend vorausgesagt. Die Funde werden gegenwärtig von der School of Marine and Atmospheric Sciences der Universität von Miami unter Mitwirkung der National Geographic Society untersucht.

Auch der berühmte Unterwasserforscher Jacques Cousteau hat in den Bahamariffen eine Reihe von seltsamen unterseeischen Höhlen mit riesigen Stalaktiten und Stalagmiten entdeckt. Diese Tropfsteinbildungen beweisen, daß die Höhlen einst über Wasser lagen und einige hundert Fuß unter die Meeresoberfläche absanken. Aus der ungewöhnlichen Struktur der älteren Stalaktiten ist festzustellen, daß das ganze Gebiet etwa um 10 000 v. Chr. gigantischen geotektonischen Erschütterungen ausgesetzt war. Dies ist etwa der Zeitpunkt, den Plato für den endgültigen Untergang von Atlantis nennt.

Einer der überraschendsten Beiträge zur Atlantisfrage kam von unerwarteter Seite: es sind Forschungsergebnisse über die Ursprünge des Baskenvolkes, die Louis Charpentier in seinem Werk *Le Mystere Basque* vorgelegt hat. Charpentiers These zufolge sind die Basken Nachkommen des Cro-Magnon-Menschen. Die frühere Verbreitung des Cro-Magnon-Menschen entspricht weitgehend dem Vorkommen noch erhaltener Dolmen. Darüber hinaus deckt sie sich mit dem häufigen Auftreten der Blutgruppe o in heutigen Bevölkerungsgruppen. Von Island, den nordwestlichen Britischen Inseln und der Cotentin-Halbinsel abgesehen, weisen nur Kreta, Sardinien und ein kleiner Teil Tunesiens, das ehemalige Karthago, einen vergleichbar hohen Prozentsatz an Trägern der Blutgruppe o auf. Jene Gebiete, in denen die Blutgruppe o vorherrscht, entsprechen den gebirgigeren Atlantikküsten Europas wie Afrikas sowie den Küsten und Inseln des Mittelmeeres, wo ihre Verteilung mit den nach Plato *von Atlantern kolonisierten Gebieten* übereinstimmt.

Nun wissen wir, daß unter den auf den Kanarischen Inseln ausgegrabenen Mumien der Guanchen die Blutgruppe o zu dem sehr hohen Prozentsatz von 94 % vertreten ist, unter verschiedenen isolierten Eingeborenenpopulationen Südamerikas sogar bis zu 100 %. Dies läßt vermuten, daß die Cro-Magnons-Atlanter westatlantischen Ursprungs waren, würde aber der traditionellen (wahrscheinlich biblisch beeinflußten) Theorie widersprechen, derzufolge sich die Kultur vom Mittleren Osten her über Europa ausbreitete. Ohnehin aber hat sich inzwischen herausgestellt, daß die Megalithkultur an der westlichen Meeresküste Europas älter ist als ihre mittelöstlichen Ableger (wie die Untersuchungen von Dr. Colin Renfrew an der Southampton University ergaben).

Die Hauptwanderbewegungen der Cro-Magnon-Bevölkerung mit ihrer überlegenen Technologie nach Europa lassen sich archäologisch auf etwa 13 000 bis 8000 v. Chr. ansetzen – ein Zeitraum, in den Platos umstrittene Datierung (auf etwa 10 000 v. Chr.) hineinpaßt. Sie mögen wohl die Überlebenden der atlantischen Flutkatastrophe gewesen sein. Ihnen zuzuschreiben sind die Höhlenkunst von Lascaux und Altamira, die Dolmenkultur sowie die späteren Megalithen.

Maya wie Azteken kennen die Überlieferung, daß der Mais von bärtigen „Göttern“ mit heller oder roter Haut stammte, von den Gründern der mesoamerikanischen Kulturen, die in grauer Vorzeit *von Osten* kamen. Interessant ist in diesem Zusammenhang, daß das Wort Phönizier mit dem griechischen Wort für „rot“ zusammenhängt und daß auch die Minoer von den Ägyptern stets als „die Roten“ bezeichnet worden sind. Wenn die alten Pharaonen selbst mit roter Haut dargestellt wurden, ihre Gemahlinnen jedoch nie, so könnte dies im Licht des biblischen Flut-Berichtes zu sehen sein, wonach die „Gottessöhne“ die Töchter der Menschen zu Frauen nahmen. Vielleicht also waren die Phönizier (die o-Gruppen-Karthager), die Minoer und die Ureinwohner Ägyptens gleichen atlantischen Ursprungs[23]. Dies könnte erklären, warum die Ägypter stets darauf beharrten, das Reich ihrer Vorväter (das Totenreich) läge irgendwo fern im Westen.

Freilich würde eine westliche atlantische Herkunft der Cro-Magnon-Atlanter den Besitz einer relativ hoch entwickelten Schiffahrtstechnik voraussetzen, wie sie sich in den Flutsagen der Bibel und des Gilgamesch-Epos widerspiegelt. Auf dieser hoch entwikkelten Schiffahrtstechnik beruhen dann auch die späteren seemännischen Leistungen der Phönizier, Minoer, Ägypter und Karthager – von denen des alten Tartessos (des biblischen Tarschich oder Tarsis) und der Basken zu schweigen. Kann es da noch überraschen, bei den Maya „kretischen“ und „ägyptischen“ Kulturelementen oder vor der Küste der beiden Bimini einer „phönizischen“ Hafenanlage zu begegnen?[24]

[23] Die Hafenstadt Sidon war das wichtigste religiöse Zentrum der Phönizier. Der Name „Sidon“ wird in der Bibel auch einem Urenkel des Noah zugeschrieben. Andererseits zeigen Sintflutgeschichte und Atlantissage enge Entsprechungen. Bei Plato wird ferner Poseidon als der Gründer von Atlantis genannt, der bei den Griechen der Gott des Meeres und der Erdbeben war.

[24] Der bekannten ägyptischen Mythe zufolge wurde Osiris von seinem verräterischen Bruder Seth in einen Kasten eingeschlossen und in den Nil geworfen. Bei *Byblos an Land gespült*, zerhackte Seth ihn in kleine Stücke, die er über ganz Ägypten verstreute. Die Göttin Isis sammelte die Stücke wieder ein und erfüllte sie mit Leben.

Vielleicht ist diese Geschichte eine Allegorie auf die Flucht der atlantischen Gründerväter, welche den Wissensschatz ihrer Kultur in einer Art „Arche“ (vgl. Seite 318) mitbrachten, als sie in Phönizien an Land gingen. Mittels der Bücher

Selbst wenn man die Aussagen von Edgar Cayce ignorieren wollte, daß sich große Gruppen rothäutiger Atlantis-Flüchtlinge um 10 000 v. Chr. in Ägypten, Mittelamerika und in den Pyrenäen niederließen, so spräche immer noch viel für eine ethnische und sprachliche Verbindung zwischen den Basken einerseits und den vorgeschichtlichen Vorfahren der Azteken und Maya andererseits.

Auf solche Verbindungen weisen möglicherweise die folgenden angeblich unabhängigen Umstände hin:

(I) Um 10 000 v. Chr. stiegen infolge des Abschmelzens der eiszeitlichen Gletscher die Meeresspiegel überall auf der Erde stark an (Fairbridge, S. 23 und 314).

(II) Der zeitliche Ansatz um 10 000 v. Chr. liegt kurz nach der letzten, uns bekannten magnetischen Umkehrung der Erdpole, die möglicherweise durch einen plötzlichen stärkeren Ausschlag der Erdachse ausgelöst wurde (Mörner/Lanser/Hospers, S. 281).

(III) Etwa 10 000 v. Chr. kam es in dem Gebiet um die Bahama-Inseln zu gewaltigen geotektonischen Veränderungen der Erdkruste (Cousteau, S. 363).

(IV) Plato datiert den Untergang von Atlantis auf etwa 10 000 v. Chr., desgleichen Edgar Cayce im Trancezustand (siehe Seiten 314 und 357).

(V) Zwischen 13 000 und 8000 v. Chr. verbreitet sich der Cro-Magnon-Mensch an den Küsten Westeuropas und des Mittelmeers (siehe oben)[25].

(VI) Etwa um 10 000 v. Chr. werden vermutlich zum ersten Mal Weizen und Mais in Europa beziehungsweise Amerika gezüchtet und angebaut (Charpentier et. al.).

(griechisch *biblos*, Papyrus oder Buch, nach der Stadt Byblos, die aus Ägypten das Papyrusmaterial nach Griechenland weiterexportierte), wurde die Weisheit in der gesamten damals bekannten Welt verbreitet, um schließlich vom „Licht Ägyptens" gesammelt und zum auferstandenen „Leib der Erkenntnis", der einst Atlantis gehört hatte, „zusammengefügt".

[25] Cayce hat stets betont, daß Atlantis in zwei Phasen zerstört wurde, ehe es endgültig um 10 000 v. Chr. im Meer versank. Die erste Phase des Untergangs habe sich um 50 000 v. Chr. ereignet, die zweite um 28 000 v. Chr. Sie habe die Wanderungsbewegung schließlich ausgelöst. Vereinzelte Cro-Magnon-Funde in Europa werden etliche Jahrtausende früher datiert als die größeren Vorkommen der sogenannten Magdalénien-Periode, *deren frühestes Datum um 28 000 v. Chr.* zu liegen scheint.

(VII) Im Jahr 10 000 v. Chr. erstreckte sich das Mittelmeer bis zum heutigen Kairo und zum Rand des Gizeh-Plateaus. Wenn die Große Pyramide zu dieser Zeit errichtet wurde, wäre der Transport von Baumaterial von den Steinbrüchen des Mokattam-Gebirges bis zur Rampe der Pyramide das ganze Jahr über möglich gewesen.

(VIII) Nach Edgar Cayce wurde im Jahr 10 490 v. Chr. mit dem Bau der ursprünglichen Pyramide begonnen (siehe Seite 280 ff.).

(IX) Für die alten Ägypter lag es wohl nahe, der großen steinernen Symbolfigur, die als „Hüter der heiligen Stätten" fungieren sollte, eine Form zu geben, die dem damals herrschenden Tierkreiszeichen entsprach. Zwischen 4000 und 2000 v. Chr. hätten sie sich also vermutlich für einen kolossalen Stier entschieden, während ihnen späterhin eine Art Widder-Gott angemessener erschienen wäre (siehe den nächsten Abschnitt über Astrologische Parallelen). Tatsächlich aber entschieden sie sich für ihren berühmten (rot angestrichenen) Sphinx in Löwengestalt: *Das Jahr 10 000 v. Chr. stand unter dem Tierkreiszeichen des Löwen*[26].

Astrologische Parallelen

Mit dem Begriff der „Präzession der Äquinoktien" ist die langsame rückläufige Bewegung der scheinbaren Sonnenposition (des Frühlingspunktes) durch die zwölf Tierkreiszeichen gemeint, ein Kreislauf, der nahezu 26 000 Jahre in Anspruch nimmt. Infolgedessen dauert das Durchlaufen eines jeden Tierkreiszeichens, nach dem der Frühlingspunkt wieder in ein neues Tierkreiszeichen fällt, bei der gegenwärtigen Präzessionsrate durchschnittlich etwa 2160 Jahre. Die Pyramide selbst gibt etwa 25 826,4 Jahre für einen Umlauf durch den gesamten Tierkreis zur Zeit ihrer Erbauung an, ausgedrückt in der Summe der Diagonalen ihrer Grundfläche.

Da auf das Zeitalter der Zwillinge (Gemini, die „himmlischen

[26] Unter dem Zeichen des Löwen stehendes Zeitalter, etwa 10 970 bis 8 810 v. Chr. Auch anderen Quellen ist zu entnehmen, daß der ägyptische Tierkreis, unter anderem die Darstellung auf dem Rundstein des Heiligtums von Dendera, mit dem Zeichen des Löwen begann.

Zwillinge") etwa um 4500 v. Chr. das Zeitalter des Stiers (Taurus) folgte, begann 2300 v. Chr. das Zeitalter des Widders (Aries) und kurz vor der Geburt des Jesus von Nazareth das (heute auslaufende) Zeitalter der Fische (Pisces). Das nächste, um 2010 beginnende Zeitalter, wird das des Wassermanns (Aquarius), das übernächste, kurz nach dem Jahr 4000 beginnende Zeitalter das des Steinbocks (Capricorn) sein. Ihnen werden die Zeitalter des Schützen (Saggitarius), des Skorpions (Scorpio), der Waage (Libra), der Jungfrau (Virgo) und dann wieder ein Zeitalter des Löwen (Leo) folgen. An dieses schließt ein Zeitalter des Krebses (Cancer), dann wieder eines der Zwillinge an, und um das Jahr 21 000 wird ein neues Zeitalter des Stieres anbrechen.

Ursprünglich waren Fische und Wassermann miteinander verbunden; sie erschienen als Zwiegestalt, so bei den Babyloniern als das Doppelzeichen des Fischmenschen. Auch galt der Steinbock bald als Bock-Mensch, bald als Fisch-Bock. Die Waage ihrerseits wurde von den Alten oft „Scheren des Skorpion" genannt, während die Jungfrau den Babyloniern als „Kornähre" galt.

Es ist eine historische Tatsache, daß sich das astrologische Zeitalter des Stiers chronologisch mit der Ära des Stierkults deckte, der uns freilich fast nur über die späteren Stierkulte des antiken Kreta sowie Assyriens und Ägyptens bekannt wurde. Das Widder-Zeitalter wiederum korrespondiert eng mit der Zeit des Alten Testaments, die durch den Kult des *Lamm*-Opfers gekennzeichnet ist. Auch die Priesterkönige des Mittleren Reiches Ägyptens waren Anhänger des Amun, des widderköpfigen Gottes. Stier wie Widder stimmten als Heilssymbole damals noch mit dem Umlauf des Frühlingspunktes durch die Tierkreishäuser der Ekliptik überein. Die Auseinandersetzungen um das biblische „goldene Kalb" lassen vermuten, daß die Eingeweihten schwere Strafen über diejenigen verhängten, die solchen Gottessymbolen außerhalb der dafür bestimmten kosmischen Zeit huldigten.

Den mittelamerikanischen Mythen zufolge muß es schon zu sehr früher Zeit einen Kult der himmlischen Zwillinge gegeben haben (siehe Seite 356), der zeitlich offenbar mit dem Zwillingszeitalter korrespondiert hat. Zwillinge oder Brüder sind hier Heilssymbol oder Heilskünder wie bei den Israeliten die Brüder Moses und

Aaron. Die Zwillingsidee klingt auch in Platos Atlantisbericht an, der Poseidon fünf Zwillingssohnpaare zuschreibt, die dann die ersten zehn Könige von Atlantis wurden. Auch in der griechischen Sage von Castor und Pollux spiegelt sich der Erlöseraspekt des Zwillingsbegriffes wider: Pollux verzichtet so lange auf die ihm zustehende Unsterblichkeit, bis sein Bruder von der Sterblichkeit befreit werde – eine Parallele zum freiwilligen Abstieg des Messias „in die Hölle", der die Erlösung des Menschen zum Ziel hat (siehe „Die Vorkammer", Seite 138 bis 147).

Der Advent des Jesus von Nazareth bezeichnet, auf den Tierkreis der Ekliptik übertragen, das Ende des Widderzeitalters und den Eintritt in das Zeitalter der Fische. Daher paßt es durchaus ins Bild, wenn die Hirten nach Lukas ihre Herde im Stich lassen, um den neuen Heilsbringer zu begrüßen. Sowohl Stier als auch Widder müssen nun der neuen religiösen Ordnung weichen; der alte, mit dem Blut des Passahlammes gesiegelte Bund wird durch ein neues Symbol ersetzt. Nunmehr tauchen, astrologisch angemessen, in den biblischen Berichten über das neue Erlöserwerk des Jesus immer wieder „Fische", „Fischer" und „Fischfang" als Symbol auf. Die Fischer des Tierkreiszeichens werden traditionell als „gebunden" verstanden: sie sind noch Gefangene.

Ganz eindeutig war die christliche Wassertaufe auf die Fische-Symbolik bezogen. Und gewiß ist es symbolisch passend, wenn der christliche Bischof einerseits noch den Hirtenstab in der Hand hält (Symbol des Alten Testaments), andererseits aber eine fischförmige Mitra trägt (Symbol des Neuen Testaments), als Papst sogar den Fischerring Petri. Es mag Zufall sein oder ein bewußtes Wortspiel, daß die griechische Bezeichnung *episcopus* – soviel wie „Aufseher" – die Wurzel des lateinischen Wortes für Fisch enthält. Die Fische oder *vesica piscis* waren das Geheimzeichen der frühen Christen, die sich damit einander zu erkennen gaben.

Das Zeitalter, in das einzutreten wir im Begriff sind, wird das Zeitalter des Wassermanns sein, des Wasserträgers oder Fischmenschen. Welche Heilsbotschaft wäre da zu erwarten? Vermutlich besteht die Funktion des Wasserträgers im Tragen von Wasser (das Wasser der Sterblichkeit vielleicht), und zwar bis zu der Stätte, wo es ausgeschüttet werden soll – wie das „Wasser" aus der Gebärmutter abgehen muß, um der Neugeburt des menschlichen Geistes willen. Und diese Neugeburt hieße: Freisetzung der „Fische", die „drinnen gefangen" sind. Im Wassermannsymbol scheinen wir eine Parallele zur Botschaft der Pyramide mit ihrer Freisetzungssymbolik vor uns zu haben, während das Ende des Wassermannzeitalters im Zeitmaß mit dem Ende der Königskammer zusammenfällt. Wir dürfen vermuten, daß Jesus selbst mit astrologischem Wissensgut vertraut war. So kehrte der Menschensohn im Zeichen des Propheten Jonas zurück (des Fischmenschen der Bibel, eine Entsprechung zum babylonischen Oannes). Jener Mann, der die Jünger ins „große Obergemach", in die erhabene Endzeit führen soll (Lukas 22, 10), trägt einen Krug mit Wasser – was nur symbolisch gemeint sein kann, da das Wassertragen sonst ausschließlich Sache der Frauen war.

Sogar das Ritual der Fußwaschung, wie bei Johannes beschrieben, scheint als Entsprechung zur Taufzeremonie aufgefaßt worden zu sein, hier aber nun als „wassermannhaftes" *Gießen* des Wassers (Johannes 13, 5), weniger das „fischehafte" Untertauchen.

Das Abendmahl findet keine vierundzwanzig Stunden vor Jesu Tod statt. Und der Text läßt an dieser Stelle Jesus seinen Jüngern bedeuten, daß sie nur dann weiterhin seine Jünger wären, wenn sie an dieser Initiationszeremonie teilnähmen. Der Wein des Abendmahls hatte „aquarische" Bedeutung, wie die berühmte Verwandlung des Wassers in Wein in Kapitel 2 des Johannesevangeliums zeigt. Das geschilderte Wunder folgt einer uns bereits vertrauten Symbolik. Das Hochzeitsfest, das Passahfest-Züge aufweist, ist ein Sinnbild des künftigen Himmlischen Festmahls, bei dem Jesus selbst der Bräutigam sein wird. Denn der zentrale Vorgang der Geschichte besteht darin, daß *sechs* Steinkrüge, für die Reinigung bereitgestellt, auf Geheiß des Jesus mit Wasser gefüllt wurden, das sich, nachdem auf seine Weisung hin wieder Proben entnommen worden waren, in Wein verwandelt. So dürfen wir die Szene sowohl von der Zahl als auch vom Vorgang her dahin deuten, daß jenes von Jesu Erscheinen eingeleitete Fische- und Wassermannzeitalter eine Zeit der Vorbereitung und Läuterung sein wird, die unmittelbar in die Herrlichkeit des erwarteten Gottesreiches führt – *eine Zeit, die mit dem Anbruch des Wassermannzeitalters beginnt.*

Hier wäre Jesu Gleichnis in Matthäus 13, 47–48 anzuführen, wo es heißt: „Ferner ist das Himmelreich gleich einem Netz, das ins Meer geworfen wurde und mancherlei einfing. Als es gefüllt war, zog man es ans Ufer ... und sammelte das Gute in Gefäße, das Schlechte aber warf man weg." Die Männer und Frauen des Fischezeitalters, so dürfen wir deuten, werden zu Beginn des Wassermannzeitalters eingehend geprüft, und nur die besten werden für tauglich befunden, „Inhalt seines Kruges" zu sein, um dereinst von ihm an den Gestaden der Unsterblichkeit ausgeleert zu werden.

Wenn nun das Wassermannzeitalter eine Zeit neuen messianischen Wirkens ist – welche Bedeutung könnte das folgende Zeitalter des Steinbocks und alle weiteren haben? Wenn wir uns von Matthäus, Kapitel 25, führen lassen, wird das Steinbock- (oder Fischbock)zeitalter das Zeitalter sein, da die „Böcke" von den Erwählten geschieden werden, denen der Ausbruch aus der physischen Welt gelungen ist, aus einer Zeit der Hölle auf Erden, die dem in dem „unvollendeten" Toten Gang versinnbildlichten Geschick entspricht. So taucht denn auch das Bocksymbol überall auf der Welt im Repertoire der Volksmärchen als gehörnter, huffüßiger, mit einem Schwanz versehener Teufel wieder auf. Ob das anschließende Zeitalter des Schützen eine Zeit der Kriege sein wird oder im Gegenteil des erhabenen Strebens und des geistigen Durchbruchs, ist schwer zu entscheiden. Doch das ihm im 8. Jahrtausend folgende Zeitalter des Skorpions (vgl. die Prophezeiungen des Nostradamus) könnte ein Zeitalter sein, da die Erde in eine Einöde verwandelt werden wird. Danach aber, im Zeitalter der Waage, wird der verbliebene Rest der Menschheit auf irgendeine Weise „gewogen" werden, während das Zeitalter der Jungfrau (oder der „Kornähre") zu guter Letzt einen Neubeginn mit sich bringen wird, durch den die Erde aufs neue bepflanzt werden wird ...

Die Geschichte verläuft also tatsächlich in Zyklen. Somit umfaßt die Botschaft der Pyramide eine Sammlung von „Erinnerungen an die Zukunft", die auf *vergangenen Geschehnissen beruhen.* Dies könnte erklären, weshalb die Länge des Jahres und die Präzession der Äquinoktien dem Architekten der Pyramide zur Festlegung der Seitenlänge der Pyramidenbasis und der Summe der

Diagonalen der Grundfläche dienten. Vermutlich hatte der Planer der Pyramide die Absicht zu demonstrieren, daß seine Voraussagen auf der Auffassung vom zyklischen Ablauf der Geschichte „basieren“ (im wortwörtlichen Sinne) – eine Sicht, die obendrein in astrologischen, aus der Präzession der Tag- und Nachtgleichen hergeleiteten Begriffen ausgedrückt werden konnte. So sehen wir uns mit der Auffassung konfrontiert, daß der Geschichte die Tendenz innewohnt, sich in gewisser Hinsicht etwa alle sechsundzwanzigtausend Jahre zu wiederholen, was wiederum den Gedanken nahelegt, daß der Mensch bereits schon einmal in einer mit der unseren vergleichbaren Welt gelebt hat: um etwa 102 000 v. Chr., 76 000 v. Chr., 50 000 v. Chr. und 24 000 v. Chr.

Dabei geht der Ablauf der Zeitalter in Spiralform vor sich. Der Gang der menschlichen Entwicklung verläuft wie der der Geschichte nicht nur zyklisch, sondern jeder Umlauf vollzieht sich zusätzlich jeweils auf einer höheren Ebene, die sich durch Errungenschaften unterschiedlicher Ordnung kennzeichnet. Nicht umsonst galt den Azteken das spiralförmig aufgewundene Gehäuse bestimmter Meeresschnecken als Sinnbild der Zeitenfolge.

Wenn die Geschichte in einer Zeitspirale auf der Basis eines 26 000jährigen Zyklus verläuft, dann muß es für dieses Phänomen Gründe geben. Zu nennen wäre vor allem der Kausalzusammenhang zwischen den Veränderungen der Erdumlaufbahn und dem Drang des Menschen zu kultureller und technologischer Entfaltung. Der 26 000jährige Präzessionszyklus muß sich in klimatischen Prozessen erkennen lassen – und dies ist der Fall. Je nach dem Ausmaß der präzessionsbedingten Veränderung der Sonneneinstrahlung stiegen und sanken auf unserer Erde die Meeresspiegel und die Meerestemperaturen[27]. Außerdem ist an geologischen Schichtungen bis zurück ins beginnende Diluvium (Eiszeitalter) vor etwa zwei Millionen Jahren zu erkennen, daß während dieser Epoche heftige klimatische Veränderungen vor sich gingen, die weitreichende Folgen für die Verbreitung, ja für das Überleben vieler Pflanzen- und Tierarten hatte.

[27] R. W. Fairbridge, „The Changing level of the Sea“ (*Scientific American*, May 1960).

Eine Verifizierung dieser zyklischen Sicht muß weitgehend davon abhängen, ob das Bestehen von bestimmten Beziehungen zwischen klimatisch/umweltlichen Bedingungen und dem Entwicklungsgrad menschlicher Kultur und Zivilisation nachgewiesen werden kann. Sähe sich am unteren Ende der Stufenleiter der Entwicklung eine menschliche Gemeinschaft infolge eines raschen Absinkens der Durchschnittstemperatur und des damit verbundenen Vordringens polarer Eismassen in ihrem Bestand bedroht, so würde ihr Überleben entweder von der Entwicklung einer wärmeerzeugenden und ihren Unterhalt sichernden, auf friedliche Zwecke ausgerichteten Technologie oder aber von der Entwicklung kriegerischer Verhaltensweisen und entsprechender Waffen abhängen, die gestatteten, in wärmere Gebiete vorzudringen und deren Urbevölkerung zu unterwerfen oder zu vertreiben. Auch könnte ein Ansteigen der Welttemperaturen und damit ein drastischer Anstieg der Meeresspiegel der Entwicklung ähnlicher Wanderbewegungen und Eroberungen ermöglichenden Technologien Vorschub geleistet haben. Wie immer würde auch hier die Notwendigkeit die Mutter der Erfindung gewesen sein.

Die Tatsache, daß die Mehrzahl der uns bekannten alten Kulturen des gegenwärtigen hypothetischen Zyklus sich auf einem Gürtel zwischen etwa 20 bis 40 Grad nördlicher Breite entwickelt haben, spricht für die Vermutung, daß der Eroberungsdrang der dominierende Faktor für die Entwicklung der Technik gewesen sei. Die vermutliche Lage des Atlantis bei etwa 25 Grad nördlicher Breite würde in dieses Bild passen (siehe Abbildung S. 374).

Bestimmte Breitengrade mögen also der Entwicklung von Kulturen förderlicher gewesen sein, weil dort bessere Lebensbedingungen herrschten. Dennoch läßt sich auch zeigen, daß solche Gebiete nicht ohne weiteres „höhere Kulturen“ hervorbrachten, und daß andererseits in den meisten Gebieten, in denen sich im Altertum Hochkulturen entwickelten, gar keine so günstigen klimatischen Bedingungen herrschten, ja daß vielmehr die Entstehung großer Kulturen oft der Notwendigkeit zu verdanken war, Sumpfgebiete bewohnbar zu machen und Entwässerungssysteme zu erfinden, die eine ausreichende Erzeugung von Grundnahrungsmitteln ermöglichten.

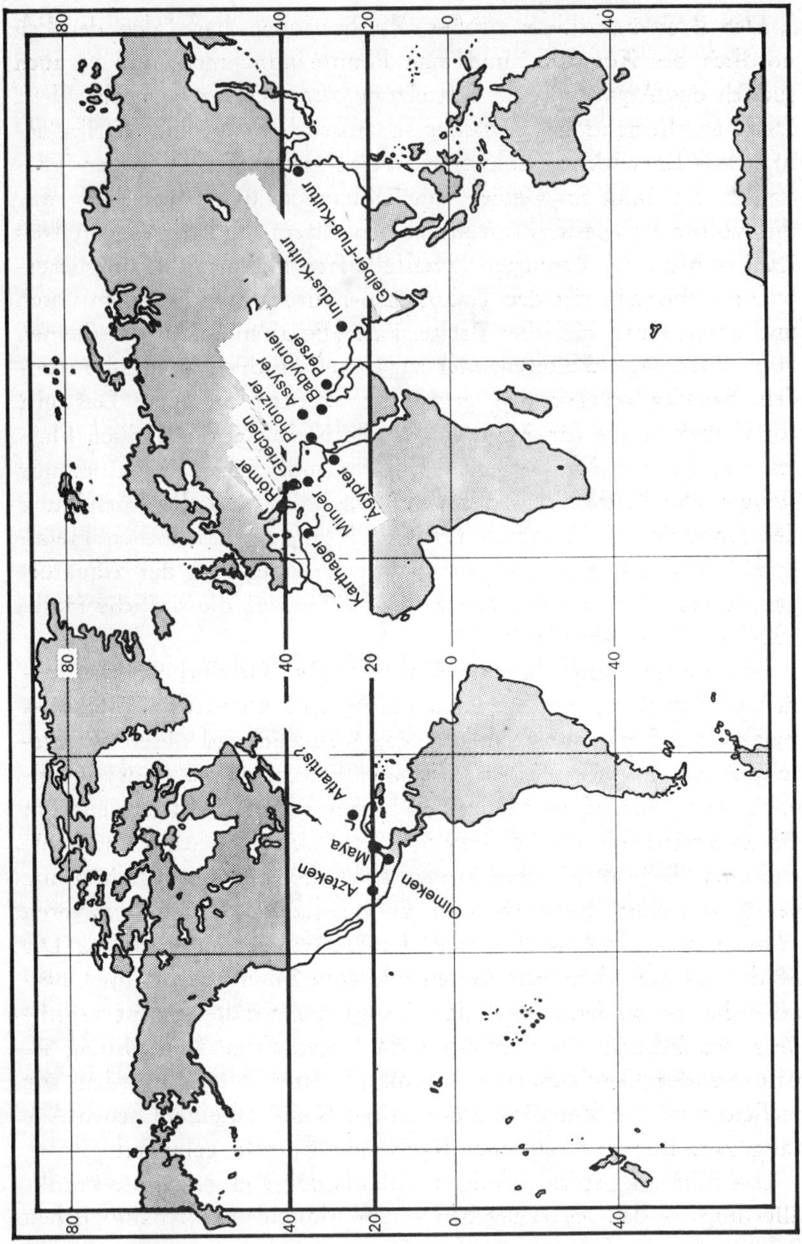

Abbildung 55
Gürtelzone der Breitengrade, in denen sich frühe Hochkulturen entfalteten.

Der Breitengrad der großen Zivilisationen liegt also deutlich nördlich des Äquators, und man könnte annehmen, daß es auch südlich des Äquators eine Gürtelzone alter Kulturen gegeben hat. Doch anscheinend ist es weder in Australien noch in Afrika jemals zur Entwicklung solcher Kulturen gekommen. Von den Vorvätern der Inka im Gebiet von Tihuanaco abgesehen, lagen nur die Kultur Polynesiens (zweifelhaften Alters) und des sagenhaften Landes Mu oder Lemurien (zweifelhafter Historizität, möglicherweise verbunden mit der Tiahuanaco-Kultur) zwischen dem 20ten und 40ten Grad südlicher Breite. Fast alle alten Kulturen scheinen von höher entwickelteren oder sogar aus Hochkulturen stammenden Einwanderergruppen gegründet worden zu sein. Das gilt für Olmeken wie für Ägypter, für die Kulturen des Gelben Flusses wie für die Polynesiens. Wenn es südlich des Äquators nur wenige alte Kulturen gibt, so wohl deshalb, weil die Entstehung des „modernen" Menschen vermutlich auf der nördlichen Hemisphäre vor sich ging und die dichten Urwälder in der Äquatorgegend eine Ausbreitung von Frühkulturen auf die südliche Halbkugel verhinderten.

Um zu den postulierten 26 000jährigen Geschichtszyklen zurückzukehren: Es spricht vieles dafür, daß klimatische Veränderungen zur Entstehung menschlicher Kulturen und deren Wanderung Anlaß gaben, welche zusätzlichen Faktoren, reale oder imaginäre, auch sonst dazu beigetragen haben mögen. Mittlerweile hat am anderen Ende der Stufenleiter der rasante Fortschritt hochentwickelter Techno-Kulturen zu Überbevölkerung, zur Erschöpfung der natürlichen Rohstoff- und Energiequellen und zu schweren Formen von Individual- und Kollektivneurosen geführt. Die Macht des Menschen zum Guten wie zum Bösen scheint ins Unermeßliche zu wachsen, und das Risiko der totalen Selbstvernichtung des Menschen – zumindest die gegenseitige Vernichtung rivalisierender Gesellschaften – nimmt weiter zu. So werden wir vielleicht mit der Zerstörung der „alten Welt" zu einem neuen Anfang, zum Beginn eines neuen Kreises der Spirale, gelangen.

Das Bild eines spiralförmigen Ablaufs der Weltgeschichte krankt allerdings – das sei zugegeben – am Mangel an archäologischen Belegen für die früheren Stufen. Dies mag aber daran liegen, daß wir nicht genau oder überhaupt nicht wissen, wonach oder wo wir Ausschau zu halten hätten.

Was die astrologische Bedeutung der Tierkreiszeichen betrifft, von der unsere spezielle Fragestellung ihren Ausgang nahm, so ist es wahrscheinlicher, daß diese auf einem historisch begründeten Wissen um die Zukunft beruht, als daß die Tierkreiszeichen selbst irgendeinen Einfluß ausüben. Ebenso ist es wahrscheinlicher, daß die „okkulte" Wissenschaft der Zahlenmystik sich auf den Zahlencode der Großen Pyramide stützt, als daß irgendeiner speziellen Zahl eine eigene „magische" Eigenschaft innewohnt. Beide Formen dieses halb-magischen Denkens mögen – wie die präkognitiven Aspekte der Pyramide selbst – nichts anderes als invertierte mythologische Versionen rational gewonnener Erkenntnis sein, die im Nachhinein von den Alten verschlüsselt wurde.

Tief im Unterbewußtsein des Menschen begraben liegt weltweit das Bewußtsein, daß der Mensch einst bessere Tage kannte und ihm bestimmt ist, auch wieder bessere zu erleben. Nicht allein in der Mythenwelt mittelamerikanischer Kulturen, auch in der vermeintlich nicht mit ihr verbundenen Astrologie sehen wir uns der gleichen messianischen Symbolik gegenüber, die auch den uns vertrauteren biblischen Geschichten und der steinernen Botschaft der Pyramide innewohnt. Wer mag noch daran zweifeln, daß diese gewaltigen mythologischen Rauchzeichen vom heiligen Feuer der Wahrheit hervorgerufen werden?

Abbildung 58
Logarithmische Spirale auf der Basis der Fibonacci'schen Zahlenreihe. Der Radius jeder Viertel-Krümmung der Spirale wird jeweils von der Seitenlänge des Quadrats bestimmt, in das sie eingezeichnet ist. Die Seitenlängen der Quadrate entsprechen der Fibonacci-Folge. Diese Zahlenfolge 0, 1, 1, 2, 3, 5, 8, 13, 21, 34, 55, 89, 144, ..., wurde von dem italienischen Mathematiker Leonardo Fibonacci (1180 bis 1250) ermittelt. In ihr ist jede Zahl gleich der Summe der beiden ihr vorausgehenden Zahlen. Diese Folge, der geometrisch der „Goldene Schnitt" entspricht, tritt häufig in der Natur auf – vor allem in pflanzlichen Wachstumsverhältnissen und in der Anordnung von Staubgefäßen an Blüten oder von Schuppen an Nadelbaumzapfen. Die logarithmische Spirale aufgrund der Fibonacci-Folge kommt ebenfalls in der Natur vor, zum Beispiel bei der Nautilusschale.

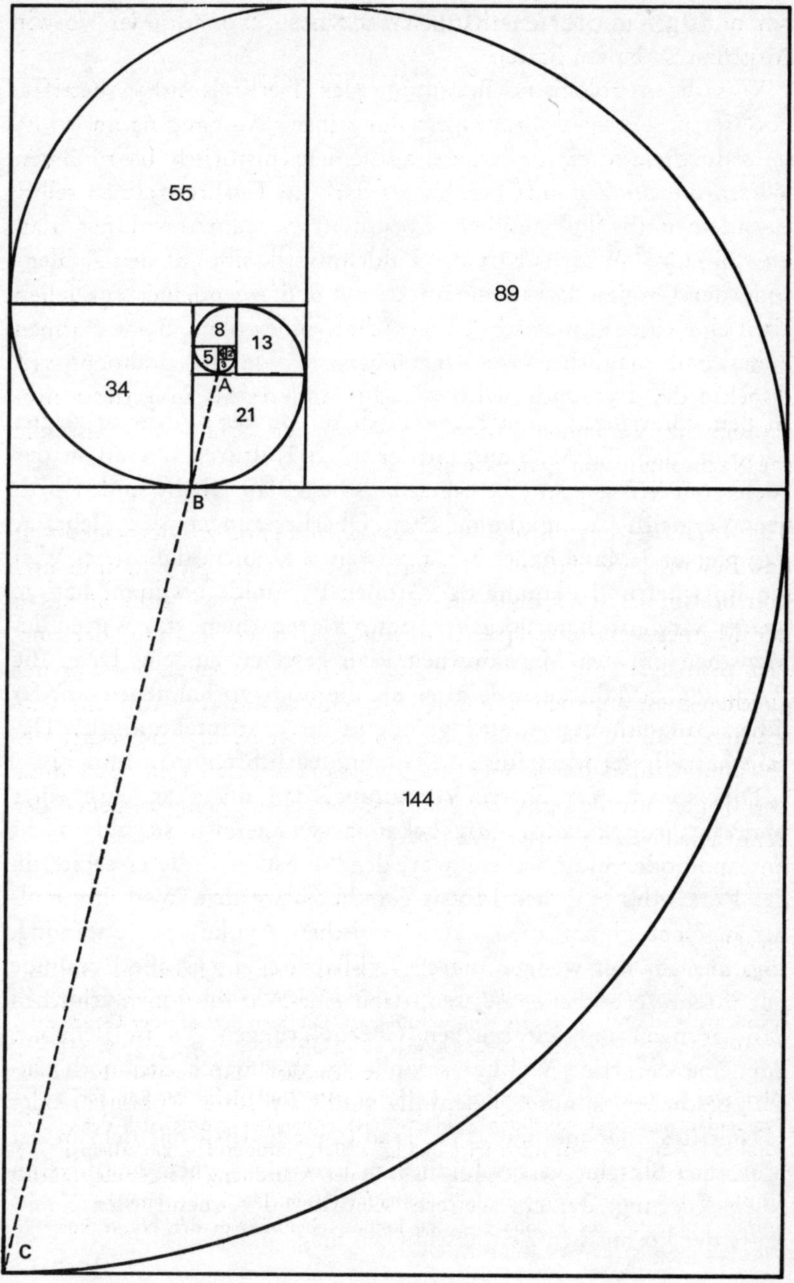
55
89
8
13
5
34
A
21
B
144
C

10 Das Zeichen des Messias

In den vorangegangenen Kapiteln dieses Buches wurde zu zeigen versucht, daß die Mythologien der alten Kulturen überall in der Welt vom Wissen um einen messianischen Plan erhellt sind. Durch den Vergleich der mythologischen Überlieferungen der Hebräer, Ägypter und Maya haben wir nachweisen können, daß dieses Wissen Entwurf und Planung der Großen Pyramide bestimmt hat. Je weiter wir zeitlich zurückgehen, desto klarer scheint das Wissen des Menschen um den Messianischen Plan gewesen zu sein. Denn die Pyramide ist Jahrtausende älter als die noch vorhandenen schriftlichen Aufzeichnungen, aber gerade in ihren architektonischen Details hat sich der Messianische Plan am deutlichsten manifestiert.

Dies spräche für unsere Vermutung, daß der Plan einst einer Menschengruppe *vollständig* bekannt gewesen ist, sie aber nicht imstande oder nicht willens war, den Maßstäben, die er setzte, in der Praxis des täglichen Lebens gerecht zu werden. Weil ihre Kultur in einer gigantischen kataklysmischen Apokalypse unterging, sind von ihr nur wenige Spuren verblieben – die Große Pyramide mit ihrem verborgenen Wissen, dazu eine Anzahl von mythischen Erinnerungen und esoterischen Überlieferungen. Es ist denkbar, daß eine derartige Weltkatastrophe in absehbarer Zeit noch einmal geschehen könnte. Jedenfalls sind „Prüfung", „Hölle" oder „Feuerfluß" der messianischen Tradition identisch mit dem in der biblischen Sintflut versinnbildlichten Ereignis – jenem kataklysmischen Vorgang, der ein weiteres Zeitalter der unendlichen Kreisläufe der kosmischen Zeit abschließen mag.

Das Wissen um den Messianischen Plan war tief verwurzelt im Bewußtsein jener Welt, die jenseits des hellen Lichts der Geschichte liegt; es ist aber nicht weniger fest, wenn auch unterschwellig, im Unterbewußtsein der heutigen Menschheit verankert. Es wächst gegenwärtig das Empfinden für den Niedergang unseres ganzen Lebens – geistig, moralisch und physisch. Keiner der Götzen des modernen Menschen, nicht Politik, Wissenschaft und Technik, noch Wohlstand, Komfort, Sicherheit oder Vergnügen können uns vor der Vernichtung bewahren, es sei denn, sie würden einer höheren Legitimation unterstellt. Es sind oft gerade die jungen Menschen, die, verstört von den Ängsten und unklaren Vorahnungen angesichts des Zustands unserer Welt, in eine Haltung der totalen Ablehnung verfallen und in Gegenwelten der Phantasie zu fliehen versuchen. Wir stehen vor einer Sackgasse – vor dem Toten Gang der Pyramide, dem ohne Hilfe, bloß aus eigener Anstrengung, nicht auszuweichen ist. So wächst die Neigung, sich dem ersten besten „Retter" zuzuwenden. Das ist gefährlich, kann aber auch bewirken, daß sich bei den Menschen eine innere Empfänglichkeit für die Wiederkunft des Messias vorbereitet.

Dabei ist der wissenschaftliche Fortschritt der Menschheit – paradox genug – Wegbereiter für die Aufnahme der messianischen Lehren. Unter Wissenschaftlern wächst derzeit die Einsicht, daß die physische Welt in Wirklichkeit ganz anders ist, als sie so lange Zeit annahmen, daß sie nur einen schmalen Ausschnitt des Bestehenden darstellt, wobei sich mit wachsendem Wissen auch die Grenzen ihrer Erkenntnis um so deutlicher abzeichnen.

Was indes mehr als alles andere dazu beitragen wird, den Geist des Menschen dem messianischen Wirken zu öffnen, sind Erfüllungen von Voraussagen, die auf bekannten und unumstößlichen Zeugnissen beruhen. Hier kommt der Großen Pyramide, in Verbindung mit den Texten der Bibel, entscheidende Bedeutung zu. Denn wenn sich die Prophezeiungen der Pyramide in künftigen Jahren erfüllen, wird sich nicht nur die Richtigkeit unserer Deutung ihrer Symbolik, sondern auch die Wahrheit ihrer Botschaft bestätigen. Dies wiederum wird im Verein mit modernen wissenschaftlichen Erkenntnissen dazu beitragen, daß die Menschheit die Lehren des Großen Eingeweihten anzunehmen vermag. Dann offenbart sich die Bestimmung des Menschen in all ihrem Glanz und ihrer Herrlichkeit, aber jeder Einzelne wird auch vor die Entscheidung gestellt sein, ob er die notwendigen Voraussetzungen zu erfüllen suchen oder sie ignorieren will[1].

Doch wann werden nun diese endzeitlichen Vorgänge in Bewegung geraten, und wie soll der Mensch den kommenden Messias erkennen und bemerken, daß er ihm nah ist? Die Pyramide ist, wie wir sehen, sehr genau in ihrer Datierung. Auf der Granitplatte ist angedeutet, daß das Messiaszeichen der Form des Regenbogens ähneln wird, der auch das Zeichen des Bundes in der biblischen Sintflutgeschichte war und dort wie hier das Ende der universellen Sterblichkeit zu einem Bild verklärt. Der „Bogen" aber wölbt sich weder nach rechts noch nach links, weder nach Osten noch nach Westen, sondern *nach oben*. Könnte hierin eine besondere Bedeutung liegen?

Ein Bogen für sich ist noch keine brauchbare Waffe – es bedarf eines passenden Pfeils, soll er seine Wirkung entfalten. Und dieser Pfeil ist Symbol für die Seelen der Menschen. Wir haben gehört von den „unzerbrechlichen roten Pfeilen", die der Gott Atlaua, der sie aus den Wassern der sterblichen Geburt holte, mit solcher Gewalt emporschießen wird, daß sie das Herz des Kosmos durchbohren und nie wieder zur Erde zurückkehren. Das sind die *menschlichen Seelen*, die sich gleich Atlaua „aufschwingen werden wie der Quetzalvogel", bis sie, wie die vogelgleiche Seele des Quetzalcoatl selbst, mit dem Morgen- und Abendstern, dem unzertrennlichen Begleiter der Sonnengottheit, vereinigt sein werden.[2]

Was also tut not, damit diese letzte Läuterung geschehen kann? Fraglos muß der Mensch bereit sein, seine Seele dem messianischen Bogen einzupassen. Es sei hier an die Worte Jesu erinnert:

[1] Siehe Seite 386, Der Messianische Plan, Versuch einer Zusammenfassung.

[2] Vergleiche die Pfeil-und-Bogen-Symbolik des traditionellen Shinto, des Zen-Buddhismus und der südamerikanischen Indianer. Dazu auch die Worte in den hinduistischen *Mundaka Upanischaden:* „Nimm den großen Bogen der Upanischaden und setze den scharfen Pfeil der Hingabe an. Spanne den Bogen gesammelt und triff in das Zentrum des Ziels, des ewigen Geistes. Der Bogen ist das heilige OM, und der Pfeil die eigene Seele. So wie der Pfeil sich mit seinem Ziel vereint, werde die wachsame Seele eins mit dem Ziel."

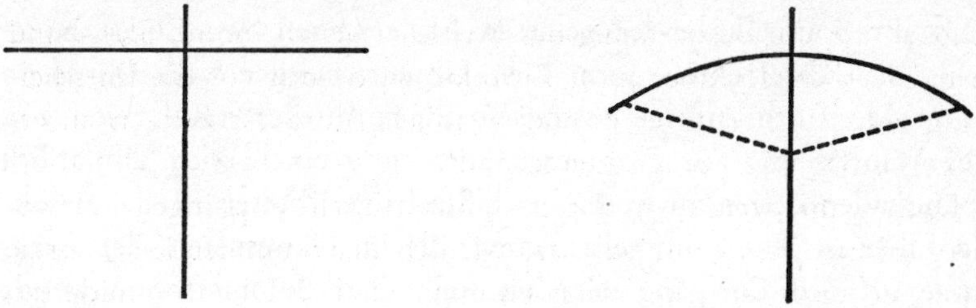

Abbildung 56
Der Bogen, den der Messias als Erster mit dem Gewicht seines sterblichen Leibes „bog“.

„Kommt zu mir alle, die ihr mühselig seid und beladen, und ich will euch erquicken. Nehmt mein Joch auf euch und lernt von mir; denn ich bin sanftmütig und demütig von Herzen, und ihr werdet Erquickung finden für eure Seelen, denn mein Joch ist sanft, und meine Bürde ist leicht“ (Matthäus 11, 28–30). Die Einpassung des Halses der menschlichen Seele in den Bogen des messianischen Jochs wird nicht zur ewigen Versklavung des Menschen führen, sondern zu seiner Freisetzung, zur vollkommenen Freiheit des ewigen Geistes.

Doch nicht alle Menschen sind angstlos genug, sich diesem völligen Herausgehobensein des frei emporfliegenden Pfeiles auszusetzen. Es müßte uns ein Einzelner erst den Weg zeigen. Auch im christlichen Kreuz wird das Symbol des messianischen Bogens durchschimmernd sichtbar. So gewaltig ist die Spannung dieses mächtigen Bogens, daß er eines Tages die Auffahrt sämtlicher Seelen der Menschheit in die Ewigkeit bewältigen wird. Es ist der Messias, der ihn spannen wird, der ihn im Opfertod schon je gespannt hat.

Auch der Quadrant des imaginierten Nildelta-Dreiecks zeigt den Umriß eines gespannten Bogens. Die Große Pyramide selbst hat diesen Bogen weit über das Land gezeichnet, jenes messianische Monument aus uralter Zeit, das in der Mitte der Welt für die Menschheit gesetzt wurde. Die Mittagsreflexion des schimmernden Kalksteinmantels der Pyramide, die den Ägyptern jahrhundertelang ihr Sonnenkalender gewesen ist, zeichnen den Bogen nochmals in Lichteffekten nach. Den Untersuchungen von Davidson und Aldersmith zufolge entspricht die Form dieser Reflexion von der Winter- bis zur Sommersonnenwende einem sich allmählich spannenden Bogen mit einem nach Süden gerichteten Pfeil. Der Süden aber ist jene Himmelsrichtung, die im Gangsystem der Pyramide für den Fortgang der Zeit steht. Zur Sommersonnenwende erstrahlen dann die Reflexionen in der *kreuzähnlichen Form eines Sterns* (siehe Abbildung 57).

Auffallend ist, wie all diese Momente mit der Symbolik der Maya übereinstimmen. Die Assoziation zu den Pfeilen des Atlaua und zur sich aufschwingenden Vogelschar liegt nahe. Diese steht für die gefiederte Seele des Atlaua selbst, versinnbildlicht aber auch die gefiederten Pfeile, die sich für immer in den Planeten Venus, den ständigen Begleiter der göttlichen Sonne, verwandeln. Erinnert sei hier auch an die Seitenansicht der Pyramide (auf Seite 28): Man erkennt zwei nach oben weisende Pfeilspitzen in der Form der Giebel der Königinkammer und der obersten Entlastungskammer. Einen dritten Pfeil bildet der Doppelgiebel über dem Pyramideneingang (siehe Seite 216), dessen Widerhaken in dem (Geist-)Winkel von 51°51′14,3″ *zur Senkrechten* stehen (im Gegensatz zu den Seiten der Pyramide, die den gleichen Winkel *zur Waagrechten* bilden). Alle drei Giebel weisen also auf das „Empor!" in der Entwicklung der menschlichen Seele hin.

Auch der siebente Engel in der Offenbarung des Johannes, Kapitel 10, 1, verkörpert eine solche Gestalt gewonnener Höhe: „In eine Wolke gehüllt, über seinem Haupte . . . den Regenbogen." Dieser Engel spricht aus, daß „das Geheimnis Gottes erfüllt werden" wird, „wie er es verkündet hat seinen Knechten, den Propheten". Er ist als der Große Eingeweihte, als der Eine-der-kommen-wird zu erkennen. Zugleich aber zeigt er Gemeinsamkeit mit der von einem Regenbogen gekrönten ägyptischen Gründer-Göttin Sefchet-Aabut, die sowohl zur ägyptischen Göttin Hathor (der mythischen Auslöserin der urzeitlichen Sintflut und damit des Beginns der nach-diluvianischen Zeit) als auch zu den Pleijaden in Beziehung steht. Diese, auch *Atlantiden*, Töchter des Atlas genannt, hießen bei den Babyloniern „Die Gründung" und waren

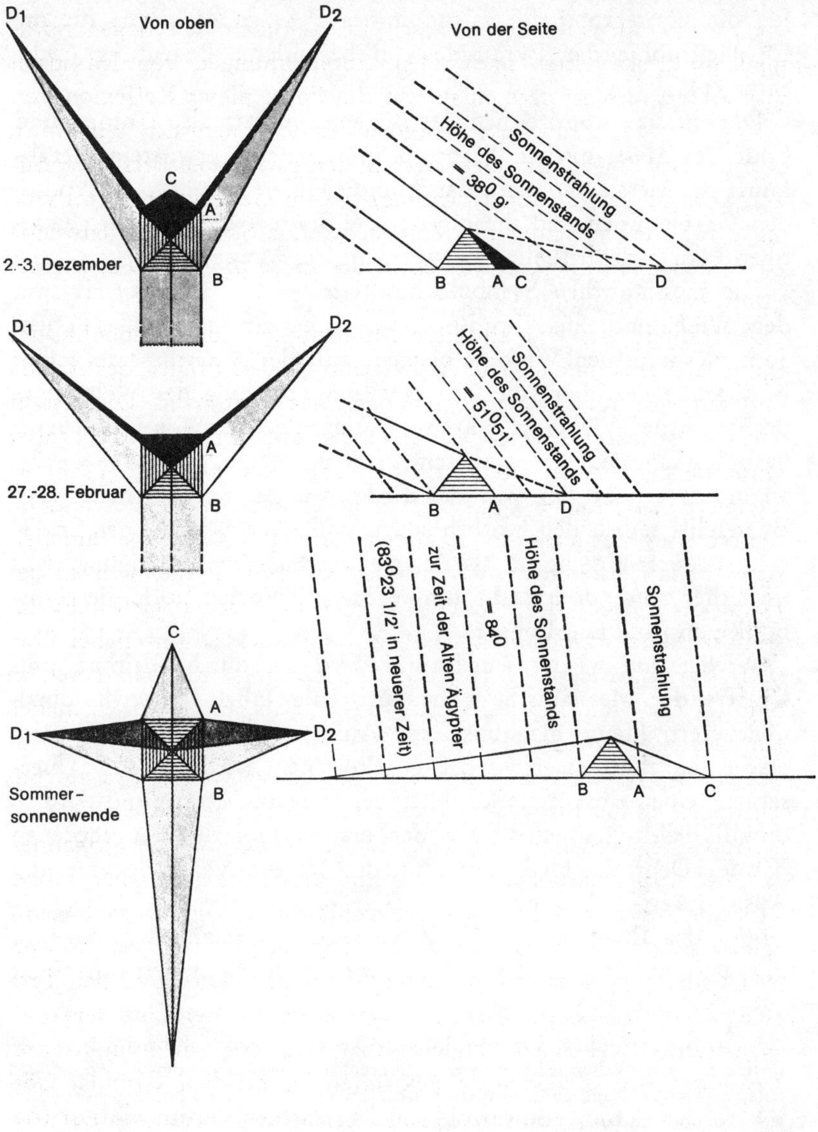

Abbildung 57
Sonnenreflexionen des ehemals polierten Kalkstein-Mantels der Pyramide um die Mittagszeit. Die vereinfachte Darstellung zeigt hier die Pyramide mit ihrem Schlußstein, der Pyramidenspitze, die in Wirklichkeit fehlt.

für die Festsetzung des astronomischen Ausgangsdatums für die Chronographie der Pyramide von besonderer Bedeutung (siehe Seite 70).

Das messianische Zeichen des Bogens evoziert also Anfang und Ende des Messianischen Plans: nicht allein die erwartete Herabkunft des Messias, sondern das A und O, die Flut und den Exodus, den Garten Eden und die himmlische Stadt – den ganzen gewaltigen Plan der spirituellen Entwicklung des Menschen.

Die messianischen Symbole des Kreuzes und des Bogens sind dem Wesen nach eins. Ihre Botschaft lautet: die Seele muß sich dem Joch messianischen Wirkens beugen, will der Mensch seine wahre Bestimmung erfüllen, die ihm bereits am Anfang der Welt zugedacht wurde. Vielleicht wären gerade folgende Worte des Jesus nach Johannes 12, 32, in diesem Licht zu sehen: „Ich aber werde, wenn ich erhöht bin von der Erde, alle an mich ziehen." Der Evangelist selbst, der sichtlich spürt, daß seine Worte einer Erklärung bedürfen, sieht sie als Anspielung auf die Kreuzigung, was sie sicher sind, doch steht hinter diesen Worten auch die Symbolik von Pfeil und Bogen.

Wieder und wieder wurde und wird uns durch Gleichnis und Chiffre der Messianische Plan durch die Jahrtausende hindurch überliefert. Heute mag uns seine Aussage noch wie ein Wunder erscheinen, doch ist erst der Tag gekommen, wird uns das „Übersetzen" eine Selbstverständlichkeit sein wie das Atmen und wird so unwillkürlich geschehen, wie der erste Schrei des neugeborenen Kindes. Denn uns bleibt sonst nur die Alternative: Todgeburt und Auslöschung.

Auf das Erscheinen dieses Zeichens des messianischen Bogens[3], blitzartig aufflammend von Horizont zu Horizont, wird die Welt

[3] Das Bogen-Zeichen, von dem hier die Rede ist, wird wahrscheinlich in Gestalt eines technischen Phänomens auftreten, das sich nach dem Wissensstand jener künftigen Tage ganz natürlich erklären läßt. Für die Epoche des Ezechiel war das noch anders – man vergleiche seine Beschreibung des extra-terrestrischen regenbogenartigen Phänomens in Ez. 1, 4 bis 2, 5. Auch der Messias selbst wird ein Mensch von Fleisch und Blut sein, der nicht magisch, sondern wohl mit Hilfe eines Anch-ähnlichen Instruments wirkt. Dazu Arthur C. Clarke in seinem „Dritten Gesetz": „Jede einigermaßen fortschrittliche Technologie ist von Magie nicht zu unterscheiden."

zur Zeit vorbereitet. Wenn dieses Zeichen hoch über den Bergen erscheint, wird es das Signal sein, daß der langersehnte Messias endlich gekommen ist und nun der letzte Akt im gegenwärtigen Zyklus des menschlichen Dramas beginnt.

„Auf auf, ihr Liebenden, auf, Zeit ist's, die Welt zu verlassen,
Der himmlische Trommelruf tönt an mein inneres Ohr.
Sieh da, der Treiber hat sich erhoben, schon die Kamele gereiht,
Bittet uns um Vergebung: Warum, oh Reisende, schlaft ihr noch?
Der Lärm des Aufbruchs, der Kamelglocken Geläut schallt hinter und vor uns,
Denn in jedem Moment schwingt sich eine Geistseele auf in die Weite.
Von diesen Sternen, hängenden Kerzen gleich, aus dem blauen Gezelt
Kam ein wundersam Volk, die Geheimnisse uns zu enthüllen ...
... Auf, liebe Seele, suche die Seligen, auf o mein Freund, suche den Freund,
Wächter, sei wachsam; Schlaf steht dem Wächter nicht an.
Von allen Seiten Lärm und Getümmel, in allen Straßen Fackeln und Licht,
Denn heute nacht gebiert die überschäumende Welt eine Welt des ewigen Lebens.
Ihr ward Staub, nun werdet ihr Geist, unwissend werdet ihr weise.

Aus dem Diwan des Schems-i-Täbris
von Dschelal ed-Din Rumi (1207–1273),
dem sufischen Mystiker und Dichter.

DER MESSIANISCHE PLAN

Versuch einer Zusammenfassung

Der Garten Eden

Was wir aufgrund einer sprachlichen Übereinkunft als „menschliche Seele“ bezeichnen, hat schon seit eh und je existiert. Vor unvorstellbar langer Zeit wurden die Seelen im Lauf der

Der Fall

terrestrischen Evolutionsphasen in der irdischen Existenzebene gefangen, wodurch sie sich schicksalhaft in die Freuden und Leiden der physischen

Gefangen

Welt verstrickten. So wurden sie unfähig, ihr zu entfliehen. Ja, sie haben sogar vergessen, daß es

Blind

überhaupt möglich ist, sich aus der Erdenwelt zu lösen, und daß jede Seele Anspruch auf eine unabhängige spirituelle Existenz hat. Infolgedessen lassen sich die Seelen von der stofflichen Welt immer wieder einfangen – von einer Geburt zur

Die Toten

anderen und damit von Tod zu Tod. Nur wenige vermögen sich über viele Existenzen hinweg selbst

Die Hungrigen

„am Zopf aus dem Sumpfe zu ziehen“ und eine geistige Ebene zu erreichen, auf der eine letzte endzeitliche Inkarnation den Durchbruch in die Unsterblichkeit vorbereitet. Nur wenige finden den „schmalen Pfad“; für die vielen bleibt die Wanderung auf der breiten Straße der Sterblichkeit weiterhin die Regel. Für sie ist die Befreiung besonders dringlich, denn die physische „Gast-Welt“ kann nicht ewig bestehen. Ihr schließlicher Untergang muß unvermeidlich auch den Untergang all ihrer Parasiten mit sich bringen – diese

Der Messianische Plan

erfahren den „Tod“ der Seele. Zweck des Messianischen Plans ist es, eine Straße durch das Gebirge des Todes und der Verzweiflung zu bahnen, um dem Menschen das fruchtbare Hochland der Unsterblichkeit zu erschließen. Die Mission des

Jesus von Nazareth
Nächstenliebe
Hoffnung
Glaube
Wiederkunft des Messias
Auferstehung
Ernte
Vergebung
Das Jüngste Gericht
Exodus
Land der Verheißung
Erlösung

Jesus von Nazareth bestand in seiner Messianischen Dreifaltigkeit als „Prophet, Priester und König". Er wollte den Heilsplan durch sein eigenes Leben sichtbar machen und damit den Wirkungsprozeß in Gang setzen. Hierzu mußte der Boden bereitet werden, indem er den Menschen aus den Banden moralischer Selbstzufriedenheit auf Kosten anderer (Moral-Lehren) befreite. Hierzu mußte die Erkenntnis geweckt werden, daß der Mensch ein geistiges, in einen sterblichen Leib eingebundenes Wesen ist, das aber Anrecht auf ein ewiges Erbe hat. Hierzu mußte der Glaube seiner Anhänger gestärkt werden, daß sie imstande seien, diesen großen Entwicklungsschritt zu vollziehen: Selbst nur ein Mensch, bewies Jesus, daß dieser Schritt zu vollbringen sei. Sein Vorbild wird bei seiner Wiederkunft am Ende des Zeitalters Frucht tragen, wenn der dritte „Tag" von den „tausend Jahren" nach seinem Tod anbricht. Alle Menschenwesen werden inkarnieren, um Zeugen dieses Ereignisses zu sein und den endgültigen Beweis zu erhalten. So sie willens sind, wird er ihre schließliche Heimkehr in die Wahre Welt beschleunigen, um die sich die Welt des reinen Geistes in ihrer „Barmherzigkeit" schon seit dem Anfang der Zeit bemüht hat. Dennoch wird es Widerstrebende geben, die diese Gelegenheit von sich weisen und lieber ihre Seelen dem „Tod" überlassen. Die „Gottessöhne" werden aber in einem großen Selbstvervollkommnungsprozeß, geleitet von einer Reihe von messianischen Gestalten, den „Weg der Wahrheit" finden, der sie zum Tor eines „neuen Himmels und einer neuen Erde" führt. Dann wird der große Exodus aus dieser Welt beginnen, und der Mensch, den letzten Tod überwindend, wird siegreich ins Verheißene Land des Geistes einziehen.

Abbildungsverzeichnis

Bibliographie

Barjavel, R. (Tr. C. L. Markham): *The Ice People*, Mayflower 1972.
Beesley, R. P.: *The Path of Esoteric Truthfulness*, White Lodge Publications o. J.
Benavides, R.: *Dramatic Prophecies of the Great Pyramid*, Editores Mexicanos Unidos, 11th. Ed. 1970.
Berlitz, C.: *Mysteries from Forgotten Worlds*, Souvenir 1972.
Blavatsky, H. P.: *The Secret Doctrine*, Theosophical University Press 1888, 1966.
Blumrich, J. F.: *The Spaceships of Ezekiel*, Corgi 1974.
Brod, M.: *Paganism – Christianity – Judaism*, University of Alabama Press, o. J.
Budge, Sir E. A. Wallis: *The Book of the Dead*, Theban Recension: Routledge 1960.
Burland, Nicholson und Osborne: *Mythology of the Americas*, Hamlyn 1970.
Carter, M. E.: *Edgar Cayce on Prophecy*, Coronet, Paperback Library 1968.
Cayce, E. E.: *Edgar Cayce on Atlantis*, Coronet, Paperback Library 1968.
Cayce, H. L.: (Hrsg.): *Edgar Cayce on Reincarnation*, Coronet, Paperback Library 1967.
Cayce, H. L.: *Venture Inward*, Coronet, Paperback Library 1966.
Cayce, H. L. (Hrsg.): *The Edgar Cayce Reader*, Coronet, Paperback Library 1969.
Cerminara, G.: *Many Mansions*, Morrow 1950.
Challoner, H. K.: *The Wheel of Rebirth*, Theosophical Publishing House 1969.
Charpentier, L.: *Les Mystères de la Cathédrale de Chartres*, Laffont 1971.
Charpentier, L.: *Le Mystère Basque*, Laffont 1975.
Clarke, Arthur C.: *Childhood's End*, Pan 1954.
Clarke, Arthur C.: *2001: A Space Odyssey*, Arrow 1968.
Clarke, Arthur C.: *Profiles of the Future*, Pan 1964.
Cross, C.: *Who was Jesus?*, Hodder 1970.
Cruden, A.: *Cruden's Complete Concordance to the Old and New Testaments*, Revised Edition: Lutterworth 1954.
David-Neel, A.: *Magic and Mystery in Tibet*, Corgi 1971.
Däniken, E. von (Tr. M. Heron): *Chariots of the Gods?*, Corgi 1969.
Däniken, E. von: *The Gold of the Gods*, Souvenir 1973.

Davidson und Aldersmith: *The Great Pyramid: Its Divine Message*, Bd. 1, Williams und Norgate 1925.
de Sabato, M.: *Confidences d'un Voyant*, Hachette 1971.
Desroches-Noblecourt, C.: *Tutankhamen*, „The Connoisseur" und Michael Joseph 1969.
Dixon, J.: *My Life and Prophecies*, Muller 1969.
Downing, B. H.: *The Bible and Flying Saucers*, Sphere 1974.
Drake, W. Raymond: *Gods and Spacemen in the Ancient East*, Sphere 1973.
Drake, W. Raymond: *Gods and Spacemen in the Ancient West*, Sphere 1974.
Edgar, J., und M.: *The Great Pyramid Passages and Chambers*, Bd. 1 und 2, Bone and Hulley 1925.
Eleiade, M. (Tr. P. Mairet): *Myths, Dreams and Mysteries*, Collins/Fontana 1968.
Every, G.: *Christian Mythology*, Hamlyn 1970.
Fairbridge, R. W.: „The Changing Level of the Sea" in *Scientific American*, Bd. 202, Nr. 5, Mai 1960.
Frazer, J. G.: *The Golden Bough: A Study in Magic and Religion*, Macmillan 1941.
Galanopoulos, A. G., und Bacon, E.: *Atlantis: The Truth Behind the Legend*, Nelson 1969.
Gardiner, Sir A. H.: *Egyptian Grammar*, 3. Ed., Oxford University Press 1957.
Gauquelin, M.: *Astrology and Science*, Mayflower 1972.
Glass, J.: *The Story of Fulfilled Prophecy*, Cassell 1969.
Govinda, A.: *The Way of the White Clouds*, Rider 1973.
Grant, J.: *The Winged Pharaoh*, Sphere 1973.
Hawkins, G. S.: *Stonehenge Decoded*, Souvenir 1966.
Head und Cranston (Hrsg.): *Reincarnation in World Thought*, Julian Press 1967.
Honoré, P.: *In Quest of the White God*, Futura 1975.
Hoyle, F.: *The Black Cloud*, Penguin 1960.
Humphreys, C.: *Buddhism*, Pelican 1951.
Ivimy, J.: *The Sphinx and the Megaliths*, Turnstone 1974.
James, M. R. (Tr.): *The Apocryphal New Testament*, Oxford 1924.
Johnson, Raynor C.: *The Imprisoned Splendour*, Hodder University Press 1953.
Keller, W.: *The Bible as History*, Hodder 1956.
Kingsland, W.: *The Great Pyramid in Fact and in Theory*, Rider 1932.
Kolosimo, P.: *Not of this World*, Sphere 1971.
Landsburg, A., und S.: *In Search of Ancient Mysteries*, Corgi 1974.
Langer, J.: *Nine Gates*, Clark 1961.
Larousse: *World Mythology*, Hamlyn 1965.
Lehmann, J. (Tr. M. Heron): *The Jesus Report*, Souvenir 1972.
Lethbridge, T. C.: *The Legend of the Sons of God*, Routledge & Kegan Paul 1972.
Lewis, C. S.: *Out of the Silent Planet*, Pan 1952.
Lewis, C. S.: *Voyage to Venus*, Pan 1968.
Lindsey, H.: *The Late Great Planet Earth*, Zondervan Press 1970.
Lunan, D.: *Man and the Stars*, Souvenir 1974.
MacKinnon, D., und andere: *Objections to Christian Belief*, Constable 1963.
Mascaró, J. (Tr.): *The Bhagavad Gita*, Penguin 1962.
Michell, J.: *City of Revelation*, Abacus 1973.
Michell, J.: *The View over Atlantis*, Sphere, Abacus 1973.

New English Bible, The, Oxford University Press, Cambridge University Press 1970.
Needleman, J.: *The New Religions*, Allen Lane 1972.
Nicoll, M.: *The New Man*, Robinson & Watkins 1967.
Pauwels, L., und Bergier, J.: *The Morning of the Magicians*, Mayflower 1971.
Pauwels, L.: *Eternal Man*, Mayflower 1973.
Pauwels, L.: *Impossible Possibilities*, Mayflower 1974.
Petrie, Sir W. M. F.: *Pyramids and Temples of Gizeh*, o. O. 1883.
Plato (Tr. H. D. P. Lee): *Timaeus*, Penguin 1971.
Plato (Tr. H. D. P. Lee): *Critias*, Penguin 1971.
Pochan, A.: *L'Enigme de la Grande Pyramide*, Laffont 1971.
Powell-Davies, A.: *The Meaning of the Dead Sea Scrolls*, Mentor 1956.
Rampa, T. L.: *Chapters of Life*, Corgi 1967.
Rampa, T. L., und andere: *The Third Eye*, Corgi 1956.
Red Sea Pilot, The, Admiralty 1926.
Reed's *Nautical Almanac*, o. O., o. J.
Roof, S.: *Journeys on the Razor-Edged Path*, Hodder 1960.
Rutherford, A.: *Pyramidology*, Bd. 1–4, Institut für Pyramidologie 1957.
Saddhatissa, K.: *The Buddha's Way*, Allen & Unwin 1971.
Santesson, H. S.: *Understanding Mu*, Coronet, Paperback Library 1970.
Schonfield, H. J.: *The Passover Plot*, Hutchinson 1965.
Schonfield, H. J.: *Those Incredible Christians*, Bantam 1969.
Schonfield, H. J.: *The Pentecost Revolution*, Macdonald 1974.
Schonfield, H. J.: *The Authentic New Testament*, Dobson 1955.
Sen, K. M.: *Hinduism*, Pelican 1961.
Spangler, D.: *Links with Space*, Findhorn Publications o. J.
Spangler, D.: *Revelation the Birth of a New Age*, Findhorn Publications o. J.
Stevenson, I.: *Twenty Cases Suggestive of Reincarnation*, American Society for Psychical Research 1966.
Sugrue, T.: *There is a River* (The Story of Edgar Cayce), Dell 1967.
Thom, A.: *Megalithic Sites in Britain*, Oxford University Press 1967.
Thompson, J. E.: *The Rise and Fall of Maya Civilisation*, University of Oklahoma Press 1954.
Tomas, A.: *Atlantis: from Legend to Discovery*, Hale 1972.
Tomas, A.: *We Are Not The First*, Sphere 1972.
Tomas, A.: *Beyond the Time Barrier*, Sphere 1974.
Tompkins, P.: *Secrets of the Great Pyramid*, Allen Lane 1973.
Vacca, R.: *The Coming Dark Age*, Panther 1974.
Vaillant, G. C.: *Aztecs of Mexico*, Pelican 1950.
Velikovsky, I.: *Oedipus and Ikhnaton*, Sidgwick & Jackson 1960.
Watson, L.: *Supernature*, Hodder 1974.
Watson, L.: *The Romeo Error*, Hodder 1965.
Weatherhead, L. D.: *The Christian Agnostic*, Hodder 1965.
Wiesel, E.: *Souls on Fire*, Weidenfeld & Nicolson 1972.
Wilson, C.: *The Occult*, Mayflower 1973.
Yerby, F.: *Judas, My Brother*, Mayflower 1971.
Young, R.: *Analytical Concordance to the Holy Bible*, 8. Ed., Lutterworth 1939.

Index

Neue Dimensionen des Bewußtseins
TATSACHEN DIE IHR WELTBILD WANDELN
Seit vier Jahrzehnten das führende Magazin für Esoterik und Grenzwissenschaften in Europa:
esotera
Jeden Monat auf 100 Seiten umfassende, fundierte Informationen von besten Fachautoren über
Esoterische Lebenshilfen
Uralte und hochmoderne Methoden, sich von innen heraus grundlegend positiv zu verändern
Ganzheitliche Gesundheit
Das neue, höhere Verständnis von Krankheit und Heilung
Neues Denken und Handeln
Der Wertewandel zu einem neuen, sinnvollen Leben im „New Age"
Paranormale Erscheinungen
Die außersinnlichen Begabungen des Menschen; Begegnungen mit anderen Wirklichkeiten
Geheimes Wissen der Völker
Spirituelle Kunst
und vieles andere
esotera
erscheint monatlich.
Probeheft kostenlos
bei Ihrem Buchhändler
oder direkt vom
Verlag Hermann Bauer KG
Postfach 167, 7800 Freiburg
esotera
Neue Dimensionen des Bewußtseins
M 5402 E
KOSMOS IM KOMPUTER
ZEN FÜR LEIB UND MAGEN
DIE BIOLOGIE VON LIEBE UND ERKENNTNIS